EPC 工程总承包
项目过程控制概论

汪寿建　编著

化学工业出版社
·北京·

本书以通俗易懂的语言和国际先进的项目管理理论为基础，结合相关的项目案例，系统阐述了现代总承包项目管理过程的控制原理、控制程序和控制流程。

全书共分十五章，系统介绍了项目管理国内外的发展历程，工程公司及总承包项目组织结构，并对总承包项目设计、采购、施工、试运行全过程控制，各过程中的启动、策划、实施、控制和收尾子过程，项目目标控制要素（进度、质量、费用、HSE）和项目管理控制要素（综合、合同、范围、资源、信息、沟通、风险、变更）等进行了详细论述。

本书可供化工、石油化工、煤化工、医药、电力、基础设施建设等领域工程公司的项目经理，从事项目建设、项目管理研究和实施的工程技术人员，建筑企业的项目管理人员和技术人员，大中专院校管理类专业的师生参考阅读。

图书在版编目（CIP）数据

EPC工程总承包项目过程控制概论/汪寿建编著.
—北京：化学工业出版社，2020.4
ISBN 978-7-122-35975-9

Ⅰ.①E…　Ⅱ.①汪…　Ⅲ.①建筑工程-承包工程-项目管理-研究　Ⅳ.①TU723

中国版本图书馆 CIP 数据核字（2020）第 026808 号

责任编辑：傅聪智　仇志刚　　　　　　　　文字编辑：杨欣欣
责任校对：王鹏飞　　　　　　　　　　　　装帧设计：王晓宇

出版发行：化学工业出版社（北京市东城区青年湖南街 13 号　邮政编码 100011）
印　　装：三河市延风印装有限公司
710mm×1000mm　1/16　印张 29　字数 559 千字　2020 年 7 月北京第 1 版第 1 次印刷

购书咨询：010-64518888　　　　　　　　　售后服务：010-64518899
网　　址：http://www.cip.com.cn
凡购买本书，如有缺损质量问题，本社销售中心负责调换。

定　　价：150.00 元　　　　　　　　　　　　　版权所有　违者必究

前　言

　　20世纪80年代以前，国际上通行的现代项目管理及建设发展模式在中国几乎是空白，早期的基本建设体制、机制也束缚了经济建设和社会发展。中国全面改革开放带来了强劲动力，持续地推动政府部门、勘察设计行业及相关领域，开始对这片空白进行认识和探索。

　　随着全球国际竞争的加剧，项目管理活动日益扩大和复杂，大型或超大型项目数量急剧增加。项目管理团队超大规模和多元化，以及利益相关方冲突碰撞等，已越来越引起人们的关注。国际工程项目"以人为本"和"项目全生命周期"的发展理念；项目全过程咨询管理服务总承包以及PMC（IMPT）管理模式；项目全过程建设总承包EPC/交钥匙以及单一责任主体、固定总造价承包、设计主导、设计与全过程深度融合的模式；项目投融资许可建设运营服务总承包的模式均是现代项目管理发展的趋势和方向。

　　作者有幸在设计主导型的工程公司及工程建筑类行业工作多年，目睹了中国改革开放后基本建设体制深化改革、勘察设计改制及工程项目总承包试点推广的全过程，曾亲自参加过一些大型工程建设项目总承包工作，亲身感受到随着中国改革开放，国家基本建设改革和勘察设计单位改制所带来的深刻变化。正是在这种大背景下，编著了本书，以报答社会给予的发展机遇。

　　全书共分十五章，系统介绍了项目管理的发展历程，项目组织结构；并对总承包项目设计、采购、施工、试运行全过程控制，各过程启动、策划、实施、控制和收尾子过程控制，目标要素（进度、质量、费用、HSE）控制，管理要素（综合、合同、范围、资源、信息、沟通、风险、变更）控制等内容做了详细阐述。

　　本书以通俗易懂的语言、国际先进的项目管理理论及总承包项目的案例方式，对项目全过程控制进行梳理和归纳。本书在编制过程中，得到相关单位和专家提供的宝贵资料和意见，在此表示感谢！由于作者水平有限，书中难免有不当之处，欢迎读者指正。

汪寿建

2019年6月

目　录

第一章

总 论

第一节　概　　述

一、EPC 总承包

EPC（engineering procurement construction）是国际通用的工程项目总承包的总称。其中，engineering（英文原意是"工程"，实际指"设计"）是指从工程项目内容总体策划到具体的项目设计工作；procurement 是指从工程专业设备到建筑材料的采购工作；construction 是指从工程施工、安装到工程交接等的工作。

EPC 总承包是指总承包商（或工程公司）受业主委托，按照项目合同约定对工程建设项目的设计、采购、施工、试运行等实行全过程的（或阶段性的）总承包。通常总承包商在项目总价合同条件下，对其所承包工程的进度、质量、费用及 HSE（健康、安全与环境）负责。

在一般的 EPC 总承包模式中："设计"不仅包括具体的工程项目设计工作，而且还包括整个工程建设内容的总体策划以及整个工程实施组织管理的策划工作；"采购"不仅包括建筑材料采购，而且包括专业的设备、机械、电气、仪表及其他材料的采购；"施工"除包括建构筑物的施工外，还包括设备、机械、电气和仪表的安装、调试、单机试运行、联动试运行和工程中间交接等内容。

EPC 总承包过程控制的本质是对总承包项目进行管理，即总承包商依据合同约定对工程项目的设计、采购、施工全过程进行管理控制，并对项目进度、质量、费用和 HSE 负总责。

二、项目管理定义

1. 项目管理

项目管理（project management）在不同的标准和规范中有各种不同的解释。

美国项目管理学会（PMI）标准《项目管理知识体系指南》（*A Guide to the*

Project Management Body of Knowledge）中对项目管理的定义是："项目管理是把项目管理知识、技能、工具和技术用于项目活动中，以满足项目要求。"

ISO 10006：2017 中对项目管理的定义是："对项目各方面的策划、组织、监测、控制和报告，并激励所有参与者实现项目目标。"

GB/T 50358—2017《建设项目工程总承包管理规范》中对项目管理的定义是：在项目实施过程中对项目的各方面进行策划、组织、监测和控制，并把项目管理知识、技能、工具和技术应用于项目活动中，以达到项目目标的全部活动。

2. 项目约束条件

工程项目有三项约束条件：

① 时间约束，有合理的工期目标。

② 资金约束，有约定的投资总量。

③ 质量约束，有特性、功能和标准。

工程项目以最终形成固定资产作为特定目标并遵循基本建设程序，即要经过项目建议书、可行性研究、方案评估、决策、勘察、设计、采购、施工、试运行、接收等过程，并符合法定程序。

三、项目管理体系

工程公司要想进入国际工程建筑总承包市场，首先要按照国际通行的 ISO 10006 要求及相关程序建立项目管理体系。

项目管理体系是指工程公司按照《项目管理知识体系指南》及各相关标准，建立一套与国际接轨的、应用于项目建设承包管理的标准、文件、制度、工作程序、工作流程、组织结构，以及与项目管理相适应的信息管理系统、数据库、项目应用软件等。项目管理体系还应与工程公司的质量管理体系、环境管理体系、职业健康安全管理体系等相容或互为补充，集合成为一个有机整体。工程公司管理体系如图 1-1 所示。

图 1-1　工程公司管理体系示意图

工程公司应建立：项目管理系统文件及项目程序文件，以解决项目实施流程、顺序和界面接口问题；标准文件，以解决数据、格式、工具使用和内容深度问题；作业文件，以解决技术、范围、方法和责任问题；数据库，以提供工程所要的各类基础数据和生成文件。工程公司项目管理体系文件结构如图1-2所示。

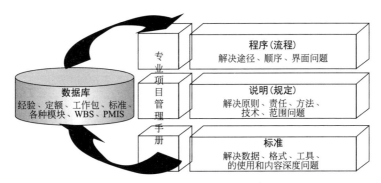

图 1-2　工程公司项目管理体系文件结构示意图

四、国际上项目管理体系研究机构

目前世界上权威的两大项目管理研究机构，是以欧洲为首的国际项目管理协会（International Project Management Association，IPMA）和以美国为首的美国项目管理协会（Project Management Institute，PMI）。IPMA拥有原创的项目管理应用标准 *IPMA Competence Baseline*（ICB，即《国际项目管理专业资质认证标准》），其中对项目管理者的素质要求大约有40个方面。PMI贡献了世界上第一套项目管理知识体系，简称为PMBOK（Project Management Body of Knowledge）。在这个知识体系中，把项目管理划分为9个知识领域（范围管理、时间管理、成本管理、质量管理、人力资源管理、沟通管理、采购管理、风险管理和综合管理）。国际标准化组织（ISO）以PMBOK为框架颁布了ISO 10006。

五、项目管理发展里程碑

——20世纪10年代，亨利·甘特（Henry Gantt）发明了甘特图（横道图）。

——20世纪40年代，曼哈顿工程将项目管理侧重于计划和协调。

——20世纪50年代，美国企业和军方相继开发出关键路径法（CPM）、项目评估与评审技术（简称计划评审技术，PERT）、图形评价与审查技术（简称图示评审技术，GERT）等技术。

——20世纪60年代前期，美国国家航空航天管理局（NASA）在阿波罗计划中开发了"矩阵管理技术"。工作分解结构（WBS）、赢得值管理（EVM）、计划编制预算系统（PPBS）以及绩效管理等相继出现。

——1965 年，国际项目管理协会（IPMA）在瑞士成立。

——1969 年，美国项目管理协会（PMI）在美国宾夕法尼亚州成立。

——1984 年，PMI 推出严格的、以考试为依据的项目管理专家资质认证（PMP）制度。

——1987 年，PMI 公布 PMBOK 研究报告（并于 1996 年、2000 年、2004 年分别修订）。

——1997 年，ISO 以 PMBOK 为框架颁布 ISO 10006:1997《质量管理　项目管理质量指南》。

——1998 年，IPMA 推出 ICB。

——1999 年，PMP 成为全球第一个获得 ISO 9001 认证的认证考试。PMP 如今已经被全球 130 多个国家引进和认可。

——2000 年，我国国家外国专家局引进 PMBOK，成为 PMI 在华负责 PMP 资格认证考试的组织机构和教育培训机构。

第二节　国际项目管理发展进程

世界上通常把项目管理发展进程分为两个阶段，即传统项目管理阶段（20 世纪 40 年代中期到 60 年代）和现代项目管理阶段（20 世纪 70 年代之后）。

一、传统项目管理阶段

在传统项目管理阶段，西方发达国家在国防工程建设和民用工程建设方面普遍采用项目管理方法对这些项目进行管理。主要是采用项目预算、规划和为实现特定目标而借用的一些运营管理方法，在一定范围内开展项目管理活动。

20 世纪 50 年代，在美国出现了关键路径法（CPM）和计划评审技术（PERT）。1957 年美国杜邦公司把 CPM 应用于设备维修，使维修停工时间由 125h 锐减为 70h；1958 年美国人在北极星导弹设计中应用 PERT，把设计完成时间缩短了 2 年。

20 世纪 60 年代，项目管理的应用范围仅限于建筑、国防和航天等少数领域。如美国阿波罗登月计划耗资 300 亿美元，2 万多家企业、40 多万人参与，动用了 700 多万个零部件，由于使用了 PERT，各项工作开展得有条不紊，取得了极大的成功。由此，国际上许多人对项目管理产生了极大的兴趣，逐渐形成了两大项目管理研究机构，即国际项目管理协会（IPMA）和美国项目管理协会（PMI），对推动国际项目现代化管理发挥了重大的作用。

20 世纪 60 年代初，我国的华罗庚教授将这种技术在中国普及推广，称作统筹方法，现在通称为网络计划技术。

20 世纪 70 年代，随着各类项目管理日益复杂、规模不断增大，项目内、外部环境变化莫测，以往那种传统方法已经不能适应项目管理的要求。此外，计算机信息技术的迅速发展，也极大地推动了项目管理进入一个创新发展的阶段。

二、现代项目管理阶段

西方现代项目管理阶段又可以分为两个时期，即项目管理发展时期和项目管理新发展时期。

1. 现代项目管理发展时期（20 世纪 80—90 年代）

20 世纪 80 年代，随着全球性竞争日益加剧，项目活动日益扩大和复杂化，项目数量也急剧增加；项目管理团队规模不断扩大，相关方利益冲突也不断增加。在这种背景下，为了克服项目成本压力不断上升等一些不利因素，一些政府部门和相关企业投入了大量的人力资源和资金去研究和探索现代项目管理的基本原理及发展规律，开发创新出了不少项目管理的应用成果。现代项目管理也逐渐形成了自己的理论体系和应用系统。

1981 年，美国项目管理协会委员会成立了一个研究小组，系统地研究了项目管理职业程序和概念建议书，并提出了三个重要成果：①项目管理人员职业道德；②项目管理知识体系标准；③项目管理执业者评价。

1983 年 8 月，该工作成果在美国《项目管理杂志》上以特别报告的形式发表，后来成为美国项目管理协会初步评估和认证计划的基础。此后，该文件经历了一系列修改和完善，并于 1987 年由美国项目管理协会批准，在 1987 年 8 月以"项目管理知识体系"（PMBOK）为标题进行了公开发表。

1991 年 8 月根据美国项目管理协会提出的意见再次做了修改。1994 年 8 月美国项目管理协会标准委员会发布了《项目管理知识体系指南》的草稿，并于 1996 年正式颁布。现在使用的是《项目管理知识体系指南》第 6 版。

2003 年我国相关研究单位和项目管理研究人员根据我国项目管理工作的实践，借鉴西方项目管理工作的成果和思路［如英国的《受控环境下的项目管理》第 2 版（PRINCE2）、美国的 PMBOK 等］，开展了独立的项目管理创新开发研究，并创立了中国的项目管理知识体系指南。2008 年中国项目管理知识体系成型，2010 年中国《项目管理技术和应用体系》正式发布。经过 2 年的实验，2012 年中国《项目管理知识体系》发布。

2. 现代项目管理新发展时期（20 世纪 90 年代至今）

20 世纪 90 年代及以后，项目管理有了新的进展。在全球经济状况迅猛变化、市场竞争日趋激烈的形势下，为了迎接经济全球化的挑战，项目管理更加注重人的因素、注重顾客、注重柔性管理，力求在变革中生存和发展。此外，项目管理应用领域进一步扩大，尤其是在新兴产业中得到了迅速的发展。比如在通信、软件、信息、金融、医药等产业中，现代项目管理的任务已不仅仅是项目建设，而且还要满足用户开发项目、经营项目，以及对经营项目完成后形成的设施、产品和其他成果进行管理的需求。在这个时期，伴随着信息时代的来临和高新技术产业的飞速发展并成为支柱产业，项目管理的内涵和特点发生了巨大的变化。在制造业经济环境下，强调的是预测能力和重复性活动，项目管理的重点在于制造过程的合理性和标准化。许多在制造业经济环境下建立的项目管理方法和成果，到了信息经济环境中已经不能满足其项目管理的需求。

在信息经济环境里，信息是动态的、不断变化的，灵活性成了新秩序的代名词，实行项目管理恰好是实现灵活性的重要手段。项目管理在运作方式上最大限度地利用了项目内、外部资源，从根本上改善了中层管理人员的工作效率，于是各工程企业逐步采用这一管理模式。经过长期研究总结，在发达国家中现代项目管理逐步发展成为一门独立的学科体系和行业，成为现代管理学的一个重要分支。现代项目管理非常适用于那些责任重大、关系复杂、时间紧迫、资源有限的一次性任务的管理。随着经济全球化的快速发展，这类任务也越来越多，已成为政府部门和各行各业共同关注的问题。

第三节 国际项目管理发展趋势

一、全球化发展趋势

现在国际化专业活动日益频繁，每年都有许多项目管理专业学术会议在世界各地举行，少则几百人，多则上千人，吸引着各行各业的专业人士。由于互联网的发展，许多国际组织在国际互联网上建起了自己的站点，各种项目管理专业信息可以在网上很快查阅。项目管理全球化发展为我们创造了学习机会，也给我们提出了更高水平的国际化发展要求。

全球化发展的一个重要特点是知识、文化与经济的全球化融合。竞争需要信息技术支撑，促使项目管理向全球化方向发展。随着国际间项目合作日益增多，许多国际间的合作与交流是通过具体项目来实现的。这些项目，使各国的项目管理方法、文化、知识和观念得到了交流与沟通。

二、多元化发展趋势

现代项目管理已渗透到不同行业、不同地域，以不同的规模在不同时间展现在世人面前。现在，现代项目管理已经受到高科技产业及各种社会大型活动的重视，开始在这些领域发挥着它的巨大作用。对项目管理类型，从各种不同角度去理解分析，有宏观、微观，重点、非重点，工程、非工程等。大的项目可以是某个城市筹办一次世界级运动会的建设项目；小的项目则可以是一件小的具体任务，如办一次培训班等。项目范围有大有小，时间有长有短，涉及的行业、专业差别很大，难度也不一样。因此，在项目管理上出现了各种各样的多元化管理特征和发展趋势。

三、专业化发展趋势

近年来，现代项目管理在专业化发展方面有了明显的进展。如项目管理知识体系（PMBOK）在不断发展和完善之中；美国 PMI 已将其作为该组织项目管理专家资质认证考试的主要内容；欧洲 IPMA 和其他各国的项目管理组织也提出了各自的管理体系。学历教育从学士、硕士到博士，非学历教育从基层项目管理人员到高层项目经理，形成了层次化的教育培训体系。对项目与项目管理学科的研究一直在不断深化，既有原理、概念性的，也有工具、方法性的。

第四节　中国项目管理及建设模式发展进程

中国早期的"项目管理"是在计划经济前提下建立起来的项目基本建设管理程序，是计划经济管理制度条件下的产物。20 世纪 70 年代初期，在党和国家领导人的高度重视下，国务院相关部委筹划和组织了中国历史上第二次大规模成套技术设备引进。这对解决中国国民经济中的要害问题，促进中国相关产业加快发展，缩短与世界先进水平的差距，具有深远的历史意义。这次大规模引进建立和发展了同西方发达国家的经贸合作关系，对后来的对外开放和参与经济全球化的合作与竞争，对中国项目管理及基本建设程序和建设模式的发展，都起到了承前启后的作用。

第二次大规模成套技术设备的引进，对外共签订了 26 个大型项目，其中大化肥项目 13 套。以大化肥为例，这些化肥项目均具有年产几十万吨合成氨、尿素等产品的生产能力。随着项目的引进，分别建立了河北沧州化肥厂、辽宁辽河化肥厂、黑龙江大庆化肥厂、江苏南京栖霞山化肥厂、安徽安庆化肥厂、山东淄博齐鲁第二化肥厂、湖北化肥厂（宜昌）、湖南洞庭化肥厂、广东广州化肥厂、四川化工厂（成都）、泸州天然气化工厂、贵州赤水天然气化肥厂、云南天然气化工厂（水富）等。这些大型项目采用的先进工艺专利技术、工艺流程、大型设备、自动控制系统、标准规范以及项目建设模式，都对当时的中国勘察设计行业、基本建设管理体系产生了巨大的冲击。中国在长期计划经济体制下形成的项目基本建设程序和项目建设组织模式已经不能适应当时引进的先进工艺技术、大型设备、国际标准规范建设模式的要求。这使我国基本建设程序、勘察设计市场等各方面的改革发展迫在眉睫。如何在借鉴西方发达国家先进的工业技术和经验的同时，也同时借鉴西方发达国家的项目建设管理模式，探索中国工程建设管理体系及项目管理及组织模式，已经成为工程建设领域改革的一项重要内容。

回顾当初我国的基本建设体制，项目管理及建设模式的发展历程大致分为两个阶段：第一阶段为项目管理及总承包建设模式试点探索及推行阶段；第二阶段为项目管理及总承包建设模式规范提升及推广阶段。

一、试点探索及推行阶段

这一阶段又可分为试点探索时期及推行时期。

1. 试点探索时期

试点探索时期是在 20 世纪 70 年代后期到 80 年代末。当时国际上通行的先进的项目管理及工程项目建设总承包等模式在中国几乎是一片空白，仅从化学工业引进 13 套大化肥的项目建设过程就可以印证。之后中国改革开放形成的经济发展需求推动政府相关部门和勘察设计行业的相关单位，开始对这一片空白进行认识和探索。随后开始对项目基本建设体制、机制和项目建设模式进行试点探索。政府相关部门出台了一系列国家相关政策，对我国的市场经济、基本建设体制、项目管理、项目建设模式以及勘察设计企业等进行了改革和推进。

① 1982 年 6 月 8 日，化工部印发了《关于改革现行基本建设管理体制，试行以设计为主体的工程总承包制的意见》的通知。通知明确指出："根据中央关于调整、改革、整顿、提高的方针，我们总结了过去的经验，研究了国外以工程公司的管理体制组织工程建设的具体方法，吸取了我们同国外工程公司进行合作设计的经验。为了探索化工基本建设管理体制改革的途径，部里决定进行以设计为主体的工程总承包管理体制的试点。"

1984 年 9—10 月，化工部第四设计院、化工部第八设计院先后开始按工程公司模式进行企业改制。化工部第四设计院改为中国武汉化工工程公司（现中国五环工程有限公司）。在化工部领导下，开始筹划工程总承包试点。同年，化工部对江西氨厂改尿素工程实行第一个以设计为主体的工程总承包试点，中国武汉化工工程公司为工程总承包商，项目建设工期 28 个月。通过总承包商的努力，有效地控制了工程项目进度、质量、费用和 HSE。总承包项目一次试运行成功，生产出了合格的尿素产品，该项目受到了国家计委、化工部的表扬。

② 1984 年，国务院颁发了《国务院关于改革建筑业和基本建设管理体制若干问题的暂行规定》（国发〔1984〕123 号），对我国建筑业和基本建设提出了改革的最初设想，主张建立工程承包企业类型。

③ 1984 年 11 月国务院批转国家计委《关于工程设计改革的几点意见》（国发〔1984〕157 号），指出：承包公司可以将从项目的可行性研究开始直到最终建成试运行投产的建设全过程实行总承包，也可以实行单项承包。

④ 1984 年 12 月国家计委、建设部联合发出《关于印发〈工程承包公司暂行办法〉的通知》（计设〔1984〕2301 号）。

2. 试点探索成果推行时期

通过化工行业的先行试点应用，总结了试点成功的经验和存在的问题及经验教训后，在 20 世纪 80 年代末到 90 年代中期，开始在全国相关行业进行项目管理以及工程总承包模式的推行。同时，施工企业总承包也在这个时期开始了试点的推广工作。

① 1987 年 4 月 20 日，国家计委、财政部、中国建设银行、国家物资局发布了《关于设计单位进行工程建设总承包试点有关问题的通知》（计设〔1987〕619 号），公布了全国第一批 12 家工程总承包试点单位。其中化工部有四家勘察设计单位位列其中。

② 1987 年国家计委等五部委联合下发了《关于批准第一批推广鲁布革工程管理经验试点企业有关问题的通知》，批准了第一批 18 家施工试点企业。

③ 1989 年 4 月 1 日，建设部、国家计委等五部门印发了《关于设计单位进行工程总承包试点及有关问题的补充通知》，公布了第二批 31 家工程总承包试点单位。从此，工程总承包试点工作在 21 个行业的勘察设计单位逐步展开。

④ 1989 年 4 月建设部、国家计委、财政部、中国建设银行、物资部联合颁发《关于扩大设计单位进行工程总承包试点及有关问题的补充通知》。随着通知的出台开始在全国推广工程总承包建设模式。

⑤ 1990 年 10 月，建设部下发了《关于进一步做好推广鲁布革工程管理经验，创建工程总承包企业进行综合改革试点工作的通知》，将试点企业扩大到 50 家。

⑥ 1992 年 4 月 3 日建设部印发《工程总承包企业资质管理暂行规定》（试行）。指出：随着施工管理体制改革的不断深入，许多企业增强了工程设计、施工管理、材料设备采购能力，并总承包了一批建设项目，取得了较好的社会效益和经济效益；同时，以实现工程项目总承包为宗旨的企业集团也相应地发展起来，并已开拓了国内外市场。

⑦ 1992 年 11 月，建设部颁发了《设计单位进行工程总承包资格管理有关规定》（建设〔1992〕805 号），明确了设计单位进行工程总承包的资格，并进行资格管理。

规定出台后，先后有 560 余家设计单位领取了甲级工程总承包资格证书，2000 余家设计单位领取了乙级工程总承包资格证书。

⑧ 1993 年 6 月建设部颁布了《关于开展工程总承包企业资质就位工作的通知》。

⑨ 1995 年 6 月建设部颁布了《工程总承包企业资质等级标准》。此标准是工程总承包企业开展工程总承包的重要依据之一。

⑩ 1999 年 8 月，建设部印发了《大型设计单位创建国际型工程公司的指导意见》（建设〔1999〕218 号），提出：国际型工程公司应具有较强的融资能力，既能为公司筹措实施国外承包项目的流动资金，又能帮助业主筹措建设资金，能为业主联系获得政府贷款或国际金融组织的贷款提供服务。

⑪ 1999 年 12 月，国务院批转建设部等六部委提出的《关于加快勘察设计单位体制改革的若干意见》（国办发〔1999〕101 号），明确提出了我国勘察设计单位体制改革的指导思想、基本思路和改革目标。从此结束了勘察设计事业体制的历史，加快了其与国际工程咨询业接轨的步伐。使勘察设计院由单一功能设计院向为建设项目全过程提供各种咨询服务的工程公司、工程咨询公司转化。

⑫ 2002 年 11 月 1 日，《国务院关于取消第一批行政审批项目的决定》（国发〔2002〕24 号）第 239 项，取消了"工程总承包资格核准"。

⑬ 2003 年 2 月 13 日，建设部印发《关于培育发展工程总承包和工程项目管理企业的指导意见》（建市〔2003〕30 号）。提出：鼓励大型设计、施工、监理等企业与国际大型工程公司以合资或合作的方式，组建国际型工程公司或项目管理公司，参加国际竞争。

并进一步提出：鼓励有投融资能力的工程总承包企业，对具备条件的工程项目，根据业主的要求，按照建设—转让（BT）、建设—经营—转让（BOT）、建设—拥有—经营（BOO）、建设—拥有—经营—转让（BOOT）等方式组织实施。

⑭ 2004 年 11 月 16 日，建设部颁布实施《建设工程项目管理试行办法》（建市〔2004〕200 号发布），提出：项目管理企业应当具有工程勘察、设计、施工、监理、造价咨询、招标代理等一项或多项资质。

二、规范提升及推广阶段

第二阶段时间，从 2000 年至现在。这一阶段，对全国相关行业的项目管理及总承包建设模式进行了深入推广应用，特别是成功应用经验和案例的推广，加上国内、外项目管理的理论和应用成果的指导，极大地促进了项目管理及总承包建设模式在我国的发展。国家在这一时期也出台了不少政策。

① 2005 年 5 月，GB/T 50358—2005《建设项目工程总承包管理规范》正式颁布。这是中国第一部工程总承包国家标准规范，主要适用于总包企业签订工程总承包合同后对工程总承包项目的管理，该标准规范具有里程碑意义。

② 2005 年 7 月 12 日建设部、国家发展和改革委员会、财政部、劳动和社会保障部、商务部、国务院国有资产监督管理委员会印发了《关于加快建筑业改革与发

展的若干意见》（建质〔2005〕119号），提出："大力推行工程总承包建设方式。以工艺为主导的专业工程、大型公共建筑和基础设施等建设项目要大力推行工程总承包建设方式。大型设计、施工企业要通过兼并重组等多种形式，拓展企业功能，完善项目管理体制，发展成为具有设计、采购、施工管理、试运行考核等工程建设全过程服务能力的综合型工程公司。"

③ 2011年9月，住建部、国家工商行政管理总局联合印发了《建设项目工程总承包合同示范文本（试行）》。

④ 2016年5月20日，住建部印发了《关于进一步推进工程总承包发展的若干意见》。

⑤ 2017年2月21日，国务院办公厅印发了《关于促进建筑业持续健康发展的意见》，提出"加快推行工程总承包"和"培育全过程工程咨询"。

⑥ 2017年5月4日，GB/T 50358—2017《建设项目工程总承包管理规范》正式颁布，实施日期2018-01-01，替代旧标准GB/T 50358—2005。

第五节　中国工程勘察设计行业发展现状

一、中国工程勘察设计现状

2018年是中国改革开放的第40年，回顾1978年改革开放初期，中国勘察设计行业只有10余万从业人员，由国务院和省（市、自治区）的主管部门下达勘察设计任务、拨给事业经费。一年全国勘察设计事业经费5亿元，勘察设计单位基本上处于维持状态。

2018年住建部发布了《2017年全国工程勘察设计统计公报》，其中2017年勘察设计行业从业人员、新签合同额、勘察行业营业收入以及利润统计数据如下：

2017年中国工程勘察设计行业年末从业人员428.6万人，年末专业技术人员181万人。其中，具有高级职称人员38.4万人，占从业人员总数的9%；具有中级职称人员65.1万人，占从业人员总数的15.2%。

2017年全国共有24754个工程勘察设计企业参与了统计，与上年相比增长12.6%。其中，工程勘察企业2062个，占企业总数8.3%；工程设计企业21513个，占企业总数86.9%；工程设计与施工一体化企业1179个，占企业总数4.8%。

2017年工程勘察新签合同额合计1150.7亿元，与上年相比增加33.3%。工程设计新签合同额合计5512.6亿元，与上年相比增加18.8%。其中，房屋建筑工程设计新签合同额1355.5亿元，市政工程设计新签合同额743亿元。工程总承包新签合同额合计34258.3亿元，与上年相比增加38.8%。其中，房屋建筑工程总承包新签合同额 8418.3 亿元，市政工程总承包新签合同额 4020.7 亿元。其他工程咨询业务新签合同额合计 699.1 亿元，与上年相比增加 6.9%。

2017 年全国工程勘察设计企业营业收入总计 43391.3 亿元，其中，工程设计收入 4013 亿元，占营业收入的 9.2%；工程总承包收入 20807 亿元，占营业收入的 48%。工程勘察设计企业全年利润总额 2189 亿元，与上年相比增加 11.6%；企业净利润 1799.1 亿元，与上年相比增加 11.3%。

二、工程公司发展的重要意义

1. 工程公司是工程承包行业发展主导者

自 20 世纪 90 年代以来，随着中国基本建设体制改革和社会主义市场经济的建立，以经济建设为中心，化工、石化行业迅猛发展，在勘察设计行业内，一批大型央企骨干设计院在国内率先实行工程公司体制改革，逐步建立与国际接轨的项目运作模式和相适应的运行体制。政府各级主管部门，也逐步认识到工程公司的重要性，不断完善相关法规和技术标准，推行适应国际工程建设项目惯例的项目管理和运营模式，已经形成了一批具有一定规模和国际竞争力的工程公司。

但是中国大多数由设计单位组建的工程公司，在工程规模、业务领域、技术水平和项目管理能力等方面，尤其是在自主知识产权核心技术等方面，与国际顶级工程公司相比较，还存在一定的差距，处于国际顶级工程公司发展的初、中级阶段，在发达国家主流市场上还处于劣势地位。

经济全球化已经成为世界经济体系中一个突出的特征。任何一个国家和企业要想获得持续的发展，都必须以积极的心态和全球的视野面对全球化带来的机遇和挑战。不管是发达国家，还是发展中国家，工程承包行业都属于国民经济发展的重要支柱产业，对国民经济发展起着举足轻重的作用。无论从国内生产总值、固定资产投资，还是从解决劳动就业角度分析，工程承包行业对国家经济发展都是至关重要的环节，其中工程公司又是推动工程承包行业发展的主导者。

2. 工程公司是先进工业体系的推动者

中国正处于工业化进程的上升阶段，一方面，建设新型工业化国家离不开综合能力强、技术水平高、能与国外公司既竞争又合作的国际型工程公司；另一方面，国家拥有实力强大的国际型工程公司，对于打破外国工程公司的技术垄断具有重要意义。

工程公司是一个国家建立完整先进工业体系的重要组成部分。工程公司在项目前期规划、设计和建设过程中是完整先进工业体系的推动者；在工程领域原始创新中是保证工业体系完整性和先进性的主导者，是引进、消化吸收、集成创新的传播者，也是国家技术进步的重要推动力。

3. 工程公司是国民经济建设的守护者

国际知名顶级工程公司往往来自西方经济发达的国家，这种工程公司背后是以发达的国家经济作为支撑。国家经济的发展给工程公司提供了发展的机遇，同时工程公司又以强大的技术竞争力保障了国家经济的发展。同样国内知名顶级工程公司在人才、管理、技术、融资、项目全过程服务能力上也具有一定的发展优势。特别是在某一领域拥有自主核心技术或技术来源，依靠技术竞争力的国际型工程公司，能够形成独特的技术竞争优势，占领国内高端市场，获取较高附加值的收益，是保证国家能源和经济安全的守护者。

毋庸置疑，对于任何一个大国来说，支持国家经济建设与发展是不可以仅仅凭借来自他国的工程公司的。因此，在中国特色新兴工业化道路上，不仅需要国内顶级工程公司来实现科研成果向生产力的转化，还需要国内顶级工程公司来建设现代化的新兴工业化国家。

第六节　国际工程市场发展趋势

一、中国企业建筑市场规模

中国企业 2017 年在一带一路沿线的潜在市场份额达 6527 亿美元，占市场总额的 11.74％ 。一带一路沿线中国企业潜在建筑市场规模见表 1-1。

表 1-1　一带一路沿线中国企业潜在建筑市场规模（2017 年数据）

区域		建筑业总产值估算/亿美元	企业总收入估算/亿美元	中国企业市场占比/％	中国企业潜在市场/亿美元
亚洲	中亚	430.61	404.78	25.00	101.19
	东南亚	5572.17	5237.84	25.00	1309.46
	南亚	7096.19	6670.42	25.00	1667.60
中东	西亚	7962.06	7484.34	17.20	1287.31
非洲	北非	1812.13	1703.40	54.90	935.17
欧洲	东欧	6133.26	5765.27	3.60	207.55
	南欧	4944.27	4647.62	3.60	167.31
	西欧	25157.00	23647.58	3.60	851.31
合计		59107.70	55561.24		6526.91

注：公开资料整理。

同样在美洲地区中国企业潜在的市场为 3615 亿美元，占市场总额的 11.33％ 。美洲地区中国企业潜在建筑市场规模见表 1-2。

表 1-2　美洲地区中国企业潜在建筑市场规模（2017 年数据）

区域	建筑业总产值估算 /亿美元	企业总收入估算 /亿美元	中国企业市场占比 /%	中国企业潜在市场 /亿美元
拉美	19716.12	18533.15	13.70	2539.04
北美	15903.11	14948.93	7.20	1076.32
合计	35619.23	33482.08		3615.36

注：公开资料整理。

2017 年建筑市场中国企业总收入估值约 31920 亿美元，相当于一带一路沿线区域总和的 57.45%、美洲地区总和的 95.33%。

二、国际工程建筑市场区域格局

据美国《工程新闻记录》杂志（ENR）公布的数据，2017 年全球最大 250 强国际承包商（简称 250 强）所在市场的总体格局为：

① 亚洲（含澳大利亚，不含中东地区）地区是全球第一大国际工程市场，2017 年 250 强在该区域的营业收入总计 1276.1 亿美元，占比 26%。

② 欧洲地区是全球第二大国际工程市场，2017 年 250 强在该区域的营业收入总计 1023.3 亿美元，占比 21%。

③ 中东地区市场以 814 亿美元位居第三，占比 17%。

④ 非洲市场以 624.2 亿美元位居第四，占比 13%。

⑤ 其余分属北美和拉美市场。

1. 亚洲（含澳大利亚，不含中东地区）市场

亚洲是全球经济增长最快的地区，2017 年该地区 GDP 增长了 5.5%，远高于全球 2.9% 的水平。2017 年，250 家最大国际承包商在亚洲（含澳大利亚）地区的营业额为 1276 亿美元，增长了 6.1%，增长额约 73 亿美元。

中国承包商在亚洲地区的营业额达到 481 亿美元，市场份额达到 37.7%，继续高居第一。中国承包商是该地区增长的最大贡献者，营业收入同比增长了 100 亿美元。

印度、巴基斯坦、马来西亚、越南、菲律宾、泰国、印度尼西亚等国家均制定了庞大的固定资本投资预算，建筑业投资额增长都在 6% 以上，市场需求旺盛。

2. 欧洲市场

2017 年，250 强在欧洲市场的营业额进一步增长了 6.6%，为 1023 亿美元。欧洲承包商在该地区的市场份额基本在 80% 以上。预计 2018 年以后，欧洲市场的增长势头将有所放缓，特别是传统东部欧洲的一些国家如波兰、匈牙利等将开始触底反弹。

3. 中东（海湾）市场

随着油价走低，海湾国家出现巨额财政赤字，中东市场工程招标项目数量和金额逐渐递减。2016 年海湾国家财政赤字占 GDP 的比例达到 12% 的峰值，2017 年降低到 6.5%，2018 年进一步降低到 4%，2019 年能够回到财政平衡。

2014 年以来，海湾国家已授标的合同额总额连续下降，2017 年达 1080 亿美元。全球最大 250 家国际承包商 2017 年在中东地区的营业额为 814 亿美元，同比小幅下降了 3.1%。在市场低潮期，只有中国和西班牙承包商营业额获得了 20% 以上的增长；2017 年韩国承包商在中东地区营业额出现大幅下跌。

从中长期分析，中东市场规划项目投资高达 2 万亿美元，市场潜力巨大。沙特仍是该地区最大的工程承包市场；阿联酋经济多元化将带动相关领域的建设；卡塔尔筹办世界杯足球赛，基础设施投资项目数量激增。

4. 非洲市场

非洲大陆约有一半国家的经济严重依赖油气和矿产资源出口。2017 年，受市场环境的影响，全球最大 250 家国际承包商在非洲北部地区的营业额为 229 亿美元，同比小幅下降 3.1%。在南部非洲地区，250 强的营业额总和为 395 亿美元，同比小幅上升 4.3%，带动整个非洲大陆数据同比小幅增长 1%。中国承包商的营业额增长 8%，市场份额进一步扩大到 59.8%，地位日益强势。

5. 北美市场

2017 年以来，随着美国经济的强劲复苏，美国失业率降低到历史较低水平，私人消费显著增加，对住宅的需求稳步上升；同时美国制造业的回流也使得工业工程和非住宅建筑的需求明显增加。在基础设施方面，交通工程和市政道路领域投资项目有所增加。2017 年，受美国国内房地产业景气的影响，250 强在美国市场的营业额达到 600 亿美元，同比大幅增长了 12.2%。德国、西班牙、瑞典等欧洲国家的承包商占据绝对领先的地位，2017 年市场份额达到 70%。德国和西班牙的市场份额大部分来自 ACS，是通过豪赫蒂夫（Hochtief）公司在美国收购的子公司特纳（Tuner）工程公司来实现的。瑞典则主要通过斯堪斯卡（Skanska）的美国子公司实现。

6. 拉美市场

2017 年拉美地区建筑业投资相比于 2016 年有好转迹象，实现约 1% 的增长。增长较快的国家是哥伦比亚、智利、秘鲁、墨西哥等。根据 ENR 的统计，2016 年 250 强在拉美地区的业务跌入谷底，2017 年仍然下跌，但跌幅已经显著收窄，2017—2022 年规划中的工程项目数量近 3000 个，投资总额约 1.2 万亿美元，将带动拉美建筑业投资以 3.3% 的速度增长。

三、国际工程建筑市场承包商营业收入

工程承包行业可以带动与其相关的建材、冶金、有色金属、化工、轻工、电

子、物流、研发、金融服务等 50 多个产业的发展。随着世界经济一体化加速，跨越国界的工程服务日益频繁。随着全球经济的复苏，全球工程承包市场依然"总量庞大，发展前景广阔"。

据统计，2018 年度 ENR 全球最大 250 家国际承包商的国际营业收入总计为 4824 亿美元，同比增长 3.1%。这是 250 强营业额近三年连续下降后首次出现增长。

1. 西班牙承包商

建筑与服务活动公司（Activides de Construccion y Servicios S. A.，ACS）排名第 1。2018 年再有 11 家承包商入选：1 家新晋榜单，8 家同比取得增长，只有 2 家承包商国际业务出现下降，上榜企业的国际营业额整体同比增长 13.7%。行业巨无霸 ACS 凭借着巨头豪赫蒂夫（Hochtief）公司的良好表现实现了 11.6% 的增长，以 363.9 亿美元的业绩继续高居榜首。

2. 德国承包商

德国承包商的业绩增长最为强劲，国际营业收入整体同比增长了 28.6%。行业巨头豪赫蒂夫（Hochtief）公司的国际营业额在连续几年下降后取得了 14.8% 的快速增长，以 263 亿美元的业绩稳居榜单第 2 的位置。

3. 中国承包商

中国交建 231 亿美元，排名第 3；中国建筑 139.7 亿美元，排名第 8；中国电建 122.4 亿美元，排名第 10。中国内地企业进入榜单的承包商达到 69 家，国际营业收入总额达到 1140 亿美元，同比增长了 15.6%，相比上年 5.4% 的增长明显提速。中国承包商营业额在除美洲以外的区域都取得明显的增长，尤其是在亚洲（含澳大利亚，不含中东地区）、非洲、中东地区。在亚洲（含澳大利亚，不含中东地区）地区，中国承包商成为该地区增长的最大贡献者，增长额达到 100 亿美元。而 250 强整体在该地区业务收入只增长了约 73 亿美元。中国内地 69 家入选承包商在 250 强中的市场份额占比达到 23.7%，创历史新高。

4. 法国承包商

法国的万喜（Vinci）公司，排名第 4；布依格（Bouygues）公司，排名第 7。Vinci、Bouygues 国际营业收入分别增长了 8.7% 和 15.7%，稳居顶尖承包商行列，长期占据金字塔的顶端。

5. 奥地利承包商

奥地利的斯特拉巴格（Strbag）公司排名第 5。

6. 英国承包商

德希尼布美信达（TechnipFMC）公司排名第 6，是德希尼布（Technip）公司与福默诗（FMC）公司合并形成的公司，以英国公司的名义参评。

7. 瑞典承包商

瑞典的斯堪斯卡（Skanska）公司排名第9。

8. 美国承包商

行业巨头柏克德（Bechtel）公司国际营业额同比下降了38.9%，业务缩减约60亿美元，排名由上年的第5位下降至第12位。芝加哥桥梁与钢铁（CB&I）公司国际收入缩减了64%；凯洛格·布朗·路特（KBR）公司缩减了近30%；嘉科（Jacobs）工程公司缩减了40%。油气类行业巨头福陆（Fluor）公司终止了过去三年连续大幅下降势头，同比小幅增长了6%，国际营业额达到73亿美元。进入250强的美国承包商比上年减少了7家，为36家，国际营业额出现了20%的降幅。

9. 意大利承包商

2017年有11家承包商进入250强，比上年减少三家。国际营业收入总额同比大幅下降30.4%，主要原因是以油气工程为主业的萨伊博姆（Saipem）公司因其国际业务连续多年下降，没有参评。10家意大利承包商国际营业收入整体实现了13.4%的增长。其中萨利尼工程建设（Salini Impregilo SPA）公司排名第15位。

第七节　国际工程公司的发展历程

一、国际工程建设企业发展阶段划分

国际知名工程公司大都已经发展了至少半个世纪，历史最长的为豪赫蒂夫公司，至今已经有130多年的历史。12家国际著名工程公司的成立及重大重组时间见表1-3。

表1-3　国际著名工程公司的成立及重大重组时间表

公司	成立	合并	公司	成立	合并
柏克德(Bechtel)(美)	1898	—	阿美科(AMEC)(美)	1848	1982
福陆(Fluor)(美)	1912	—	日挥株式会社(JGC)(日)	1928	—
斯特拉巴格(Strabag)(奥地利)	1930	2000	博威斯(Bovis)(英)	1885	1999
斯堪斯卡(Skanska)(瑞典)	1887	—	布依格(Bouygues)(法)	1952	
豪赫蒂夫(Hochtief)(德)	1873	—	德希尼布(Technip)(法)	1958	2016
万喜(Vinci)(法)	1899	2000	凯洛格·布朗·路特(KBR)(美)	1919	1998

注：资料来源于各公司年报。

国际著名工程公司的发展基本上遵循这样的规律：成立初始发展阶段→快速发展阶段→海内外业务扩张阶段→全球化扩张阶段→战略调整与重组阶段。

1. 成立初始发展阶段

上述公司的最初组织形式都是私人公司或者合伙制公司。这个阶段一般采用的发展模式为专业化（集中核心业务以及打造差异化产品）、建立业主联盟等。一些公司在这个阶段采用了与业主联盟的模式。如 KBR 公司，由于支持总统选举以及长期保持与政府的良好关系，帮助企业获得了大量的政府订单，为其自身发展提供了稳定的基础，并取得了在本行业的领先优势。国际著名工程公司成立初始阶段核心业务见表1-4。

表 1-4　国际著名工程公司成立初始阶段核心业务

公司	年份	主要业务	发展模式
Bechtel	1898—1906	负责铁路建造	专业化
Fluor	1912—1930	专门从事石油天然气领域建造	专业化
Technip	1958—1962	负责工程炼油厂和石化厂建造	专业化
Skanska	1887—1897	从事建材生意和建筑工程	专业化
Hochtief	1873—1896	住宅、工厂、基础设施建造,成立合资公司	专业化、企业联盟
Vinci	1895—1908	专门从事公共工程	专业化
AMEC	1883—1920	从事石材生意以及房屋承建	专业化
JGC	1928—1944	专门为政府从事石油炼制厂建造	专业化、业主联盟
KBR	1919—1940	专门从事基建,支持总统选举以获取订单	专业化、业主联盟
Strabag	1835—1930	专门从事房屋建造	专业化
Bouygues	1951—1956	主营巴黎地区建筑工程	专业化
Bovis	1885—1900s	专门从事房屋修建	专业化

2. 快速发展阶段

在快速发展阶段，多数公司选择了在主营业务方面通过设立分支机构追求最大市场份额。不少企业开始多元化经营，尝试走出国门、开拓海外业务。还有少数企业开始重视研发，以获得更大难度的项目。国际著名工程公司的快速发展阶段的业务见表1-5。

表 1-5　国际著名工程公司的快速发展阶段的业务

公司	年份	主要业务	模　　式
Bechtel	1898—1906	进入石化等多个领域,与6公司联营造水坝	多元化、企业联盟
Fluor	1930—1950	拿到多个石化领域的大项目	追求最大市场份额
Technip	1962—1980s	迅速抢占炼油、化工领域市场	追求最大市场份额
Skanska	1887—1897	迅速抢占房屋道路市场,开发多种施工技术	追求市场份额、技术领先
Hochtief	1896—1966	在其国内大量设立分公司、研发新技术、与另一大公司重组,第一次法国开拓业务失败	设分支机构、技术领先、企业联盟、拓展海外业务

公司	年份	主要业务	模 式
Vinci	1895—1908	进入工业、水利、电气领域,被CGE兼并	多元化、追求市场份额
AMEC	1883—1920	进入咨询、电力、桥梁、交通等行业	多元化
JGC	1944—1960	拿到多单其国内石油炼制厂建造的大项目	追求最大市场份额
KBR	1940—1960s	与美军合作、设立子公司进入海上石油领域、拿到第一单海外业务(关岛)	业主联盟、分支机构、拓展海外业务
Bouygues	1956—1968	设立分公司扩张到整个法国,进入房地产、建材、基础设施工程,创建信息系统	追求最大市场份额、多元化、技术创新
Bovis	1900—1970	施工、设计、物业运营多元化,被P&O收购	多元化、追求市场份额

3. 海内外业务扩张阶段

在业务扩张阶段,各公司普遍启动了海外拓展业务,设立分支机构及进行海外并购。大部分公司开始涉入多个领域,进行多元化战略,有些公司选择上市融资,进入资本市场,为大规模兼并收购打下坚实的基础。国际著名工程公司的海内外业务扩张阶段主要业务见表1-6。

表1-6 国际著名工程公司的海内外业务扩张阶段主要业务

公司	年份	主要业务	模 式
Bechtel	1940—1975	工程项目遍及6洲,进入新兴核电厂领域	多元化、开拓海外业务
Fluor	1950—1977	上市,进入大洋洲等地区,涉及能源行业	多元化、开拓海外、上市
Technip	1980—1990	抢占炼油、化工领域市场,并购CLE	追求市场份额、收购
Skanska	1950—1970	开始进入中东、非洲、拉美,成功上市	专业化
Hochtief	1963—1989	完成埃及项目,进入电厂、石油建造行业	多元化、开拓海外业务
Vinci	1980—1989	被多次收购,重组起名为SGE(Sogea),通过收购获得技术以及进入德国市场	开拓海外业务多元化、兼并重组
AMEC	1980—1990	两公司合并成立AMEC上市,收购马修霍尔	合并、上市、开拓海外业务
JGC	1960—1970	在东京上市,进入我国、南亚等多个地区专门设立研发机构	开拓海外业务、上市、技术创新
KBR	1960—1970	进入加拿大、泰国等十多个国家多个领域	多元化、开拓海外业务
Strabag	1865—1998	在维也纳上市,合并	上市
Bouygues	1968—1980	进入公共、石油建筑市场、上市、海外设立分支机构、获得海外德黑兰项目	多元化、分支机构、开拓海外业务、上市
Bovis	1970—1990	并购,进入美国、欧洲、亚洲	开拓海外业务、并购

4. 全球化扩张阶段

全面推进全球化扩张，采用兼并收购等方式进入目标国家。收购，除了有针对竞争的横向并购、有产业链上的纵向并购，也有不同领域的并购。通过大量的兼并收购，很多公司快速地进入多个市场和领域，但同时由于扩张过快、领域过于分散，从而也隐藏了很多经营上的危机。在这一阶段，也有公司开始在运营模式上创新，少量公司开始尝试为客户提供一站式服务，引进项目管理等经营理念，也赢得了工程服务市场的先机。典型的模式是通过并购实现业务多元化、地区多元化，如瑞典的 Skanska，成功利用兼并收购进入了美国市场和欧洲其他国市场。同时，为了追求更高利润，一些公司开始相继进入建筑运营以及提供一站式服务，重点突出的有法国的 Vinci 和德国的 Hochtief。国际著名工程公司的全球扩张阶段主要领域见表 1-7。

表 1-7　国际著名工程公司的全球扩张阶段主要领域

公司	年份	主要领域	模式
Bechtel	1975—1985	全面发展海外业务，为顾客提供融资	多元化、并购、一体化
Fluor	1977—2000	收购 Daniel，进入亚、非、欧多国的各个领域	多元化、并购
Technip	1990—2000	收购 Speichim，进入我国等国家的多个领域	多元化、并购
Skanska	1970—2001	收购 KKE、HaH、Slattery、Beers 等公司	多元化、并购
Hochtief	1989—2001	为客户提供一站式服务、涉足项目管理领域	服务一体化、项目管理
Vinci	1989—1997	收购 Norwest、OBG、VU、MLTU、OBAG 等公司，开始涉足 BOT	多元化、并购、运营
AMEC	1990—2006	收购 SPIE、AGRA、Lauren、NCC 等公司	收购、多元化
JGC	1970—1985	全面发展海外业务、实行项目管理	业务一体化
KBR	1970—1998	兼并两大公司，实现多元化与全球化	多元化、并购
Strabag	1998—2005	收购 Asphalt 公司，全面进入欧洲	并购
Bouygues	1980—2000	收购 Saur、SCREG、法国电视一台、Cise 等	多元化、并购
Bovis	1990—2001	重组合并，业务涉及全方位的项目建设服务	重组、业务一体化

5. 战略调整与重组阶段

经历了几十年多元化、全球化扩张，一些企业内部出现了很多运营方面的问题，再加上建筑业利润率下降，导致巨型工程企业开始进行战略调整与重组，开始出售无优势、低利润的业务，集中核心业务，并注重降低总成本，大量投入研发新技术，积极创新，从而把握业务机会。这说明了为什么这些工程公司的经营战略虽然是多元化发展，但又突出主营业务，在全球化拓展但又重点集中在某些区域市场。国际著名工程公司的战略重组阶段主要领域见表 1-8。

表 1-8 国际著名工程公司战略重组阶段主要领域

公司	年份	主要领域	模式
Bechtel	1985—	重组分拆，专攻石油和交通领域	集中核心业务、技术创新
Fluor	2000—	分拆为两个经营实体，新公司主攻石油化工	集中核心业务
Technip	2000—	上市，合并 Coflexip，主攻石化领域	集中核心业务、上市、合并
Skanska	2001—	重组调整，开拓多种运营模式，开始倡导绿色建筑	业务一体化、技术创新
Hochtief	2001—	把核心业务整合上市，设立研发部门	集中核心业务、技术创新
Vinci	1997—	SGE 重组，子公司 Vinci 脱离 SGE，并收购 GTM，业务一体化	集中核心业务、业务一体化
AMEC	2006—	出售多个项目以及建筑、设施服务全部出售	集中核心业务
JGC	1985—	降低成本，重点投入环保与新能源开发	技术创新
KBR	1998—	被母公司重组合并成立 KBR，之后上市	集中核心业务、重组上市
Strabag	2005—	重组合并，专攻交通、房屋和工程服务	集中核心业务
Bovis	2001—	剥离房地产开发业务，专门从事项目建造与管理业务	集中核心业务

二、国际知名工程公司主要特征

1. 技术集成（以核心技术为重点的专业整合）

按照 ENR 的工程产品分类，在进入 ENR 排名的承包商中，几乎所有的公司都是兼跨数个行业。以 Bechtel 为例，业务领域涉及轨道交通系统、航空和港口、火电和核电厂、炼油厂和石油化工厂、采矿和冶金、国防和航天设备、环境保护和有害废料处理、电信网络、管道、石油和气体开发等十个不同行业。国际著名工程公司涉及的业务领域见表 1-9。

表 1-9 国际著名工程公司涉及的业务领域

公司	房屋	制造	电厂	供水	污水	工业	石油	交通	有害废弃物	电信
Bechtel	√	√	√			√	√	√		
Fluor	√	√	√				√	√	√	
Skanska	√	√	√	√				√		√
Hochtief	√	√	√			√		√		√
Vinci	√		√					√		
AMEC	√	√	√	√	√	√		√		√
JGC		√				√	√			
KBR	√					√	√			
Bouygues	√		√	√	√			√		√
Bovis	√									√

注：√为涉及的业务领域。

2. 过程集成（以核心业务为主的产业链整合）

传统的工程承包行业产业链条中，设计、建造及后期的维修服务等环节是由不同的工程公司来完成的。而近年来，注重对工程承包行业产业链的整合，集设计、建筑和服务等多种角色为一体成为许多国际工程公司的战略选择。

工程公司通过整合价值链，可以减少交易成本，在项目运作中拥有更多的主动性，可以在项目全寿命期内根据客户需求为客户创造价值，从而提高利润率。工程公司通过价值链创新也使其得以摆脱在施工领域等低端市场存在的过度竞争局面，创造出一个更为广阔的发展空间。国际知名工程公司业务特点见表 1-10。

表 1-10　国际知名工程公司业务特点

公司	业务特点	公司	业务特点
Bechtel	EC	AMEC	AEC
Fluor	EC	JGC	AEC
Strabag	C	Bovis	AEC
Skanska	EC	Bouygues	AEC
Hochtief	EC	Technip	EC
Vinci	C	KBR	EC

注：A 为建筑；E 为工程；C 为施工。

3. 产业与金融结合（稳定的资本运营）

资本运营是对资本的筹划和管理活动，企业可以对可支配的资源和生产要素进行运筹、谋划和优化配置，以最大限度实现资本增值目标。资本运营的目标在于资本增值的最大化，资本运营的全部活动都是为了实现这一目标。资本运营过程包括：资本的组织、投入、运营、产出和分配的各个环节和方面。随着资本市场的发展，新资本运营方式不断推出。资本运营主要方式见表 1-11 所示。

表 1-11　资本运营主要方式

基本方式	细分方式
债务融资	银行借款、公司债券、可转换债券、商业信用、商业票据等
股权融资	所有者股权、风险资本、普通股、优先股、认股权证、有价值权利等
国际融资	海外上市、存托凭证、外币债券等
融资租赁	简单融资租赁、融资转租赁、返还式租赁、风险租赁等
并购重组	兼并、合并、收购、接管、重组等
证券交易	货币市场产品、资本市场产品、衍生证券等
风险投资	风险投资基金、企业内部风险运作等
金融服务	买方信贷、融资租赁、保险、管理输出等

资本运营方式主要优点：

① 提高工程公司获取项目的竞争力。国际工程承包发展的趋势表明，融资能力越来越成为国际工程公司获取项目的重要筹码。强大而又稳定的融资能力，已经成为国际工程公司的核心竞争力之一。

② 促进企业特许经营和多元化战略的实现。在国际工程公司获得强大而稳定的融资能力前提下，依托国际工程公司的工程优势，通过特许经营参股、控股，进入基础设施、公共服务事业、能源开发或商业项目，可有效防范因国际工程承包市场的不确定性所造成的企业经营不稳定。

③ 提升与潜在利益相关者形成战略联盟的能力。国际工程公司与潜在利益相关者通过兼并重组或相互持股等方式结成长期的战略联盟，是国际工程承包市场发展的趋势，也是在市场环境下体现工程公司整体竞争优势的核心能力之一。

4. 管理集成（大型复杂性国际工程的集成化管理）

国际工程规模大型化，意味着项目投资额巨大、参与方众多、建设周期长、不确定性大、项目风险高；国际工程技术复杂化，意味着工程技术要求高、工艺复杂、涉及专业多。国际工程的规模化和复杂化趋势，使得传统的项目管理理论和方法，难以有效解决大型、复杂国际工程承包项目所面临的诸多问题。因此，对大型复杂工程的集成化管理能力是国际工程公司应当具备的核心能力之一。大型复杂工程的集成化管理，要求工程公司对项目实施的参与各方和利益相关方，通过共同的价值目标，形成一个利益共同体，充分发挥各方优势。在集成化管理过程中，工程公司需要与项目实施不同阶段的责任方一起协同工作，达到各专业技术之间的有效平衡，确保项目投资、建设和运营目标的和谐统一，实现多赢。

国际工程建设过程是一个资金、物质和信息流动，并由主体要素（参与方）、技术要素和过程要素组成的动态系统。在大型、复杂国际工程实施的巨大系统中，各系统要素的目标是不一致的。通过对上述系统要素优化组合和集成，将由具有不同目标的工程建设参与方组成的动态系统，转变成一个具有共同价值和利益约束的集成体，在共同价值利益的约束下，围绕统一目标，达到最佳平衡，是工程管理的最终目标。

5. 科学规范的风险管控

工程承包行业的经营特征之一是经营风险大。一般来说，从项目的投标准备到完工的全过程都需要进行风险管控。在项目建设及运营过程中可能存在技术风险、法律风险和财务风险，包括诸如环境、安全、税收、疾病、政治等方面的风险。有时候经营风险与市场机遇也非常不对称，不同的项目在不同的地区、不同的业务领域和不同的阶段，风险也各不相同。一般而言，国际工程项目所面临的可能风险如表 1-12 所示。

表 1-12 国际工程项目所面临的可能风险

种类	风险	种类	风险
政治风险	1）政策的不稳定性、法律法规变更	工程技术风险	1）设计
	2）政治不稳定		2）设备
	3）政府干预		3）材料
	4）没收/剥夺财产		4）劳动力
	5）政府的负面行为或不作为		5）规范和标准
	6）贪污、腐败行为		6）自然环境和现场条件
经济风险	1）经济波动		7）施工风险
	2）通货膨胀	组织和项目管理风险	1）合同风险
	3）汇兑风险		2）来自分包商的风险
	4）税务风险		3）来自联营体的风险
	5）利率波动		4）来自业主的风险
	6）融资风险		5）来自监理单位的风险
	7）支付风险		6）项目管理风险
法律和社会文化风险	1）社会治安与犯罪	其他风险	1）火药或爆炸物的爆炸、放射性物质造成的辐射和污染
	2）语言障碍		
	3）社会环境状况		
	4）风俗、文化和宗教信仰差异		2）自然灾害，如地震、飓风、台风或火山爆发
	5）法律体系		
	6）环境保护风险		

注：划分为六大类，34项。

第八节 EPC 项目全过程

一般而言，EPC 项目全过程包括前期立项过程、形成产品过程、管理过程，如图 1-3 所示。

一、EPC 项目前期立项过程

1. 项目立项过程的主要内容

① 可行性研究：在立项调研、产品市场、技术来源、方案比较、技术经济分析、产业政策、建厂条件、环境条件、资源供给等前期工作的基础上，完成项目建议书（或项目方案设计、项目预可行性研究报告）、项目可行性研究报告、环境评价报告等。

② 项目初勘过程：包含项目厂址勘察，地质初勘，制作总图、道路交通等

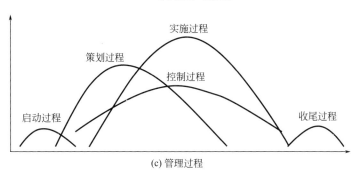

立项过程S(可研、批准)

设计过程E(文件、图纸)

采购过程P(设备、材料、制造)

施工过程C(建筑、安装)

试运行过程T(产品)

(a) 前期立项过程　　　　　　　　　(b) 形成产品过程

实施过程

策划过程

控制过程

启动过程

收尾过程

(c) 管理过程

图 1-3　EPC 项目全过程

工作。

③ 项目审批过程：在完成相关项目前期设计工作的基础上，向政府相关部门提交项目前期设计文件，包含各类申报资料，供相关部门审批。

2. 前期立项过程说明

① 项目前期立项过程一般简称为项目前期，这个过程非常重要。以现代煤化工为例，首先要研究并遵循国家的产业政策和相关职能部门对一个行业或区域的规划、地方政府配套政策等；其次要勘察区域内的煤炭资源、水资源、环境容量和其他的相关资源存量等，为项目核准创造前提条件。

② 应委托有资质的设计咨询单位做好项目前期相关报告编制。企业应成立项目前期工作机构，委托有关咨询设计单位开展项目前期工作，编制项目预可行性研究报告或项目可行性研究报告，以及项目的专项研究报告。

③ 加强项目可行性研究报告设计深度的研究。项目可行性研究报告是项目投资方进行项目决策的主要依据之一，也是国家相关部门进行审查核准的依据，因此设计咨询单位应注意项目可研报告的设计深度研究。

④ 配合环保部门审核环评报告。环评报告是项目能否通过的关键环节，特别是环评中的"三废"排放指标、污染源控制措施、环保技术方案的可行性评价、污染物排放控制技术先进可靠性评价、三废排放指标真实准确性评价、项目是否符合国家相关环境保护的法律法规和标准规范评价等。

⑤ 配合政府相关部门评估项目社会效益及技术经济性。地方政府及相关部门会对项目在当地落地的社会效益进行评估，如项目就业程度、产生 GDP 贡献率、

消耗煤炭资源量、消耗水资源量、环境影响程度、税收等。

⑥ 配合投资方（项目业主）进行经济效益评估。投资方会更关注项目的技术经济性问题，如投资、市场、销售、利润、技术经济指标以及产品技术选择是否先进、可靠、成熟及具有竞争力。

项目前期各项工作完成后，经各方评估通过，由国家或地方政府核准立项。审批后项目将进入建设阶段，包括形成产品过程和管理过程两部分。

二、EPC 项目形成产品过程

EPC 项目形成产品的过程是从项目启动开始，到项目建成投产收尾结束为止的一个完整过程，将由以下阶段过程（简称"过程"）组成：

① 设计过程：包括项目总体设计、工艺包设计、基础设计（初步设计）、详细设计（施工图设计）等。

② 采购过程：包含对项目设备、材料、电气和仪表等的采购。

③ 施工过程：包括土建、安装、调试、预试运行及中间交接等。

④ 试运行过程：包含项目联动试运行、冷试运行、投料试运行、性能考核等。

EPC 项目形成产品的过程如图 1-3（b）中的直线所示，表示设计过程（E）、采购过程（P）、施工过程（C）和试运行过程（T）的四条直线之间均有重叠，当这四个过程全部完成后，项目产品也就形成了。

三、EPC 项目管理过程

当以设计为主体的 EPC 项目总承包建设方式确定，通过招投标确定 EPC 总承包商后，项目管理过程也就伴随着 EPC 项目形成产品的过程逐步推进。项目管理过程通常是由项目启动过程、策划过程、实施过程、控制过程和收尾过程五个部分组成的。

EPC 项目管理过程如图 1-3（c）中的曲线所示，表示启动过程、策划过程、实施过程、控制过程和收尾过程的五条曲线均有交叉重叠。图 1-3（c）中的横坐标表示项目建设周期，越往右建设周期越长；纵坐标表示项目管理投入的人工时或项目费用，越往上项目管理人工时或费用越高。项目管理人工时或费用会在某一时点达到最高值，在过程即将结束时，逐步降至最低值。

项目启动代表了项目管理过程全面开始，同时项目设计、采购、施工和试运行各阶段过程按照一定的逻辑顺序和相互关系依次启动。各阶段的启动是有时间差的，前者启动是后者启动的基础和条件。只有前者启动后，初步具备条件的前提下，后者才能启动。否则会存在项目窝工和资源配置不合理的现象。

但在前者启动过程中，后者也会配合前者启动，开展启动前的一些准备工作。

项目启动是指项目管理的过程全面展开，意味着开始定义项目范围以及为项目策划和项目实施做好准备。项目启动内容包括：制定项目产品目标，项目合同对总承包商的全部需求，项目对设计、采购、施工及试运行的目标要求；确定方案合理性及进行优化；对项目范围进行初步说明；确定项目总进度及关键里程碑；确定持续时间及所需资源；进行项目角色定义；制定项目管理适用程序文件和规定。

项目策划是项目启动后的一个重要环节，对项目范围和项目目标进行确认，为项目实施做好准备。应将策划的内容形成项目实施计划的文件。项目实施计划是项目策划的结果，作为整个项目实施的行为指南和基础。

项目实施是对项目计划进行实施的过程，是对在项目策划过程中确定的项目目标、计划、方案进行全面的实施和执行，在实施过程中对项目相关活动和行为进行管理。

项目控制是对项目实施的过程进行管理控制：对项目实施过程中发生的偏差行为进行测量和检查，确认发生项目偏差；并对项目发生偏差的内外部环境进行分析，提出纠正偏差的措施和方法，并按正确的方法和措施进行纠正。由此控制好项目范围和实现项目最终的目标。

项目收尾是形成项目产品管理的最后一个过程，即按照项目策划目标和实施计划收集各项施工数据，核对是否按计划完成，是否符合合同要求，并交由客户确认。收尾工作的完成标志着 EPC 项目管理过程结束。

项目管理的五部分过程中的任一部分，均可以根据项目形成产品过程中的各个阶段过程进行分解。比如，项目启动过程可分为设计启动过程、采购启动过程、施工启动过程、试运行启动过程等，以此类推。

第九节　EPC 总承包管理的发展趋势

近年来，中国总承包市场规模迅速扩展，2017 年全国工程勘察设计行业实现工程总承包营业收入 20807.04 亿元，约占总营业收入的 48%。项目总承包可以是项目全过程建设服务总承包，也可以分阶段或某个过程建设服务总承包；可以是一个总承包商对项目全过程建设服务总承包，也可以是若干个总承包商对项目不同阶段的生产装置建设服务总承包。

一、EPC 工程项目建设服务总承包模式

EPC 项目总承包一般组织结构如图 1-4 所示。

总承包商与业主（投资商）签订 EPC 项目总承包合同后，按照合同约定，总承包商负责承担项目设计、采购、施工总承包服务等工作，并对总承包项目的进

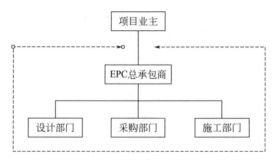

图 1-4　EPC 项目总承包一般组织结构示意图

度、质量、费用、安全全面负责。在项目合同总价固定的前提下，项目业主基本不参与项目全过程管理，而把重点放在项目竣工验收、工程交付后的项目试运行和生产上，项目总承包商将承担项目建设的大部分风险。此外，由 EPC 项目总承包还衍生出其他一些简化的项目总承包形式，如：

① DB 型（design-build），即设计-施工模式。总承包商按照合同约定，承担工程项目的设计和施工，并对承包项目设计和施工进度、质量、费用及安全全面负责。

② EP 型（engineering-procurement），即设计-采购模式。总承包商按照合同约定，承担工程项目的设计和采购，并对承包工程的设计和采购进度、质量、费用及安全全面负责。

③ PC 型（procurement-construction），即采购-施工模式。总承包商按照合同约定，承担工程项目的采购和施工，并对承包工程的采购和施工进度、质量、费用及安全全面负责。

近年来，在中国煤化工领域内的某些大型煤化工项目，就是采用 EPC 项目建设模式，在项目完成总体设计后，将主要工艺生产装置划分成若干单元，对应选择业绩好的设计单位进行基础设计。在确定了单元较为完善的工艺技术方案后，对生产装置划分为 4～5 个总承包单元，分别对应招标选择单元总承包商，建立覆盖总承包单元的详细设计、采购、施工、试运行全过程项目管理系统，负责项目单元内的进度、质量、费用和安全。

二、EPC 全过程交钥匙项目总承包模式

该模式简称 EPC 交钥匙（turn key）项目总承包模式，即在第一种总承包模式的基础上进一步增加项目试运行的管理承包服务范围和责任。交钥匙工作范围的内容深度应由这种模式的总承包合同确定。EPC 交钥匙总承包一般组织结构如图 1-5 所示。

EPC 交钥匙模式要求总承包商承担更大的项目责任范围，在签订合同时一般

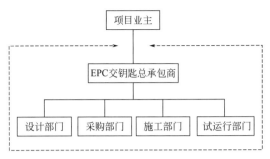

图 1-5　EPC 交钥匙总承包一般组织结构示意图

要求总承包商承担项目设计、采购、施工及试运行管理服务等总承包工作内容，并对项目进度、质量、费用及安全负责。对 EPC 交钥匙总承包模式，项目工期及合同总价范围会更严格，总承包商承担的项目风险会更多，当然项目合同价格也会相对较高。EPC 交钥匙项目总承包是设计、采购、施工及试运行服务全过程业务和责任的延伸，最终向业主提交一个满足项目使用功能、具备使用条件的项目产品。

三、融资+ EPC 交钥匙总承包模式

在前述两种总承包模式的基础上，再增加项目融资内容，即融资（finance）＋EPC 交钥匙，简称投融资建设服务总承包（FEPC）模式。该模式适用于业主项目资金不足时使用，由总承包商通过该模式进行项目投标建设。有些项目建成投产后，还特许总承包商生产运营，通过生产运营回收资金偿还项目融资贷款。该模式还会衍生出其他在融资前提下的项目建设模式。

① BT 型（build-transfer），即建设-移交模式。指政府或授权的单位经过一定程序选择拟建的基础设施或公用事业项目的投资人，并由投资人在工程建设期内进行投融资和组织建设，在工程建设完成后按约定进行工程移交，并从政府或其授权的单位支付中收回投资。

② BOT 型（build-operation-transfer），即建设-经营-移交模式。指政府或授权的政府部门经过一定程序并签订特许协议，将专属国家的特定基础设施、公用事业或工业项目的筹资、投资、建设、营运、管理和使用的权利在一定时期内赋予本国或外国的总承包商。政府保留该项目、设施以及相关的自然资源永久所有权。由总承包商按签订的特许协议投资、开发、建设、营运和管理特许项目，以营运所得清偿项目债务、收回投资及获得利润，在特许权期满时将该项目设施无偿移交给政府。

③ BOO 型（build-own-operate），即建设-拥有-经营模式。指政府或授权的政府部门根据政府赋予的特许权，与总承包商签订协议。总承包商按照与政府签订的特许协议投资、开发、建设并经营该项目，以营运所得清偿项目债务、收回投资及

获得利润，但并不将此项目移交给政府或公共部门。

④ BOOT 型（build-own-operate-transfer），即建设-拥有-经营-转让模式。指政府或授权的政府部门根据政府赋予的特许权与总承包商签订协议。总承包商根据与政府签订的协议投资建设该项目，项目建成后在规定的期限内拥有所有权并经营该项目，以营运所得清偿项目债务、收回投资或获得利润，在特许权期满时将该项目设施移交给政府。

四、工程项目咨询服务总承包模式

项目全过程工程管理咨询服务总承包与项目全过程工程建设管理服务总承包服务的内容和管理方式是完全不同的。前者是工程咨询服务，采取成本加酬金或风险利润合同模式，是一种智力型服务，在项目建设管理方面可以是业主的代理；后者是工程项目建设总承包服务，采取项目固定价合同模式。

1. EPC 管理模式

EPC 管理模式是国际总承包市场较为通行的项目管理咨询支付模式之一。总承包商由项目业主招标确定，按照合同约定承担项目的工程设计、设备材料采购以及施工管理的咨询服务。根据业主投资意图和要求，通过招标为业主推荐最合适的项目承包商来完成设计、采购、施工任务。EPC 管理模式的组织结构如图 1-6 所示。

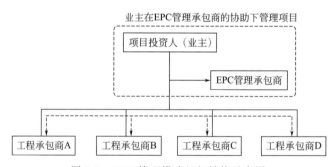

图 1-6　EPC 管理模式组织结构示意图

设计、采购分包商对总承包商直接负责；施工分包商接受总承包商管理，但直接与业主签订施工合同，施工分包商与业主存在合同关系。在该模式下，项目业主与总承包商签订管理咨询服务合同，又与承包商签订项目建设承包合同。总承包商经业主授权后全权代表业主对项目进行管理和服务工作，配合业主对承包商进行招评标工作。总承包商对项目负有直接的进度、质量、成本和 HSE 等方面的管理职能，承担整个项目的咨询管理风险。

这种模式对项目装置工艺复杂、不熟悉建设管理的业主尤为适用。

EPC 管理总承包商与项目承包商不具有合同关系。EPC 管理模式属于管理咨询类总承包，总承包商提供项目咨询管理服务业务。管理费可以固定总价核算，也可以是固定总价＋风险利润提成或奖励核算，以调动总承包商咨询管理积极性。这种模式适用于大型、复杂的工程项目建设。项目业主通过选择具有国际竞争力的项目咨询管理公司，充分利用国际型项目管理咨询公司的优势和技术支持，有针对性地对项目承包商进行管理和控制。业主与 EPC 管理总承包商共同行使项目管理控制职能，规避项目建设过程中的各种风险，同时也把风险分解到总承包商和项目承包商身上，加强项目过程控制，最终实现项目目标。

2. PMC 模式

PMC（project management contract）模式，即项目管理合同模式，是由专业项目管理咨询公司，代表业主对项目建设全过程提供一体化的咨询管理总承包服务。虽然 PMC 总承包商的项目管理咨询角色与 EPC 管理模式总承包商相类似，但 PMC 总承包商与业主在项目实施过程中是完全融合为一体的，结合得更加紧密，承担更多的项目咨询管理责任。PMC 总承包商在项目工程咨询管理过程中会更专业、更全面、更敬业地进行项目管理和服务，更好地实现项目目标。

PMC 总承包商与项目业主在项目管理组织结构、项目管理程序、项目管理目标及价值观方面是融为一体的。PMC 总承包商团队和业主的项目管理代表组成一个完整的联合项目管理组织。PMC 模式的优点如图 1-7 所示。

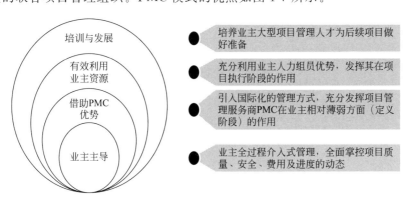

图 1-7　PMC 模式的优点

PMC 总承包商与业主共同制定项目管理程序和管理目标，履行信托责任义务，其管理对象可以是多个 EPC 承包商、多专业承包商、供应商、采购商。PMC 总承包商能同时协调处理各个专业的问题，让各专业联系更加紧密；根据需要优化配置承包商之间的富余资源，有效节约调遣方面的管理开支。PMC 承包商从业主确定项目总目标开始，主导或全程参与编制项目可行性研究报告等立项文件；指导业主完成立项审批的有关程序；为业主咨询项目工艺选择，编制项目招投标文件；协助业主进行招标、投标、评标等工作并提供专业意见；承担项目总体设计和初步设计、项目建设过程中的监督和管理、项目建成投产后的项目后评价等工作。

综上所述，EPC 总承包管理的发展趋势是：

① 管理全面化。总承包商不仅参与项目从设计到建设的工作，而且进一步延伸到试运行阶段，使得生产和售后服务有了有效的衔接，提高了服务质量。

② 从源头介入。在一些模式中，总承包商从立项开始就参与到项目的各项工作中，使得项目从源头开始就能获得有效的、优质的管理和指导，减少了资源的浪费和管理的漏洞。

③ 与业主共同成长。在一些新模式中，总承包商不仅承担了管理工作，还承担了规划和培训的工作，使得业主在管理人才的培养、管理水平的提高方面有了长足的进步。这些将使总承包商获得更高的满意度和更好的口碑，从而为其自身的进一步发展奠定更坚实的基础。

④ 让业主省心。总承包商的全面介入、管理，甚至对融资工作的包揽，极大地减轻了业主建设工程项目的负担，在各方面综合满足业主的需求，使得业主不再为工程烦恼。这是工程总承包发展的必然趋势，也是工程总承包行业存在的意义所在。

第二章
工程公司组织结构

第一节　组织结构

一、组织结构设计

组织结构由组织内部的构成方式与外部的构成方式两部分组成。内部构成是指组织为了实现发展目标和战略，在一定的组织目标、价值系统、发展战略、成员激励、沟通控制、职权影响的指导下，经过组织设计形成的内部各个单位、部门、层次之间的构成方式。外部构成是指组织进一步延伸到组织外部时，组织与组织之间的相互关系，专业化与专业化的互相合作，群体行为与个体行为之间的管理策略，组织与环境之间的平衡关系，组织稳定与发展关系等组织外部构成方式。

组织设计有三种情况：新建的组织需要进行组织结构设计；原组织结构存在问题或组织目标发生变化时，需要进行重新评价和设计；组织结构进行改革和局部优化。

二、企业组织结构体系

企业组织结构设计需要将企业确定的发展战略、发展目标和发展方针融合到企业组织结构中，把企业管理的要素配置在企业内部相关的层次方位上，确定其组织活动条件，规定组织活动范围，形成组织相对稳定的管理体系。

1. 企业管理体系

要实现组织确定的发展目标，就必须建立企业管理体系，如现代化的企业应当按照 GB/T 19001—ISO 9001 族质量标准建立企业质量管理体系，以正确的质量管理思想为基础，以科学的质量管理原则为指导，以质量管理手册为表现形式。企业的质量目标必须符合企业发展的战略目标。此外，企业还应当建立环境管理体系（ISO 14001）、职业健康安全管理体系（OHSMS，OHSAS 18001）、内控管理体系、财务成本管理体系以及日常管理体系等。企业要通过一定的方式，将各个管理体系进行整合，形成一个高效运转的综合管理体系。

2. 企业组织结构策划设计

（1）企业发展战略策划　企业发展战略就是在一定时期内决定企业发展方向、发展速度、发展质量、发展重点及发展能力的重大计划及策略。企业发展战略可以帮助企业指引长远发展方向，明确发展目标，指明发展路径，并确定企业所需要配置的发展资源。企业发展战略的设计目的就是解决企业发展定位问题。

（2）企业核心流程设计策划　企业确定了战略目标后，为实现这一目标需要设计关键工作步骤和路径，进而确定关键步骤和路径中的关键活动和重点，并在关键步骤和路径的基础上设计出企业的核心业务流程和程序。在实际工作中按照流程和程序执行和实施，不断控制和调整执行过程中发生的偏差，才能最终实现企业确定的战略目标。

（3）企业组织结构设计策划　根据企业核心业务流程，分析业务流程中的各个工作环节，确定完成这些工作环节需要哪些部门或岗位，论证这些部门或岗位之间的相互关系和作用，由此构建出科学合理的企业组织结构。这样，就可以把企业长期战略目标转换为企业运转的年度目标或时间更短的周期目标，再把这些目标有效分解到组织机构的各个部门中去，成为各部门的年度目标或月度目标。

（4）工作流程设计策划　要实现年度目标或月度目标，各部门必须制定具体的各项工作步骤和责、权、利以及分配制度，从而形成企业各部门的工作流程。在实际工作中要对工作流程逐渐进行优化，等到流程使用顺畅时，可以进行流程固化，以提高工作效率。

（5）岗位职责策划　岗位是组织为完成某项任务而确立的，由工种、职务、职称和等级等性质所组成，必须归属于某个人。职责是职务与责任的统一，由授权范围和相应的责任两部分组成。设计出各部门工作流程后，就可以统计和归纳各个流程的节点和工作要领，以此设定岗位和编制岗位职责及岗位说明，从而把部门目标分解到每一个具体的岗位上，延伸和推理出多项工作指标，使每一个岗位都有清晰的工作目标及标准。然后再以达成目标的工作量大小进行定岗、定编和定员，并进行各岗位价值评定，为考核和薪酬奠定基础。

（6）绩效考核机制策划　岗位确定了工作责任，责任明确了岗位目标，目标量化就可以制定出考核指标。只要不折不扣执行考核和建立有效的考核监督机制，就可以促进各部门、各岗位完成工作任务。各项工作任务都能按时完成，就为实现企业总体发展目标打下了基础，同时也为制定薪酬制度提供了客观依据。

（7）薪酬体系设计策划　薪酬体系就是薪酬构成和分配方式。通常员工的薪酬包括：基本薪酬（即本薪）、奖金、津贴、福利四大部分。根据战略所关注的目标和岗位责任、绩效考核等，结合国家、地区相关工资待遇的政策法规，设定薪酬构成。然后按照岗位评价、市场相关岗位薪酬水平进行企业薪酬体系设计，以促使员工与企业结成利益共同体，共同为实现企业发展目标而努力。

第二节　工程公司组织结构和应具备的能力

一、矩阵式组织结构

根据组织学基本理论，现代企业通行的组织结构模式有：直线式、职能式（U型结构）、直线职能式、事业部式（M型结构）、矩阵式、H型结构、网络式等。这些组织结构类型各有优劣，适用的条件也不尽相同。企业的情况也是千变万化，企业的类型及划分也非常多。工程公司可以根据自身情况选择组织结构类型，一般选择矩阵式组织结构。

1. 矩阵式结构

企业可以将按职能划分的组织部门和按项目划分的部门结合起来组成一个矩阵，使同一个员工既同原职能部门保持组织与业务的联系，又参加项目部门的工作。该结构是在直线职能式基础上，再增加一种横向的项目领导关系。为了保证完成一定的项目管理目标，设置了项目部，并在项目部下面设置了相关的专业部门，如设计部、采购部、施工部、试运行部、控制部、质量安全部、综合管理部等，每个业务部均设有专业经理，在项目部最高主管直接领导下开展工作。

2. 矩阵式结构分类

矩阵式结构可以分为弱矩阵、平衡矩阵和强矩阵三种类型，其主要差别在于项目经理的职责、权限的不同。按项目经理权限依次由小到大排列为弱矩阵、平衡矩阵和强矩阵。工程公司一般会选择强矩阵模式。

3. 矩阵式结构优缺点

（1）矩阵式结构优点　矩阵式组织模式可以帮助以项目为核心的工程公司有效开展工作，组织结构形式机动、灵活，可随项目的启动与结束进行项目组织的成立或解散。这种矩阵式结构是根据项目组织的目标任务、合同要求等而专门配置的，因此在项目部组织内部能够根据项目需求进行很好的沟通、融合，提高工作效率。该模式能够将个体与整体、个人工作与项目部工作紧密联系在一起，增加了责任感，激发了工作热情。

（2）矩阵式结构缺点　项目负责人的责任大于权力。因为参加项目的人员均来自工程公司的不同部室，隶属关系仍在原部门，项目组是为完成特定项目目标而进行的一种临时组合，所以项目部对项目组成员的管理存在一定难度，激励手段与惩治手段有限。这是矩阵式结构双重管理的不足和问题。另外，由于任务完成以后项目成员还是要回原部室，也容易产生"临时"观念，对项目工作会产生一定的负面影响。

二、工程公司应具备的能力

工程建设总承包是一个劳动密集型和资金密集型产业，进入门槛较低。随着其他发展中国家建筑企业进入国际工程总承包市场，中国工程建设企业的成本优势和价格优势被日益削弱。因此，工程公司组织架构设计应与企业的工程总承包管理能力相匹配，搭建的工程公司组织结构应具备提升这些能力的土壤和营养，增强企业战略管控能力、布局海外经营拓展的能力、实施一体化战略和差异化服务能力、提升供应链资源整合及全球采购能力、人力资源配置能力、技术创新能力、工程产品和服务升级能力、项目管理流程升级能力、价值链整合及功能提升能力等。只有不断在工程实践中提高企业的管理能力和水平，才能在激烈的国际竞争中立足和发展。

1. 提升战略管理能力

要制定海外发展战略，从被动向主动转变，从低价竞标向追求效益转变，从价值低端向高端转变。谋划海外经营区域布局，不断提升市场占有率。

要制定海外发展目标，把重点放在发展目标值的测量上，避免发展目标及途径不明确、措施不具体的缺陷。要进一步对发展战略目标进行细化，达到可操作，能测量。要清醒认识到：随着中国经济新一轮投资高峰的结束，国内市场竞争将更加激烈；而全球市场虽然风险因素增加，但也给中国企业带来了机遇。

2. 提升海外经营布局及拓展的能力

要充分利用政府"走出去"战略，抓住机遇搭建海外经营市场平台，形成海外业务发展基础。打造全球产业链，提升企业利润基础与竞争优势。在承揽海外项目方式上，要从单一承揽现汇项目及被迫参与低价投标项目，转变为有选择性的现汇项目，政府框架项目，融资、投资、垫资、贷款及资源开发等多种资金来源的项目。从等待项目转变为开发、创造项目机会，通过获取政府、银行、大型企业财团支持，策划、参与、组织和实施项目。

3. 提供整合的差异化服务能力

应将总承包管理整合研发创新，在设计、采购、施工、试运行、工程咨询等多环节进行资源深度融合，实施整合的多元化发展战略。提升融资功能，拓展特许经营和以资源换项目在内的多种经营方式，实施区域市场扩张和多元化战略。应以工程公司固有的专业领域优势为依托，通过广泛联合，形成跨专业领域的项目组织，并具备相应的实施能力。利用已有的海外窗口单位，完善扩展海外市场，带动设计、施工、装备制造、投资等板块国际化。

4. 提升全球化采购管理的能力

全球采购指的是从全球战略的高度在世界范围内获取供应。从地域范围上看，许多国际化大型企业的采购活动超越了国界，在世界范围的资源市场内构建采购系统。全球化的采购必须是战略导向的，通过对采购的全面部署获得公司的利润基础。

全球化市场真正的竞争"不是企业与企业之间的竞争，而是供应链与供应链之间的竞争"。供应链管理改变了企业的竞争方式。企业之间通过建立战略伙伴关系，使供应链管理成为企业之间资源整合的桥梁，以强强联合的方式发挥企业各自优势，在价值增值链上达到"多赢"的效果。

5. 提升人力资源优化配置的能力

完善人力资源管理制度，提高对核心工艺技术、专利技术、工程技术、项目管理技术创新的激励力度，吸引高层次技术、管理、资产运营等方面的人才加盟。研发活动中的人才高层化和高级人才的争夺，是世界知名企业人才战略的一个共同特点。企业应建立相应的专家库，招聘所需的技术、管理、金融资产运营等方面的专家，实行弹性的专家使用制度。对专家的激励，可以采用高薪、持股等多种方式。

6. 提升技术创新融合的能力

积极开发具有自主知识产权的主导产品，强化应用技术的开发和推广。通过在关键领域技术、装备方面进行科技攻关，不断提高企业核心技术原创能力，保持技术领先水平。完善投资体制，在资金、人员、资源上保证企业技术创新和科研开发工作的顺利开展。

7. 工程产品持续改进的升级能力

产品和服务升级模式是工程公司国际化的起步模式。升级模式适合大型工程公司"持续改进"策略的实施。主要涉及与工程产品密切相关的业主和政府需求。工程承包行业的产品升级与国际工程市场对产品的目标要求直接相关。在关注工程项目传统的三大目标（质量、成本和工期）的前提下，嵌入全球价值链的工程公司还需要关注项目建设全过程的健康、安全与环境（HSE）要求。作为全球价值链实施者，还需要考虑企业的社会责任、能源节约以及对环境的综合影响。

8. 项目管理流程重整升级能力

主要涉及现代项目管理业务流程的规范化和以项目为核心的企业管理流程的重组。国际工程项目的多数业务流程实施的地理空间跨越了国界，涉及东道国政府相关部门以及工程公司设在国内、外的相关部门。国际工程项目的业务流程是在以总承包商为核心的全球价值链上进行体现和实施的。要有一套完备的工作程序与标准，使员工工作有章可循，并明确工作质量及要求。

9. 价值链整合升级能力

价值链升级，即从一条产业链转换到另外一条产业链的升级方式。建筑产业价值链条的升级，主要指国际工程公司通过并购、重组等多种方式跨越到相关或相异行业以获取多个利润增长点的多元化发展模式。发达国家的工程公司链条升级早已开始，由于其所依托的地方建筑产业已经普遍成熟，加上多年的优秀业绩，已具备价值链升级的坚实基础。多数跨国工程公司都选择了链条升级发展模式，以获取更多来自相关或相异行业的利润增长点。在分散风险的同时，增强自身开拓全球市场的竞争力，保持在全球价值链中的领导地位。

10. 项目管理高端功能升级能力

功能升级是指改变自身在生产环节的地位和分工，以实现从附加值较低的生产环节向附加值较高的生产环节转化。国际工程市场经过多年的发展，逐步形成了一套内部分工体系。国际工程公司之间的分工主要表现在形成几个不同类型和层次的工程公司群体：一是项目管理类型的工程公司，他们有强大的资金、技术实力和丰富的项目运作及管理经验；二是工程咨询和设计公司，专门为业主提供高水平的工程咨询和设计服务，是一种智力密集型的专业化工程公司；三是设计和施工相结合的工程公司，可以承揽 DB、EPC 总承包项目；四是以施工为主的工程公司，从事项目中属于劳动密集型的部分。项目管理类型的工程公司在这个分工体系中处于金字塔的最上层，是整个工程市场的领导者，是工程承包行业全球价值链的治理者。施工类型的工程公司则处于金字塔的底层，竞争最激烈且获取的利润也最低。

第三节　工程公司需应对的各方面变化

一、重点业务领域的变化

（1）能源和基础设施项目　当前，全球产业结构全面调整，跨国公司生产基地转移，各国纷纷改善投资环境，不断增加基础设施和基础能源领域的投入，加快电力、交通运输等基础设施项目建设，以吸引更多跨国投资。

（2）石油化工项目　受世界经济不景气和局部地区战争的影响，全球工业项目减少。但随着世界经济形势复苏，西方等资源消耗大国对石油、天然气等能源需求将保持增长；中国经济稳中有增也造成大量能源短缺。国际需求扩大必将促进石油化工项目增加。这些都决定未来国际工程承包市场中石油化工项目将呈加速增长态势。

（3）供水和环保项目　全球性水资源危机和对环境资源的保护已经越来越多地引起各国的高度重视，特别是受战争破坏的伊拉克、阿富汗和一些长期受水资源枯竭威胁的亚洲国家等。在这一领域内的工程项目将呈增加趋势。

二、项目管理方式的变化

随着全球经济发展和需求不断提高，工程项目越来越趋向于大型化、复杂化。传统的工程承包方式已不能满足国际市场的这种变化需要。业主为了节约项目建设开支，缩短项目建设工期，越来越倾向于追求工程项目全过程的服务，将项目所需的设备材料采购、工程施工及试运行逐步交给值得信赖的、有信誉和工程全过程服务能力的承包商统一承包。这些都促使项目管理方式发生新的变化：

1. 采用 EPC 或交钥匙模式

要求工程公司应当具有全过程的集成化服务能力，必须承担工程方案选择及设计、设备材料采购、建筑施工与设备电仪安装、试运行人员培训及管理等全部责任。在 EPC 模式中，承包商集设计、采购、施工于一身，工程公司产业链业务领域扩大，作用增强。

2. 施工管理公司（CM）模式

要求工程公司应当具有整合项目全部资源的能力。在 CM 模式中，业主聘用施工管理公司，通过对整个工程的分析，将全部工程（包括设计）划分成几个独立的部分，分别选定承包商。承包商要进行该部分工程的详细设计，并与其他部分工程的承包商紧密联系。CM 模式的特点是强调施工管理公司的业主代理功能，过去由业主进行的项目实施层面的管理工作，现在都由 CM 型公司代理完成。工程公司受业主委托，代表业主利益，是业主忠实的顾问。

3. 项目管理公司（PMC）模式

要求工程公司应当具有高水平的设计咨询项目全过程管理能力。PMC 方式更加强调工程公司的设计及全过程咨询管理能力，并进一步引入设备采购环节。在 PMC 模式中，项目管理公司既不参与设计，也不参与施工活动，只负责向业主提供咨询。在策划阶段，PMC 需组织设计单位完成基础工程设计、总体设计和初步设计，并有能力提出设计合理化咨询建议；在施工阶段，PMC 的作用类似于 CM，要负责施工期间工程项目进度、质量、费用、安全、合同、信息等的管理和控制。

4. 建设-经营-转让（BOT）模式

在该模式中，承包商可能作为股东或投资人参加项目公司，参与项目的融资和经营活动。项目融资是承包商的重要能力。BOT 承包商一方面通过融资，可以获得项目承包，另一方面项目收益也将会大幅提高。但该模式对 BOT 承包商也会提出更高的要求，同时也意味着 BOT 承包商将承担更多的项目融资、建设及运营风险，除了负责承担工程项目建设外，还需承担项目筹资和运营。

三、传统观念的变化

随着经济全球化和信息化的发展，工程项目的传统观念正在受到空前的冲击，进而发生了深刻的变化。

1. 人本价值观变化

工程建筑行业已经从重视工程产品转向注重产品的社会价值。传统意义上的用物质资源和实物商品来解释物质资源生产和再生产的"物本"价值观，只注重工程产品本身的目标、质量、工期和成本。随着"人本"价值观的普及，工程行业生产活动的价值观也悄然发生了变化。业主开始强调工程建设活动中人的价值，强调工人的安全、工作环境、收入等。这种变化的最终目的是使与工程建设活动相关的各方满意、与环境协调，实现项目的可持续发展。

2. 生命周期成本观变化

国际工程建设行业对项目建设活动的成本观发生了变化，逐渐从注重工程项目建设周期转向注重工程项目产品生产的全生命周期。工程项目建设周期的成本在项目生产全生命周期成本中占的比例较少，而项目的生产运营成本、维修费用才是整个项目生产全生命周期成本的绝大部分。因此，在评价工程公司能力时趋向于更加注重工程公司能否从项目全生命周期出发，提出科学合理的项目规划、设计、建设和运营成本，提供项目方案中的成本在整个项目全生命周期内是否属于最佳成本范围。

四、产品服务需求的变化

工程行业的兴衰依附于整个国民经济的发展变化，工程行业的管理和技术进步与工程产品服务的需求发展变化紧密相关。工程产品服务的需求变化是整个社会发展的必然结果，也是工程公司生产要素配置和组织结构调整的原动力。在不同的社会经济条件下，对工程产品和服务的需求也不尽相同。

经济社会发展水平越低，对工程产品服务的需求也越低，相应的工程产品和服务的提供者（即工程公司）的服务水平也会降低。以中国为例，在 20 世纪 70—80 年代，经济社会发展水平不高时，对工程行业生产和服务的需求特点是规模大、标准低、模式单一。而随着经济社会的飞速发展，对工程产品和服务的单一需求模式正在演变成一种金字塔式的多种需求模式。在金字塔式的市场需求结构中，其顶端是以资讯、专利技术和综合管理能力为核心的项目管理服务，逐步向下是总承包服务、分包服务，直至提供纯粹的劳务服务。

随着经济社会的技术发展，工程项目的主要特征已经表现为规模大、工期长、投入资金量大、技术复杂、管理难度高。特别是随着科技日新月异的发展，工程项目在施工过程中的难度相对降低；而投资管理、经营管理和资产管理的难度加大，项目融资风险和市场经营风险极大增加。

第四节　工程公司组织架构设立

一、设立原则

工程公司组织架构设立原则是建立与工程总承包功能相适应的组织机构，在组织架构上与"国际型工程承包商"的组织架构类似。具有国际视野的工程公司组织架构，更能与承接国际型工程项目相吻合。通过典型案例分析，工程公司的组织架构应具有一些共同的功能要素。

二、功能要素

① 组织结构应具备项目咨询、可行性研究、设计、采购、施工、试运行、售

后服务等工程总承包全过程服务功能要素。储备一批高素质的管理核心层人才、骨干层人才以及工作层的团队。员工应具有良好的思想、技术、身体、心理素质和高尚的职业道德。

② 组织结构应能提供以工程总承包设计为主体的，与项目总承包功能相匹配的基本项目组织。应具备以项目管理为核心，满足项目全部需求的设计部室专业队伍。应具有完善的项目咨询、前期项目开发、设计以及工艺技术研发、工程技术研发的服务管理体系。

③ 组织结构应能提供与工程总承包全过程功能相匹配的，以项目管理为核心，满足项目全部需求的专业采购、施工、试运行等专业部室。包括建设项目全过程的服务和售后服务管理体系，提供用户满意的全过程管理咨询服务。

④ 组织结构应建立一套与机构相匹配的、标准化的、与国际惯例接轨的、有效的管理程序、工作流程和工作手册。在项目管理过程中实施项目管理过程控制、设计管理过程控制、采购管理过程控制、施工管理过程控制、试运行管理过程控制，以及在总承包项目中有效实行进度控制、质量控制、费用控制、材料控制及安全控制等，确保项目目标实现。

⑤ 组织结构应具有国际认可的质量保证体系、环境管理体系以及职业健康安全管理体系。应建立符合 ISO 9000、ISO 14001 和 OHSAS 18001 系列标准的企业管理体系，保持质量体系、环境体系以及职业健康安全管理体系持续有效。包括建立本企业标准，并遵行行业标准、国家标准、国际通用标准和规范。

⑥ 组织结构应建立高效率、对公司内部和外部信息进行收集、积累、分析、利用、跟踪、传递和决策的信息管理体系，使工程公司具有在国际范围内进行经营销售的渠道和参与国际竞争的能力，形成辐射全球范围的营销网络，建立准确、及时、高效的营销决策机制。

三、工程公司主要专业配置

工程公司主要专业配置如表 2-1 所示。

表 2-1　工程公司主要专业配置

序号	专业	备注
一	**工艺系统部**	设置部门
1	化工工艺	
2	工艺系统	
3	工艺布置	可以设置在管道部门
4	工艺材料	
5	换热器分析	
6	化工分析化验	

序号	专业	备注
二	**管道部**	设置部门
7	管道	
8	管道机械	
9	管道材料	
10	管道应力分析	
11	外管	
三	**设备部**	设置部门
12	非标设备	
13	动设备	
14	设备材料分析	
15	材料应力分析	
16	工业炉	
17	机修	
18	粉体物流	可以设置在公用工程部门
四	**电控部**	设置部门
19	电气	
20	仪表	
21	仪修	
22	电修	
23	通信	
五	**公用工程部**	设置部门
24	热工	可以拆分为热工工艺和热工设备
25	采暖通风	
26	给排水	
27	消防	
28	环境工程	可以设置单独的部门
29	安全卫生	
六	**土建部**	设置部门
30	建筑	
31	结构	
32	总图	
七	**工程概预算部**	设置部门
33	土建概算	
34	安装概算	
35	工程预决算	可以与土建或安装合并
36	工程经济评价	
八	**采购部室**	设置部门
37	招投标采购管理	侧重商务＋专业
38	设备制造催交管理	侧重管理＋专业
39	货物检验管理	
40	物流及运输管理	
41	货物清关管理	
42	仓库管理	

序号	专业	备注
九	**施工部室**	设置部门
43	土木建筑	侧重管理＋专业
44	管道安装	侧重管理＋专业
45	非标设备安装	
46	机泵动设备安装	
47	电气安装及调试	侧重管理＋专业
48	仪表安装及调试	侧重管理＋专业
49	焊接管理（材料）	
50	大件调装运输管理	
51	施工质量检测	
52	现场施工管理	
53	施工安全管理	
十	**试运行部室**	设置部门
54	试运行工艺	侧重管理＋专业
55	试运行管道	
56	试运行非标设备	侧重管理＋专业
57	试运行动设备	
58	试运行电气	
59	试运行仪表	
60	试运行电信	
十一	**项目管理部室**	设置部门
61	专职项目经理	
62	项目管理	
63	项目计划	
64	项目文秘	
十二	**项目控制部室**	设置部门
65	费用控制	
66	材料控制	
67	进度控制	
68	质量控制	可以设置企业质量管理部门
69	工程会计	可以设置企业财务部门
70	工程财务	可以设置企业财务部门
71	文档控制	
72	控制管理	
十三	**安全控制部**	设置部门
73	职业健康安全管理	
74	安全监督管理	
75	环境安全管理	
十四	**信息技术部**	设置部门
76	信息系统管理应用	
77	计算机系统	
78	计算机网络系统	
79	系统软件开发及集成	
80	应用软件开发	
81	电子商务	
82	信息大数据管理	
83	信息安全管理	

四、工程公司典型组织机构

具备 EPC 功能并采用矩阵式管理的工程公司典型组织机构如图 2-1 所示（尚未包括党群办及其他辅助机构）。

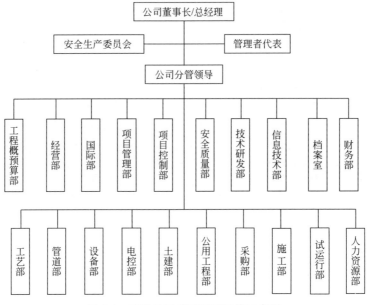

图 2-1　工程公司典型组织机构示意图

工程公司组织内各部门按项目管理职能可以分为几类：

1. 项目管理部门

（1）项目管理部　对项目组管理工作进行指导并提供项目管理技术支持，负责多项目之间的人力资源协调，向项目组派出项目经理。

（2）项目控制部　对项目组计划、费用、材料、文控等管理工作进行指导并提供控制管理技术支持，派出控制经理、费控工程师、进度工程师、材控工程师、文控工程师、项目秘书等。

2. 职能部门

职能部门对项目部提供技术标准规范、质量管理、人力资源保证及管理、健康-安全-环境（HSE）管理、信息技术管理、财务资源管理等。

（1）财务部　对项目组财务、资金、成本进行管理及核算，并向项目组派出财务经理。

（2）安全质量部　对项目组质量、健康、安全、环境（QHSE）管理体系和安全进行指导及技术支持，并向项目组派出质量工程师、安全经理及安全工程师。

（3）信息技术部　对项目组信息化应用、工程软件、数据库及项目信息资源等进行管理及技术支持，并向项目组派出 IT 工程师。

（4）其他职能部门　还有其他一些部门，负责公司运营的各项管理工作。

3. 专业部室

工程公司各专业部室提供项目服务所需的技术、专业资源及人力资源保证、专业协调、方案评审，设计、采购、施工管理，以及试运行成品文件、图纸、说明书等全过程服务。

各专业部室对项目组提供技术支持，并派出设计、采购、施工、试运行等经理及专业负责人、各类设计专业人员等。

第五节　工程公司项目部的典型组织机构

一、项目部的建立

工程公司在签订工程建设项目总承包合同后，即刻从图 2-1 所示的各部门抽调人员成立项目部，全权行使总承包项目管理职责，实行项目经理责任制；并在项目管理目标责任书中明确项目部应完成的项目目标以及项目经理的职责、权限和利益。

项目经理应根据工程公司法定代表人授权的范围、时间和项目管理目标责任书中规定的内容，对总承包项目，自项目启动至项目收尾，实行项目全过程管理、控制，确保项目满足项目合同要求，符合法律法规和标准规范要求以及质量管理、HSE 管理的全部内容。

项目总承包组织采用矩阵式管理模式。项目部下属各部门和全体人员由项目经理统一领导，并接受工程公司职能部门的指导、监督、检查和考核。项目部在项目收尾完成后由工程公司批准解散。项目部典型组织机构如图 2-2 所示。

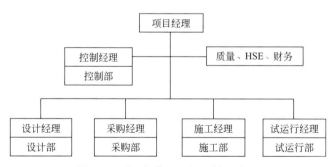

图 2-2　项目部典型组织机构示意图

工程公司应在项目总承包合同生效后，即刻组建项目部，任命项目经理，按照下述要求启动项目管理各项工作。

① 根据合同和企业管理规定程序确定组织形式和资源配置。

② 确定项目部管理职责、范围和任务。

③ 确定项目部管理职能和岗位人员设置。

④ 确定项目部人员、岗位职责及权限。

⑤ 由项目经理与企业签订确认项目管理目标责任书，并进行目标分解。

⑥ 组织编制项目管理各项规章制度、工作程序及质量管理体系、目标责任制度以及考核、奖惩等制度。

项目部组织结构应根据总承包项目规模、项目构成、专业特点与复杂程度、人员状况和地域条件确定。项目部的人员配置和项目管理制度应满足项目总承包管理目标的需要，制定的管理制度应与工程公司的管理体系相一致。

工程公司应当依据项目合同签订所确定的条款内容和项目建设要求，对组建的项目部进行整体评价，确定项目部是否能够满足项目总承包管理的合同要求。

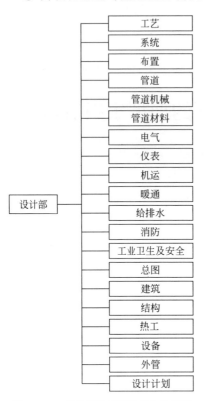

图 2-3　工程公司典型设计部专业设置

二、项目部中的核心——设计部

设计部的工作关系着整个项目的成败，所以设计部的构建是项目部构建的重中之重。设计部的主要专业配置应与表 2-1 中工程公司设置的专业部门基本一致，工程公司应能够保证项目所需要的各类专业资源。典型的设计部专业设置如图 2-3 所示。

各专业都应设立专业负责人，在设计经理的领导下，组织本专业人员按照合同要求完成本专业的各项设计任务。

设计部的工作除需接受项目经理和设计部经理的指导和管理外，还要接受公司管理部门、公司高层管理人员的指导和审核。

第六节　项目经理及各部门经理的岗位职责

项目部对总承包项目进度、质量、费用和 HSE 管理控制全面负责。在总承包合同范围内，项目部应具备与业主、工程公司各职能部门以及各其他相关方进行沟通与协调的职能。

一、项目经理的职责和权限

项目经理在总承包实施过程中始终处于核心位置。作为第一责任人与承包企业要签订总承包项目承包责任书，明确项目进度、质量、费用、HSE 等各方面的目标控制指标，明确项目经理的职责和权限。项目经理应按照项目管理控制程序和总承包项目承包协议书的规定，履行项目经理的职责。项目经理应负责编制项目实施计划，并组织各部门经理实施，对总承包项目的进度、质量、费用及 HSE 管理全面负责。

项目经理经授权代表工程总承包企业负责执行项目合同，负责项目的"八大管理"（项目综合、合同、范围、资源、信息、沟通、风险、变更）和"四大控制"（进度控制、质量控制、费用控制、HSE 控制），按照现代项目管理理念，应用现代项目管理原理和方法，对项目全过程和流程进行全面管理和控制。

1. 项目经理主要职责

按照总承包合同，代表承包企业全面负责项目实施的组织、领导、协调和控制。对外负责与用户联络与沟通；对内向项目部及相关方传达用户要求及变化。负责项目贯彻执行适用的法律法规和标准规范，贯彻执行总承包企业管理方针和目标。负责编制并组织实施项目实施计划；负责组织实施项目管理控制程序，审核并督促、检查项目相关经理实施设计管理控制程序、采购管理控制程序、施工管理控制程序、试运行管理控制程序。负责项目质量计划实施。负责督促、检查、指导各类经理的工作，协调设计、采购、施工、试运行之间的工作与关系。

负责审核/审批规定的项目文件。负责编制项目月报告，向总承包企业相关管理部门报告情况。组织相关经理，对项目实施过程中存在的不合格项采取纠正措施。贯彻执行管理评审报告，落实与项目实施有关的质量改进目标和要求，按总承包企业管理体系文件规定开展工作。对项目进度、质量、费用以及 HSE 管理全面负责。

2. 项目经理的主要权限

① 对项目进度、质量、费用和 HSE 管理的决定权；

② 采购及分包合同的审批权；

③ 财务审批权；

④ 变更审批权，但对重大变更需报项目主管审批；

⑤ 对外联络审批权；

⑥ 人力调配协调权；

⑦ 项目部人员的领导权；

⑧ 项目绩效管理权；

⑨ 项目人员奖罚权。

二、项目部中各部门经理岗位职责

1. 设计经理

在项目经理领导下，组织设计人员按照合同要求完成各项设计任务，对设计管理工作全面负责。组织编制设计实施计划，根据授权组织公司级设计方案评审、重要设计中间文件评审、危险与可操作性分析（HAZOP）审查和基础工程设计成品评审等会议，审查并签署规定的工程设计文件，组织设计人员编制采购、施工及试运行等所需的设计技术文件资料。对设计进度、质量、费用以及 HSE 管理负责，加强与工程公司各部门、专业部室之间的设计沟通和协调。

2. 控制经理

协助项目经理，负责组织进度工程师、质量工程师、费用工程师对项目的进度、质量、费用及材料等进行管理和控制，并指导和管理控制专业人员的工作，审查控制输出文件，对项目控制进度、质量和费用负责。

3. 采购经理

负责编制项目采购实施计划；负责组织、指导、协调项目采购（包括采买、催交、检验和运输等）工作；处理项目实施过程中与采购有关的事宜及与供货厂（商）的关系；全面完成项目合同对采购要求的进度、质量及采购费用控制目标任务。对采购过程的进度、质量、费用、HSE 管理负责。

4. 施工经理

负责编制项目施工实施计划，负责项目的施工管理，对施工进度、施工质量、施工技术、施工费用以及施工安全进行全面管理和控制。负责对施工分包商的协调、监督和管理工作。对施工过程进行管理、协调和控制，对施工过程的进度、质量、费用、HSE 管理负责。

5. 试运行经理

负责编制项目试运行实施计划，负责项目试运行（服务）的管理工作。包括：编制试运行计划和培训计划，协助业主确定生产组织机构、岗位职责；参加业主组织的试运行方案的讨论，指导业主编制试运行总体方案，组织试运行服务人员编制操作指导手册；指导试运行的准备工作，协助处理试运行中发生的问题；参加考核、验收等工作。对试运行过程的进度、质量、费用、HSE 管理负责。

6. 质量经理

负责编制项目质量计划，根据工程总承包企业的质量管理体系，负责项目的质量管理工作。负责组织 HSE 工程师对项目全过程的 HSE 进行策划、监督和管理。

7. 财务经理

负责项目财务管理，项目资金使用控制和项目成本管理及核算工作。

第七节　EPC项目组织机构案例

一、中型总承包项目部组织结构

一般典型的 EPC 总承包项目部组织结构如图 2-4 所示。

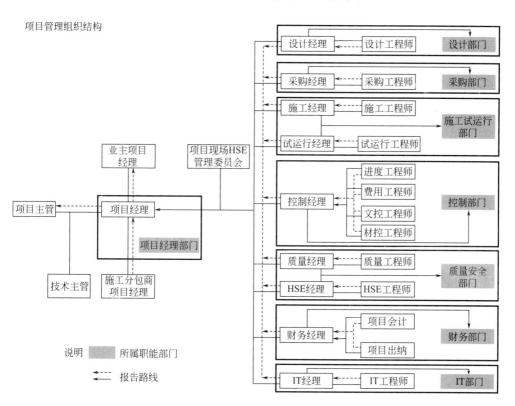

图 2-4　典型 EPC 总承包项目部组织结构示意图

典型 EPC 总承包项目部的采购部的组织结构如图 2-5 所示。
典型 EPC 总承包项目部的施工部的组织结构如图 2-6 所示。
典型 EPC 总承包项目部的试运行部的组织结构如图 2-7 所示。
典型 EPC 总承包项目部的 HSE 部的组织结构如图 2-8 所示。

二、大型总承包项目部组织结构

以某大型煤制天然气总承包项目为例，为了有效实施项目建设，项目部组织结

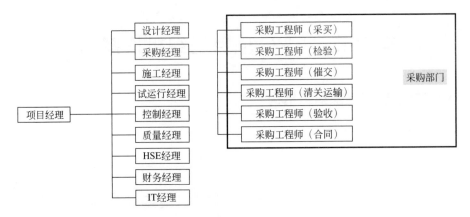

图 2-5　典型 EPC 总承包项目部的采购部的组织结构示意图

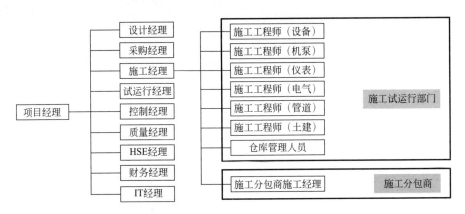

图 2-6　典型 EPC 总承包项目部的施工部的组织结构示意图

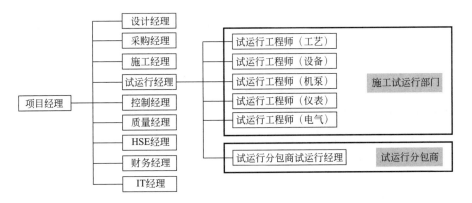

图 2-7　典型 EPC 总承包项目部的试运行部的组织结构示意图

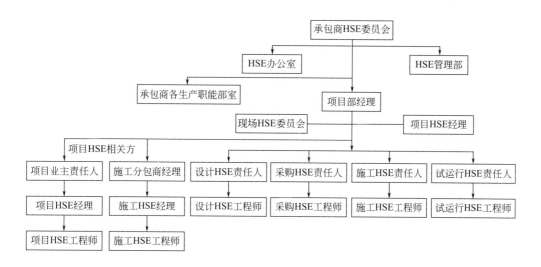

图 2-8 典型 EPC 总承包项目部的 HSE 部的组织结构示意图

构设计以满足工作需求、项目统一性、控制系统兼容性等进行设置。

（1）设计　统一设计标准。发布初步设计/施工图设计统一规定及各专业统一规定，要求各承包商严格执行。组织设计巡查，统一设计基准、设计基础、设计原则和设计标准。

（2）采购　统一全厂设备材料采购工作程序，明确采购分交范围、设备材料配置档次。研究确定组织全厂"统一采购"专业与产品范围：全厂部分仪表、电气设备、电信设备等。督促各装置总承包商严格执行全厂"统一采购"，签订统一采购框架协议，有效减少业主备品/备件种类，降低业主备品/备件数量；组织督促、协调项目超限（大件）设备运输、全厂接报检、仓储工作等。

（3）施工　统一全场临时道路、临时用水、临时用电规划与实施以及建设期维护。统一全场办公与生活临设标准、样式，统一规划，统一建设，统一管理与协调全场施工工作界面。集中设置和统一管理两座混凝土搅拌站。集中设置和统一管理两座集中防腐厂。组织编制全场施工组织设计，统一质量、HSE 管理标准、交工资料标准等。

该项目管理决策层组织机构如图 2-9 所示。

该项目管理实施层组织机构如图 2-10 所示。

在项目横向管理上，各专业分部接受所在部门的指导、协调、监督与考核。该项目管理实施组织机构横向管理如图 2-11 所示。

在项目纵向管理上，各专业分部接受所在装置项目部的领导、监督与考核。该项目实施组织机构纵向管理如图 2-12 所示。

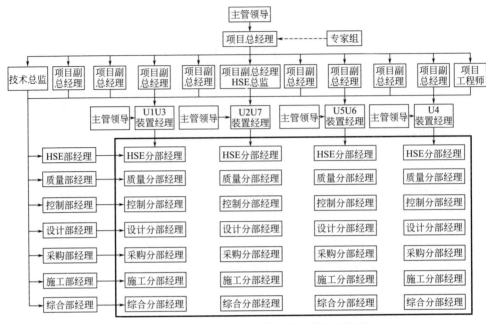

图 2-9　某大型项目管理决策层组织机构示意图

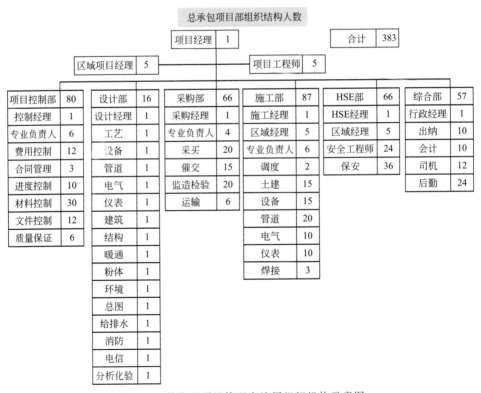

图 2-10　某大型项目管理实施层组织机构示意图

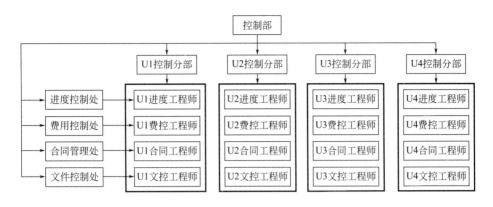

图 2-11　某大型项目管理实施组织机构横向管理示意图

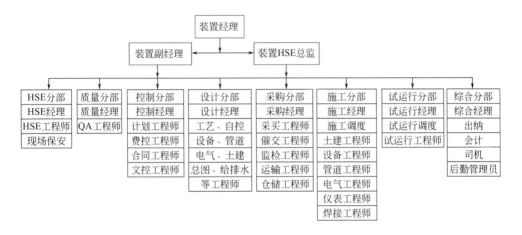

图 2-12　某大型项目实施组织机构纵向管理示意图

第三章

EPC 项目建设阶段全过程管理

现代项目管理技术非常适用于那些责任重大、关系复杂、时间紧迫、资源有限的一次性项目任务的管理。随着中国加大改革开放向纵深发展的力度，国际项目合作不断增多，更需要中国工程公司进入国际工程建筑市场的大舞台。

项目总承包建设模式在中国的推广应用成果与国外先进的项目管理理论相结合，极大地促进了项目管理及总承包建设模式的迅猛发展，加快了中国企业进入国际建筑工程总承包市场的步伐，同时也极大地促进了中国项目管理体系的建设和发展。

第一节　适宜的管理方法——戴明循环管理法

一、戴明循环

戴明循环又称 PDCA 循环，其研究起源于 20 世纪 20 年代。先是由著名的"统计质量控制之父"、统计学家沃特·阿曼德·休哈特在当时引入了计划(P)—执行(D)—检查(C)的雏形。后来戴明将休哈特的 PDC 循环进一步完善，发展成为计划(P)—执行(D)—检查(C)—处理(A)这样一个质量持续改进模型。戴明循环是一个持续改进模型，包括持续改进与不断学习的四个循环反复的步骤，即计划(Plan)、执行(Do)、检查(Check)、处理(Act)。

戴明循环有许多优点：适用于个体管理与团队管理；戴明循环的过程就是发现问题、解决问题的过程；适用于项目管理；有助于持续改进提高；有助于供应商管理；有助于人力资源管理；有助于新产品开发管理；有助于流程测试管理。

1. 戴明循环特点

① 大环带小环。如果把整个建设项目的工作作为一个大的戴明循环，那么各个阶段、过程、单元还有各自小的戴明循环，就像一个行星轮系一样，大环带动小环，一级带一级，有机地构成一个运转的项目管理体系。

② 阶梯式上升。戴明循环不是在同一水平上循环，每循环一次，就解决一部分项目问题，取得一部分项目成果，项目工作就前进了一步，项目管理水平就提高

了一步。到了下一次循环，又有了新的项目目标和内容，更上一层楼。

③ 戴明循环应用了统计处理方法以及项目管理工作研究的方法，作为项目管理实施过程中发现问题、解决问题的工具，具有科学性、实用性。

2. 戴明循环实施步骤

① 计划（Plan，P） 通过集体讨论或个人思考及策划，确定某一项目活动或某一系列项目活动的方案。

② 执行（Do，D） 项目执行人按照计划去做，落实计划的项目活动方案。

③ 检查（Check，C） 检查执行人的执行情况。比如到项目计划执行过程中查找"控制点""管理点"在哪里，收集项目控制点的信息；检查项目计划执行情况以及是否达到预期的目标，找出项目存在的问题等。

④ 处理（Act，A） 对检查的结果进行处理，认可或否定。成功的经验要加以肯定，或者模式化或者标准化，并予以适当推广；失败的教训要加以总结，以免重犯；这一轮未解决的问题放到下一个戴明循环中去解决。

二、项目管理过程中的戴明循环

1. 项目过程策划（P）

从项目实施过程类别出发，识别项目价值创造过程和支持过程，从中确定项目主要价值创造过程和项目关键支持过程。明确项目管理过程输出对象，即项目相关方，确定项目过程相关方的需求，建立可测量的项目管理过程绩效目标。基于项目管理过程的需求，融合项目管理所获得的各类信息，进行项目管理过程方案优化或重新设计优化的项目方案。

2. 项目过程实施（D）

使项目管理过程的相关人员能够尽快熟悉项目过程中的优化方案，并严格遵循优化方案以及业主对项目的需求去实施。

在实施过程中，根据项目管理内、外部各类因素的变化和来自项目相关方的有关信息，在项目管理过程方案设计的柔性范围内对项目管理过程进行合规性的调整。

根据项目管理过程控制及监测所得到的相关信息，对项目管理过程进行有效控制，可以使项目产品的关键特性满足项目总承包合同的要求，使项目管理过程稳定受控，并使企业具有足够的项目管理能力。应根据项目管理策划过程改进的成果，实施改进后的项目管理策划过程。

3. 项目过程监测（C）

项目过程监测包括项目管理过程实施中和项目管理过程实施后的监测，旨在检查项目完成过程是否遵循项目管理要求，以及是否达成项目管理绩效目标。项目过程监测包括对项目形成的产品和项目管理过程的评审、验证和确认。

4. 项目过程改进（A）

项目过程改进分为两类："突破性改进"是对现有项目管理过程的重大变更或用全新的项目管理过程来取代现有的项目管理过程；而"渐进性改进"是对现有项目管理过程进行的持续性改进。

第二节　项目管理系统

基于 EPC 项目总承包全过程的管理类型，项目建设管理可以划分为五个管理过程，即项目的启动、策划、实施、控制和收尾结束，体现了项目建设的生命周期。项目建设管理的五个过程与四阶段管理（设计阶段管理、采购阶段管理、施工阶段管理、试运行阶段管理）、四个目标管理（进度管理、质量管理、费用管理、HSE 管理）、八个要素管理（综合管理、合同管理、范围管理、资源管理、信息管理、沟通管理、风险管理、变更管理）进行有效整合，能够形成一个比较全面的项目管理系统。

由五个管理过程组成的项目建设管理工作流程如图 3-1 所示。

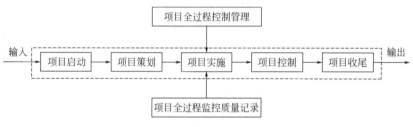

图 3-1　项目建设管理工作流程

第三节　项目启动过程

一、项目启动概述

1. 项目启动定义

组织正式开始一个项目（或继续到项目的下一个阶段）时，需通过发布政府正式批准项目的文件（或项目章程）等，正式确认项目的存在并对项目提供简要的概述，承认相关各方在项目需求和项目目标上达成一致。同时重要的是要确认项目经理并对其进行授权，即有关方面正式认定这个项目开始，并承诺向这个项目提供相关资源保障。

项目启动意味着项目承包商与项目业主正式签订了项目总承包合同，总承包商项目管理部门根据营销部门下达的项目任务通知单，接受任务，负责总承包项目的启动工作。

根据总承包项目的管理类型、级别、范围需求，有效组织和调配总承包商内部的各种管理资源，如与项目管理、设计、采购、施工、试运行相关的人、财、物等，正式组建项目部，任命项目经理。

项目经理应会同项目各子部门经理确定项目实施需配置的专业人才以及相关专业负责人，相关部门按程序批准并确定相应的人员。

2. 项目启动标志

项目启动过程正式开始有两个明确的标志：一是任命项目经理、建立项目管理部（项目管理组），二是下达项目任务书。项目经理的选择和项目团队的组建是项目启动过程的重要环节。项目经理人选和优秀的项目管理团队是 EPC 项目管理的核心组成部分。项目经理必须领导项目团队中各专业经理和项目部全体成员，处理好与项目相关方的关系，策划和组织好项目实施计划的执行，实现项目的终极目标和业主的合同需求。

二、项目启动内容

项目启动阶段应确定的主要内容包括组建项目团队、配备项目资源和管理，项目总体描述。此外，还应初步确定项目目标、项目分解结构，明确项目约束条件。

1. 组建项目团队

（1）项目团队　项目启动首先要求总承包商在现有资源条件下，根据项目组织结构，安排具有能力的相关专业人员，包括项目管理、设计、采购、施工、试运行、计划、质量、费用、安全、信息、财务等人员以及项目相关的控制、技术、质量、安全、财务管理人员承担项目相关的管理职能。

（2）项目管理核心　项目管理核心由项目经理和项目专业经理（设计经理、采购经理、施工经理、试运行经理、控制经理、质量经理、财务经理、安全经理等）等核心管理层人员构成，履行项目管理职能。

（3）项目经理　项目经理是总承包商法人授权委托的代表，全权对项目进行管理。项目经理应具备的技能和能力：项目知识领域管理技能（包括项目五个过程、四个阶段、四个目标、八个要素）；工业项目技术领域管理技能；组织管理能力（包括领导能力、沟通能力、协调能力、谈判能力、解决能力）；项目团队建设及影响力能力等。

项目经理是项目全过程管理的中枢，无论是项目部各专业部门和全体项目人员，还是总承包商总部各管理部室，都应给予项目经理大力支持。此外项目经理也是项目总承包商、项目业主及项目相关方的桥梁和纽带，一定要慎重地选择优秀的人才担任项目经理，尤其大型项目经理人选更是如此。

2. 配备资源和管理

配备适用的工具、技术和方法去监测和控制项目管理的各个阶段、过程和活动，为总承包项目团队配置最佳的资源组合。

3. 项目总体描述

项目总体描述，包括项目范围、项目风险、项目完成期限或时间、项目成本估算或成本备选方案等。在项目描述时，要求项目核心层要进行认真的调查分析。

4. 初步确定项目目标

确定项目目标是在项目描述之后进行的。通过项目描述对进度、质量、费用和HSE四个要素的鉴别，为项目总目标的初步确定提供基本信息。确定项目目标即是对四个目标要素进一步的明确。

项目目标初步确定时，要充分考虑项目收尾过程结束时的成果输出及项目在实施过程中所面临的困难。需要考虑的主要因素有：资金、技术、市场、组织等因素对项目的影响；人员、成本、时间、环境等限制因素对项目的影响；法律、法规对项目活动和结果的限制是否会增加项目成本和项目风险；项目与政策的适应性、项目对环境的影响以及要承担的责任和义务；财务限制对项目的影响等。此外，影响组织机构的内、外部因素还有项目合格人员不足、人员变动等。

初步确定项目目标，即要弄清项目最终成果是什么。如果项目有若干个目标，则要明确这些目标间的关系。

初步确定项目目标时，还要考虑项目目标的可测量性，即项目目标应该定量，便于判断和控制。项目目标初步确定后，要明确其识别标志，当达到这个标志点时，项目即算完成。

5. 工作分解结构

项目目标的实现需要将其分解成为若干个项目子目标，通过项目子目标的实现，最终完成项目的总目标。完成后的子目标被称为项目阶段性成果。各阶段性成果的取得需要通过相应的项目活动来实现。将项目目标下的工作程序按照一定原则层层分解，加以细化，就称作项目工作分解结构。在项目分解过程中，要确定所需要的项目资源、组织分工。项目分解结构应尽量准确反映要完成的项目定量工作，将项目活动划分到足以制定出详细工作计划为止，以便有利于项目计划的设计和逐步实现项目目标。项目分解结构步骤如下：

① 列出主要项目成果和活动；

② 列出次要项目成果和活动；

③ 列出项目活动提纲或图表，表示各项目成果和活动的独立性，各项目活动的关联及其指标等。

6. 明确项目约束条件

（1）与项目相关方沟通　项目的约束条件是项目的最终限定范围，是制定项目目标的依据。在启动阶段需要与业主进行充分沟通，了解他们对项目目标的想法，以及能够给出或愿意接受的约束条件。

（2）理顺、明确各项约束条件

① 时间：通常是一个固定的最后期限，即项目完成时间。

② 预算：限制了项目团队获取资源的多少，潜在限制了项目的范围。

③ 质量：通常由产品或服务规范来约束。

④ 设备、技术、管理层指令、合同的目标等是更为具体的约束（或限制）条件。

（3）根据约束条件制定目标和管理计划　约束条件限制着项目部可以做出的选择，并且限制他们的操作。各种约束条件，尤其是与时间、费用、质量、HSE 相关的约束条件，可用来帮助制定具体的子项目标和制定管理原则和计划。

7. 项目管理研讨

项目管理研讨是项目管理的一种工具，它强调集体讨论、集思广益。项目管理研讨也可以纳入项目策划的过程，根据项目不同阶段的特点，对项目目标进行策划和分解。研讨的主要任务是调整不同阶段的项目目标和内容。项目管理研讨中可能涉及的决策包括：增加或删减项目目标或项目成果，修正工作分解结构，减少或增加资源需求量。

第四节　项目策划过程

一、项目策划原则

项目策划是在项目启动后，确定项目管理的各项原则要求、措施和进程，编制项目管理计划、项目实施计划。

项目管理计划及项目实施计划策划是由项目经理负责组织的。项目管理计划编制的依据包括项目概况、项目合同、业主的要求与期望、项目管理目标、项目实施基本原则、项目联络与协调程序、项目的资源配置计划、项目风险分析与对策、总承包商管理层决策意见等。

二、项目策划内容

应综合考虑项目的进度、质量、费用、HSE 及技术等方面的要求，并应满足合同的要求。项目策划主要内容：

① 确定项目的管理模式、组织机构和职责分工。

② 制定进度、质量、费用、HSE 及技术等方面的管理程序和控制指标。

③ 制定资源（人、财、物、技术和信息等）的配置计划。

④ 制定项目沟通程序和规定。

⑤ 制定项目风险管理计划。

⑥ 制定项目管理计划。

⑦ 制定项目实施计划。

项目管理计划由项目经理负责编制，向总承包商管理层阐明管理合同项目的方针、原则、对策、建议等，属于总承包商内部文件，包含内部信息，如风险、利润等。项目管理计划应报总承包商管理层批准，作为编制项目实施计划的依据，指导和协调相关人员编制项目专业实施计划。

项目实施计划由项目经理负责组织编制，是整个项目实施过程中的指导性文件。项目实施计划应报业主确认，并作为项目实施的依据。项目实施计划应能指导和协调各专业的单项计划，例如设计计划等。

三、项目策划案例分析

总承包项目启动后，项目策划是非常重要的一项工作。策划的好与差对项目实施有非常大的影响。以某项目 EPC 总承包中的项目策划为例，对 EPC 总承包项目策划进行分析。

1. 项目策划的主要依据和关注点

（1）合同规定　采用天然气制合成氨和尿素，预计合成氨日产量为 1365t，尿素日产量为 2385t。项目建设工期为 43 个月（含化工投料试运行和性能考核）。合同生效日期××××年 6 月 13 日；合同工期起始日期××××年 7 月 1 日；合同要求性能考核通过，业主签发临时接收证书期限××××年 1 月 31 日；合同要求缺陷保证期 2 年，业主签发正式接收证书期限××××年 1 月 31 日。

（2）承包商范围　合同项下工作范围（但不限于）：项目管理；项目主体工程、公用工程、辅助工程和配套设施的勘察、测量，工程设计、采购、施工、预试运行、联动试运行、投料试运行、性能考核；业主试运行人员培训；备品备件等服务。

（3）项目工艺采用技术　合成氨装置天然气转化、脱碳、氨合成专利技术：Haldor Topsoe A/S；MDEA 脱碳用 BASF 技术；尿素用 Snamprogetti 技术；大颗粒尿素用 TEC 技术。

（4）试运行期间净能耗　项目交接点在性能考核通过后。试运行期间的预期净能耗：33.8GJ/t。在性能考核通过前如果消耗能量与尿素产品折算的能耗差值（即净能耗）大于 33.8GJ/t，承包商要承担实际差值费用。

（5）换算基准　低热值的天然气：38265kJ/m^3；电：8991kJ/kW；合成氨：36.146 GJ/t；尿素：21.193 GJ/t。

2. 项目策划

① 编制项目管理适用的程序文件和规定。

② 选择合适的管理软件，如进度管理软件用 Project 2003、P3E/C；材料管理软件用 VPRM；文档管理软件用 ProjectWise；绩效管理软件用 PMWH 等。

③ 编制各项管理原则要求、合同执行情况报告要求等。

④ 向财务提供对项目各种费用估算、预算的编制原则、要求及发表时间。

⑤ 制定项目内部费用分解控制目标，如人工时费用控制目标等。

⑥ 制定项目材料控制目标，包括材料控制分工、材料控制原则和要求等。

⑦ 制定项目质量控制目标。

⑧ 推进设备制造开工会和采购包启动工作。

⑨ 准确确定采购裕量。

⑩ 确定施工分包原则及主要分包方案。

⑪ 分析项目总承包风险及制定对策。

第五节　项目实施过程

项目实施由项目经理负责组织，项目部及有关部室执行。项目实施是执行项目管理计划和项目实施计划的过程，最终形成项目产品。项目实施应特别注意要按项目实施计划有效开展工作，切忌颠倒程序和盲目指挥。在这个过程中项目部的大量工作是组织和协调。

项目实施过程是严格按照项目管理实施程序进行的。项目实施程序主要内容可以用模块的方式表示，如表 3-1 所示。

表 3-1　项目实施程序主要内容

序号	程序内容描述	备注
1	项目目的描述	程序说明模块
2	适用项目范围	
3	项目工作职责	
4	项目组织及接口	
5	项目管理分类及过程控制	
6	项目实施工作程序	实施工作程序模块
7	项目实施过程监控记录	实施过程监控记录模块
8	支持文件体系	支持文件模块

其中，支持文件体系包括质量体系文件、项目管理体系文件、国家行业标准规范等。项目实施流程如图 3-2 所示。

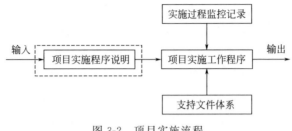

图 3-2　项目实施流程

第六节　项目控制过程

一、项目控制概述

项目控制是指将项目实施过程中所确定的范围、目标、综合管理计划、活动、资源及需求进行控制管理，以项目目标和实施计划为控制基准，确保在发生偏差时能够及时进行偏差分析，采取有效的应对措施，进行纠偏和调整，直至实现项目所确定的目标。

项目控制对象是项目管理结构图上各个层次的单元或子项。由各分部经理负责本部工作的控制管理；由项目经理负责对项目全过程的控制管理。

在项目实施过程中，项目的状态是一个不断变化的动态，对项目动态进行跟踪是一项重要的工作。应当定期将跟踪所得的项目状态与项目实施计划相比较，测量发生的偏差，采取适当的措施进行纠正。

二、项目控制程序内容

项目实施计划控制程序设置应严格按照项目控制程序实施。项目控制程序主要内容可以用模块的形式表示，如表 3-2 所示。

表 3-2　项目控制程序内容

序号	控制原则内容描述	备注
1	项目控制说明、原则、原理	程序说明模块
2	项目控制计划	
3	项目控制工作程序	控制工作程序模块
4	项目控制过程监控记录	监控记录模块
5	文件支持体系	支持文件模块

项目控制程序流程如图 3-3 所示。

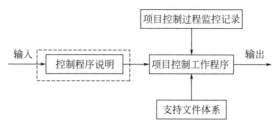

图 3-3 项目控制程序流程

三、项目控制工作程序设置

通常情况下，项目控制工作程序流程如图 3-4 所示。

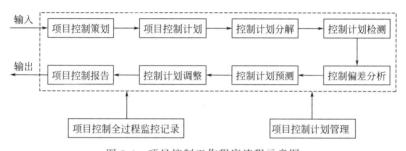

图 3-4 项目控制工作程序流程示意图

四、项目控制工作程序说明

1. 控制实施原则

坚持项目实施动态控制和 PDCA 循环原则，建立项目控制范围检测和项目控制检测汇总报告，并符合合同规定和用户对项目目标的要求。所有项目实施计划信息的正式来源均由项目经理签发报告；对制造厂商、施工分包商的项目目标实施计划及其更新应进行必要的确认。

2. 项目控制策划

根据合同要求，策划项目控制过程中的活动定义，对项目实施计划控制过程进行策划。明确项目实施计划与控制过程需要不断地进行信息传递与反馈。策划时应考虑项目实施过程中的各种风险，项目控制计划应留有余地，具有一定的弹性，以确保项目控制目标的实现。

3. 项目控制计划分解

项目实施控制对象应由大到小分解，控制计划的内容从粗到细分解，形成项目控制系统。按照项目 WBS 分解原则，由粗到细进行划分，直至最小监督检查和控制单元。分解时要考虑项目实施计划中由细到粗汇总的需要。项目控制计划也是一个动态过程，由编制、控制、调整的循环过程组成。

4. 项目控制监督检测

对项目控制计划状态要进行监督检测，掌握项目控制实施动态，实际消耗资源量等内容，以此作为项目实施控制的依据。

5. 项目控制偏差分析

将检查期间的实际项目控制计划与计划数据进行比较分析，发现偏差。

6. 项目控制计划预测

通过项目控制分析比较，计算出项目控制偏差值，在此基础上预测项目控制目标及控制计划变化趋势。

7. 项目控制计划调整

当实际项目控制计划发生偏离时，需采取适当的措施来纠偏项目控制计划的偏离，并进行更新和修订。

8. 项目控制计划报告

项目控制报告应按相关规定报告。

五、项目控制要素

项目管理要素影响程度划分如表 3-3 所示。这些管理要素和目标要素按影响程度分为两类，一类管理要素影响程度非常高，另一类管理要素影响程度次之。这种划分仅按影响程度进行划分，是相对的划分，在一定条件下，可以相互转化。对项目管理的控制要素为 12 项，其中 9 项均为影响程度非常高的要素。

表 3-3　项目管理要素影响程度划分

要素	项目全过程	设计阶段过程	采购阶段过程	施工阶段过程	试运行阶段过程
进度	■	■	■	■	■
质量	■	■	■	■	■
费用	■	◇	■	■	◇
HSE	■	◇	◇	■	■
综合	■	◇	◇	◇	◇
合同	◇	◇	■	■	◇
范围	■	■	◇	◇	◇
资源	◇	■	◇	■	◇
沟通	■	■	◇	■	◇
信息	■	◇	◇	◇	◇
风险	■	■	■	■	■
变更	◇	■	◇	■	■

注：■—要素影响程度非常高；◇—要素影响程度次高。

第七节 项目收尾过程

EPC 项目收尾过程是总承包项目管理的最后一个过程。项目收尾过程可以分为项目收尾条件、项目收尾具体过程、项目收尾结束及项目收尾报告。项目收尾结束标志着项目建设周期的完成，项目即将进入产品生命周期的新起点。

一、项目收尾条件

项目建设阶段的结果通常存在两种情况。一种结果是项目建设按照约定条件，在规定的时间条件约束下，完成了合理的工期目标；在规定的资源约束条件下，完成了约定的项目投资总量目标；在规定的质量约束条件下，具备了项目特性、项目功能和项目标准，最终形成了业主的一项固定资产，可以继续进行项目接收和生产运行等程序。另一种结果是没有按照上述三项约定条件完成预期的目标，不能形成固定资产，也无法进行项目接收和生产运行等程序，属于失败项目。不论是成功还是失败，项目都要按规定程序进行项目收尾过程。

进行项目收尾过程的一般条件是项目三项约束条件目标已经完成，并形成固定资产，项目的结果可以转移交付给项目投资人或第三方。

二、项目收尾具体过程

当项目按照三项约束条件目标已经完成时，进入了项目收尾过程。对项目进行收尾控制是项目结束前最重要的一项工作。项目收尾过程有许多工作要做，应对项目收尾过程进行控制和管理。项目收尾过程一般可划分为以下六个子过程：项目资料验收移交、项目交接、项目费用决算、项目审计、项目总结评价、项目合同收尾等。

1. 项目资料验收移交

项目资料范围非常广泛，涉及整个项目建设周期各阶段的计划、报告、记录、图表和各种数据等资料；同时还包括正式的项目验收报告、项目评估报告、项目鉴定报告、项目总结报告、项目事故报告、项目变更记录等。

项目资料是整个项目建设周期的详细记录，是项目成果的重要展示形式。项目完成资料既是进行项目评价和验收的依据、标准，也是项目交接、维护和生产运行的重要原始凭证。

资料验收移交是指总承包商将整理好的、真实的项目资料交给项目业主，并进行确认和签收的过程。可以根据项目总承包合同中关于资料控制的条款要求，或国家相关资料档案管理的法规、政策以及国际惯例等，对项目资料进行验收。

项目资料验收移交完成后，应建立项目资料档案，编制项目资料验收报告。

2. 项目交接

项目交接是指项目经过性能考核后，在 EPC 项目合同全部履行完毕以后，在项目监管部门或相关方组织的协助下，项目业主与总承包商及参与方之间进行项目所有权移交的过程。

当项目成果移交、项目资料验收移交和项目款项结清后，项目移交方和接收方将在项目移交报告上签字，形成项目移交报告。

3. 项目费用决算

项目费用决算活动是确定从项目启动到项目结束交付使用为止的全部费用的过程。项目费用决算的依据主要是合同及合同的变更。项目决算的内容包括项目建设周期内支付的全部费用。项目费用决算最终形成项目决算报告，经项目各参与方共同签字后作为项目验收的核心文件。项目决算报告是以货币数量为表现形式，综合反映项目实际投入和项目投资效益，核定交付使用财产和固定资产价值的文件。决算报表包括项目概况表、财务决算表、交付使用财产总表、交付使用财产明细表等。

4. 项目审计

项目审计是审计机构依据国家法令和财务制度、企业管理体系、标准及规章制度等，对项目活动进行审核检查，判断其是否合法、合理和有效的一种活动。

项目审计的任务包括审查：项目活动是否符合国家政策、法律、法规和条例，有无违法和营私舞弊现象等；项目活动是否符合企业管理体系、标准及规章制度；各类项目报告、报表等资料是否真实可靠。

项目审计过程分为审计准备、实施、报告结果和资料归纳四个过程。审计范围包括整个项目建设周期中的所有活动，其内容涉及项目质量审计、费用审计、合同审计等。审计时间上涵盖项目前期、项目实施期、项目结束。

5. 项目总结评价

项目总结评价是对项目从启动到收尾的全过程进行系统总结和评价的一项活动。通过项目总结评价，对项目全过程完成的工作量、工程量、建设目标、进度、费用、质量、HSE 目标进行全面总结，起到肯定成绩、总结经验、研究问题、吸取教训、持续改进，不断提高 EPC 项目总承包管理能力和项目建设能力的目的。

6. 项目合同收尾

项目合同收尾是把总承包合同所有合同条款履行完成，确认项目目标已经实现，并经项目业主确认。主要特征包括项目工程量或工作量全部完成、项目产品验收和移交、项目价款结算和争议问题解决完毕。

三、项目收尾结束

项目收尾结束的标志是在规定的时间、规定的资源和规定的项目功能目标条件下，完成了合理的项目工期目标、项目投资总量目标、项目特性目标。如果项目达到了上述的收尾结束和项目合同关闭的条件，即可进行项目收尾正式结束及合同关闭。

若达到了项目收尾结束的条件，仍不进行项目收尾结束及合同关闭，就意味着项目建设成果不能正式投入使用，也不能生产出预期的产品或产生服务成果；项目利益相关方也不能终止为完成项目所承担的责任和义务，更无法从项目收尾结束中获得应得的利益。这也是我国基本建设程序所不允许的。

若未达到项目收尾结束的条件，却进行了项目收尾结束及合同关闭，项目建设成果同样不能正式投入使用，也不可能生产出预期的产品或产生服务成果。项目总承包商及项目建设相关方将继续为完成项目承担相应的责任和义务。这也是我国基本建设程序所要求的。

做好项目收尾结束阶段的工作对项目的各相关方来讲都是非常重要的，项目各方的利益在这一阶段相对存在着较大的冲突。

项目收尾结束过程主要活动有：

① 确认项目成果进入稳定的运行状态；

② 关闭项目合同；

③ 取消项目建设组织；

④ 将项目建设管理资源转移到其他项目；

⑤ 总结项目建设经验教训；

⑥ 对项目成果使用中的新技术进行评估。

四、项目收尾报告编制

项目收尾报告应按照下面要求和内容进行编制：

1. 项目概况

（1）项目基本概况　包括：项目名称；用户名称；建设性质；建设时间；合同号；合同计价类型；合同生效日期；合同目标/结束日期；合同范围。

（2）项目 EPC 总承包工作概况　包括：项目 EPC 总承包范围；项目主要工艺技术；项目技术经济指标；项目建设规模；项目产品方案。

（3）项目总承包参建单位　应列出：项目 EPC 总承包单位；设计单位；采购单位；施工单位；试运行单位；监理单位。

2. 项目完成工程量

包括两部分内容：项目完成工程量或工作量概况、项目建设工程特点及总结。

项目完成工程量如表 3-4 所示。

表 3-4　项目完成工程量表（或工作量）

序号	项目过程	工作量	单位	数量	备注
1	设计				
		图纸	张		
		表格	张		
		计算书	张		
2	采购				
		设备	台		
		材料	t		
3	施工				
		土石方量	m³		
		建筑面积	m²		
		设备安装	台		
		管道安装	m		
		电气安装	台（件）		
		仪表	台（件）		
4	试运行				
	单机试运行				
	联动试运行(预试运行)				
	投料试运行				
	性能考核				

3. 项目进度过程控制

包括：项目进度计划实施概况、项目进度实施总结。

4. 项目费用过程控制

（1）项目投资估算　应列出：项目建议书阶段项目投资估算值、可行性研究阶段项目投资估算值、基础工程设计阶段项目投资概算值。

（2）项目费用实施概况

（3）项目费用实施总结

（4）项目人工日　包括：人工日计划执行概况、人工日计划实施总结。

5. 项目质量过程控制

包括：项目质量目标测量数据概况、项目质量总结。

6. 项目 HSE 过程控制

包括：项目 HSE 目标测量数据概况、项目 HSE 总结。

7. 性能考核和项目验收

包括：性能考核概况、性能考核数据、性能考核验收及总结。

8. 项目绩效管理及评价

（1）项目绩效管理概况

（2）项目绩效管理总结

（3）外部评价　包括：用户评价；供货厂商评价；施工单位评价；监理单位评价；开车单位评价；政府评价。

第八节　项目综合管理

一、项目综合管理概述

项目综合（或整体）管理是为了正确地协调项目所有各组成部分而进行的各个过程的集成，是一个整体性过程，其核心是在多个目标和方案之间作出协调和权衡，以便满足项目相关方的需求。众所周知，为了取得项目预期的绩效，项目部各组成部门通常会以不同的视角对其进行管理，在管理过程中，难免会发生冲突和矛盾。因此有必要通过项目整体性集成取舍来达到合理的要求，或实现项目最佳的目标需求与期望值。

项目综合管理主要包括项目计划编制、计划活动定义和控制、项目计划实施和整体变更控制等。项目经理组织项目相关专业经理实施项目计划。当项目计划发生变化时，应按程序审核后批准变更。必要时，应修订并发布更新的项目实施计划。对项目实施计划的管理主要包括计划活动排序、计划活动历时估算、计划编制和计划控制等。由设计经理、采购经理、施工经理、试运行经理、控制经理及专业负责人、进度工程师，根据 WBS、带单位人工日的项目工作包一览表、项目建设过程逻辑顺序、各专业工作流程和项目进度管理规定等，对活动排序、活动历时估算工作进行编制和跟踪，及时更新，并对项目计划进行有效管理和控制。

二、项目整体计划编制

1. 项目整体计划

项目计划是经批准的正式文件，是用于项目管理实施的重要依据。项目整体计划是包括项目各类计划在内的总和，是一份可用以指导项目实施和项目控制的程序文件，应前后一致、逻辑清晰。

所有管理控制计划的总和构成项目的总范围。各部门经理、各专业负责人、进度工程师对项目做出的计划，由项目经理负责组织进行整体集成，必要时通过权衡取舍，形成整体的项目计划。

2. 编制原则

编制项目整体计划所遵循的基本原则：全局性原则、全过程原则、人员与资源的统一组织与管理原则、技术工作与管理工作协调的基本原则。

（1）目标统一管理 项目相关方通常有不同的，甚至是互相冲突的要求，在编制项目计划时要做出权衡，尽量统一管理他们的要求，使项目目标被所有的相关方赞同、接受或至少不会强烈反对。项目客户对项目目标不一定有整体的理解。在编制项目计划时要为客户进行全目标的统一管理，以实现客户的要求。项目进度、质量、费用和 HSE 四个目标既互相关联，又互相制约。编制项目计划时需要统一管理四者的关系。

（2）过程统一管理 项目整体管理的任务之一是对项目建设周期进行管理。各个管理过程与项目建设周期的各个阶段有紧密的联系，各个管理过程在每个阶段中至少发生一次，必要时会循环多次。项目阶段的统一管理首先需要制定统一的项目计划；然后需要积极执行这个项目计划。在项目的实施过程中还要对任何变更进行统一管理，直至项目收尾。

（3）计划统一管理 项目启动后排定工作整体计划，列出项目阶段性里程碑，用甘特图的形式表现，并通过评审确定里程碑完成时间。由于项目的渐进明细特点，在整体计划及里程碑完成的时间范围内，项目部每周排定更加细致的双周滚动计划，即本周末即排出下周及下下周的工作计划，同时反馈上周的计划完成情况。任何工作都要明确工作内容、工作目标及完成时间，协调人力资源，工作任务责任到人。

3. 整体计划编制程序

（1）编制输入 包括与本项目类似的其他项目计划输出成果数据；现有项目历史资料（例如估算数据库、过去项目绩效记录）等。以供核实以及评估项目计划制订过程中提出的其他可供选择方案的参考依据，工程公司组织机构质量目标、质量方针，过程审计连续改进目标，财务控制目标，费用开支和支付审查报告、会计法规、合同及条款等。

（2）编制工具及技术 运用项目管理信息系统，用于搜集、整理和分发各个项目管理过程成果数据，支持项目从启动到收尾的全过程整体计划管理，包括人工时系统和信息控制系统。采用赢得值管理理论，用于整体项目费用、进度和资源的量度、分析、比较和报告。采用先进的项目计划方法编制项目计划，用于指导项目团队开展项目活动。

（3）编制输出 项目计划编制完成后，按一定的程序进行审查和批准，并作为正式文件进行发布，用于管理项目的实施。项目计划和进度应按沟通管理计划的规定进行分发。通常称为整体项目计划。

项目计划的结构与表达有多种方式，内容一般均包括：项目或项目利益相关方的要求和期望、项目产出物的说明和规定、实施项目的目的或理由、项目其他方面的规定和要求；项目管理方法或策略的说明；范围说明书，包括项目各项目标和可交付成果；项目工作分解结构（WBS）；项目成本估算；计划开始和完成日期（进度）；项目技术范围、进度和成本的绩效量度基准；项目重要的里程碑及其目标日期；项目关键或必需的人员，及其预期成本和/或人工时投入；项目风险管理计划，包括主要风险及其制约因素与假设，以及应急措施；项目各过程的从属管理计划。

上述每项内容必要时均可列入项目计划，其详细程度因每个具体项目的要求而异。

三、项目整体计划实施过程

在项目计划实施过程中，项目经理和项目团队必须协调和指导项目管理中的各个过程、各个层次的工作，包括技术与组织接口；必须随时根据项目基准对实施绩效保持测量，以便比较实际绩效与项目计划的偏差，并以此为依据采取纠正措施。

为确保工作按规定时间与顺序进行，应采用工作授权系统，例如项目工作正式审批程序，或对具体项目活动或者工作的书面动工批准书。设计工作授权系统时，应当在提供控制的价值和为其所付出的代价两者之间权衡利弊。

定时召开项目协调会。对多数项目而言，项目协调会举行的频繁程度在各个阶段和各个级别各不相同。如项目部内部可以每周一次，与顾客则每月一次。在项目启动或策划计划阶段，需要召开更多的会议确定目标和方法；在项目实施阶段，由于计划和客户需求都得到了明确，可以适当减少开会次数；在项目收尾阶段，会议的频率将增加以协调各方工作。

关于工作成果的信息，如哪些成果已经完成、哪些尚未完成、质量标准达何种程度等，要作为项目计划实施的组成部分加以搜集，并反馈入绩效报告中。项目变更请求，例如扩大或缩小项目范围、修改成本或进度估计等，往往是在项目工作进行的过程中提出的。项目变更必须按要求提交正式变更请求，必须不间断地按基准对变更进行管理和控制。

四、项目计划过程控制

1. 变更输入

由项目实施计划提供控制变更的基准；由绩效报告提供项目绩效信息以及将来可能造成的进度、质量、费用、HSE方面的隐患。变更请求可能有多种形式，包括口头的或者书面的。引起变更的因素也有多种，包括直接或者间接、外部或者内部、法律强制性的或者其他因素等。

2. 变更控制工具与技术

应建立变更控制系统程序文件，文件内容包括正式项目文件变更需要经过的过程步骤、评估变更对项目绩效产生影响的方法、核准变更所需要填写的表格、系统追踪文件等。赢得值等绩效量度技术可以帮助评估计划的偏差是否需要采取纠正措施。项目状态是动态的，不可能丝毫不差地按照计划实施，因此出现偏差时，需要重新编制计划，或者采取修改成本估算、调整项目活动顺序与进度、调整资源需求、分析应对方案选择等措施，或者对项目计划进行其他调整。

3. 变更输出

偏差较大而需要变更计划时，应发布新计划或变更内容。分析偏差产生的原因、已采取的纠正行动的理由，以及所汲取的其他教训都应形成文件，记录在案，计入项目数据库。

第九节　项目合同管理

一、合同概述

市场经济中，企业之间的经济往来，主要是通过合同形式进行的。合同管理就是指企业对以自身为当事人的合同依法进行订立、履行、变更、解除、转让、终止、审查、监督、控制等一系列的行为。其中订立、履行、变更、解除、转让、终止是合同管理的内容；审查、监督、控制是合同管理的手段。合同管理必须是全过程的、系统性的、动态性的。全过程就是从洽谈、草拟、签订、生效开始，直至合同失效为止；系统性就是涉及合同条款内容的各部门都要一起来管理；动态性就是注重履约全过程的情况变化，特别要掌握对我方不利的变化，及时对合同进行修改、变更、补充，或中止和终止。

二、项目合同管理

项目合同管理是一个较新的管理职能。在国际上，随着现代项目管理理论研究和实际经验的积累，人们越来越重视对项目合同管理的研究。西方发达国家，在20世纪80年代前较多地从法律层面研究项目合同；在80年代早期，较多地研究合同事务管理；从80年代中期以后，更多地从项目管理的角度研究合同管理问题。当前，合同管理已成为现代项目管理的一个重要的分支领域和研究的重点。

1. 合同管理原则

项目合同是工程项目建设的法律基础和重要运作手段，合法的项目合同受国家法律保护。项目合同管理的目标是通过工程项目合同的签订、合同实施控制等一系列工作，全面完成项目合同所承诺的法律责任，保证项目建设目标和工程公司合同目标的实现。

总承包商的合同管理工作，应包括对与项目业主签订的项目总承包合同的管理，以及对为完成项目总承包合同所签订的项目分包合同、设备材料采购合同、劳务供应合同、加工合同等的管理。

合同管理是建设工程项目管理的核心，是全过程的、系统性的、动态性的，是高层次、高准确、高严密的管理工作。必须由一定的工程公司组织机构和人员来完成合同管理的工作。要提高项目合同管理的水平，必须使合同管理工作专门化和专业化，应设立专门的机构和人员负责合同管理工作。

2. 合同管理范围

合同管理主要包括项目合同范围定义、范围核实和范围变更控制等。项目经理及设计、采购、施工、试运行经理，通过编制项目工作分解结构（WBS），在相关项目实施计划中进行工作范围说明，并以此为依据核实项目完成的工作状态。

3. 合同管理类型

对不同工程公司组织和不同类型的总承包项目组织形式，合同管理组织的形式也不同。通常有如下几种情况：

（1）对一般的总承包项目　工程公司应设置合同管理部门，专门负责总承包商所有工程项目合同的总体管理工作。主要包括：

① 参与项目投标报价，对项目招标文件、合同条款进行审查和分析；

② 收集市场和工程项目信息；

③ 对工程项目合同范围、内容、条款、价格等进行项目合同总体策划；

④ 参与项目合同谈判与项目合同的签订，为项目报价、合同谈判和签订提出建议；

⑤ 向总承包项目派遣合同管理人员；

⑥ 对总承包项目的合同履约情况进行汇总、分析，对项目的进度、费用、成本、质量和 HSE 进行总体计划和控制；

⑦ 协调项目各个合同的实施；

⑧ 处理与业主及合同相关方的其他重大合同关系；

⑨ 具体地组织重大的索赔；

⑩ 对合同实施进行总的指导、分析和诊断。

（2）对于大型的总承包项目　应设立项目合同管理小组，专门负责与该项目有关的合同管理工作。将合同管理小组纳入项目总承包组织结构体系中，设立合同经理、合同工程师和合同管理员。

（3）对特大型的总承包项目　特大型项目合同关系复杂、风险大、争执多，如国际总承包项目，可以聘请合同管理专家或将整个项目总承包合同管理工作（或索赔工作）委托给相关咨询公司或管理公司。

三、项目合同管理实施程序

1. 合同管理实施程序

总承包商项目合同管理程序主要包括：

① 产品要求的评审；

② 合同签订和实施计划；

③ 合同实施控制；

④ 合同后评价。

合同管理程序应贯穿于建设工程项目管理的全过程，与范围管理、工程招标投标、质量管理、进度管理、成本管理、信息管理、沟通管理、风险管理紧密相连。在投标报价、合同谈判、合同控制和处理索赔问题时，合同管理要处理好与发包人、分包人以及其他相关各方的经济关系，应服从项目的实施战略和企业的经营战略。

2. 合同评审

合同评审应在签订总承包项目合同前进行，其目的是全面和正确理解项目招标文件和项目合同条款，为制定项目合同实施计划、投标报价、合同谈判和签订提供依据。

项目合同评审应包括：

① 招标工程和合同的合法性审查；

② 招标文件和合同条款的完备性审查；

③ 合同双方责任、权益和工程范围确定；

④ 产品要求的评审；

⑤ 投标风险和合同风险评价。

项目总承包商应认真研究项目合同文件的每一个细节和项目业主所提供的各种项目信息，弄清业主的意图和项目需求。如在招标文件中发现问题，或不理解的地方，应与项目业主及时进行澄清，并以书面方式确定。

合同评审过程中应综合考虑项目总承包的特点，业主提出的项目目标和合同需求，项目业主的资信、资金以及信誉等。同时还应对总承包商自身的情况、项目所在地的政治、法律、经济、自然条件、环境状况分析透彻。

3. 合同签订及制定合同实施计划

合同签订和制定合同实施计划是对完成总承包项目的人员组织、方法、措施、程序等方面的统筹安排。合同签订和制定实施计划包括：

① 工作方式的选择。对总承包项目范围内的工程和工作，总承包商可以自己完成工程，也可以与其他相关单位合作完成。合作方式可能有工程独立完成、工程

分包完成或成立总承包联合体完成等。工作方式的选择应考虑充分发挥各自的工程技术、项目管理、资金财力等优势。

② 合同签订和执行战略。总承包商必须就所投标的项目对工程公司的贡献、履行合同的实施策略、面临重大问题或风险时的策略等进行决策。

③ 总承包商必须按实际情况就为全面完成招标文件所规定的义务，并考虑项目合同条件，编制工程估算及预算。在此基础上，综合考虑总承包商的经营策略、市场竞争激烈程度、项目特点、合同风险程度等因素，制定项目投标报价策略，确定投标报价底价。

④ 总承包商应按照招标文件的要求正确填写项目投标书，并准备相应的投标文件，在投标截止日期前送达发包人。

⑤ 在项目合同实施计划中应注意合同体系的协调，对总承包商同时承接的项目合同作总体协调安排。对相关分包合同及拟由总承包商内部完成的项目（或工作）合同责任的分配，应能涵盖总承包合同总体责任，在价格、时间、进度、质量、HSE、资源等方面进行协调一致。

⑥ 建立合同实施的保证体系，以保证合同实施过程中的一切日常事务性工作有秩序进行，使总承包项目全部合同活动处于体系控制过程中，保证项目合同目标的实现。

⑦ 项目合同管理控制必须程序化、规范化，建立定期和不定期的协商会办制度，建立施工图批准程序、项目方案变更程序、分包人索赔程序、分包商账单审查程序、工程质量检查验收程序、进度付款账单的审查批准程序等。

⑧ 建立合同管理文档系统。应建立与合同相适应的编码系统和文档资料系统，能将各种合同资料方便地进行保存与查询。

⑨ 建立项目合同文件沟通方式，建立总承包商与项目业主、监理工程师、分包商以及合同相关方之间的有关合同文件沟通程序。

四、项目合同实施过程控制

1. 项目合同交底

在项目合同实施前，合同谈判人员应对项目管理人员和有关人员进行项目合同交底。合同交底主要内容：合同实施的主要风险、合同签订过程中的特殊问题、合同实施计划的主要内容、各种合同责任及合同事件的责任分解落实情况。

2. 合同实施监督

总承包商应监督项目部、项目分包商严格执行项目合同，并做好项目各分包人的协调和管理工作。同时也应督促项目业主执行其合同责任，以保证工程顺利进行。

3. 项目合同跟踪和诊断

① 总承包商应全面收集合同实施过程中的信息与项目资料，并进行对比性分

析，找出其中的合同偏离。

② 总承包商应对合同履行情况做出诊断。合同诊断包括：合同执行差异的原因分析、合同差异责任分析、合同实施趋向预测。应及时通报项目合同实施情况及存在的问题，提出项目合同实施方面的建议。对于发现的项目合同问题，总承包商应及时采取对应的管理措施，防止问题的扩大和重复发生。总承包商的合同变更管理包括变更谈判、变更处理程序、落实变更措施、修改变更相关资料、检查变更措施的落实情况。

4. 总承包商索赔管理

总承包商的索赔管理包括与项目业主、分包商、供应商之间的索赔和反索赔。索赔工作包括以下内容：

① 在合同的签订、项目实施过程中注意预测索赔机会。

② 在合同实施中寻找和发现索赔机会。

③ 对由于干扰事件引起的损失，按照合同规定的程序及时向对方（发包人或分包人等）提出索赔要求。在此过程中应寻找和收集索赔证据和理由，调查和分析干扰事件的影响，计算索赔值，起草并提出索赔报告。

反索赔工作包括以下内容：

① 反驳对方不合理的索赔要求。对对方的索赔报告进行审查分析，收集反驳理由和证据，复核索赔值，起草并提出反索赔报告。

② 通过合同管理，防止索赔事件的发生。

五、合同终止及后评价

项目合同按约定履行结束后，合同即告终止。总承包商应及时进行项目合同后评价，总结合同签订和执行过程中的利弊得失、经验教训，作为改进以后总承包项目合同管理工作的借鉴。分析的情况应进行总结，提出分析报告。

合同后评价应包括：合同签订情况评价；合同执行情况评价；合同管理工作评价；对本项目有重大影响的合同条款的评价；其他评价。

第十节 项目范围管理

一、项目范围管理概述

1. 项目范围定义

项目范围管理就是确保总承包商既不多也不少地完成项目规定要做的工作，最终成功地实现项目目的。项目 WBS 的建立对项目管理范围非常重要：未分解前项目看起来非常笼统、非常模糊；分解后项目范围目标立刻变得清晰，项目管理范围有了依据和可以进行测量的基准。

2. 项目范围确认

项目在进行工作分解结构之前，应以总承包合同条款作为依据，首先明确业主的各项需求及项目范围的边界，而且能够将这种需求边界进行量化，使其可以被检测；其次确定项目范围变更管理过程的指导原则及控制变更程序。由此在项目实施过程中，业主的需求变化引起的项目变更都是按照事先定好的规则按程序执行。在实际过程中，项目范围并不总是界定得非常明确，有时候会非常不清晰。一种情况是总承包商对项目范围定义并不清晰，业主对项目的需求也在不断变化，达不到可量化、可测量的程度。模糊的项目范围定义，就会导致后续项目范围管理的不确定性，从而发生合同纠纷。另一种情况是项目没有制定好明确的范围变更控制程序和变更控制原则，以至对项目变更过程控制的效果不明显，变更控制程序也不能起到有效的指导管理作用，以至项目范围变更变得不可避免。

因此，要想有效地对项目范围及范围变更加以控制，达到项目相关方满意的结果，就必须在项目范围定义后，要求项目业主对定义的项目范围进行确认和核实，才能形成项目范围定义文件，成为可以交付的成果。

一旦项目范围确认，表明项目相关方都已经接受所确定的项目范围，不再轻易变动。

二、项目范围管理内容

1. 项目范围管理基本内容

① 根据项目初步范围说明书编制详细项目范围说明书。

② 根据详细的项目范围说明书编制项目工作分解结构，并确定如何维持该工作分解结构。

③ 规定正式核实与验收项目已完成可交付成果。

④ 控制详细项目范围说明书变更请求处理方式。

2. 项目范围管理计划

项目范围管理计划是项目管理团队确定、记载、核实、管理和控制项目范围的指南。项目范围管理计划编制要依据项目的需要确定，是将产生项目产品所需进行的项目工作（项目范围）逐渐细化的过程。编制项目范围计划需要参考很多项目信息，比如项目产品描述、项目最终产品定义、项目合同等。通常项目合同已经对项目范围有了约定，项目范围计划在项目合同的基础上进一步细化。项目范围说明至少要包括项目产品、项目可交付成果和项目目标。

3. 项目范围分解

项目范围计划明确了，还必须对项目范围进行分解，把主要的可交付成果分成更容易管理的项目最小单元，最终得出项目的工作分解结构（WBS）。科学合理的项目范围定义对项目成功十分关键，当 WBS 分解或项目范围定义不确定时，项目范围变更就不可避免地会出现，很有可能会造成项目返工、延长工期、增加项目成本等一系列不利的后果。

比较常用的方式是以项目进度为依据划分 WBS，首先将项目范围成果框架确定下来，然后将每层下面的工作进行分解。这种分解方式的优点是与进度结合，划分非常直观，时间感强，评审过程中容易发现遗漏或存在的问题。微软的项目管理工具 Project 就可以自动为各个层次的任务编码。

4. 项目范围变更控制

发生项目范围变更的原因包括：外界因素（如政府法规）的变化；在定义项目范围方面的错误或遗漏；增值变化（如在一个环境治理项目中，利用最新技术能够减少费用，而这种技术在定义项目范围时还未产生）等。

由于项目范围输入的条件有不确定性，项目范围计划不可能一成不变，项目范围变更是不可避免的，关键是如何对项目范围变更进行有效的控制。因此要设计好项目范围变更的规范管理程序文件和遵循的规定和管理制度，一旦发生项目范围变更时，应遵循规范的变更程序来控制和管理项目范围变更。

项目范围变更发生后，首先需要进行项目范围变更识别，确认是在既定的项目范围之内，还是在既定的项目范围之外；其次要对其所造成的影响和损失进行评估，研究采取那些应对措施。如果项目范围变更是在项目范围之外，那么就需要商务人员与业主进行商务谈判，确认是增加费用，还是放弃范围变更。

（1）项目范围变更控制依据 在总承包项目合同中，涉及工作范围描述的是技术规范和图纸。技术规范规定了总承包商在履行合同义务期间必须遵守的国家和行业标准。

业主提供的设计图纸，以工程语言描述了需要完成的项目工作，简单而直观。但其缺陷是交付给某一总承包商的图纸内容并不一定是该承包商必须完成的全部工作。由于技术规范和图纸都涉及工作范围，就有可能产生模糊不清或矛盾，此时技术规范优先于图纸。即当两者发生矛盾时，以技术规范规定的项目范围内容为准。

（2）项目范围控制步骤

① 在收集已经完成项目活动的实际项目范围和项目变更带来的影响的有关数据，对项目范围进行分析并与原项目范围计划进行比较。

② 制定消除项目范围偏差应采取的具体措施。

③ 对造成项目范围变化的因素施加影响，以保证变化是有益的。

④ 提出变更请求，形成正式项目范围变更令。变更请求可能以多种形式发生——口头或书面的，直接或间接的，以及合法的命令或业主的自主决定。变更令可能要求扩大或缩小项目的工作范围。

第十一节　项目人力资源管理

一、人力资源管理概述

在项目管理中"人"的因素排在第一位，项目中所有的活动均由人来完成。坚持"以人为本"的思想，充分发挥"人"的作用，对于完成项目目标起着至关重要的作用。现代项目管理是以目标为导向的管理：制定项目实施计划，明确项目实现目标，与项目团队进行充分沟通，获取业主的信任支持和获取项目团队的承诺，让项目团队所有人都能为项目目标努力奋斗，实现项目的预期目标。

项目人力资源管理与传统人事管理在概念、职能和作用上有很大的区别，必须用战略的眼光看待人力资源在项目管理中所发挥的巨大作用。总承包商在人才开发、引进和使用中，要坚持不唯学历而重实效，贯彻"以人为本，效益第一"的原则。有了人才，企业才能有效益，才能发展。现代人力资源管理要把人才视为企业最宝贵的资源进行配置，让总承包项目平台成为提供发展机会和展示人生价值的重要舞台。

二、人力资源管理方法

1. 构建人力资源管理体系

要对总承包商人力资源管理现状进行全面深入分析和调研，明确企业人力资源管理的重要性和构建人力资源管理体系的必要性。应在人力资源管理体系构建前对人力资源管理的现状有一个全面客观的了解和评价，对人力资源管理的受重视程度和人才分布情况、人力资源在项目管理中所发挥的积极效果和人才使用情况、人力资源管理中的机制体制和存在的人力资源问题等要了解彻底，做到数据翔实、问题找准、分析透彻。

2. 设定人力资源发展战略、发展方向和发展目标

要结合企业的发展战略和发展目标，依据企业发展战略对高中低各层次人才资源的需求，充分论证企业人力资源发展的条件，提出企业人力资源发展战略、发展方向、发展目标以及发展方针，制定人力资源管理发展规划。人力资源管理体系的构建要想取得积极效果，就要与企业的人才管理实际相结合。体系构建一定要有针对性、可操作性和实用性。只有这样，才能保证企业人力资源管理体系能够提供足够的人才资源给项目组织，各类人才才能在项目平台上有发挥才能的机会。

三、项目人力资源计划

1. 人力资源配置

项目组织人力资源计划编制就是对人力资源进行配置，分配项目中的角色和职

责。在进行项目组织人力资源计划编制时，需要充分考虑项目资源计划编制中的人力资源需求，要结合项目合同、项目范围、项目目标以及项目进度等方面的内容，参考项目接口等要素；此外还应考虑项目组织界面、技术界面、人际关系界面等因素。一般参考类似项目人力资源模板、人力资源管理惯例、项目团队需求等，对项目人力资源角色进行统筹分配和合理配置。

2. 角色和职责分配

人力资源角色和组织职责在项目人力资源管理中必须予以明确，否则容易造成某些项目工作没人负责或某些项目工作重叠，最终影响项目目标的实现。为了使项目中的每项工作能够顺利进行，必须将每项工作分配到具体的个人或专业，明确不同的个人或专业在这项工作中的职责，而且每项工作只能有唯一性。同时由于角色和职责可能随时间而变化，在结果中也需要明确每项工作的确切责任人。这部分内容最常用的方式是职责分配矩阵（RAM），对于大型项目，可在不同层次上编制职责分配矩阵。

四、企业人力资源体系建设

1. 薪酬管理制度

薪酬管理制度是人力资源管理成功与否的关键性因素，制定合理科学有效的激励机制，能够促进员工敬业的精神，积极为企业做出奉献。若薪酬管理制度不合理，企业将会面临人才流失、业绩垮塌的危险。所以企业高管和人力资源组织要为企业薪酬水平、薪酬体系、薪酬结构做出科学的决策。要不断根据市场形式的变化，随时变动薪酬计划，拟定薪酬预算，计算薪酬的管理成本。建立一套科学合理的薪酬管理体系，与企业发展战略与发展目标和人才培养成长相适应。薪酬管理制度既要解决企业内部的公平性和外部的竞争性，同时又要与工作绩效和员工的贡献直接挂钩，要与绩效评估结合起来。知识型员工的价值应在薪金中得到充分的体现。

2. 健全激励机制

建立、健全员工激励机制，充分调动员工积极性和创造性，为员工成长和发展提供项目平台和空间。企业必须自始至终把人放在第一位，以人为本。在知识经济时代，员工的需求已经发生了变化，除了薪水是激励员工积极性的手段外，企业的核心员工更渴望能力的充分发挥和自我价值的体现。因此，企业应关注员工的职业生涯发展，帮助员工设定职业生涯目标，制定具体的行动计划和措施，营造组织与员工共同成长的氛围，让员工对组织的未来和个人的未来充满信心。

五、项目人力资源体系建设

1. 项目与员工双赢

项目团队是由项目组成员构成，为实现项目目标而协同工作的组织。项目人力资源配置和有效工作是项目成功的关键因素，任何项目管理的成功必须有一个高效的项目团队。在项目管理中，要让管理模式充分体现出人性化的一面，坚持以人为本的原则。将项目管理上升到对人才和人力资源的管理。在项目管理中要注重对员工的激励机制、培训机制，为员工的成长制定合理的、阶段性的培养计划，让员工感受到项目组织对每一名员工的关心、依靠与爱护。要将员工的前途与项目的实施结合起来，促进员工在项目管理工作中的主动性，实现项目和员工的双赢。

2. 项目团队建设

（1）团队建设活动　包括为提高团队运作水平而进行的管理和采用的专门的、重要的个别措施。尽早明确项目团队的方向、目标和任务，同时为项目中的每个人明确其职责和角色；增加项目团队成员的非工作沟通和交流的机会，提高团队成员之间的了解和交流。

（2）绩效考核与激励　通过对项目团队成员工作业绩的评价，来反映成员的实际能力以及对某种工作职位的适应程度。运用有关行为科学的理论和方法，对成员的需要予以满足或限制，激发成员充分发挥自己的潜能，为实现项目目标服务。

（3）集中安排　把项目团队集中在同一地点，以提高其团队运作能力。由于沟通在项目中的作用非常大，因此，集中安排被广泛用于项目管理中。在一些项目中，集中安排可能无法实现，可采用面对面会议的形式作为替代，以鼓励相互之间的交流。

（4）培训　培训可以是正式的或非正式的。如果项目团队缺乏必要的管理技能和技术技能，那么这些技能必须作为项目的一部分被开发，或必须采取适当的措施为项目重新分配人员，也可通过培训来提高管理技能和技术技能。

第十二节　项目信息管理

一、项目信息概述

项目信息是追溯项目实施过程、决策项目实施方案、预测项目未来的重要依据，是项目管理的重要基础资源。项目信息涉及项目管理的各种数据、表格、图纸、文字、音像资料等。无论项目原始信息，还是项目再生信息都应是项目信息管理的组成部分。总承包商、分包商应做好项目信息管理工作。项目经理部根据实际需要配备项目信息主管或信息员。项目信息主管应对项目信息的组织、收集、存储、管理、安全、保密、传递和使用负责，项目信息员应负责分管业务范围内的信息收集、上报工作。项目信息主管应负责项目信息的汇总、编辑整理各分包商的有关信息。项目信息主管、信息员应随项目的进展及时收集、整理项目信息，并对项目信息的真实性、准确性、有效性负责。

项目信息管理系统是由数据库系统、通信系统、应用软件系统组成，具有一定系统结构和功能且能表达一种管理行为的整体。建立信息管理系统的步骤：

① 规划项目管理信息系统；

② 建立项目信息管理模式和制度；

③ 选择适用的辅助管理信息软件系统。

建立项目信息管理系统的主要目的是全面掌握项目信息，建立科学的、可以实现信息共享和快速信息交流的项目数据库系统。

二、项目信息管理范围及管理要素

1. 项目信息管理范围

项目信息管理的主要范围是：

① 掌握信息源，灵活运用信息处理工具，收集相关信息。

② 做好信息分类、加工整理和存储信息。

③ 采取技术措施，严格执行管理制度，做好信息安全与保密工作。

④ 正确应用信息管理手段和经项目经理部确认的信息管理工具软件，做好信息检索、传递和使用工作。

2. 项目信息管理要素

项目管理信息化是顺应现代项目管理发展的新要求，项目信息管理的基本要素包括：资源和环境、范围和目标、组织和团队及相关的项目计划、成本、质量与风险等内容。

（1）项目资源和环境　在项目管理的过程中，资源是主要的基本保障。另外，为了提高人们对项目资源的管理力度，还要对资源环境进行考虑。

（2）项目范围和目标　项目的范围和目标主要是项目管理工作的基本约束条件。可以通过预先确定来对其档案信息化项目管理的内容进行规范，降低档案信息化管理中存在的问题，使得管理质量和成本得到有效的控制。

（3）项目组织与团队　项目组织与团队是项目开展人力资源保障、项目管理委员会做决策、项目经理负责执行、项目工作梯队开展具体工作的重要保障。同时还需要有科学合理的、有效的组织纪律和团队文化，以获得及时的沟通、交流和激发积极性等。

（4）项目计划、成本、质量与风险　计划、成本、质量与风险是项目执行与控制的四大核心要素，项目启动就是要按照项目总体目标制定项目计划、确定质量标准、预算项目成本、预测项目安全及风险，而项目的执行过程则是要按计划执行、按标准检查、按预算控制，以科学的方法回避或应对安全及其他风险，确保项目能够按预定的进度、质量、成本顺利完成执行。

三、项目信息管理计划及控制

1. 项目信息管理计划

总承包项目部成立后，项目信息主管就应该编制项目信息管理计划，并将责任落实到项目信息员。项目信息管理计划应是在项目信息主管、信息员可管理的业务范围内的可控计划。项目信息管理计划应根据项目管理业务的要求和进展编制。项目信息管理计划应对收集信息的范围、内容、格式，使用的软件工具，采集时间，检查核对的方法，传递、汇集、整理等做出统一的规定，并且责任到人。

2. 建立专业数据平台

专业的数据平台建立在统一的数据标准基础之上，以便优化整个项目信息管理。数据信息平台对项目管理是非常的重要，数据平台使用者可以通过来自平台内部的开放接口，方便快捷地获取所需要的项目数据档案。另外，项目信息管理者应进行安全控制、权限设定等来保证项目数据信息的安全性，从而在项目安全的领域范围内实现项目数据的全面共享和交换机制。

3. 项目信息管理

项目信息收集工作应坚持及时、准确、真实、有效的原则，严防编造数据、弄虚作假的现象发生。项目信息主管应对最终进入数据库的信息负有核准的责任。项目信息主管、信息员应根据信息管理的要求，严格执行项目信息管理制度，有效控制信息质量。如发现项目数据库、信息记录项目、内容、格式、传递渠道等不能满足项目信息的管理需求，不适应生产需要，就应当立即调整。

4. 项目信息管理控制

项目管理资料最终要汇集成数据，保存在计算机系统的数据库中。项目管理人员通过信息交互系统从后台数据库获取所需数据，经中间层信息系统处理后得到结果。所有的查询、分析都需要真实、全面、准确、一致的数据。因此，项目数据的准确性、完整性、科学性，将直接决定项目管理应用结果的正确性，也必将影响项目信息化应用的成效。

第十三节　项目沟通管理

一、项目沟通概述

1. 项目沟通目的

项目沟通与协调是为确保建设项目的顺利实施，实现与项目业主的合同约定，而同项目相关方就项目实施过程中的问题进行交流、协商、相互配合的行为，它应贯穿于项目实施的全过程。

项目沟通管理主要包括项目协调、信息发送、绩效报告等。项目经理按项目沟通管理规定编制项目协调沟通规定，与外部项目相关方建立协调沟通方法，并按协调规定开展协调沟通。项目实施过程中，项目组通过书面与口头、正式与非正式、内部与外部、组织上下与同级、纸质文件与电子文件、会议与个别交谈等方式进行协调沟通和发布项目信息。项目相关人员通过月报告、完工报告等方式，向项目相关经理、项目主管、相关管理部门报告项目的绩效。项目沟通管理，就是为了确保项目信息合理收集和传输，以及最终处理所需实施的一系列过程。

2. 项目沟通对象

项目沟通与协调的对象是与项目有关的所有组织和个人。总承包商应通过与项目相关方的有效沟通与协调，取得各方的认同、配合或支持，达到解决问题、排除障碍、形成合力、确保建设项目管理目标实现的目的。总承包商应建立项目沟通与协调管理系统，健全沟通和协调的各项规则制度，以维护项目相关方的利益为前提，应用先进、实用的沟通协调方法和工具，有效解决项目实施过程中的问题。

二、项目沟通管理体系

总承包商应建立有效的项目沟通管理体系，并利用各种先进的沟通方法和手段，在项目实施全过程中与项目相关方进行充分、准确、及时的沟通与协调，并针对项目实施的不同阶段出现的矛盾和问题，调整和修正项目沟通计划。

项目部应根据工程项目的具体情况，建立项目沟通与协调管理系统，制定项目管理沟通制度，并及时预见项目实施过程中各阶段可能出现的矛盾和问题，制定好项目沟通计划，明确项目沟通的内容、方式、渠道和所要达到的目标。

项目沟通管理体系主要内容包括：项目沟通计划、项目信息分发、项目绩效报告和项目管理收尾。

1. 项目沟通计划

项目沟通计划是项目整体计划中的一部分。项目沟通管理计划应明确沟通的具体内容、对象、方式、目标、责任人等，并定期或不定期地进行检查、考核和评价，确保沟通计划落到实处。

2. 项目信息分发

项目沟通计划中应明确项目沟通过程中，项目相关方需要的信息沟通需求，并根据项目沟通需求确定项目沟通信息的内容。比如项目业主需要什么信息，分包商需要什么信息，总承包商相关部门和领导需要什么信息，项目其他的相关方需要什么信息等内容都应该在项目沟通计划中予以确认。项目相关方什么时候需要信息，通过什么方式获得信息，也应在计划中确认。应按沟通计划及时将相关信息发布到需要的信息部门、单位和项目相关方。

3. 项目绩效报告

总承包商应运用现代信息和通信技术，以计算机、网络通信、数据库为技术支撑，对项目阶段性或全过程所产生的各种沟通与协调信息进行汇总、整理，形成完整的档案资料，使其具有可追溯性。对一个阶段或全过程的项目绩效报告及资料进行收集和归档，包括状况报告、进度报告和预测报告等。

4. 项目管理收尾

项目或项目阶段在达到目标或因故终止后，需要进行收尾，项目收尾形成的资料、报告等，如项目记录、对项目的效果（经验或教训）进行的分析等，在收尾过程结束后均应予以存档。尤其是需要与项目各相关方共享的核心信息，包括内部关系、近外层关系、远外层关系等都要按相关规定进行归档。归档后的文件应按规定呈送、通报给相关方或相关人员。

三、项目沟通管理计划编制

项目沟通计划由项目经理组织负责编制。沟通管理计划的编制应符合项目业主、项目相关方、监理单位的要求和规定；符合项目业主或总承包商与分包商及项目相关方签订的合同；符合项目总承包商的相关制度；符合国家法律法规和当地政府的有关规定。

总承包商应根据总承包项目的具体情况编制项目沟通管理计划。项目沟通计划应明确项目相关方的信息交流和沟通需求。沟通双方都必须用项目"语言"进行沟通，每个项目相关方所参与的沟通将会如何影响到项目的实施。沟通计划还应包括：项目沟通要求、沟通技术、制约要素等。

项目沟通可以分为正式沟通和非正式沟通，单向沟通和双向沟通，书面沟通和口头沟通等。一般采用书面和口头两种形式。书面沟通，项目团队中一般采用内部备忘录方式，对业主及项目相关方一般采用报告的方式。书面沟通大多用来进行通知、确认和要求的项目活动。口头沟通包括会议、评审、讨论等。沟通的双方不能带有想当然或含糊的心态，应当通过充分交换信息，互相产生信任和谅解，直到达成共识。总之以项目沟通信息迅速、有效、快捷传递为目的。

四、项目沟通实施与反馈

项目内部关系沟通与协调，主要包括项目经理部与总承包商、项目组织内部作业层的沟通，项目经理部各职能部门和人员之间的各种沟通、近外层关系的协调等。沟通与协调应严格遵循项目管理沟通的相关规章制度。

① 与总承包商之间的沟通与协调，主要依据项目总承包管理目标责任书，由工程公司下达项目责任目标、成本指标，并实施考核、奖惩。

② 与项目部内部作业层之间的沟通与协调，主要依据总承包商内部资料质量管理体系等质量手册、程序文件和企业管理制度、国家相关标准规范等文件。

③ 项目部各职能部门之间的沟通与协调，重点解决项目业务接口矛盾，应按照各自的职责和分工，统筹考虑、相互支持、协调动作。特别是对设计、采购、施工、试运行、人力资源、技术、材料、设备、资金等重大问题，可通过项目例会的方式研究解决。

④ 项目部人员之间的沟通与协调，通过做好相关工作，召开相关党群会议，加强教育培训，提高整体素质来实现。

⑤ 近外层关系的沟通与协调，是指由合同建立起来的与外单位的关系，主要涉及项目相关方和分包商等。项目部在与这些单位进行沟通和协调时，应按照企业法定代表人的授权实施。

第十四节　项目风险管理

一、风险管理概述

风险是指在项目实施过程中对项目目标产生影响的不确定因素。风险管理是指对这些不确定因素进行识别、评估、响应、制定应对措施等，使其中的积极因素影响最大化、消极因素影响最小化的一系列活动。风险具有随机性、相对性、可变性的特征。项目风险类型非常多：按照控制类型可划分为可控制风险和不控制风险；按照来源可划分为自然风险和认为风险；按照影响范围可划分为局部风险和总体风险；按照结果承担可划分为业主风险、总承包商风险、项目投资方风险等；按过程可划分为设计风险、采购风险、施工风险等；按可预测性可划分为可预测风险和不可预测风险等。

项目风险管理是指减小风险对项目实施过程的影响，保证项目目标的实现。通过对项目风险的认识、衡量和分析，选择最有效的方式，主动地、有目的地、有计划地处理项目风险，以最低项目成本争取获得最大的项目安全保证。良好的项目风险管理有助于降低项目实施过程中的决策错误概率、避免项目损失、相对提高项目本身之附加价值。风险管理主要包括：风险识别、风险量化、风险应对、风险评价。项目总承包组织的各层次管理人员应对项目实施过程中的风险进行管理和控制，应全面落实风险管理责任，建立风险管理体系。

二、项目风险特点及管理重要性

1. 项目风险特征

（1）不确定性　项目风险事件及其导致的后果往往是随机发生的，并以不确定的形式出现。项目风险何时、何处、以何种形式发生是不确定的。

（2）可变性　项目风险的可变性是指项目风险在一定条件下具有可转变的特性。人们对风险识别、风险评估、风险响应及抗御风险的能力增强，在一定程度上降低了项目风险造成的损失范围和程度，增强了对项目风险的控制能力。

2. 项目风险管理的意义

（1）有利于项目的顺利完成，保证总承包企业的经济效益　项目建设过程中存在许多不确定因素。及早制定应对预案，对风险采取有效控制，可以有效保障项目的完成，使总承包企业能够顺利获取预期的经济效益。

（2）使总承包企业获得良好口碑，有利于企业的长远发展　对项目风险的有效管理，能给总承包企业带来良好的业界口碑，能够向潜在的客户展示出总承包企业核心竞争力的一个方面，有利于企业的长远发展。

（3）有利于促进国民经济的发展，产生良好的社会效益　企业是国民经济的基础，企业的兴衰与国民经济的发展息息相关。通过实施有效的风险管理，可以提高企业应对风险的能力和市场竞争能力，以企业的健康发展促进整个国民经济的良性发展。

三、项目风险管理的方法与工具

1. 风险识别方法

风险识别是风险管理一切工作的起点和基础，风险识别的方法如下：

（1）专家调查法　专家调查法是以专家为索取信息的重要对象，利用各领域专家的专业理论和丰富的实践经验，找出项目各种潜在的风险并对后果做出分析和估计。专家调查法的优点是在缺乏足够统计数据和原始资料的情况下，可以做出定量的估计。

（2）核对表法　对同类已完工项目的环境与实施过程进行归纳总结后，可以建立同类项目的基本风险结构体系，并以表格形式按照风险来源排列，称为风险识别核对表。核对表中除了罗列项目常见风险事件及来源外，还可包含很多内容，如范围、成本、质量、进度、采购与合同、规划、技能以及资源等。核对表是识别项目风险的一手资料。结合当前项目的建设环境，对风险的识别查漏补缺。

（3）故障树分析法　故障树分析法被广泛用于大型项目风险分析识别系统之中。该方法是利用图解的形式，将大的故障分解成各种小的故障，对各种引起故障的原因进行分析。故障树分析实际上是借用可靠性工程中的失效树形式，对引起风险的各种因素进行分层次的识别。

（4）工作分解结构　工作分解结构识别风险，是将项目分解至最小单元，然后开始逐步识别风险。它可以减少项目结构的不确定性，弄清项目的组成、各个组成部分的性质、各组成之间的关系等。

2. 风险评估方法

风险评估的基本方法有：客观概率估计法、主观概率估计法等。风险估计的对象是项目的各个单个风险，非项目整体风险。

（1）客观概率估计法　该方法是根据大量试验，用统计的方法进行计算，这种方法所得风险概率是客观存在的，不以人的意志为转移。概率分布有连续型和离散型两大类。项目风险管理常用的连续型概率分布包括：均匀分布、正态分布、指数分布、三角分布等。概率分布中可得到诸如期望值、标准差、差异系数等信息，对风险估计非常有用。

（2）主观概率估计法　一些项目具有明显的一次性和单件性，可比性较差，项目风险特性和风险因素具有特异性，根本没有或很少有可以利用的历史数据和资料。在这种情况下，就只能根据专家的经验猜测风险事件发生的概率。这种由专家对事件的概率做出一个合理估计的方法就是主观概率估计法。

四、项目风险控制程序

项目风险管理控制程序由项目风险识别、风险评估、风险响应、风险管理效果评价等部分组成。

1. 项目风险识别

（1）风险识别的定义　即用感知、判断或归类的方式对项目潜在的风险性质进行鉴别的过程。风险识别是风险管理的第一步，也是风险管理的基础。只有在正确识别出项目所面临的风险，才能够选择适当有效的应对措施进行控制处理。存在于项目实施过程中的风险是多样的，既有明显的，也有潜在的；既有内部的，也有外部的；既有静态的，也有动态的。项目风险识别就是确定项目实施过程中存在的各种可能风险，并将它们作为管理对象。应在项目启动开始、进展评价及进行重大决策时进行项目风险识别工作。

风险识别可以通过感性认识和历史经验来判断，可通过对各种客观的项目资料和项目风险事故的记录来分析、归纳和整理，以及必要的专家咨询，从而找出各种风险及其损失规律。因为风险具有可变性，因而风险识别是一项持续性和系统性的工作，要求项目风险管理者密切注意原有项目风险的变化，并随时发现新的项目风险。

（2）风险识别内容

① 收集数据或信息。包括项目环境数据资料，类似项目的相关风险数据资料，设计、采购、施工及试运行文件。应充分利用过去项目的风险管理经验和历史资料。

② 风险不确定性分析。可以从项目的环境、范围、结构、行为主体、实施阶段、管理过程、管理目标等方面进行可能的项目风险不确定性分析。

③ 确定项目风险事件，并将项目风险进行归纳、整理，建立项目风险的结构体系。

④ 编制项目风险识别报告。应包括已识别项目风险、潜在的项目风险、项目风险的征兆。

2. 项目风险评估

在项目风险识别的基础上，通过对所收集的大量详细的风险损失资料加以分析，运用概率论和数理统计，估计和预测风险发生的概率和损失程度。

（1）风险损失频率

① 估计风险发生的密集程度，对发生可能性进行评价。

② 估计风险事件发生时间。

在风险评价时应考虑不同风险间的交互作用。

（2）风险损失分析

① 工期损失的估计。包括对项目局部工期影响的估计和对整个项目工期影响的估计。

② 费用损失的估计。需要估计项目风险事件带来的一次性最大损失和对项目产生的总损失。

③ 对项目的质量、功能、使用效果等方面的影响。

④ 其他影响。应考虑对人身保障、安全、健康、环境、合法性、企业信誉、职业道德等方面的影响。

（3）风险事件级别评定　对相应的项目风险事件，应确定它的风险量（即发生的概率和估计损失的乘积），并按照风险量进行分级。可分为计划风险水平和可接受风险水平两个层次。

3. 项目风险响应

项目风险响应计划是对项目风险事件制定应对策略和响应措施（或方案），以消除、减小、转移或接受风险。项目风险响应管理分为控制法和财务法两大类。前者的目的是降低损失频率和损失程度，重点在于改变引起风险事故和扩大损失的各种条件；后者是事先做好吸纳风险成本的财务安排。

（1）风险响应措施

① 对已被确认的有重要影响的风险，应制定专人负责风险管理，并赋予相应的职责、权限和资源。

② 通过项目任务书、责任证书、合同等分配风险。风险分配应从项目整体效益的角度出发，最大限度地发挥项目相关方的积极性，体现公平合理，责权利平衡。应符合项目风险分配的惯例，符合通常的处理方法。

③ 工程保险是风险转移的一种常用方式，也是应对项目风险的一种重要措施。工程保险按保障范围可分为建筑工程一切险、安装工程一切险、人身保险、保证保险、职业责任保险；按实施形式分为自愿保险、强制保险或法定保险。

④ 要求对方提供担保。

⑤ 准备风险准备金。

项目风险响应措施应从合同、经济、组织、技术、管理等方面确定解决方法。项目风险响应计划应作为项目实施计划的一部分，形成文件，并考虑项目风险应对计划与项目的时间、进度、成本、资源、质量、HSE 的交互影响和相容性。

（2）风险预警

① 在项目实施全过程中，不断地收集和分析与项目环境相关的各种信息，捕捉项目风险前奏的信号，预测、确定未来的风险并提出预先警告。

② 在项目实施状况报告中应包括项目风险监控和预警的内容。

（3）风险监控

① 在项目实施过程中通过工期、进度、成本的跟踪分析，合同监督以及各种质量监控报告，现场情况报告等手段，掌握项目风险的动态和趋势。

② 在项目实施过程中应对可能出现新的风险因素和新的风险事件进行预测和监控。应执行风险应对，防止风险发生，控制风险影响，降低损失并防止风险的蔓延，保证项目目标的顺利完成。

4. 项目风险管理效果评价

风险管理效果评价是分析、比较已实施的风险管理方法的结果与预期目标的契合程度，以此来评判项目风险管理方案的科学性、适应性和收益性。

第十五节 项目变更管理

一、项目变更概述

项目变更是使项目向着有利于项目目标实现的方向发展而变动和调整某些方面的因素，而引起项目局部发生变化的过程。在项目实施过程中，一般会发生项目变更，一旦发生项目变更就需要对变更进行识别。只有通过项目变更识别，确认变更在项目范围之内或之外，才能进行变更的下一步处理。如果变更是在项目范围之内，紧接着应对项目变更进行分析评估，以确认项目变更所造成的影响，以及如何采取应对的措施；如果变更是在项目范围之外，还需要相关的商务人员介入，须与业主进行相关的沟通交流和商务谈判。

项目变更分为项目内部变更和外部变更：内部变更即属于项目范围之内的变更；外部变更即属于项目范围之外的变更。项目变更管理主要是依据总承包商项目变更管理的有关规定执行。

1. 项目外部变更

需要进行项目外部变更时，应当由业主书面提出发生项目变更或项目重大变更的要求。在此应当区分项目变更与项目范围变更的界限。一般涉及项目方案、工艺路线、工艺产品、工艺副产品、关键设备、重大建构筑物方案等的变更，属于项目范围变更，应按项目范围变更的流程进行范围变更管理。有时候项目范围变更与项目变更之间很难进行区分。

项目经理负责组织相关人员要对业主变更进行评审。变更评审后，项目经理应向用户提出书面意见，使得双方达成一致意见。项目经理应在用户变更评审表上审核确认，然后发送至相关方进行变更处理。外部变更需对项目合同进行修订或签订补充合同或协议的，应通知经营部门销售经理办理相关事宜。

2. 项目内部变更

由于内部原因需对设计进行重大变更时，设计经理应组织相关人员对变更进行评审，经设计经理审核、项目经理批准后，发送至总承包商相关专业执行。

二、项目变更控制管理

1. 项目变更控制依据

项目变更控制的主要依据是项目合同文件、项目进度条款和项目变更单。

（1）项目合同文件　在总承包项目合同中，对项目工作范围和内容是有规定和描述的。项目合同的技术附件中有对项目的技术规范要求和相关的图纸说明。

技术规范主要是规定了项目总承包商在履行合同义务期间必须遵守的国家和行业相关标准、规范以及业主其他技术要求。对需要完成的合同内容做出详细的文字描述。

（2）项目进度条款　项目进度条款提供了项目各状态应处的时间节点和项目的重要里程碑。

（3）项目变更单　项目变更应形成正式的项目变更单。业主提出的变更请求有多种形式：口头或书面的，直接或间接的，合法的命令或业主的决定。变更单可能要求项目内容扩大或缩小范围，或项目局部优化等。大部分变更请求是由于外界的因素，或环境因素的变化，也包括政府政策的变化。在项目定义阶段的错误或遗漏以及项目增值也会引起项目变更。

2. 项目变更步骤

① 收集已完成的实际项目活动内容和工作量的相关数据、资料、文件等。

② 依据要进行的变更需求与已完成的实际数据进行对比，分析变更后可能带来的影响，制定变更的实施计划和方案。

③ 评估所采取的项目变更措施的效果。如果所采取的变更措施效果仍无法获得业主满意，继续进行项目变更调整，重复以上步骤到客户满意为止。

3. 项目变更任务

项目变更是对已批准的工作分解结构所规定的项目内容进行调整。项目变更的主要任务有三项：

① 对造成项目局部内容变化的因素施加影响，以保证变更变化是有益的。

② 判断项目变更内容发生变化时，对项目其他要素的影响，如进度、质量、费用和 HSE 等。

③ 对实际发生的项目变更进行管理。项目变更控制管理必须与项目其他的控制过程，如进度控制、成本控制、质量控制等结合起来。

三、项目变更程序控制

项目变更控制的目的不是控制变更的发生，而是对变更进行管理，确保变更有序进行。为有效执行变更和有效控制变更，必须建立有效的项目变更控制程序。

项目变更控制程序包括：变更授权、审核、评估、实施和效果评价。在变更过程中要跟踪和验证，确保变更被正确执行。

1. 变更授权

业主提出项目变更请求，实际上是业主提出了变更授权的需求。但这种变更需求是否合理，需要付出多少代价，可能业主并不是非常清楚。所以，业主提出的变更需求必须按照项目变更管理控制程序进行控制。提交申请后将变更请求状态设置为"业主已提交"，变更请求被记录到变更管理追踪系统中，等待变更审核。

2. 变更审核

项目变更审核的作用是对业主提交的变更请求进行审查，包括变更会议审查、初审和复审等过程，确定是否为有效请求，属于内部变更还是外部变更。如果审核后确定属于项目内部变更，总承包商按项目内部变更程序进行处理，并通知业主变更已在实施过程中。若确认项目变更是外部变更时，则要对项目变更进行评估分析。

3. 变更评估

在评估中确定变更的优先级、进度、资源、质量、风险、成本、损失程度等。评估结果与业主沟通后进行项目变更再次确认。

如果评估变更请求时需要更多的信息，或者变更请求被拒绝，那么需要提交者重新提交变更请求和相关详尽资料，以待审核和评估。

4. 变更实施

经变更确认后，项目变更进入实施阶段。项目经理将根据项目变更类型把工作分配给合适的角色，并对项目时间表进行调整和更新。在项目变更控制程序中，每个项目变更活动均由指定的角色或组织来完成。

5. 变更效果评价

项目变更实施完成后，应对变更效果进行核实、评价和总结，将数据资料存入项目数据库，为以后同类项目变更提供借鉴。变更费用由总承包商相关人员最后与业主进行结算。

第四章

EPC 设计过程控制

第一节　设计控制概述

一、设计概述

在项目 EPC 总承包过程中，设计是整个工程项目的龙头，发挥着主导作用；设计也是工程项目的灵魂，优秀的设计是保证设计质量和工程质量的基础，也是工程项目设计追求的终极目标。

国家对工程设计质量历来给予高度的重视，为了保证工程设计质量，对从事建设工程设计活动的企业实行资质管理制度。设计企业在其资质等级许可的范围内承揽建设工程设计业务，尤其在项目总承包过程中，禁止工程设计单位超越其资质等级许可的范围或者以其他建设工程设计企业的名义承揽工程设计业务。

二、矩阵式管理

现代工程公司通常采用矩阵式组织结构。以设计为主体的 EPC 项目总承包中，实行项目经理负责制。设计经理一方面接受项目经理的直接领导，另一方面也接受工程公司设计部室的指导和领导，必要时设计部室应保证专业设计人力资源和技术支持。

三、设计管理控制要素

在设计实施计划过程中，做好"8＋6 设计管理"（设计综合、设计合同、设计范围、设计资源、设计沟通、设计信息、设计风险、设计变更，以及设计分包、设计计划、设计接口、总体设计、工艺包设计、设计三查四定）和"设计四大控制"（设计进度控制、设计质量控制、设计费用控制、设计 HSE 控制）。

设计与采购、设计与施工、设计与试运行及相关方的衔接非常重要。充分发挥设计的主导作用，加强对设计过程的控制和管理，为项目设计后续的过程打好基础，提供优质的设计服务产品，是实现项目目标的重要保证。设计管理要素影响程度划分如表 4-1 所示。

表 4-1　设计管理要素影响程度划分

序号	设计控制内容	重要程度	衔接关系	备注
1	设计进度	■	项目部、采购、施工	业主
2	设计质量	■	项目部、采购、施工	项目相关方
3	设计费用	◇	控制部	定额设计
4	设计 HSE	◇	HSE 部	项目相关方
5	设计综合	◇	项目部、项目管理部	
6	设计合同	◇	营销部门、项目部	业主
7	设计范围	■	营销部门	业主
8	设计资源	■	设计部室、人力资源部	
9	设计沟通	■	各专业、采购施工试运行	设计相关方
10	设计信息	◇	项目部、信息部	
11	设计风险	■	项目部、设计部室	技委会
12	设计变更	■	项目部、采购施工试运行	业主及相关方
13	设计分包	◇	营销部、项目部	可能有、分包方
14	设计计划	◇	项目部、设计部室	
15	设计接口	◇	项目部、设计部室	
16	总体设计	■	项目部、设计部室	
17	工艺包设计	■	项目部、设计部室	
18	设计三查四定	■	项目部、设计部室	

注：■—要素重要程度非常高，◇—要素重要程度次高。要素影响程度划分是相对而言的，在一定条件下"次高"可以转化为"非常高"状态。

四、设计管理 PDCA 循环

1. 设计过程策划（P）

从设计项目过程类别出发，识别设计项目的价值创造过程和支持过程，从中确定设计项目主要价值创造和支持过程，并明确设计管理过程输出对象，确定设计过程相关方的要求，建立可测量的设计管理过程绩效目标（即过程质量要求）。基于设计管理过程的要求，融合设计管理获得的信息，进行设计管理方案优化。

2. 设计过程实施（D）

使设计过程的相关设计人员能够尽快熟悉设计过程的优化方案，并严格遵循业主对总承包项目的具体要求和规定。

根据设计管理内、外部环境因素变化和来自设计相关方的信息，在设计管理过程方案的柔性范围内，对设计管理过程进行优化调整。

根据设计管理过程监测得到的信息，对设计管理过程进行有效的管理，使得创造设计产品输出的关键特性满足项目总承包合同的需求，并使设计管理过程稳定受控。

3. 设计过程监测（C）

设计过程监测包括设计管理实施计划中和设计管理实施计划后的监测，旨在检查设计管理过程实施是否遵循设计管理过程程序要求，实现设计管理过程绩效目标。设计过程监测可包括：设计过程中的评审、验证和确认，为实施设计质量改进而进行的设计管理活动、设计过程输出抽样测量以及发现的设计质量问题。

4. 设计过程改进（A）

设计管理过程改进分为两大类：突破性改进和渐进性改进。突破性改进是对现有设计管理过程的重大变更；而渐进性改进是对现有设计管理过程进行的持续性改进。

第二节　设计启动过程

一、概述

在设计主导下的 EPC 项目总承包全过程中，设计管理是项目管理全过程中的重要子项。与项目管理过程类似，设计管理过程可分为设计启动过程、设计策划过程、设计实施过程、设计控制过程和设计收尾过程。设计启动是项目管理启动后随即展开的一项重要工作。只有设计启动开展工作了，项目管理的各项工作才能紧随其后，有条不紊地开展各自的工作。

设计启动是指总承包商与项目业主正式签订项目总承包合同，按照项目启动程序组建项目部，任命项目经理及设计经理后，设计经理依据项目合同范围和工作内容以及项目启动相关文件，会同设计部室进行所需要的设计资源配置，包括各类设计人员以及设计校核、审核和审定人员。

设计启动过程正式开始有三个明确的标志：一是总承包项目正式启动；二是任命了设计经理、建立项目设计团队（或项目设计部）；三是明确了设计任务书及项目管理计划和项目实施计划。

设计经理选择和设计团队组建是设计启动的关键环节，优秀的设计经理人选和优秀的设计团队是 EPC 项目设计管理的核心。设计经理必须领导设计团队全体成员，处理好与设计相关专业人员的协调和沟通关系，完成设计管理控制目标以及业主合同需求。

二、设计启动

EPC 项目总承包合同签订后，设计启动主要是依据国家相关部门对项目可研报告、环评报告等批复的情况，所确定的项目产品方案设计过程全面开始。

设计过程一般可划分为四阶段（依据合同规定）：总体设计、工艺包设计（引进技术部分）、基础设计（初步设计）、详细设计（施工图设计）。

1. 总体设计

由总体设计院确定设计主项和分工；全厂物料平衡，燃料和能量平衡；统一设计原则，统一设计技术标准和适用的法令、法规，统一设计基础；协调设计内容、设计深度和工程有关规定；协调环境保护、安全设施、职业卫生、节能减排和消防设计方案；协调公用工程、辅助生产设施设计规模；协调行政生活设施；确定总工艺流程、总平面布置、总定员、总投资、总设计进度。

2. 工艺包设计

引进技术和引进关键设备部分的内容需要和相关的专利商和国外设备厂商进行技术谈判和商务谈判。技术谈判主要内容是：技术参数、工艺流程、关键设备、催化剂（若有）、控制系统以及技术性能保证。商务谈判主要内容是软件、硬件费用，主要包括：专利许可费、工艺包或基础设计费、技术服务费和关键设备费用、备件以及调试服务费等。

3. 基础设计（初步设计）

项目业主应留给设计单位充足的时间，在充分消化工艺包的基础上，优化工艺设计和公用工程配置，尽可能减少后续施工图设计变更。在基础设计或初步设计完成后，要组织业内相关专家进行设计审查和论证，并形成专家会议评审纪要。根据评审会议纪要，设计部门进行修改完善，经业主上报相关部门进行审查批复。

4. 详细设计（施工图设计）

基础设计（初步设计）审查批复后，按照审批的设计方案进行施工图设计。此时，施工图设计过程全面展开，并逐步提交设计过程的产品。设计与采购接口、设计与施工接口、采购与施工接口的相互衔接是设计为主导的 EPC 项目总承包的一大优势。随着设计的不断深入，如果有关键长周期设备的订货，设备制造厂应将定型设备先期确认图纸（ACF 图）作为一次条件提供给设计，作为土建基础和建构筑物设计的依据，这是十分必要的，为整个项目建设周期科学合理地交叉提供了保证。随后制造厂的最终确认图纸（CF 图）确定的最终设备条件是对 ACF 图一次条件的确认。由此，保证了关键设备一次条件的准确性。设计完成的先期图纸为土建厂房基础施工提供了可靠的保证，也由于科学合理地交叉设计、采购及施工，缩短了项目的建设周期。

三、设计启动管理

设计管理过程是由设计启动过程、策划过程、实施过程、控制过程和收尾过程组成。

理论上，项目启动基本上代表了项目管理全过程的启动，其中也包括设计过程启动，实际上项目启动与设计启动还是存在一个时间差，项目启动一段时间后，设计启动紧随其后。设计启动先行，是以设计为主导的 EPC 总承包项目模式的最大优势。该模式为 EPC 几个阶段（设计、采购、施工等阶段）的科学合理交叉提供了依据，由此，设计启动是非常重要的一个关键环节。此外设计启动与项目管理过程中的其他几个启动也有逻辑上的相互关联，相互之间有一定的次序关系和相互交叉关系，形成互为条件和设计输入条件。通常只有设计启动后，初步具备设计条件的前提下，才能启动后面几个阶段。在设计启动过程中，初步具备提供设备采购请购单的设计技术性能后，才能进行设备的采购管理活动，这时采购也就自然要启动了，就要配合设计提供设计输入的一些条件等设备资料。

四、设计启动内容

设计启动的主要目的是为了实施项目合同规定的全部内容。设计启动过程是由项目部中设计团队和设计相关方共同参与的一个过程，也包括项目业主、供货厂商及总承包商内部相关部门的配合。在设计启动准备阶段的主要设计任务包括：

① 准备制定设计产品目标；

② 项目合同中对总承包商的全部设计要求和对产品的需求；

③ 设计对采购的要求和采购对设计的配合；

④ 设计方案合理深化，设计实施方案；

⑤ 设计范围说明；

⑥ 设计总进度计划及关键设计里程碑；

⑦ 设计持续时间及所需要的各种设计相关资源；

⑧ 确定相关管理者在设计中的角色与义务；

⑨ 设计管理适用程序文件、标准规定等；

⑩ 项目业主提供设计启动和设计过程所必需的各种设计输入资料。

第三节　设计策划过程

一、设计策划原则及内容

1. 设计策划原则

设计策划属项目和设计启动后的一种设计初始阶段的工作。在这个阶段要确定设计及设计管理的各项原则要求、措施和进程，确定设计管理计划、设计实施计划编制要点和提纲。设计策划应针对总承包项目的设计特点和设计标准规范要求，依据总承包合同要求，明确设计目标、设计范围，分析项目设计的各类风险和采取的应对措施，形成设计策划的输出成果等。

设计管理计划及设计实施计划策划是由设计经理负责组织实施的，设计管理与实施计划编制的依据和步骤包括：工程概况，总承包合同，业主的目标与期望，总承包项目管理目标以及设计目标，设计基本原则，设计联络与协调程序，设计资源配置，设计风险分析与对策。

2. 设计策划内容

应综合考虑设计项目的进度、质量、费用、HSE 及设计技术等方面的要求，并满足总承包合同的设计要求。

设计策划的主要内容：

① 明确设计目标，包括设计进度、设计质量、设计本质安全、设计总费用估算及预算、定额设计、职业健康、环境保护及设计技术等子目标；

② 设计分包模式、设计组织机构和职责分工；

③ 制定和采用进度、质量、费用、HSE 等方面的管理程序和控制指标；

④ 制定设计相关资源配置计划；

⑤ 制定设计沟通程序和管理规定；

⑥ 制定设计风险管理计划；

⑦ 制定设计实施计划。

二、设计过程策划

设计策划质量对设计实施有较大的影响，应予以高度重视。

1. 设计目标策划

下面以某煤化工总承包项目设计策划为例对项目设计目标策划进行分析。

① 项目费用估算　在充分满足专利商提供工艺包要求的基础上，基础工程设计及详细工程设计力求节省投资，控制总承包合同费用在 2 亿元人民币内。

② 设计质量目标　合同履约率 100%；用户意见答复率 100%。

③ 设计性能指标　设计主要性能保证指标见表 4-2。

表 4-2　设计主要性能保证指标

项目	单位	设计	保证
1. 生产能力	m^3/h	55000	55000
2. 合成气有效成分含量 $CO+H_2$(干基，体积分数) CO(干基，体积分数)	% %	87 65.2	>84.0 <70.0
3. 煤(收到基)消耗量	$t/1000m^3\ CO+H_2$	0.705	$\leqslant 0.72$

项目	单位	设计	保证
4. 氧(≥99.6%)消耗量	t/1000m³ CO+H₂	0.525	≤0.54
5. MP 蒸汽消耗量	t/1000m³ CO+H₂	≥0.85 ≥5.0	>0.74 >5.0
6. 飞灰含碳量(质量分数) 渣含碳量(质量分数)		<5% <1%	≤5% ≤2%

注：表中体积单位均为标准状态下的体积。

④ 设计创优目标　干煤粉气化工艺要求一次试运行成功，争创油改煤工程省部级优秀设计奖。

⑤ 设计进度目标　严格控制合同进度，总建设期 30 个月，基础工程 8 个月，详细工程 14 个月。其中充分合理利用基础设计和施工图设计的交叉作业时间，进行设计和关键设备采购以及施工的交叉作业。

⑥ 产品方案和建设规模　产品：氨合成原料气（H_2＋CO）(标) 55000m³/h。

⑦ 产品质量要求　合成气：温度＞135℃，压力＞3.15MPa，粉尘含量≤2mg/m³(标)，H_2S＋COS≤15%（干基、体积分数）。

⑧ 操作时间　装置年操作 7920 小时；操作负荷弹性为 40%～100%。

2. 设计范围策划

依据总承包合同，明确设计范围为煤气化生产装置。进一步对设计范围进行定义为：磨煤、煤干燥、煤加压及给料、煤气化、除渣、除灰、湿洗、酸性料浆汽提等主要工序。

3. 设计方案策划

按工艺包及审查会议纪要要求，确定设计方案并进行基础工程设计。主要技术方案如下（以及技术方案变更）：

① 采用 2 台（1 开 1 备）中速磨对煤和石灰进行混磨，飞灰返回磨煤机；

② 煤干燥及维持火炬燃烧的热源采用湿洗后的合成气；

③ 煤干燥介质为烟道气、氮气和空气，控制磨煤机出口含氧量小于 8%；

④ 试运行用燃料采用柴油，试运行点火用燃料采用 LPG；

⑤ 2 台（1 开 1 备）捞渣机排渣，取消破渣机，采用皮带对排渣进行外运；

⑥ 采用 2 台（1 开 1 备）国产激冷气压缩机（原为进口压缩机，造价约 1800 万元）；

⑦ 直接使用需要的合成气产量对气化炉负荷进行控制；

⑧ 控制系统采用 DCS 系统，安全系统采用 ESD 系统；

⑨ BFW 的除氧槽及循环泵布置于主框架内。

4. 设计实施计划策划

设计实施计划策划内容见表 4-3 所示。

表 4-3　设计实施计划策划内容

序号	主要内容	说明	备注
1	概述		策划
2	设计依据	设计输入	合同
3	设计目标	设计输入	
4	产品方案和建设规模	设计输入	
5	设计范围和设计分工	设计输入	
6	项目设计基础	设计输入	
7	设计方案和原则 　工艺设计方案和原则 　工厂仪表自动化控制设计方案和原则 　工厂机械化设计方案和原则 　工艺设备、材料和仪电设备、材料设计及选用原则 　管道布置设计方案和原则 　总平面布置、运输设计方案和原则 　给排水管网系统设计方案和原则 　水处理设施方案和原则 　供汽及热电设计方案和原则 　供配电系统设计方案和原则 　电信系统设计方案和原则 　暖通风空调系统设计方案和原则 　界外管道设计方案和原则 　分析化验设计方案和原则 　维修设计方案和原则 　建筑和结构设计原则 　三废、噪声治理和三废综合利用的方案和原则 　消防、安全、卫生设施设计方案和原则 　概算编制原则和有特殊要求的费用计算原则	设计实施	设计程序
8	设计内容深度要求和设计文件组成	设计输出	标准规范
9	质量控制要求	设计质量控制	
10	设计方案评审和重要会议安排 　HAZOP 审查,管道仪表流程图 R 版评审 　设备布置图 R 版评审 　总平面布置图 R 版评审 　建构筑物防火登记表 R 版评审 　爆炸危险区域划分图 R 版评审	设计评审	

序号	主要内容	说明	备注
11	文件资料控制和计算机软件要求	设计管理	
12	进度控制要求	设计进度控制	
13	HSE 管理要求	设计 HSE 控制	
14	设计团队	设计组织	
15	风险说明和对策	设计风险控制	
16	其他需要说明的事项		
17	附件	技术文件支持	

三、设计策划关键点

1. 选用合适的标准规范

某些合同要求设计标准规范选用欧美标准或国际标准，工程技术人员若对国际标准不熟悉，会给设计质量、设计进度、项目费用的控制带来一定的困难。

应对措施：①加强与业主沟通，说服业主采用部分中国标准；②承包商内部启动国际标准收集，组织专业设计人员进行学习和培训。

2. 设计缺陷消除

某些项目地处海边，地下土质不好，需要进行复杂的地基处理。但专业地基处理业务超出总承包商的专业领域范围，地基处理设计属岩土工程设计。

应对措施：地基处理工程拟采取 E＋C 分包方式完成，选择有资质的勘察设计公司进行合作并分包。

3. 第三方设计审查

有时业主为了确保工程质量，从源头上控制好设计质量、提高设计水准，会聘请国际知名船级社审查项目设计文件。设计文件审查过程及结果将对设计和采购产生重大影响，若设计存在质量问题将会对总承包项目造成重大设计风险。

应对措施：①在项目和设计启动后，加强与业主和审查第三方的沟通，在事先设计过程中对有关问题予以避免；②加强总承包商内部设计质量审查，严格规范审查程序控制。

4. 设计优化

设计系统集成和优化对总承包项目性能保证至关重要。当项目工艺技术来自多家专利商时，会存在设计管理界面多、复杂的问题。

应对措施：①做好重大工艺方案评审和详细设计审查；②加强与多家专利商的沟通和协商。

5. 三维设计策划

某些项目为确保项目材料采购准确性、提高施工材料使用精准度，合同要求所有管道（含公用工程、热工管道）全部使用三维设计，工作量大。这种情况下，如果总承包商自己的设计部门对全部管道进行三维设计，在规定的时间内几乎不可能完成，存在设计进度风险。

应对措施：充分利用社会资源，与专业三维制作公司合作完成。

四、设计方案变更

下面以某煤化工企业煤气化工艺方案变更为例加以介绍。该项目原煤气化设计方案为干煤粉气化，业主经研究提出改变气化工艺方案的建议，要求总承包商认证后确定最终方案，并调整费用。

（1）企业 1 调研　该企业有两套日处理煤 1150t 的四喷嘴水煤浆气化工艺装置，第一套煤气化装置投资约 2.6 亿元，2007 年在预留的土建厂房内又新建了一套日处理煤 1150t 的煤气化炉系统，投资约 1.8 亿元。项目总投资 30 亿元，初步设计概算 27 亿元，结算增加约 3 亿元，增幅为 11.11%。经 72h 连续满负荷运行考核表明：工艺上合理、科学；工程上安全、可靠，并具有良好的运行性能；技术指标先进，比氧耗 309m^3（O_2）/1000m^3（CO＋H_2），比煤耗 535kg 煤/1000m^3（CO＋H_2），合成气有效成分（CO＋H_2）84.9%，碳转化率 98.8%。

（2）企业 2 调研　该企业采用 GE 公司的水煤浆气化工艺，气化设计压力 6.5MPa，气化炉 3 台（2 开 1 备），直径 DN3200mm，单台投煤量为 1250t/d，最大 1700t/d，技术转让费（含服务费）1.5 美元/m^3（CO＋H_2），项目总投资约 27 亿元，其中：空分装置约 2.4 亿元；GE 水煤浆气化装置约 5.2 亿元；试运行费用约 2 亿元。

2 套空分装置制氧能力均为 30000m^3/h，静设备由四川空分设备厂制造，空气压缩机由陕西鼓风机厂生产，蒸汽透平（杭州汽轮机厂生产）驱动。水洗煤后入炉，入炉煤中灰含量不大于 8%，出煤气化装置煤气中的有效气成分约 83.7%，煤渣中残碳量正常为 15%，最高为 17%。变换采用国产化工艺。

（3）企业 3 调研　该企业采用壳牌干煤粉气化工艺，气化设计压力 4.0MPa，气化炉 1 台，单台投煤量为 2000t/d，技术转让费为 2.0 美元/m^3（CO＋H_2），建设年产 50 万吨甲醇项目。项目总投资约 27.73 亿元（调整后），调整后的概算比初设增加 51913.78 万元，增幅为 23.04%。1 套装置制氧能力为 52000m^3/h，静设备由杭氧空分设备厂制造，空气压缩机及蒸汽透平全部从西门子引进。

（4）企业 4 调研　该企业采用 GE 单喷嘴煤气化技术（气化转让费约 600 万美元），三套日处理煤 1500t 的煤气化炉系统共计投资约 6.8 亿元，建设年产 60 万吨甲醇项目。

（5）企业 5 调研　该企业采用 GE 公司煤气化技术，配置日处理煤约 1500t 的煤气化炉7台，操作压力6.5MPa，正常生产5开2备。煤气化装置投资约16.85亿元，一台气化炉系统（日处理煤1500t）投资约2.41亿元。

（6）企业6调研　该企业采用多喷嘴对置式煤气化技术，配置日处理煤约1800t的煤气化炉3台，操作压力4.0MPa，正常生产2开1备。煤气化装置投资约8.15亿元人民币，一台气化炉系统（日处理煤1800吨）投资约2.71亿元人民币。

总承包商通过对六家煤气化企业调研，在此基础上分别比较了各煤气化工艺应用的成果，最终将干煤粉气化工艺改为水煤浆气化工艺。

第四节　设计实施过程

一、设计实施程序

设计实施过程应严格按照设计实施程序和项目管理控制程序进行。设计实施程序主要内容见表4-4。

表4-4　设计实施程序主要内容

序号	程序内容描述	备注
1	设计目的描述	程序说明模块
2	适用设计范围	
3	设计工作职责	
4	设计组织及接口	
5	设计管理分类及过程控制	
6	设计管理工作程序、监控及记录	设计工作程序模块
7	设计过程监控记录	设计过程监控记录模块
8	设计支持文件体系	设计支持文件模块

对设计过程进行程序管理的目的是为了确保设计文件满足项目合同、适用法律法规和标准规范的管理要求。设计实施程序可以用一个简单的管理模块进行表示（图4-1）。管理模块中包含设计实施程序说明，设计实施程序目标。对设计实施过程进行监督和质量记录，留下痕迹，便于追溯。设计工作程序的支持性文件包括质量管理体系文件、设计管理文件、国家及行业设计标准规范等。

设计实施程序管理流程见图4-2。

二、设计工作程序设置

在通常情况下，设计工作程序是由设计工作过程中的各个步骤组成：①设计策

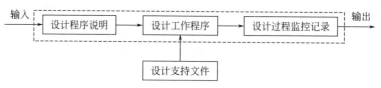

图 4-1　设计实施程序管理模块示意图

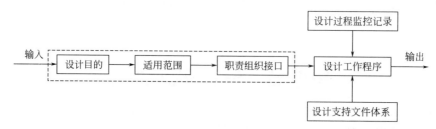

图 4-2　设计实施程序管理流程示意图

划；②设计输入；③设计实施；④设计输出；⑤设计评审；⑥设计验证；⑦设计确认；⑧设计更改。

设计工作程序流程见图 4-3。

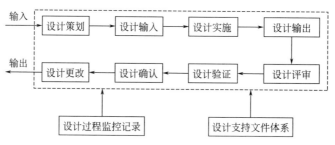

图 4-3　设计工作程序流程示意图

三、设计工作程序说明

1. 设计策划

设计经理负责项目设计策划。根据项目合同、项目实施计划和设计实施计划编制规定的要求，组织编制设计实施计划，并按程序审核和批准。设计实施计划批准后，由设计经理组织召开设计会议，发布设计实施计划，启动设计工作。在设计过程中，设计经理可根据设计实施的具体情况，对设计实施计划进行修订补充，经项目经理审核后发布。当编制设计实施计划某些条件不完全具备，而又需要设计提前开工的，可按如下规定进行管理和控制：

① 当所需设计资料及用户应提供的基础资料尚不够完整，但也不致影响设计开展工作时，可以编制并发布设计实施计划。但需在设计实施计划中予以说明，且

在收到用户补充提供的基础资料后，组织评审，并将有关资料分发相关设计人员。

② 在项目批文下达之前用户要求设计提前启动时，可编制并发布设计实施计划。但必须要有用户要求设计提前启动的书面申请报告，且应在设计实施计划中予以说明。在项目正式批文下达后，将项目批文和补充修订资料分发给相关设计人员。

③ 将采购纳入设计程序是总承包项目设计的重要特征之一。在设备、材料采购过程中设计一般要做的工作：提出设备材料采购的请购单及询价技术文件；负责对制造厂商的报价提出技术评价意见，供采购人员确定供货厂商；参加厂商协调会，参与技术澄清和协商；审查确认制造厂商返回的先期确认图纸（ACF图）及最终确认图纸（CF图）；在设备制造过程中，协助采购人员处理有关设计、工艺技术问题；必要时参与关键设备和材料的检验工作。

2. 设计输入

设计输入包括：项目合同、适用法律法规及标准规范、项目有关批文和纪要、项目预可行性研究报告或可行性研究报告、环境影响评价报告、历史项目资料、工程设计基础资料以及项目合同/投标评审结果等。

设计基础数据和资料是项目设计和建设的重要依据。不同的合同项目需要的设计基础数据和资料也不同。一般包括：现场条件；原料特性；产品标准和要求；公用系统及辅助系统条件；危险化学品、三废排放处理要求；指定使用的标准、规范、规程或规定；可以利用的工程设施等。

设计经理应组织设计各专业人员对用户提供的设计基础资料进行评审和确认。对不完善的、含糊不清的或有矛盾的资料，汇总各专业意见后由项目经理向用户提出澄清，予以解决。

3. 设计实施

设计启动后，各专业负责人根据设计实施计划和专业设计工作规定的编制要求，编制各专业的设计工作规定。专业设计人员按专业工作流程和作业指导书进行本专业的设计和计算工作。拟定设计方案时应按设计方案评审规定的要求，进行设计方案的比选和评审。在拟定设计方案时还应充分考虑设计 HSE 要求。在方案评审时，应对有关 HSE 内容进行评审。

各专业负责人负责相关专业设计条件的接受和确认。设计经理向相关专业发出设计条件。设计文件和资料的传递按项目文件和资料发送规定的要求执行。设计经理应组织好各专业负责人按设计实施计划执行。设计实施计划是项目设计策划的重要成果，也是重要的设计管理文件。EPC 总承包商应建立设计实施计划的编制和评审程序。

4. 设计输出

经设计输入和设计实施后，设计输出的半成品已经完成。设计输出成果应能基本满足设计输入的要求，满足采购、施工、试运行的要求；满足施工、试运行过程的 HSE 要求。

设计输出还应包含或引用：制造、检验、试验和验收标准规范、规定。设计输出文件包括设计方案，设计图纸和文件，采购技术文件和试运行技术文件。

设计输出文件的内容、深度和格式应能满足国家及行业以及总承包商的相关标准规范，如基础工程设计内容深度规定、详细工程设计内容深度规定、采购询价文件编制规定和试运行文件编制规定等。重要的设计方案应进行评审通过后才能正式执行。

5. 设计评审

为确保设计成品达到 QHSE 要求，应进行设计评审。设计评审主要是对设计输出的重要技术方案进行评审。评审可以有多种方式，一般分为三级评审。

第一级：项目中重大设计技术方案由总承包商组织评审，如重要设计方案评审、重要设计中间文件评审、环境和职业健康安全评审。

第二级：项目中综合设计技术方案由项目管理部组织评审，如基础工程设计成品评审和详细工程设计成品评审。

第三级：专业设计技术方案由本专业所在部门组织评审。设计文件评审应符合设计文件评审一般规定的基本要求。

（1）设计方案评审　设计方案评审分公司级评审和部门级评审两种。评审采用会议评审方式。设计经理在设计实施计划中应明确规定需要进行公司级评审的设计方案。公司级设计方案评审由设计经理（依据授权）组织。技术主管或项目主管主持，设计经理和 HSE 经理以及有关部门主任或主任工程师、设计人员参加。

部门级设计方案评审由专业负责人提出。由部门负责人组织并主持，设计和校审人员参加。设计方案评审后，相应由设计经理或设计专业负责人编制设计方案评审纪要，并分发有关人员执行。

（2）重要设计中间文件评审　设计实施计划中应明确规定重要的设计中间文件的评审。

① 管道仪表流程图 R 版审查。工艺专业包括化工工艺、热工工艺、水处理工艺、粉体工程和仪表等。完成管道仪表流程图 R 版后，由设计经理组织并主持有关专业人员参加管道仪表流程图 R 版评审会议。

② 设备布置图 R 版评审。当管道仪表流程图评审，管道布置专业完成设备布置图 R 版后，由设计经理组织并主持有关专业人员参加设备布置图 R 版评审会议。

③ 总平面布置图 R 版审查。总图运输专业完成总平面布置图 R 版后，由设计经理组织并主持有关专业人员参加总平面布置图 R 版评审会议。需要时，项目经理、HSE 经理、试运行经理和试运行工程师参加上述会议评审工作。

上述三类中间成品也可进行联合审查。项目合同规定或用户要求管道仪表流程图、设备布置图和总平面布置图需经用户审查时，应有用户代表参加这些文件的 R 版评审会，也可直接将 R 版文件提交用户，内、外部同时进行评审。

（3）HSE 评审　HSE 经理在设计 HSE 实施计划中应明确规定 HSE 评审的安排。

① 建构筑物防火等级表 R 版审查。建筑专业完成建构筑物防火等级表 R 版后，由设计经理组织并主持有关专业人员、HSE 经理参加建构筑物防火等级评审会议。

② 爆炸危险区域划分图 R 版审查。工艺专业和电气专业完成爆炸危险区域划分图 R 版后，由设计经理组织并主持有关专业人员、HSE 经理参加爆炸危险区域划分评审会议，按爆炸危险区域划分图 R 版评审规定的要求，对爆炸危险区域划分图进行评审。

③ 危险与可操作性（HAZOP）审查。管道仪表流程图 R 版后，由设计经理组织并主持有关专业人员、HSE 经理参加 HAZOP 审查会议，按 HAZOP 审查规定的要求，对管道仪表流程图进行 HAZOP 审查。HAZOP 审查可与管道仪表流程图 R 版评审同时进行。设计经理可根据项目实际情况，采取详细 HAZOP 审查或简化 HAZOP 审查两种方式。

（4）基础工程设计成品评审　基础工程设计成品可采取会议评审或评审表评审两种方式。会议方式进行评审时，设计经理在设计实施计划中应作出明确规定。当基础工程设计成品以会议方式进行评审时，由设计经理负责组织，技术主管或项目主管主持，项目经理、HSE 经理及各专业负责人参加。

（5）详细工程设计成品评审　各专业详细工程设计成品由部门负责人以评审表方式进行评审，评审合格后，在详细工程设计成品评审表上签字确认。

6. 设计验证

为确保设计输出文件满足设计输入的要求，应进行设计验证。设计验证的方式可以是设计文件的校审（校核、审核、审定），包括校对验算、变换方法计算、与已证实的类似设计进行比较等。校审人员对设计成品文件进行校审，校审时应填写设计文件校审记录，设计文件校审后，需设计人员进行修改。修改后的设计文件应经校审人员重新验证。符合要求后，设计、校审人员方可在设计文件的签署栏中签署，并按国家有关部门规定，在设计成品文件上加盖注册工程师印章。

需要相关专业会签的设计成品在输出前，应进行会签。以确保各专业的设计一致和正确。

7. 设计确认

设计确认包括基础工程设计确认、详细工程设计确认和设计最终确认。基础工程设计成品文件由用户提请国家或地方相关部门进行审批，以审查纪要或批文的形式对基础工程设计进行确认。在项目施工之前，由用户组织对详细工程设计成品进行会审或以建设行政主管部门的详细工程设计审查批准书的形式对详细工程设计进行确认。

当用户有要求或项目合同有规定时，在设计成品入库归档前也可提交用户进行中间确认。工程投料试运行，生产出合格产品并按项目合同规定通过考核。用户在项目验收证书上签字是对项目设计的最终确认。

8. 设计更改

① 在设计过程中，由于内部和外部条件的改变、设计不当等原因需进行一般性设计文件修改时，按设计文件正常升版进行设计更改。

② 内部原因引起的重大修改变更。由于内部设计不当等原因需对设计文件作重大修改时，应按一定程序审核、批准后，才能进行设计更改。

③ 外部原因引起的重大修改变更。因用户要求需对设计条件或设计成品文件进行重大修改时，按相关规定申报，经项目经理组织评审，对设计变更后的费用和进度影响进行评价。

④ 对在技术上的可行性、安全性及适用性进行评价。此类评价说明执行变更后对履约产生有利和（或）不利影响。对业主指令的设计变更在技术上的可行性、安全性及适用性问题评估后，执行经合同双方签认的设计变更。由设计经理组织相关专业进行设计更改。

⑤ 基础工程设计、详细工程设计成品文件修改。提交用户报国家或地方等有关部门审查、审批后，如需修改，由设计经理组织相关专业按审查会纪要或审查书的要求修改更新原成品文件或编制补充文件。

⑥ 设备制造、施工和试运行过程中，因设计不当等原因需要修改。按《项目变更管理规定》中有关要求，由设计工程师或施工工程师进行设计更改。

⑦ 设计不合格品的控制。当设计成品入库归档后，在设计三查四定中的设计质量检查、国家或地方有关部门设计审查、设备制造、项目施工和试运行等过程中发现问题的设计文件，由设计经理负责组织相关人员根据检查结果进行更改。

9. 设计收尾

关闭合同所需要的相关文件一般包括：竣工图；设计变更文件；操作手册；修正后的核定估算；其他设计资料、说明文件等。

第五节　设计控制过程

一、设计控制概述

设计控制是在设计实施计划过程中预防和发现设计管理问题及设计过程发生目标偏差，以及采取纠正偏差的措施。设计经理在项目经理领导下全面负责对设计过程的控制管理，并按设计控制程序执行。设计控制管理要充分结合总承包项目设计特点、设计难度和专利商技术选择的先进、成熟及可靠性，要进行充分有效的评估和论证，以确保引进技术工程化后的项目设计质量及设计目标不发生偏差。下面以某大型煤制甲醇装置的 EPC 总承包项目设计控制为例进行分析说明。

某大型甲醇装置技术工艺分别选用两家国外专利商的技术（煤气化，低温甲醇洗和甲醇合成），项目业主选择两家总承包商完成初步设计、详细设计及工程建设。

1. 设计专利技术比选

煤气化采用 GE 水煤浆气化工艺技术以及引进工艺包；气体净化采用林德或鲁奇低温甲醇洗工艺；甲醇合成采用鲁奇工艺以及引进工艺包。水、电、汽等公用工程全部新建。

2. 设计文件编制深度规定

① 通过与专利商谈判，要求引进技术专利商工艺包编制深度要符合中国石油化工装置工艺包（成套技术工艺包）编制深度的规定（SHSG-052—2003）；

② 初步设计编制深度应符合中国石油化工装置基础工程设计（初步设计）编制内容深度的规定（SHSG-033—1998）。

3. 设计角色及分工

总承包商设计角色定义及设计分工见表 4-5。

表 4-5　总承包商设计角色定义及设计分工

序号	装置		设计分工		主项	
	编号	名称	单位	名称	编号	名称
一		工艺生产装置				
1	01	空分装置	承包商 B		00	
			承包商 B	空分	271	空分装置
			承包商 B	空压	281	空压站
2	03	煤气化装置	承包商 B		00	煤气化
			承包商 B		701	输煤系统
			承包商 B	煤浆制备	702	煤浆制备
			承包商 B	气化	703	气化
			承包商 B	灰水处理	704	灰水处理
3	05	硫回收装置	承包商 A		00	硫回收框架
			承包商 A	硫黄回收	00	
			承包商 A	硫黄成型和贮运	00	
4	15	甲醇装置			00	
			承包商 A	一氧化碳变换	00	
			承包商 A	酸性气体脱除	01	低温甲醇洗框架
			承包商 A	甲醇合成		
			承包商 A	氢回收	00	
			承包商 A	精馏	00	
			承包商 A	中间罐区	00	

序号	装置		设计分工		主项	
	编号	名称	单位	名称	编号	名称
二		**公用工程**				
5	20	原水净化站	承包商A		00	
6	21	循环冷却水站	承包商A		00	循环水泵房
7	22	给水加压站	承包商A		00	
8	24	除盐水站	承包商A		00	除盐水厂房
9	27	污水处理站	承包商A		00	污水泵房
10	30	热电站	承包商A		00	
			承包商A		01	热电站主厂房
			承包商A		02	电气主控楼
			承包商A		03	灰库
11	31	空压站	承包商B		00	空压站
12	33	厂区总图运输	承包商A		00	
13	34	厂区供配电设施	承包商A		00	
			承包商A		01	总降压站
			承包商A		02	联合变电所
			承包商A		03	煤气化变电所
14	35	厂区主控楼	承包商A		00	厂区主控楼
15	36	厂区给排水管网	承包商A		00	
16	37	厂区外管	承包商A		00	
17	38	厂区通信	承包商A		00	
三		**辅助生产设施**	承包商C			
18	41	甲醇罐区	承包商C		00	
19	43	冷冻站	承包商C		00	
20	81	固体储运设施	承包商B		00	
			承包商B	储存系统	207	原煤储存
			承包商B	输送系统	211	输煤栈桥及转运站
			承包商B	破碎系统	213	破碎楼
21	72	火炬	承包商C		274	火炬系统
22	55	中央化验室	承包商A		00	
23	56	维修设施	承包商C		00	
			承包商C		01	电、仪修厂房
			承包商C		02	机修厂房
24	57	辅助材料储存设施	承包商C		00	
			承包商C		01	备品备件库

序号	装置		设计分工		主项	
	编号	名称	单位	名称	编号	名称
四		**服务设施**	承包商 C			
25	60	办公楼	承包商 C		00	
			承包商 C		01	办公楼
			承包商 C		02	门房
			承包商 C		03	车库
26	63	生活设施	承包商 C		00	
			承包商 C		01	食堂
			承包商 C		02	倒班宿舍

二、设计控制管理

1. 设计控制定义

设计控制是指将设计实施过程中所确定的范围、目标、设计综合管理计划、设计活动、设计资源及需求进行控制管理。确保项目设计目标及活动在发生设计偏差时，能够及时进行设计偏差分析，采取有效的应对措施，进行纠偏和调整，直至实现项目设计所确定的目标。

2. 设计控制对象

设计控制对象是项目设计的进度、质量、费用、HSE、范围、目标及设计管理活动。设计管理结构图上各个层次的设计单元或设计子项，上至整个项目各层次，下至各个分解的子项及工作包的设计管理活动及项目设计目标。

3. 设计动态控制

在设计控制过程中，由于受各种内部和外部因素影响，存在设计动态变更，因此对设计动态变更要进行跟踪控制管理，测量发生的设计偏差，在掌握实际设计动态与设计实施计划的偏差情况后进行纠正。设计实施计划过程控制要采用科学的管理方法，按设计实施计划控制程序执行。采取设计实施计划控制程序的目的是确保设计进度、设计质量、设计估算费用、设计 HSE 安全目标与最终实现的项目目标保持高度的一致性。

三、设计控制程序内容

设计经理在设计控制程序中通过设计内、外部协调，设计变更控制等方法，充分发挥设计责任主体的作用。设计控制程序主要内容见表 4-6。

表 4-6　设计控制程序内容

序号	设计控制原则内容描述	备注
1	设计控制说明、原则、原理	程序说明模块
2	设计控制计划	
3	设计控制工作程序	控制工作程序模块
4	设计控制过程监控记录	监控记录模块
5	设计支持文件体系	支持文件模块

设计控制程序实行设计全过程控制管理，设计控制的目的是为了确保设计目标、范围满足项目合同和 QHSE 管理要求。设计控制程序可以用控制模块进行表示（图 4-4）。

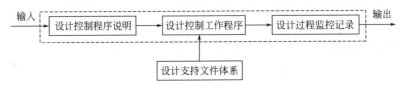

图 4-4　设计控制程序控制模块示意图

设计控制程序流程见图 4-5。

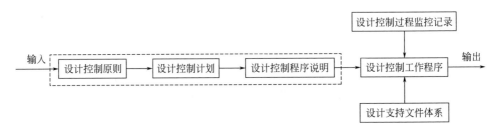

图 4-5　设计控制程序流程示意图

四、设计控制工作程序设置

通常情况下，为了对设计实施计划进行控制管理设置设计控制工作程序流程，由下述步骤组成：①设计控制策划；②设计控制计划；③设计控制计划分解；④设

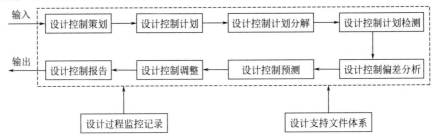

图 4-6　设计控制工作程序流程示意图

计控制计划检测；⑤设计控制偏差分析；⑥设计控制预测；⑦设计控制调整；⑧设计控制报告。设计控制工作程序流程见图4-6。

第六节　设计收尾过程

EPC设计收尾过程是设计全过程中最后一个子过程。从设计启动开始，分为总体设计、基础设计、详细设计阶段；每个设计阶段又由设计策划、设计输入、设计实施、设计输出、设计评审、设计验证、设计确认、设计更改等部分组成；每个设计阶段理论上都存在设计收尾过程，而每个设计收尾过程还可分为设计收尾条件、设计收尾具体过程、设计收尾结束。其中详细设计阶段的设计收尾过程结束后，意味着项目将进入到下个项目过程，或采购过程或施工过程，详细设计收尾结束标志着项目建设进入全面实施阶段。

一、设计收尾条件

设计执行结果存在两种情况。第一种情况是按照设计进度规定的条件，在规定的时间结束条件下，完成了合理的设计工期目标；在规定的项目投资估算或预算约束条件下，完成了设计控制的投资概算或投资预算目标；在规定的设计质量约束条件下，具备了设计项目的特性、功能和标准目标。在完成上述三项设计目标的前提下，设计具备收尾条件。第二种情况是没有按照上述三项约定条件完成预期的目标，特别是设计预算或估算投资目标、设计项目功能标准目标不能实现时，可能会导致设计终止或项目终止。

二、设计收尾具体过程

当设计按照三项约束条件目标已经完成时，将进入设计收尾过程。对设计进行收尾控制是设计结束前的一项重要工作。设计收尾过程有许多工作要做，应对设计收尾过程进行控制和管理。设计收尾过程一般可分为以下四个子过程：设计资料内部交付、设计文件成品交付、项目合同设计条款部分收尾、设计工作总结。

（1）设计资料内部交付　设计资料范围涉及整个设计各阶段的计划、报告、记录、图表和各种数据等资料；同时还包括设计输入资料文件、设计重要方案审查报告、设计成果鉴定报告、设计总结报告等。

设计资料是整个设计过程的详细记录，也是衡量设计成果的重要依据。设计输入文件资料既可作为设计评价和验收的依据和标准，也是工程施工和采购、维护和生产运行重要的原始凭证。

设计资料验收是由设计相关部门和责任人将整理好的、真实的设计资料交给项目部，并进行确认和签收。最后由项目部统一与业主按相关程序进行设计资料文件的验收和转移交接。设计资料交付完成后，应建立设计资料档案，编制设计资料交付报告。

（2）设计成品交付　设计成品交付是指设计输出的符合国家、行业相关标准规范要求的设计成品文件，经审查、验证、修改和确认后，交付给业主及相关方（如施工、采购等）。当设计成品转移交付后，移交方和接收方在设计转移交付报告上签字，形成设计成品交付记录。

（3）项目合同设计条款履约收尾　项目合同中的设计条款履约收尾是指项目合同中关于设计相关的条款履行完成，并经相关方确认。主要包括设计工作量完成确认、设计成品文件交付确认以及相关的设计费用按合同条款进行支付。

（4）设计总结评价　设计总结评价是设计各个阶段完成后，在设计收尾结束过程中进行的一项重要活动。通过对设计工作进行系统总结评价，对设计各阶段完成的工作量、设计目标、设计进度、费用、质量、HSE控制指标进行统计和复核，起到肯定设计成绩、总结设计经验、研究存在的问题、吸取经验教训、不断提高EPC总承包设计综合能力和设计管理能力的作用，为项目全面建设打好基础。

三、设计收尾结束

设计收尾结束的标志是在规定的时间、规定的资源和规定的设计功能目标条件下，完成了合理的设计工期目标、设计项目投资概算和预算目标、设计项目特性、功能和标准目标。如果设计达到了上述设计目标，则设计收尾结束。

做好设计收尾结束阶段的工作对设计的各相关方是非常重要的。设计收尾结束过程重要活动有：①设计成果文件全部转移及交付确认；②合同中设计相关的条款检查并履约确认；③设计漏项和设计变更完成并确认；④设计资源将转移到其他项目的设计；⑤设计工作经验教训总结及改进；⑥设计过程中新技术总结和推广；⑦设计进入现场服务阶段。

四、设计收尾报告编制

1. 项目概况

项目概况包括：①项目名称；②用户名称；③建设时间；④合同号；⑤合同生效日期；⑥设计范围；⑦设计规模；⑧设计产品方案；⑨主要设计工艺方案。

2. 设计完成工作量

设计完成工作量包括：①设计完成工作量概况；②设计项目特点及总结。

3. 外部设计评价

外部设计评价包括：①用户评价；②供货厂商评价；③施工单位评价；④监理单位评价。

第七节　设计管理

一、设计综合管理

1. 设计管理主要职责

设计管理负责组织编制设计实施计划及设计管理计划，并对设计实施计划执行进行监督检查，发现存在的问题，及时采取措施并予以调整和控制；负责组织编制设计进度计划及进度计划分解，监督和控制设计进度计划执行和实施情况，检查和发现设计进度计划执行过程中存在的问题并提出解决措施；负责组织项目部设计团队开展接受工艺包设计及审查工作，为工艺包转化工程设计做好各项准备工作；负责组织设计团队开展基础工程设计、总体设计、施工图（详细工程设计）以及设计中间半成品文件的设计审查及评审工作；负责督促检查对设计审查意见及设计评估报告的执行情况，检查和发现设计过程中存在的问题并提出解决措施；负责组织项目重大设计方案及专业设计方案的讨论、调研和评审，参加项目部组织的施工图设计交底和施工图设计会审；负责组织协调有关设计之间的关系，有关设计的专项报批工作，组织检查考核各设计专业的进度和质量；负责设计资料和各种设计技术文件的接收和分发。

2. 设计报批管理程序

设计管理和报批程序见图 4-7。

对引进技术工艺包设计、基础设计及详细设计审查等管理程序见图 4-8。

3. 设计管理机制

① 加强项目部组织领导，设计团队应及时到位，并根据设计进度及时调配设计资源配置；

② 实行项目经理负责制的矩阵式管理模式，充分发挥设计在 EPC 总承包过程中的主导作用和设计优势；

③ 制定切实可行的激励机制，充分发挥设计人员积极性，努力调动设计人员的工作热情，为在项目现场工作的设计人员提供较好的工作条件和生活环境；

④ 配备充足的工作装备和设施，采用先进的设计管理及应用软件，提高设计工作效率；

⑤ 根据总承包项目总体设计安排，以项目建设总进度计划目标为基准，策划编制好设计实施计划，经审核批准后贯彻执行，并进行设计进度动态跟踪、督促、检查和落实；

⑥ 应根据项目设计环境及条件的不断变化，及时调整更新设计实施计划和设计进度计划，及时检查和发现设计过程中存在的进度偏差及存在的问题，分析原因，制定措施，及时纠正偏差；

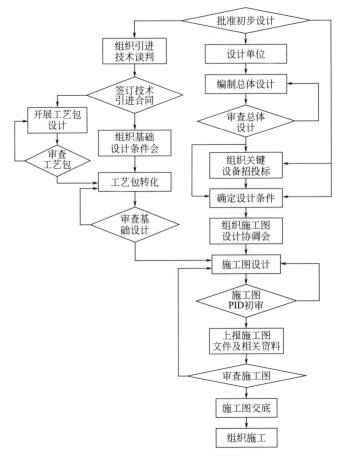

图 4-7　设计管理和报批程序示意图

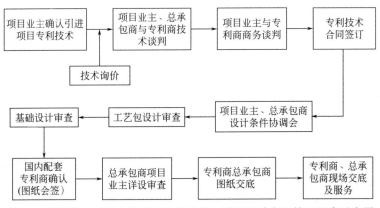

图 4-8　引进技术工艺包设计、基础设计、详细设计审查管理程序示意图

⑦ 定期召开设计进度推进会议，检查各专业设计进度计划执行情况总结经验教训，并向项目相关方报告。

二、设计合同管理

总承包合同中的设计条款或单独的设计合同管理，主要包括合同设计范围定义、设计范围核实和设计范围变更等。在项目经理领导下，设计经理按照项目工作分解结构（WBS）编制规定的要求对项目装置的全部设计内容进行分解，在相关设计实施计划中进行工作范围的定义和说明。

定义项目设计各过程的工作范围，并通过已确定的WBS，核实设计完成的工作状态、用户验收设计各过程的可交付成果等，来控制设计工作范围和设计费用。通过设计控制项目投资估算和预算，进行定额设计，确保项目投资不超概算。在设计控制过程中，主要加强三个方面的设计管理工作：一是控制建设规模和项目范围；二是严格工程建设标准规范；三是不断优化设计方案。

三、设计沟通管理

设计沟通管理主要包括设计沟通、设计联络、设计审查等。设计经理编制项目设计沟通规定，与外部项目设计相关方建立沟通方法，并按沟通规定开展沟通。设计实施过程中，项目设计部通过书面与口头、正式与非正式、内部与外部、组织上下级与同级、纸质文件与电子文件、会议与个别交谈等方式进行设计沟通和发布设计信息。设计专业相关负责人和设计人员通过设计月报告、设计完工报告等方式，向设计经理报告，并按程序向项目相关方、项目主管、管理部门报告设计绩效。

（1）设计沟通　项目正式启动后，立即召开第一次设计沟通会议，由项目业主组织，各承包商和施工单位参加。会议的主要内容为：

① 各总承包商设计分工及相关界面确定；

② 初步确定项目装置总平面；

③ 确定设计进度及项目总进度；

④ 确定设计联络方式及设计责任人；

⑤ 确定开会需解决的问题及设计准备工作的分工；

⑥ 确定设计/项目合同技术附件及商务条款。

（2）设计联络　在项目业主和总承包商项目部之间设立设计沟通协调小组，负责总体设计沟通、联络及设计进度控制。

（3）设计审查　引进技术合同生效，第0月；工艺包设计，第0~5月；初步设计，第0~6月；初步设计预审上报，第6月；初步设计审查，第7月。

注：工作进度安排是按照总体进度网络计划图，可根据需要适当调整。

四、设计风险管理

设计风险管理主要包括风险识别、定性风险分析、定量风险分析、风险应对计划编制、风险监督和控制等。设计启动后，在项目经理领导下，设计经理应按项目风险管理规定编制设计风险应对计划，并对设计风险进行监督和控制。

五、设计变更管理

1. 设计变更类型

设计变更主要包括总承包商内部变更和外部变更，具体按设计变更管理规定执行。

（1）外部变更　当用户书面提出重大变更时，在项目经理领导下，设计经理负责组织相关设计人员对用户变更进行评审，用户变更评审后，由设计经理向项目经理报告，并按相关程序向用户提出书面意见，双方达成一致意见。相关负责人应在用户变更评审表上审核确认，然后发送至相关经理、设计专业负责人等进行处理。外部变更需对项目合同设计部分或项目进行修订或签订补充合同或协议的，应通知经营部门销售经理办理相关事宜。

（2）内部变更　内部原因需对设计进行重大变更时，设计经理应组织相关人员对变更进行评审，经设计经理审核、项目经理批准后，发送至相关专业执行。

2. 设计变更控制

在整个项目实施过程中，在后续阶段发现上一阶段设计存在的缺陷和不足、设备制造和施工过程中所要求的合理变更、生产准备要求的合理变更、社会要求的其他合理变更都会导致设计变更。需要变更设计时必须严格执行设计变更程序，并将所有设计变更工作在实施之前予以标识，形成文件并经程序批准后作为实施依据。

六、设计分包管理

在项目经理领导下，设计经理组织相关专业设计负责人和设计人员对设计分包方能否满足设计分包合同能力、HSE 管理要求进行调查和评价和比选。确定设计分包商后，签订设计分包合同，明确设计范围和设计进度要求。对设计分包接口进行管理，设计分包进度和目标由设计经理按设计控制程序的要求对设计分包商进行管理控制。

七、设计计划管理

设计计划管理主要包括设计实施计划编制、设计计划实施和综合设计变更控制等。在项目经理领导下，设计经理组织设计相关专业负责人执行设计实施计划的全部内容，并按设计实施计划程序和设计控制程序的要求开展各项设计活动。当设计计划发生变化时，按设计控制程序的要求批准变更。必要时应修订并发布更新的设计实施计划。

设计计划内容主要包括设计计划活动定义和管理、设计计划活动排序、设计计划活动历时估算、设计计划编制和设计计划控制等。由设计各专业负责人、进度工程师根据

WBS、带单位人工日的设计工作包一览表、设计建设过程逻辑顺序、各设计专业工作流程和设计进度管理规定等，完成设计活动定义。对设计活动排序、设计活动历时估算、设计工作进行编制和跟踪，及时更新，并对设计计划进行有效管理和控制。

八、设计接口管理

（1）设计与长周期设备采购接口管理　　通常综合编制设计进度计划和长周期设备采购进度计划是保证总承包项目按总体部署顺利实施的前提条件。在开展初步设计前，要组织策划设计进度，提出设计进度计划，依据工艺技术引进合同规定、专利商和国外设备供货厂商提交的订货清单和设备资料，来确定长周期设备清单的提出时间。

设计进度计划安排要遵循基本建设程序的有关规定，保证必要的设计工作周期，合理、适度交叉。设计进度计划一旦制定，要严格执行。总承包商要按照合同中规定的设计进度，制定各设计阶段主要设计资源配置计划。

总承包商相关部门要定期或不定期检查设计团队对设计计划的执行情况，及时协调处理设计计划执行过程中出现的问题，并采取措施进行纠正。项目采购部应根据设计提出的长周期设备、器材采购请购单和项目总进度目标及主要里程碑节点，制订详细的设备采购计划。根据设备采购计划，详细制订长周期定型设备、器材技术询价书，编制采购计划进度时间表和非标设备制造图完成计划时间表，并按期完成设备、器材技术询价书，专人催办国内外设备、器材订货条件、资料往返、确认，按时完成制造图，保证长周期设备订货和项目总体进度目标的实现。

（2）长周期设备订货与项目总工期接口　　长周期设备交货是影响总承包项目建设周期的重要因素，加强长周期设备订货资料提交与工艺包设计、设备询价书编制与长周期设备订货的无缝关联非常必要。

以煤制甲醇总承包项目为例，项目总工期为 36 个月，长周期设备制造周期为 13 个月。

① 煤气化装置、低温甲醇洗、甲醇合成装置　　工艺技术引进合同要求工艺包设计定于工艺技术引进合同生效后 6 个月内完成，国外采购长周期设备订货资料提交时间为开球会后 2.5 个月内完成。

② 设备询价书编制与长周期设备订货　　国外长周期设备采购，由总承包商负责组织同国外供应商进行采购谈判，采购厂商短名单在国外专利商提供的短名单内选择，作为发包对象。国外供货厂商提供长周期设备订货资料应按招标采购文件规定的时间内完成。

国内长周期设备采购，由总承包商负责组织同国内供应商进行采购谈判，采购厂商短名单在总承包商提供的合格供货厂商名单内经与项目业主协商后选择，作为发包对象。国内供货厂商提供长周期设备订货资料应按招标采购文件规定的时间内完成。

③ 长周期设备订货与总工期的关联　对于总承包工期目标为 36 个月机械竣工的项目，长周期设备订货是整个项目工期的控制步骤。因此招标采购、技术商务谈判、合同签订必须给长周期设备制造（即 FOB 交货时间）留有 13 个月左右的时间。确保全部到达现场时间为 20 个月左右，安装、调试后保证 36 个月机械竣工。

第八节　总体设计管理

一、总体设计概述

总体设计是在确定项目建设模式或工程总承包前（或后）的一个重要设计阶段。在 EPC 项目总体设计过程中策划和控制好总体设计工作是非常重要的。总体设计结束后（或完成过程中），工程建设就要开始交叉进行了，此时按照总体设计实施范围开展后续设计工作是十分必要的，以此保证后续设计过程中的设计质量，使其符合业主对于项目建设的要求。

下面以某大型煤制气总承包项目为例，对总体设计主要工作内容进行描述，EPC 项目总体设计内容见表 4-7。

表 4-7　EPC 项目总体设计内容

工作阶段	序号	文件	基本内容与要求
总体设计	1	总体设计工作计划	明确业主、总体院（即总承包商）、技术专利商在总体设计过程中的职责内容和工作进度计划
	2	总体设计沟通程序	规定总体设计过程中沟通工作的原则、方法、内容、时间和程序
	3	总体设计统一规定 各专业统一规定	明确设计主项和分工，统一规定总体设计文件、各单元 PDP 文件、各专业设计原则、设计标准、设计基础、设计方法、技术条件、设计文件内容和深度
	4	专利技术方案交流、比选和考察报告	与专利商技术交流、比选和考察，形成总结报告
	5	技术专利商招标文件（技术部分）	阐明设计基础、技术要求等相关内容
	6	PDP 审查总结报告	总结 PDP 合同相符性、技术先进性、环保、安全、节能情况等
	7	项目管理与工程建设模式分析报告	研究项目管理建设模式和实施方式，提出建设管理模式建议
	8	关键设备清单 长周期设备清单 供应商名单	提出关键设备清单，以及合格供应商名单
	9	超限设备研究报告	列出超限设备清单，并根据实际情况，提出超限设备建造与运输建议方案

工作阶段	序号	文件	基本内容与要求
项目实施	1	项目总体设计程序	明确投标人在各阶段项目的总职责内容、沟通机制、工作方案
	2	项目总体进度计划	明确基础设计到竣工验收各阶段工程项目一览表、工程项目总进度安排、工程项目进度平衡表、关键时间控制节点等
	3	工程统一规定	统一项目各阶段工程范围、设计原则、技术标准、设计基础、设计文件内容和深度
	4	设计基础资料汇总	基础设计、详细设计、施工、安装等提供基础资料,并不断更新修订
	5	全厂管线综合设计方案	按照石化企业管线综合设计相关规范编制全厂管线综合方案,并负责维护
	6	界区条件表、界面图界区条件说明界面划分及沟通原则	明确界区内各设施、厂外设施以及各承包商界面条件关系,以及沟通方案
	7	各类工程技术沟通会议和审查会会议纪要	反映设计中间成果、最终成果审查情况,并提出意见和建议
	8	各类承包商考察提纲、技术询价文件、招标文件(技术部分)	包括EPC总承包商、基础设计承包商、设备采购供货商、土建施工单位、设备安装单位、建立单位等
	9	设计可施工性研究报告	审查详细设计的可施工性。包括总图方案,设计项目所需物资的可供性等

项目总体设计中的统一规定见表 4-8 。

表 4-8　项目总体设计统一规定

序号	文件名称	文件编码格式
1	化工工艺专业设计统一规定	总承包商内部编码
2	热工工艺专业设计统一规定	
3	给排水专业设计统一规定	
4	粉体工程专业设计统一规定	
5	分析化验专业设计统一规定	
6	环保专业设计统一规定	
7	安全专业设计统一规定	
8	职业卫生专业设计统一规定	
9	消防专业设计统一规定	
10	材控专业设计统一规定	
11	总图运输专业设计统一规定	
12	管道专业设计统一规定	
13	界外管道专业设计统一规定	
14	暖通专业设计统一规定	

序号	文件名称	文件编码格式
15	设备专业设计统一规定	
16	机泵专业设计统一规定	
17	电气专业设计统一规定	
18	仪表专业设计统一规定	
19	电信专业设计统一规定	
20	建筑专业设计统一规定	
21	结构专业设计统一规定	
22	概算编制统一规定	
23	其他规定	根据工程类别性质确定

二、总体设计实施进度计划

一般来说，常规总承包项目的总体设计大约需要 6 个月的时间完成，小型总承包项目或简单项目一般需要 3～4 个月时间完成。

总体设计通常可分为两个阶段，第一阶段约需 3～4 个月，第二阶段约需 2～3 个月，第一和第二阶段总体设计部分工作有交叉。

1. 第一阶段进度（第 1~4 个月）

（1）总体设计开工准备会及会议文件资料 总承包商总体设计合同签订生效后，接到业主启动总体设计通知书日，作为工期计算时间零点。组织召开总体设计开工会，总体设计开工会议文件资料见表 4-9。

表 4-9 总体设计开工会议文件资料

序号	总体设计会议文件资料名称	备注
1	编制总体设计工作计划	项目经理负责编制
2	编制总体设计沟通程序	项目经理负责组织编制
3	编制总体设计统一规定	项目经理负责组织编制
4	各专业设计统一规定	各专业负责人编制
5	化工工艺专业设计统一规定	
6	换热器分析专业设计统一规定	
7	分析化验专业设计统一规定	
8	机泵机修专业设计统一规定	
9	热工工艺专业设计统一规定	
10	水处理工艺专业设计统一规定	
11	粉体工程专业设计统一规定	
12	给排水专业设计统一规定	
13	总图运输专业设计统一规定	

序号	总体设计会议文件资料名称	备注
14	材控应力专业设计统一规定	
15	管道布置专业设计统一规定	
16	界外管道专业设计统一规定	
17	材料专业设计统一规定	
18	设备(静)专业设计统一规定	
19	仪表专业设计统一规定	
20	电气专业设计统一规定	
21	电信专业设计统一规定	
22	建筑专业设计统一规定	
23	结构专业设计统一规定	
24	暖通空调专业设计统一规定	
25	环保专业设计统一规定	
26	安全卫生专业设计统一规定	
27	消防专业设计统一规定	
28	概算专业总体设计统一规定	

（2）总体设计开工会　第15天召开总体设计开工会，会期3～5天，会议主要内容如下：

① 讨论并发布总体设计执行计划，总体设计进度及项目总体进度计划；

② 讨论并初步确认设计基础数据和条件；

③ 讨论并发布总体设计沟通程序；

④ 讨论并发布总体设计统一规定；

⑤ 发布初步的全厂总工艺流程方案、全厂工艺物料平衡图，提交总承包商自有专利或专有技术工艺包文件；

⑥ 讨论并提交自有技术清单及需要购买的其他专有或专利技术清单，专有或专利技术专利商清单，长周期设备清单，技术询价书模板及包含的范围；

⑦ 讨论和安排编制专有、专利技术询价文件提交业主审查；

⑧ 讨论其他相关问题。

（3）总体设计中间审查会　第60天召开第一次总体设计中间审查会，会议主要内容如下：

① 落实总图审查会；

② 水、电、气、汽及各优化专题审查；

③ 装置分包计划；

④ 技术询价文件发布检查、沟通；

⑤ 完成专利商技术合同附件签署（在第2个月内），主要包括煤气化技术、低

温甲醇洗技、甲烷化技术。

（4）协助业主考察　第3个月和第4个月协助业主考察、确定装置设计院（简称装置院）。

（5）提交总体设计文件审查版　第4个月末，提交第一版总体设计文件供业主审查。第一版总体设计将基于可行性研究报告、工程积累以及业主提供最新材料的基础上完成。

2. 第二阶段进度（第4～6个月）

① 第4～5个月，结合专利商投标文件等进行第二阶段总体设计工作，分批接收专利商资料，完成专利商PDP文件审查；

② 第5个月，接受专利商条件，满足总体设计输入的PDP文件参数；

③ 提交影响项目关键路径长周期设备，如煤气化炉技术询价文件、大型压缩机组询价文件；

④ 第5～6个月内，提交第二版总体设计文件供业主审查，并参加总体设计审查会；

⑤ 第6个月，完成总体设计成品提交。

3. 总体设计项目实施计划

正式签订项目总承包合同，并正式启动项目，编制项目实施计划和项目管理过程中的设计、采购、施工、试运行实施计划，时间在第10～39个月。

（1）项目实施总进度（工期）计划　业主正式书面通知启动进入项目实施阶段，总体设计及技术服务自合同生效之日起，至项目竣工验收完成。以某煤制天然气项目总工期为例，项目实施总工期计划见表4-10。

表 4-10　项目实施总工期计划表

序号	项目进度工期	时间/月
1	项目总工期	39
2	总体设计	6
3	基础工程设计	5
4	详细工程设计	12
5	项目机械竣工完成	39
6	试运行及竣工验收	6

（2）基础工程设计阶段　总体设计完成后开展基础工程设计，周期约5个月。基础设计可在接收专利商PDP文件后提前启动。第15天，邀请业主、装置院举行项目基础设计开工会，会期3～5天。主要落实：

① 基础工程设计开工报告；

② 基础工程设计一般规定；

③ 基础工程设计工程主项表及设计分工；

④ 项目沟通程序；

⑤ 项目文件编码规定；

⑥ 项目设备、管线及仪表编号规定；

⑦ 基础工程设计设计基础；

⑧ 基础工程设计互提资料标准表格（电子版）；

⑨ 项目设计采用标准规范；

⑩ 基础工程设计质量计划；

⑪ 基础工程设计 HSE 执行计划；

⑫ 基础工程设计控制计划；

⑬ 基础工程设计专业统一规定（电子版）；

⑭ 基础设计阶段，协助业主进行场地准备阶段准备活动，包含详勘、试桩等；

⑮ 基础设计第 2 个月向业主提交次长周期设备清单；

⑯ 基础设计第 3 个月对总图、各装置平面布置及全系统性方案审查；

⑰ 基础设计第 4 个月，进行厂区地下管网设计；

⑱ 基础设计第 3~5 个月，协助业主进行长周期、关键设备合同签订；

⑲ 基础设计第 4~5 个月，提交基础设计文件，进行基础设计审查。

（3）详细工程设计阶段　详细工程设计周期约 12 个月（不含阶段交叉时间）。

① 详细设计第 1 个月，协助业主编制次长周期询价文件；

② 详细设计第 2 个月，进行主装置桩基施工图设计；

③ 详细设计第 2 个月，召开第一次详细设计联络会；

④ 详细设计第 6~9 个月，协助召开管道 60%3D 模型审查会；

⑤ 详细设计第 8~10 个月，协助召开管道 90%3D 模型审查会；

⑥ 详细设计第 12 个月，完成详细设计工作。

三、设计实施阶段活动内容及职责分工

在基础工程设计阶段，工程公司设计人员与项目业主之间的工作内容和职责划分见表 4-11 所示。

表 4-11　基础设计阶段工程公司设计人员与业主之间的工作内容和职责划分

序号	采购、施工管理活动	业主	设计人员	备注
一	关键设备清单及合格供应商名单			
1	协助业主提出关键设备清单	执行	参与	协助业主
2	协助业主提出合格供应商名单	执行	参与	协商提出
二	长周期设备及大宗材料采购			
1	提出各装置长周期设备清单	参与	执行	
2	编制设备、材料分交表		执行	
3	编制招标技术文件		执行	

序号	采购、施工管理活动	业主	设计人员	备注
4	编制招标商务文件	执行		
5	发标书	执行		
6	开标	执行		
7	技术评审和技术澄清	参与	执行	
8	商务评审和商务澄清	执行		
9	定标	执行	参与	
10	合同技术谈判	执行	参与	
11	合同商务谈判	执行		
三	**参与项目管道和材料采购过程**			
1	编制招标技术文件	参与	执行	
2	编制招标商务文件	执行		
3	发标书	执行		
4	开标	执行		
5	技术评审和技术澄清	参与	执行	
6	商务评审和商务澄清	执行	参与	
7	定标	执行	参与	
8	合同技术谈判并签订技术附件	执行	参与	
9	合同商务谈判	执行		
10	管理供应商合同执行	执行	参与	

在详细工程设计阶段，工程公司设计人员与项目业主之间的工作内容和职责划分见表 4-12 所示。

表 4-12 详细设计阶段工程公司设计人员与业主之间的工作内容和职责划分

序号	采购、施工管理活动	业主	设计人员	备注
一	**协助业主开展 EPC 招投标工作**			
1	协助业主考察承包商	执行	参与	提考察提纲
2	提出考察提纲和编制考察报告提纲	执行	参与	
3	编制考察报告	执行	参与	
二	**编制招投标文件**			
1	编制技术招标文件	参与	执行	
2	编制商务招标文件	执行		
3	发标书	执行		
4	开标	执行		
5	技术评审和技术澄清	执行	参与	
6	商务评审和商务澄清	执行		
7	定标	执行	参与	
8	合同技术谈判	执行	参与	
9	合同商务谈判	执行		

四、总体设计阶段会议计划

在项目设计实施过程中，组织或参加相应的工作会议，业主可根据对总体院工作的进展，增加相应的会议内容，有权提出召开设计沟通会。总体设计阶段主要会议计划见表 4-13。

表 4-13　总体设计阶段主要会议计划表

序号	会议内容名称	会议地点	备注
一	**PDP 及总体设计阶段**		
1	总体设计条件准备会	总体院	
2	总体设计开工会	总体院	
3	总体设计(界面条件)沟通会	总体院	
4	总图审查会	总体院	
5	蒸汽平衡优化设计沟通会	总体院	
6	水系统优化设计沟通会	总体院	
7	技术选择过程中的会议/考察活动,包括: 考察专利商的业绩工厂 与专利商的技术交流会 技术方案审查会	中国/国外	(需要)
8	装置院选择过程中的会议/考察活动	中国	
9	中间设计联络会等	总体院	
10	总体设计审查会	国内	
11	技术方案审查会	总体院	
12	PDP 开工会	总体院	
13	HSE 专题会	总体院	
14	业主认为必要的会议		
二	**基础设计阶段**		
1	基础设计阶段与总体院相关的设计沟通会	总体院	
2	各装置基础设计开工会	装置院	
3	各基础设计承包商工艺流程图、管道及仪表流程图评审会	装置院	
4	设计联络会	总体院	
5	PDP 审查会	装置院	
6	基础设计审查会	国内	
7	基础设计 HAZOP 审查会	装置院	
8	其他业主认为必要的会议		
三	**E＋P＋C＋S 阶段**		
1	详细设计阶段总体院相关沟通会	总体院	
2	各装置详细设计开工会	装置院	
3	详细工程设计文件中间审查会(包括 HAZOP 审查会)	装置院	
4	重大设计变更研讨会	装置院	
5	详细设计审查会	装置院	
6	其他业主认为必要的会议		

五、总体设计质量保证控制

1. 设计联络计划

为保证项目在执行过程中，业主、装置院等各项目参与方之间能规范、高效地开展协调和联络工作，及时沟通和解决项目执行中所出现的问题，确保优质按期完成项目目标，将制定设计联络程序。

设计联络程序主要内容包括联络渠道、职责分工、接口管理、协调管理、方案变化的管理和控制、对专利商的协调和管理、联系方式、内部协调程序、联络会议清单等。

设计职责分工规定了业主各部门、总体院各部门以及装置院各部门的分工；接口管理详细地规定了业主、总体院、装置院的界面管理以及地上与地下、仪表、电气、电信等工程界面的分工；协调管理则规定了对信函、传真、电话、备忘录、电子邮件、会议、文件传送、项目报告等的管理。

支持业主做好与各装置承包商的设计联络工作，还将派遣合格的人员参与设计联络的工作，以尽早获得开展总体设计和基础设计的资料，确认各装置总体设计和基础设计承包商交付物的进度和质量。

总联络人为项目经理，在项目进行过程中还将委任一名专职联络人，负责总体院与业主、各装置院的联络。

业主可以根据需要派遣 8～10 名技术人员前往设计办公室进行设计联络，参照国内大型设计企业及国外大型工程公司合作的经验，总承包商应为业主技术人员提供必要的办公场所，为业主开展工作、与专业人员沟通提供便利。

2. 设计质量保证

执行建设工程质量监督管理条例，对总体院的整个设计质量进行考核，如有问题按此条例执行。为保证设计及技术服务质量，在项目前期即确立项目的质量方针和目标，明确项目部主要人员的职责，同时聘请技术委员会专家作为本项目的技术支持。在质量保证计划中规定不合格品的控制、纠正预防措施、文件控制等，并在设计过程中，所有的设计条件、设计成品、评审、纪要、传真等做好质量记录和归档，做到有据可查，确保设计质量时刻在控制范围内。

要做好总体设计质量保证，需要在设计过程中重点监控质量控制点，做好设计策划，完善设计输入，对设计条件提出评审要求，对设计成品提出深度要求并进行评审，对于重大的设计方案安排部门级或公司级的评审，对设计文件的签署及会签应做严格的规定，同时在设计验证、设计确认、设计变更、设计外包过程控制、设计成品入库、设计过程协调、会议和周报月报等方面做详细的规定。

3. 总体设计质量保证

各装置院应编制质量计划，建立设计质量管理体系。在建立项目质量管理体系时，应以总承包商的质量管理体系框架为基础，并将用户、总体院对项目设计、采购、施工、试运行等过程的质量管理要求纳入其中。各装置院应根据项目总体设计程序及项目沟通程序的要求，加强与总体院、其他装置院之间的沟通联络，确保项目的整体性和协调性。维护监督设计、采购、施工、试运行等承包商的合同工作范围，确保各承包商的进度目标、质量目标、HSE 目标等与项目整体目标的一致性。协助业主及时开展技术协调工作，及时协调处理本项目实施过程中发现的有关技术问题，保证项目质量和整体工程进度。

4. 技术服务质量保证

协助业主确定基础设计和详细设计阶段、项目建设阶段（采购、施工）、试运行及竣工验收阶段各自的质量管理控制要点。各装置院结合本单位质量管理体系和业主在项目各阶段的质量管理控制要点，分别编制本装置院各阶段的质量计划，报业主备案。在各装置院提交的质量计划中应包括各阶段提交业主审核的文件和资料以及相应的提交审核时间。协助业主进行审核的外单位文件或资料，质量保证计划规定均至少进行两级审核。

在基础设计和详细设计阶段，将协助业主对装置院进行内部质量审核，编制内部质量审核计划，审核涉及方案评审执行情况、重要中间设计成品评审情况、标准规范特别是强制性标准规范执行情况、设计计算情况、设计输入等。审核组负责对质量审核发现的问题进行跟踪，直至整改完成。

在基础设计和详细设计阶段，将协助业主做好各类设计评审、重大设计方案评审、各类设计技术会议的策划，派出具有相应资质专业人员参加会议。对评审中发现的问题，项目经理指定人员进行跟踪，直至问题得到有效处理。

在项目建设阶段（采购、施工），及时派出符合业主资质要求的专业人员协助业主做好现场采购、施工管理工作。

在试运行及竣工验收阶段，也将及时派出专业技术人员参加工程中交和投料试运行，协助业主协调、处理验收和试运行过程设计、采购、施工、试运行等方面的问题。

5. 总体设计进度控制

为保证项目顺利实施，除编制项目进度计划外，还需要对总体设计进度进行管理和控制，并依据项目工作分解结构（WBS）和项目绩效测量进行量化管理，通过项目月报告及时向业主报告项目的执行情况。在项目执行过程中，若需要提出项目变更，将对进度计划、人力动员计划等进行相应调整，报请项目经理和业主批准后发表。为统筹安排和保证工期，在项目执行过程中，部分阶段工期交叉，安排长周期、关键设备提前采购，并根据人力资源负荷和项目实际进展情况，必要时合理安排加班。项目总体设计进度分类管理见表 4-14。

表 4-14 项目总体设计进度分类管理

进度类别	进度级别	进度计划名称	进度分解层次		
			1	2	3
项目综合设计	1	项目总进度计划	生产设施 辅助生产设施 厂区公用工程 厂外设施 服务设施	装置 （单元）	设计 采购 施工 试运行
	2	装置设计主进度计划	设计	设计主要工作包	
	3	装置设计进度计划	专业	主要工作包	
	4	装置设计详细进度计划	全部工作包	工作项	子项

6. 项目相关方管理职责划分

在建设期，项目相关方管理职责划分见表 4-15 所示。

表 4-15 项目相关方管理职责划分

序号	工作名称/工作内容描述	建设单位	设计单位
一	**项目开工**		
1	办理建设工程规划许可证	负责	
2	征用建设用地、青苗补偿等	负责	
3	工程建设项目报建	负责	
4	委托政府审查施工图纸	负责	
5	委托政府监督建设工程质量	负责	
6	办理建设工程施工许可证	负责	
7	办理电力增容手续	负责	
8	办理消防审批手续	负责	
9	办理环保审批手续	负责	
10	法规或当地政府行政部门规定应由业主提供的其他项目开工文件	负责	协助
11	法规或当地政府行政部门规定应由施工单位办理的手续	协助	
二	**项目计划**		
1	项目进度计划表	负责	
2	项目用款计划	负责	
三	**项目组织**		
1	建立业主项目管理组织机构	负责	
2	建立施工单位施工组织机构		
四	**调整与变更**		
1	项目设计进度计划调整		
2	建设单位要求的变更	负责	确认

序号	工作名称/工作内容描述	建设单位	设计单位
五	**初步设计和施工图设计**		
1	设计基础资料（包括地质、水文资料）	负责	
2	建设场地的地面及底下障碍物资料	负责	
3	初步设计	确认	负责
4	初步设计审批文件	负责	
5	详细设计图纸	评价	负责

第九节　工艺包设计管理

以化工工程项目为例。EPC 项目的关键技术应采用引进的或国内研发的先进技术。如果该技术是首次应用，技术工艺应该是可靠的工艺，得到了工业验证，具有小试、中试、示范装置应用成果。技术的反应原理应科学合理，具有创新性，各项实验数据、工业放大数据齐全，催化剂配套完整，得到科技成果鉴定；工业放大模拟计算正确，物料平衡、热量平衡、动量平衡完整，关键设备制造可靠。

一、工艺包设计文件

工艺包设计文件包括：①工艺设计基础；②工艺描述；③管道和仪表流程图（初版）；④PFD 和物料平衡；⑤公用工程平衡图；⑥设备规格；⑦原材料、催化剂、化学药品和公用工程规格；⑧原材料、催化剂、化学药品和公用工程消耗量；⑨废物排放；⑩产品和副产品的规格；⑪ 工艺手册。

二、基础工程设计文件

（1）以现场平面图为基础的初步的总平面图　该现场平面图应标明合同工厂装置的大小位置及与整个现场的关系。总平面图是标有界区内所有设备、建构筑物、道路等的坐标位置的平面布置图。

（2）批准版本的 PID 图　标明工艺设备、管道、测量及控制仪表、阀门、取样点、管道材料和尺寸。

（3）工艺流程图的工艺描述　包括完整的工艺说明（包括主要仪表和控制系统的功能）和主要设备的操作条件（如温度、压力、流量、流体组成和物理性质）。

（4）原材料及公用工程的规格和消耗量　包括蒸汽、水、电、蒸汽冷凝液、仪表空气、工厂空气等。

（5）主要工艺和公用工程的物料平衡和热量平衡数据表　包括温度、压力、流量等。

（6）初步的公用管道和仪表流程图　标明流体类别、公称尺寸、管道等级、阀门、管线伴管和仪表、管道保温；界区端点的进出管道（包括公用工程）的材料规格和操作参数（如温度、压力、流量等）；初步的地下管网布置。

（7）推荐的装置操作及维修　人员的数量及分类，装置管理和操作人员所需的学历水平。

（8）设备数据表

① 塔和反应器数据表。设计参数：操作压力/设计压力、操作温度/设计温度、设计规范、腐蚀裕度、公称体积、材料、保温等。工艺数据：用以计算塔板尺寸的流体性质如密度、填料体积等；塔板型式、塔板间距、塔板数及液体流程数；塔直径、塔高、人孔的直径和数量；特殊内件的草图；接管一览表（数量、尺寸、所用的法兰标准）；其他相关数据。

② 容器数据表。设计参数：设计规范、操作压力/设计压力、操作温度/设计温度、腐蚀裕度、公称体积、材料、保温、直径、切线长度。规格表或设备图：特殊内件草图、接管一览表（数量、尺寸、所用的法兰标准）、其他各种数据等。

③ 换热器数据表。换热器的数据表除包括 TEMA 换热器说明书中的数据表外，还包括设计/操作条件、接管一览表（数量、尺寸）。

④ 贮罐数据表。设计参数：设计规范、操作压力/设计压力、操作温度/设计温度、腐蚀裕度、公称体积、材料、保温、工艺流体、顶的型式。工艺数据：密度、尺寸（高度、直径）等。

⑤ 其他设备数据表。设计参数：设计规范、操作压力/设计压力、操作温度/设计温度、试验压力、腐蚀裕度、效率、材料、保温、热处理。工艺数据：密度等；尺寸（直径、长度、宽度、厚度）总图和接管一览表（数量、尺寸、用途、法兰标准）；其他数据等。

⑥ 压缩机和透平。设备数据表：公称和设计能力；压缩机、鼓风机及其驱动机的型式；流体的组成和特性；每段的吸入排出压力以及温度流量；所需的功率（BHP），驱动机功率；压缩机、鼓风机及驱动机的转速。

（9）仪表数据表　包括：初步的仪表清单（包括孔板、调节阀、安全阀）；初步的主要连锁表；设备表；标有设计数据和公用管线的布置图；设计规范；仪表和自动控制设计标准；仪表的选型标准；仪表系统信号形式；对仪表空气、供电及伴管的要求；主要的材料规格；仪表安装典型的接线图；分散控制系统的项目说明书（包括 ESD 和辅助仪表）和 DCS 的初步组态图；中央控制室和就地控制室的仪表设备初步布置图；仪表清单连锁逻辑图。

（10）电气数据表　包括：危险区域划分及防爆等级；变电站内的电气设备布

置；MV、LV 及 DC 系统的单线图（包括事故电源系统）；6kV 和 380V 供电系统及自动切换系统的基本控制图；初步的用电负荷一览表；呼叫系统和火灾警报系统的设计原则、规范、装配图和布置图。

（11）工程标准说明　规范和标准，标明设计的技术要求及设备制造的材料；压力容器；低压容器；泵及其驱动机；离心式压缩机；鼓风机；蒸汽透平；热交换器；管材规格、安装及检验标准规范；工艺和公用工程管道设计标准规范（包括地上和地下管道网）；管道支撑设计标准规范；蒸汽伴管和夹套管设计标准规范；保温材料及其应用的标准规范；涂漆材料及其应用的标准规范；设备和材料的检验要求；电仪工程标准。

（12）供货范围　化验室设计的有关资料，包括主要分析项目、取样点和分析方法的清单；分交的管道材料的初步清单；卖方应提交卖方供货范围的化验室设计的有关资料；消防设计建议。

（13）与施工有关的文件　保温说明；管道加工说明；仪表安装说明；电气安装说明；钢结构安装图；催化剂装填说明；WPS 总体焊接说明。

三、工艺包设计内容及深度

工艺包设计应遵循《石油化工装置工艺设计包（成套技术工艺包）内容规定》（SHSG 052—2003），其内容深度基本相当于基础设计的内容深度。目前大多数项目的工艺包设计均参照此标准。

1. 收集物性数据

化工物性数据（包括平衡数据）的收集是工艺包设计的必要条件，应准确地查找、分析、处理和应用相关化工物料数据，为后续工艺包设计打下基础。

（1）物性数据范围

① 基本物性数据，如沸点、熔点、凝固点、临界参数等。

② 温度相关热力学物性，汽化热等。

③ 温度相关的传递物性，黏度等。

④ 火灾危险性。

⑤ 相平衡数据，分离的混合物系是否有共沸体系等。

（2）数据获取方法

① 模拟软件查询：通过基本模拟软件查询物性数据，如 Aspen、Pro2 等。

② 网络查找：通过专业文献或书籍验证。

③ 文献查询：VIP 期刊数据库对所查物质进行查询，收集相关的物性数据。查找专业手册，如《化学工程手册》《化工物性数据手册》等。

④ 模型工具估算：选用模拟软件功能计算，通过估算获取数据。

⑤ 对于混合物采用软件、相图等获取物性数据，这是工艺包设计的关键数据。介质的物料特性与后续产品的分离、火灾等级划分、储存温度和储存量的确定、设备布置的间距、安全要求、设备设计压力等有直接的关系。

2. 确定工艺技术路线

工艺技术路线是形成物料平衡的第一步，在获得有关物性数据后，依据专利成果确定初步的工艺技术路线和方案，然后进行物料平衡、热量平衡计算。其中有些关键数据，专利商已经确定，在专利商数据包和工艺原理中可以查到。

（1）运用专利商成果　依据研发成果及化学工程基本原理，在初步确定工艺技术路线基础上，提出总体技术方案，分析工艺过程，进行化工单元组合。工艺数据包成果通常能提供反应过程原理和反应机理，给出温度、压力、催化剂、产物组分等，实现反应进料控制温度、压力、换热或冷却等需要在工程放大过程中进行设计。反应物料控制条件会影响整个工艺原理的实现，在分析工艺过程中，对辅助过程也要进行设计，比如设备换热介质是选择用蒸汽还是烟道气等。

（2）运用工程成果　对工艺传热、传质设计需要完善相关数据，可通过工程经验予以解决，如加热介质选择及参数、工艺过程可能达到的最苛刻状态等，应在工艺数据包PFD的基础上逐步完善。

（3）运用流程模拟软件　通过流程模拟，打通流程。在模拟过程中会发现问题，有些可以修改，有些需与数据包提供商商定后确定，形成初步的工艺流程。

（4）模拟计算优化工艺　对产品质量、收率等进行工艺优化，合理选择设计变量和参数。当有些工艺过程没有进行流程模拟时，会出现共沸物料、大回流比等，就需要对设计工艺流程进行调整和工艺参数优化。

（5）初步PFD物料平衡表　流程模拟计算后，形成流程草图和物料平衡表，其中应包含流程所需要的全部设备，物料平衡图应留出一定的空间。随着后续工艺方案的优化，会增加一些设备填补。物料平衡表中应包含所有组成发生变化的物流（热量平衡、动量平衡最后体现在PFD图上）。物料平衡表中每股物流应包括其温度、压力、总流量、物料流量、相态（分率）、黏度、体积流量、密度、比热容等物性数据。统一设备图例和管线表达方法、统一设备位号形式，完成单元划分、单元和设备编号等。在设备位号下方编写设备主要参数，详细数据在设备一览表完成后补充标出。

（6）编写工艺流程说明　编制工艺流程过程中会缺少部分设备，此时应补充完善。物料平衡完成后，基本参数已经确定，如物料流量、压力、温度以及物性参数等，接下来进行热量平衡、动量平衡设计。

3. 物料热量平衡计算

主要工艺控制点组成、温度、压力已经确定，根据这些工艺关键控制点选择合适的加热、冷却工质，结合常用工程工质条件优化工艺操作参数，选择合适工质计算出用量。

4. 物料动量平衡（压力平衡）计算

在完成物料平衡、热量平衡计算后，需要进行动量平衡计算。动量平衡是保证物流流动的动力，所有流动的动力就是压差。动量损失通过用泵或者压缩机来补充，一般用电驱动（大型压缩机也可选用蒸汽透平驱动）。

5. 形成工艺 PFD 初版图

经过三个平衡计算工作，主要成果以 PFD 流程图形式表达，PFD 内容和深度应满足后续所有跟工艺有关的数据都能从 PFD 上找到的要求。无论设备数据表还是仪表数据表都是从 PFD 图中获取。

6. 工艺 PFD 初版评审

PFD 完成后，应进行 PFD 初版评审，对整个工艺 PFD 核心内容进行审查。审查通过后，原则上 PFD 流程不会做大的调整，后续工艺包设计工作按照程序和标准、规范开展。评审会除评审专家外，还应包括业主，专利商，工艺包设计、校对、审核人员，以及相关专业人员。

7. 设备设计、计算及编制设备数据表

根据 PFD 开展设备设计和计算，编制设备数据表和设备一览表。依据 PFD 确定的设备功能，开始设备计算和选型，确定设备主要尺寸、形式。一般分为以下几部分：①反应器设计计算；②塔器设计计算；③换热器设计计算；④容器设计计算；⑤压缩机和泵计算；⑥设备数据表。

8. PID 和管道数据表

PID 设计信息量最大，PID 文件形成要考虑前后衔接，前面连接着 PFD 和设备，后面连接着管道、施工、试运行等，PID 是所有参与的化工技术人员都能接触到的文件。

9. 编制管道材料等级索引表

在补充辅助管线和返回调整设备数据表过程中，完成 PFD、设备数据表、PID 设计，在此基础上进行补充和完善管道材料等级索引表。管道材料等级中包含了材料规定，针对管道数据表编制管道器材应用明细。它主要是根据管道系统中温度和压力及物料特性（主要是腐蚀性）来进行分类的。

10. 工艺包评审

工艺包完成后，应进行工艺包评审，重点放在对 PID 和材料选择方面进行评审。评审质量对后续详细设计有直接影响。评审会除评审专家外，还应包括业主，专利商，工艺包设计、校对、审核人员，以及相关专业人员，各专业人员的侧重点有所不同。

第十节　三查四定设计管理

在 EPC 项目总承包过程中，当设计阶段告一段落后，及时开展设计三查四定工作非常重要。对设计过程中存在的重要设计问题、设计安全及工程问题、项目费用以及关键设备性能进行审查都有实际意义。

一、设计三查

设计三查是指查设计漏项、查设计隐患可能引起的工程质量问题、查设计未完工项目。

（1）查设计漏项　要审查与工程现场实际情况对照后的设计变更问题；同类工程运行过程中存在的共性及一般性问题；设备制造过程中存在的修改完善问题；设备采购过程中存在的变更替代问题等。对终版设计图纸进行一次审查，确认是否存在设计漏项，完善设计。

（2）查设计隐患可能引起的工程质量问题　要审查由于设计可能存在的隐患导致的工程质量问题，审查工艺设备及管道安装是否存在隐形错误，对工程质量可能造成的隐患危害程度等，在此基础上进行工程的质量评估或提出消除隐患进行整改的方案。

（3）查设计未完工项目　要审查由于设计遗留问题以及其他原因造成的设计未完工项目，应对照项目完工单逐项检查，确认按照工程施工进度计划应完工而未完工的项目，在此基础上进行完善。

二、设计四定

设计四定是指定最终修改工艺方案、定最终的工艺流程、定修改责任人员、定修改时间。

（1）定最终修改工艺方案　要根据审查的设计问题，确认由被审查设计方提出的最终修改工艺方案，特别是要针对工艺流程图，制定出能够解决问题的，包含相关设备、相关管线在内的工艺实施方案。

（2）定最终的工艺流程　要确认被审查方制定的详细、准确、可行的最终工艺流程（含运行临时管线等流程），以确保在运行投料实施过程中做到万无一失。

（3）定修改责任人员　要根据确定的最终工艺方案或工艺流程确认修改审查责任人员，做到统一修改，一步到位。

（4）定修改时间　要确定具体的完成修改日期和时间表，并统一部署项目现场工程实施。

三、设计三查四定审查原则

（1）设计自查、外查相结合　在内、外审查过程中，不要放过任何疑问，特别是一些看起来的所谓"设计三小"问题，即"小错误、小漏项、小隐患"。这些问题都有可能影响到装置的一次投料试运行。特别强调对工艺设备管道材料等专业的设计共性问题、个性问题、特殊问题、已发生问题等进行严格把关。要求审查人员看病把脉要准确，分析判断要严谨，定性结论要可行。在设计审查过程中，凡影响装置运行、正常生产、安全生产的问题，都应形成一致的修改意见。该增加的务必增加，该减少的务必减少，该修改的务必修改。

（2）设计严格遵循标准程序　内、外审查应依据所在设计单位的设计审查程序、管理办法和作业文件开展审查工作。同时严格参照设计单位各专业所采用的国家标准、行业标准、企业标准开展设计"三查四定"工作，也可参照为本次审查工作特别制定的管理办法开展设计"三查四定"工作。

（3）重点设计审查类别

一是对各专业、各工序存在的设计共性问题、设计遗留问题、设计审查修改方案待定问题以及其他应查而未查出来的问题进行审查。

二是对同类工厂装置运行过程中的设计关键点、重点注意事项，特别是同类企业在装置运行后设计总结完善的措施、设计方案等方面的重要事项进行审查。

三是对试运行前可能涉及的有关国家环保政策、排放标准等方面的许可，以及由于这些许可可能会影响到这套装置不能按时投料的事项进行审查。

第五章
EPC 采购过程控制

第一节　采购控制概述

一、工程采购

工程采购是指 EPC 总承包商在一定的条件下为工程项目、建设项目等，通过支付一定的采购费用，从国内外供应市场采集、采购项目所需要的建筑材料、工程设施、工程设备和材料等的项目活动。工程采购在采购策略、数量、规格、重量、质量标准等方面不同于其他采购，是总承包商项目管理的重要资源和项目目标实现的根本保证。

工程采购是从国内、外资源市场获取总承包资源的过程，也是一种项目经济活动过程。为了从工程资源市场获取项目建设必需的资源，工程采购通过以下步骤实现采购供应链利益的最大化。

① 采购渠道。采购商或总承包商通过全球供应链，通过商品交易、等价交换实现商品所有权的转移，将资源的物质实体从供应商手中转移到自己手中。

② 采购过程。通过运输、储存、包装、装卸、加工等手段实现商品空间位置和时间位置在工程项目中的有机结合。这也是采购的货物流通（物流）的过程。

③ 采购成本。项目采购过程中会发生各种费用，这是工程的采购成本。总承包商为了追求项目经济效益的最大化，会不断降低项目采购成本，以最少的项目采购成本获取最大的总承包项目效益。因此，科学的项目全球供应链采购是实现总承包商经济利益最大化的平台。

二、采购管理控制要素

在采购实施过程中，做好"8＋6 采购管理"（采购综合、采购合同、采购范围、采购资源、采购沟通、采购信息、采购风险、采购变更，以及采购准入、采购预选、采购评审、采购订单、不合格品和采购文档）和"采购四大控制"（采购进度控制、采购质量控制、采购费用控制、采购 HSE 控制)。

采购与设计、采购与施工、采购与试运行及相关方的衔接接口非常重要。充分发挥以设计为主导的采购作用,加强采购过程的控制和管理,为项目后续工作打好基础,提供优质的采购服务产品,是实现项目目标的重要保证。采购管理要素影响程度划分如表 5-1 所示。

表 5-1　采购管理要素影响程度划分

序号	采购控制内容	重要程度	衔接部门	备注
1	采购进度	■	项目部、设计、施工、试运行	采购相关方
2	采购质量	■	项目部、采购、施工、试运行	项目相关方
3	采购费用	■	控制部、采购部	定额采购
4	采购安全	◇	HSE 部	项目相关方
5	采购综合	◇	项目部、采购部、设计部室	
6	采购合同	■	采购部、项目部	业主
7	采购范围	◇	采购部、设计部室	业主
8	采购资源	◇	采购部、人力资源部	供方及采购相关方
9	采购沟通	■	各专业、采购施工试运行	供方及采购相关方
10	采购信息	◇	项目部、信息部	供方及采购相关方
11	采购风险	■	项目部、采购部、控制部	
12	采购变更	◇	项目部、采购施工试运行	业主及采购相关方
13	采购准入	◇	采购部、设计部室	
14	采购预选	■	采购部	
15	采购评审	■	采购部	
16	采购订单	◇	采购部	
17	不合格品	◇	采购部	
18	仓库物资	◇	采购部	
19	采购文档	◇	采购部、文档部门	

注:■—要素重要程度非常高;◇—要素重要程度次高。要素影响程度划分是相对而言的,在一定条件下"次高"可以转化为"非常高"。

三、采购管理 PDCA 循环

采购管理是通过使用科学的采购方法和工具来策划、实施、检查和改进采购过程的效果、效率和适应性。即对采购过程进行策划、对策划计划进行实施、对实施过程进行监测、发现问题进行改进的四部分循环方法,即 PDCA 循环四阶段。

1. 采购过程策划(P)

从采购过程类别出发,识别采购价值创造过程和支持过程,从中确定核心价值创造过程和关键环节支持过程；明确采购过程对象，即采购相关方和采购货物；确定采购过程相关方的要求及采购货物的标准，建立可测量的采购过程绩效目标（即过程质量要求）。基于采购过程的要求，融合项目采购所获得的信息，进行采购过程计划方案优化或重新设计最优的采购计划方案。

2. 采购过程实施（D）

采购人员应尽快熟悉项目全过程采购的优化计划方案，并严格遵循计划方案对采购的具体要求和规定。根据采购市场内、外部环境因素的变化和来自采购相关方的信息，在采购过程方案设计的柔性范围内对采购过程进行及时合规性的优化调整。根据采购过程监测所得到的信息，对采购过程进行有效的控制管理，使得采购的产品输出的关键特性满足设计及总承包合同的要求，使采购过程稳定受控。根据采购策划过程改进的成果，实施改进后的采购策划过程。

3. 采购过程监测（C）

采购过程监测包括采购过程实施中和采购过程实施后的监测，旨在监测采购过程实施是否遵循采购过程方案及采购过程绩效目标。采购过程监测可包括：采购产品过程中的评审、验证和确认；采购生产制造过程中的设备过程检验和试验，设备过程质量审核，为实施采购质量改进而进行的采购过程抽样测量。

4. 采购过程改进（A）

采购过程改进采用"突破性改进"是对现有采购过程的重大变更或用全新的采购过程来取代现有的采购过程（即创新）；而采用"渐进性改进"是对现有采购过程进行的持续性改进。两种改进方法视具体采购过程使用。

第二节　工程采购模式

一、采购模式分析

通常可分为一般采购订单、采购外包和全球供应链战略采购三种模式。

1. 一般采购订单模式

采购人员根据确定的供货协议和条款，以及总承包商的采购货物需求时间计划，以采购包订单的形式向供货方发出供货需求信息，并安排和跟踪整个物流过程，确保物料按时到达总承包商项目现场，以保证总承包商正常的项目建设过程。此模式下常用的降低采购成本的方式有：

（1）集中项目采购包　项目采购量的集中可以提高议价能力，降低单位工程采购成本，这是一种基本的工程采购方式。总承包商建立集中采购管理部门进行集中采购规划和管理，还可以减少工程采购物品的差异性，提高项目采购服务的标准化程度，减少后期项目管理的工作量。因此，坚持项目集中采购方式是总承包经营的基本原则之一。

（2）寻找上游供应商　通过扩大供应商名录选择范围引入更多的供货商竞争来降低采购成本，是非常有效的项目采购方法，不仅可以帮助总承包商寻找到最优的资源，还能保证资源的最大化利用，提升总承包商的项目采购管理能力。

2. 采购外包模式

项目采购外包就是总承包商在聚力自身核心竞争力的同时，将全部或部分的采购业务活动外包给专业的采购服务供应商。采购服务供应商可以通过自身更具专业性的采购分析和市场采购信息捕捉能力，协助总承包商管理人员进行总体采购成本控制，降低采购环节在总承包商运作中的成本支出。由于涉及采购利益分配，一般情况下，总承包商不采用采购外包模式。但实际上采购外包模式有利于总承包商更加专注于自身的核心业务建设。

3. 全球供应链战略采购模式

所谓全球供应链战略采购是一种系统性的、以全球采购数据分析为基础的项目采购方法。全球供应链战略采购模式是充分平衡采购商或总承包商内部和外部的优势，以双赢的项目全球采购目标利益最大化为宗旨，注重发展与全球供应商长期战略合作关系，是一种新形势下的项目采购管理模式。全球战略采购有别于常规采购的思考方法，它与传统项目采购的区别是：前者注重的要素是"最低总成本"，而后者注重的要素是"单一物料的最低采购价格"。简单地说，全球战略采购是以最低总成本建立全球供应链服务供给渠道的过程。一般采购订单模式是以最低采购价格获得当前所需资源的简单交易。

全球供应链战略采购要素主要体现在三个方面的变化：

① 项目采购不仅是设备、机械、电气、仪表的采购，它包含了待采购物料的质量管理、生产管理和设计管理。特别是可以把客户的需求向上游物料生产商延伸，通过全球供应链各环节主体的参与来实现从源头（物料）开始满足客户需求。

② 基于核心能力要素组合的理念，要求全球供应链上的供应商和客户之间进行要素优化组合，建立一种长期的全球战略联盟合作关系，而非简单的买卖交易关系，使供需双方达到战略匹配。

③ 采购不再是货比三家，应该进行全球供应链市场分析，不仅包括产品价格、质量等，还包括产品的行业分析，甚至对宏观经济形势做出预判。它超越了传统的采购分析框架（价格、质量等），需要以战略性的思维进行全球供应商评估、全球供应市场分析和全球供应链整合。

二、战略采购资源整合

战略采购资源整合是将战略采购资源与总承包商目标整合起来的过程。与传统的项目采购不同，战略采购资源整合着眼于总承包商战略发展目标，目的是促进项目采购实践与总承包商竞争优势的统一，转变项目采购在组织中的战略作用。采购资源整合包括：总承包商内部采购部门参与战略计划过程，战略选择是贯穿项目采购和供应链管理的理念，项目采购部门有获取战略信息的渠道，重要的项目采购决策与总承包商的其他战略决策相协调。在采购部门中，制定和执行项目采购战略是非常重要的一项工作。

1. 采购总成本优化

采购成本最优通常被误解为价格最低，一些采购人员或管理者认为只要购买价格低就好，很少考虑采购的物资的使用成本、管理成本和其他无形成本。采购决策依据就是单次购置价格，而采购总体成本实际上并没有得到关注。因此必须着眼于采购总体成本考虑，对整个项目采购流程中所涉及的关键成本环节和其他相关的长期潜在采购成本要进行总体评估。

2. 采购沟通协商

战略采购过程不仅是对手间的谈判，而且应该是一个商业协商的过程。协商的目的不是一味比价、压价，而是基于对采购市场的充分了解和总承包商自身长远规划实现双赢。在这个过程中需要通过采购总体成本分析、第三方服务供应商评估、市场采购调研等，为战略采购协商提供有力的事实和数据信息，从而掌握整个协商的进程和主动权。

3. 采购双赢合作

采购双赢理念要建立在与供应商长期稳定的合作基础上，确立采购双赢的合作基准。在现代全球经济一体化的市场条件下，必须讲求"服务、合作、双赢"的模式，共同成长。

4. 制衡合作机制

总承包商和供应商本身存在一个相互比较、相互选择的过程。双方都有其议价优势，如果对供应商所处行业、业务战略、运作模式、竞争优势、稳定长期经营状况等有充分的了解和认识，就可以帮助总承包商发现机会，在双赢的合作中找到平衡。

总承包商应关注第三方服务供应商相关行业的发展，利用全球供应链来降低采购成本、增强市场竞争力和满足客户的需求，实现战略采购的目的。通过引入竞争机制，利用公开招标中供应商间的博弈，选择符合自身采购成本和利益需求的供应商。通过电子商务方式降低采购处理成本（交通、通信、运输等费用）；通过批量计算合理安排采购频率和批量，降低采购费用和仓储成本。对供应商提供的服务和产品进行"菜单式"购买。需要注意的是供应商提供的任何服务都是有偿的，只不过是通过直接或间接的形式包含在价格中。

三、供应商评价机制及合作方式

1. 供应商评价机制

对供应商进行评价和选择是全球战略采购的重要环节。供应商评价系统包括：供应商认证计划、供应商业绩追踪系统、供应商评价和识别系统。供应商评价指标通常由定价结构、产品质量、技术创新、配送、服务等方面构成。

采用不同的总承包商战略，在选择供应商时所重视的业绩指标也有所不同。如果总承包商战略是技术在行业中领先策略，则供应商现有技术在行业中的领先程度和技术创新能力是首要的评价和选择标准，其次考虑产品质量、定价结构、配送和服务。如果总承包商战略定位于成本最低，定价结构是最为敏感的指标，同时兼顾质量、技术、配送和服务。

总承包商根据评价结果，选出对总承包商战略有直接或潜在贡献能力的目标供应商群。直接贡献能力是指供应商已具有的，在其行业中居领先地位的，与买方企业战略目标相一致的能力。潜在贡献能力是指那些由于供应商缺乏一种或几种资源而暂时不具备的，通过买方投入这些资源就能得到发挥的，对买方战略实现有重要帮助的能力。

2. 供应商合作方式

（1）协同发展型　在选择供应商时，对供应商业绩有所侧重。有时目标供应商的业绩符合总承包商主要标准，而其他方面不能完全符合要求，或有些潜在贡献能力未得到发挥，总承包商就要做一系列的努力，帮助供应商提高业绩。

（2）长期紧密型　战略采购使买方-卖方的交易关系长期化、合作化。这是因为战略采购对供应商的态度和交易关系的预期与一般采购不同。

（3）交易双赢型　总承包商和供应商致力于发展一种长期合作、双赢的交易关系。因此存在如下关联：

① 供应商是总承包商的延伸部分；

② 供需双方关系必须持久；

③ 供需双方不仅应着眼于当前交易，也重视以后合作。

总承包商一般会减少供应商的数量，向同一供应商增加订货数量和种类，使供应商取得规模效应，节约成本。并和供应商签订长期合同，使其不必卷入消极的市场竞争中，获得资源更高效的利用。在这种长期合作的交易关系中，供应商对总承包商有相应的回报：

① 供应商对总承包商的订单要求作出快速的反应；

② 供应商有强烈的忠诚于总承包商的意识；

③ 供应商愿意尽其所能满足总承包商的要求；

④ 供应商运用其知识和技术，参与总承包商产品的设计过程。

建立长期合作交易关系还要求双方信息高度共享，包括成本结构等敏感的信息的交流，以保证双方长期合作中的互信，真正实现双赢的采购供需关系。

第三节　采购启动过程

采购过程通常分为五个过程，即采购启动过程、采购策划过程、采购实施过程、采购控制过程和采购收尾过程。

一、概述

采购启动过程与项目启动过程既有相同的地方，也有不同的地方。采购经理确定和采购团队成立在项目启动时基本已经完成。项目启动过程理论上代表了项目及采购过程启动。实际上项目启动与采购启动之间有一定的相互关联，主要体现在次序关系上。项目启动是采购启动的条件，只有项目启动后，相应的项目阶段也启动，在具备条件的前提下，采购过程才能启动，否则会存在采购窝工和资源配置不合理的现象。

项目启动后，紧接着会启动设计过程，然后采购部门就开始介入，对项目实施计划和设计实施计划过程予以配合，同时也能为采购启动做好准备工作。

采购启动的标志是项目实施计划正式发布、设计启动开始、采购人员到位和相关准备工作完成。

二、采购启动

采购启动是指项目的采购过程开始。采购启动主要的目的是为了获取对采购的授权。采购启动过程是由项目部中的采购团队和采购相关方共同参与的过程。在采购启动阶段的主要任务包括：

1. 采购资源投入

采购启动是采购实施计划执行的第一阶段。一旦采购启动，意味着项目建设全面启动，项目资金投入会大量增加，所以说采购启动是项目管理的一个重要资金投入标志。

采购启动过程需要明确：采购目标、采购计划、采购输入条件和输出成果、采购资源需求分析等。比如采购输入条件有：设备材料的主要技术参数和规格、数量、资金计划、采购模式及策略、采购人工时等。这些前提和条件基本具备后，采购计划和实施才会按预定的程序进行。

采购资源需求分析是根据项目合同分解和设计方案目标要求，确定项目所需要的各种资源类型、数量和费用。采购资源需求分析是采购成功不可缺的工作环节。采购的每项活动都要考虑所需要的采购资源投入（如设备材料采购资金等）以及其他特殊的采购成本资源。

2. 采购计划制定

① 项目合同对采购的需求以及业主要求；

② 设计对采购的接口要求和采购配合设计的需求；

③ 采购计划合理性分析，采购需要解决的问题；

④ 采购范围初步说明；

⑤ 采购分期分批可交付成果；

⑥ 预计采购的持续时间及所需要的各种相关资源；

⑦ 项目及相关方管理者在采购中的角色和义务。

第四节　采购策划过程

一、概述

采购策划是采购启动后紧接着做的一项工作。由采购经理负责组织采购工程师及相关人员对项目采购工作进行全面计划及采购策略策划。策划结果要形成采购实施计划，为下一步采购实施奠定基础，并指导采购团队有序开展项目采购各项工作。

采购策划要将 EPC 项目总承包合同以及相关的法律法规、业主对总承包项目的具体要求、总承包商批准的项目管理计划以及项目经理发布的项目实施计划、设计实施计划和设计对采购工作的具体接口要求和特殊要求等作为输入条件。确定这些输入条件后，才能对项目采购进行全面策划。

采购策划重点应对合同项目主要项目内容、项目范围和工序装置进行研究和分析；对合同采购目标进行分解，制定采购总体目标及采购路径和策略；确定采购的基本原则和指导思想，对采购范围和采购工作内容进行细化和分解；对涉及的采购费用、支付方式、采购进度和质量进行策划；对存在的采购风险进行识别、分析，并研究对策；最后将采购策划过程的内容和成果形成采购计划和采购实施计划。

采购策划过程的任务在于将采购策划输入条件转化为采购策划输出成果。策划转化的输入条件是项目合同的内容和项目实施计划中的各种资源，特别是采购资源，通常包括人、资金、制度、标准、HSE 等。采购策划的期望值是为了获得采购利益最大化和采购工作的增值。采购经理对采购策划过程进行全过程把关，建立好采购过程绩效测量指标和采购过程实施程序管理控制方法，并持续改进和创新采购过程目标管理。

二、采购原则策划

1. 采购质量保证原则

采购设备、材料的技术标准和质量标准必须满足设计及国家有关标准、规范要求，同时也不能明显高于设计要求的材料标准，以免造成设备、材料费用的增加以及维修保养费用的增加。若需要变更采购设备、材料的规格标准，应经审批后才能变更。

2. 采购安全保证原则

采购的设备、材料以及采购过程必须符合项目建设所在地的相关安全标准，保证操作安全、操作人员的人身安全，防止设备、材料的缺陷导致项目投资方的财产破坏和损失。在设备、货物运输的过程中，要选择可靠的运输公司、可行的运输线路、可靠的运输方案和安全的技术措施，确保采购设备及货物安全抵达项目施工现场。

3. 采购国产化原则

按照总承包合同规定的进口范围进口设备和材料，并按照国家法律法规和制度开展进口设备、材料的公开招标，确保设备及货物能够顺利通关和使项目投资方享受相关免税利益。

4. 采购分包原则

设备和材料的采购分包应通过招标确定。选择适宜的合格供货厂商投标，减少供货厂商采购转包。采购包的大小应以满足项目交货周期的要求为度，防止采购包过大带来的采购进度风险，或采购包过小引起采购成本增加，便于国内和国外采购，有利于采购产品的性能考核。随主机配套的辅助设备和材料应尽可能随主机作为一个采购包进行采购，减少关联影响，有利于采购分包和采购成本的控制。

5. 适地采购原则

在满足采购设备、材料的技术和质量要求的前提下，采购地要合适，尽可能靠近建设项目现场，节省采购货物运输及管理费用，便于供货商在项目施工、安装、运行期间及时提供技术服务。

6. 适量采购原则

严格按照采购请购单批准的请购数量进行采购，严格控制采购裕量。同时要求设备、材料的到货数量与施工安装进度要求配套，满足施工安装作业要求。

7. 适价采购原则

采购价格应严格控制在批准的采购预算范围内。不可过分压低供货商设备材料价格，以免使供货商货物质量和进度无法保证，使供货商有合理的利润空间，但也要保证总承包商的合理成本，做到双方互利互惠。

三、采购策划

这里通过某化肥企业建设项目案例说明采购策划的过程。

1. 项目概述

某 EPC 项目，总承包商承建一套日产 2000t 合成氨装置及日产 1725t 尿素装置工厂，其工厂界区内的全部内容为总承包工作范围。项目以天然气为原料，合成氨工艺采用 KBR 工艺，尿素生产采用东洋工程公司工艺，成品尿素用皮带送包装楼包装后通过汽车外运。天然气由业主送至界区线；20kV 供电外线由分包商从接入点接入；工厂用水由分包商从接入点接入。

2. 采购范围策划

将项目合同中确定的项目所需的全部或部分设备材料，按工艺生产装置、辅助生产设施、公用工程设施、厂外工程和服务设施的顺序划分，并以附件的形式给出采购分包表。在 EPC 总承包范围内，确定采购范围为：合同界区范围内的工艺装置——合成氨装置、尿素装置，公用工程装置，合同界区外由合同明确规定的装置。设备和材料的采购包应在附件中列出。

采购的设备可分为专利设备、关键设备、非关键设备和其他设备，不含两年运行备件。总承包合同有专门规定，本土化采购比例不得低于项目设计、采购和施工总值的 35%。本土化采购比例的计算基数是设计、采购和施工的总值，因此，货物采购的本土化比例要服从项目整体采购计划安排。

3. 采购目标策划

采购费用目标：设备和材料采购总费用不超过总承包项目设备和材料总控制指标范围。

采购质量目标应满足总承包商质量管理体系规定的要求。指标如下：

采购成品验收一次合格率	≥95%
采购成品交货率	≥92%

4. 采购费用策划

采购费用控制是总承包费用控制的关键目标要求。对采购提出费用控制目标并进行严格分解，必须按项目费用控制目标分解指标进行有效控制，并按采购费用审批程序进行批准。采购合同签订前需经项目经理审批，按询价厂商报价评审的有关规定执行。当采购包的合同额大于 200 万人民币或设备和材料存在采购风险时，需报项目主管审批。

5. 采购质量策划

采购货物质量是采购过程中的关键环节，应严格按照采购质量控制程序执行，把好采购产品质量关。对采购不合格品产品应做好记录与标识。对在到货现场验收时发现的不合格品，由开箱检验人员在采购产品开箱检验记录表中予以记录，并填写采购产品问题处理情况表，在不合格品上做出标识。对在施工、试运行和质保期内发现的不合格品，由相关方责任工程师在采购产品问题处理情况表中予以记录，并在不合格品上做出标识。

采购经理应根据不合格品的信息，组织开箱检验人员，必要时应邀请设计工程师及相关人员对不合格品进行评审和确认，并与供货商联络确定处理方案。采购经理在采购产品问题处理情况表中填写评审结论和处理方式。当不合格品的处理方案对项目进度、费用产生重大影响时，需报项目经理审批，必要时报用户批准。

6. 采购 HSE 策划

在选择供货厂商时应当优先选择已经获得有效 HSE 管理体系认证证书的合格厂商。采购经理在进行询价厂商报价综合评审时，在同等条件下，应将已经获得有效 HSE 管理体系认证证书的合格厂商排序在前。采购经理和采买、催交、检验人员到制造厂执行催交、检验和协调工作时，应遵守制造厂 HSE 管理规定，确保职业健康安全。

四、采购货物交付策划

货物设备和材料的输运方式以及到货港及最终交货地点是货物交付的重点。物流工程师应提前了解货物交付的项目地点，运输方案及方式，特别对出境货物所在国的物流条件、政策、风险及运输方式等要有全面的掌握。对难以满足 FOB 条件时，应在询价前报告采购经理，以便调整询价策略。在询价或合同谈判时，应从费用或/和进度方面考虑均对项目有利的情况货物交付方式和交货港/交货地点。境外采购货物 FOB 交付港口地点如表 5-2 所示。

表 5-2　境外采购货物 FOB 交付港口地点

区域	国家	FOB 交货港
亚洲 （Asia）	中国（China）	上海港，厦门港
	日本（Japan）	在物流合同签订后确定
	韩国（Korea）	在物流合同签订后确定
	印度（India）	在物流合同签订后确定
欧洲 （Europe）	德国（Germany）	在物流合同签订后确定
	法国（France）	在物流合同签订后确定
	意大利（Italy）	在物流合同签订后确定
	西班牙（Spain）	在物流合同签订后确定
	丹麦（Denmark）	在物流合同签订后确定

区域	国家	FOB 交货港
欧洲 （Europe）	荷兰（Netherlands）	在物流合同签订后确定
	奥地利（Austria）	在物流合同签订后确定
	英国（UK）	在物流合同签订后确定
北美洲 （North America）	美国（USA）	在物流合同签订后确定
	加拿大（Canada）	在物流合同签订后确定
大洋洲（Oceania）	澳大利亚（Australia）	在物流合同签订后确定

当采购合同选择 FOB 运输方式时，采买工程师可参照表 5-2 与供货厂商约定 FOB 交货港；当供货厂商要求的 FOB 交货港口与表中主要 FOB 交货港口不同时，应在货物交付策划中充分考虑和确认。

五、采购支付策划

采购合同可以分为境内合同和境外合同两种形式。

1. 境内合同

一般中国境内供货采用人民币结算的合同形式。其中包括：

（1）预付款　合同总价的 10% 作为预付款，合同生效后 30 天内电汇支付。

（2）交货款　收到供货厂商货物、资料和全额增值税发票后 60 天内电汇支付合同总价的 70%。

（3）机械竣工款　合同装置机械竣工，或货物到现场开箱验收合格后 ×× 个月，以先到为准，且买方在收到供货厂商相关文件并经审核无误后 60 天内，向供货厂商支付合同总价的 10%。

（4）质保金　合同总价的 10% 作为质保金，在质保期满后 30 天内电汇支付。

2. 境外合同

一般中国境外供货采用外币结算的合同形式。其中包括：

（1）预付款　合同总价的 10% 作为预付款，合同生效后 30 天内电汇支付。同时要求供货厂商提供合同总价 10% 金额的预付款保函作为预付款付款条件之一，预付款保函在交货后 1 个月后失效。

（2）交货款　买方在装船之前 ×× 天内开出 90% 即期信用证。信用证的交单时间不得超过 21 天。

（3）质量保函/履约保函　要求供货厂商在申请预付款时，提供合同总价 10% 金额的质量保函/履约保函作为付款条件之一，质量保函/履约保函在质保期满一个月后失效。

六、供货厂商策划

预选询价厂商数量应在 3 家及以上，专有设备、材料和关键设备、材料供货厂商可以作为特例处理。在编制采购分包表时，应根据总承包商合格厂商名单数据库推荐 3~5 家有实力的供货厂商作为询价厂商。

预选的供货厂商即可以从总承包商合格厂商名单数据库和经业主推荐和批准的新增供货厂商申请目录中选择。

第五节　采购实施过程

一、采购实施计划

1. 实施计划内容

EPC 总承包商在项目设备和材料采购策划的基础上，将采购过程中所有涉及的采购内容进行编制，形成采购实施计划。

采购实施计划是依据总承包商与业主签订的合同要求、总承包商项目经理发布的项目实施计划以及项目部内部关于采购过程中的一系列规定和项目采购策划规定进行编制的，是采购策划的结果，可以作为项目采购的工作指南。

采购实施计划规定了采购目标（包括采购进度、质量、费用和 HSE 目标）、采购原则、采购范围、采购策略、采购程序流程、采购过程管理和控制、采购文件、采购资料、采购文件编号、采购组织和人员职责、其他说明等。

2. 实施计划大纲

采购实施计划大纲内容如表 5-3 所示。

表 5-3　采购实施计划大纲

序号	主要内容	说明	备注
1	概述	采购策划	
2	采购编制依据	采购输入	
3	采购目标	采购输入	
4	采购原则及采购分工	采购输入	
5	采购进度管理		
6	采购质量管理	采购实施	
7	采购费用管理	采购实施	
8	采购 HSE 管理	采购实施	

序号	主要内容	说明	备注
9	采购文件管理	采购管理	
10	采购文件编号规定	采购管理	
11	采购组织机构、人员和职责	采购资源	
12	采购人工时估算	采购资源	
13	采购风险说明和对策	采购风险	
14	附件	技术文件支持	

二、采购实施程序设置

1. 采购标准、规范选择

采购实施过程应严格按照采购实施程序和采购过程控制标准要求控制采购活动。采购活动中应遵循的各项标准和规定包括但不限于以下标准和规定：供货厂商的推荐、考察、评定及批准文件，总承包商合格厂商名录数据库，总承包商不合格厂商名录数据库，采购产品采买规定、框架协议，采购管理规定，询价合格厂商的选择和推荐文件，采购开标管理规定，询价厂商报价的技术评审规定，询价厂商报价的商务评审规定，询价厂商报价综合评审规定，供货商支付管理规定，货物交付地点管理规定，采购产品验证规定，采购产品物流管理规定，施工现场仓库管理规定，项目剩余物资处置规定等。

2. 采购程序设置内容

总承包商将所有这些采购过程中要遵循的标准规范融入采购实施程序中，用于指导采购工程师开展采购工作。采购实施程序设置内容见表 5-4 所示。

表 5-4　采购实施程序设置内容

序号	程序内容描述	备注
1	采购目的描述	
2	适用采购范围	程序说明模块
3	采购工作职责	
4	采购组织及接口	
5	采购工作程序	采购工作程序模块
6	采购实施程序控制及监测	采购过程监控记录模块
7	采购支持文件	采购支持文件模块

为了有效对采购实施过程进行管理，在采购实施程序中还应该设置有效的控制管理程序。其控制的目的是为了确保采购实施过程能够满足合同要求、满足法律法

规和标准规范要求、满足项目实施计划要求。一旦采购实施过程中发生偏离程序和规范的行为和活动时，可以及时予以纠正和调整，使整个采购过程平稳可控。

3. 采购实施程序模块

采购实施程序可以用管理模块进行表示。模块中包含了采购实施程序设置说明、采购工作程序、采购实施控制及监测等。采购实施程序设置说明主要对采购目的、采购原则、采购策略、采购资源配置、采购组织架构、人员职责予以描述和界定。采购工作程序是采购实施程序的重点，对采购策划后按采购实施计划开展的采购活动进行规定，规范采购人员有序开展采购活动的行为；确保采购输入条件规范、完整、及时和准确；确保采购输出符合标准规范，符合采购合同要求和质量进度要求。

采购实施程序模块如图 5-1 所示。

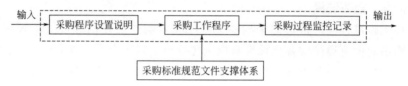

图 5-1　采购实施程序模块示意图

4. 采购实施程序流程

采购实施程序流程由采购程序设置说明、采购工作程序、采购实施控制及监测和采购文件支持系统组成。采购文件支持系统主要包括质量体系文件，设计、采购、施工及试运行管理体系文件，国家行业标准规范等。采购实施控制及监测程序是对采购全过程进行监控管理和质量记录，留下痕迹，便于追溯。

采购实施程序流程如图 5-2 所示。

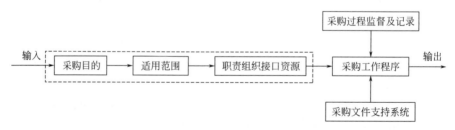

图 5-2　采购实施程序流程示意图

三、采购工作程序

一般情况下，采购工作程序由下面的采购活动步骤组成。

（1）采买

① 建立合格供货厂商名录数据库。

② 选择合格供货厂商。

③ 编制采购询价文件及发出。

④ 评审报价文件。

⑤ 确定供货商。

⑥ 签订供货合同。

（2）催交监制

（3）检验和验证

（4）包装和运输

（5）现场验收

（6）现场移交

（7）仓库管理

（8）不合格项处理

采购工作程序流程如图 5-3 所示。

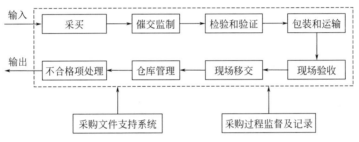

图 5-3　采购工作程序流程示意图

四、采购工作程序说明

1. 采买

从采购策划后选择供货厂商开始到采购合同签订的一系列活动统称采买。

（1）建立合格供货厂商名录数据库　建立合格供货厂商名录数据库是总承包商需要做的一项重要的采购业务专业基础工作，需要总承包商内部相关部门予以配合。合格供货厂商的建立是通过推荐、考察、评定及批准等一系列的程序和管理办法来确定的，最终形成总承包商合格厂商名录数据库、总承包商不合格厂商名录数据库。

考察方式一般采用实地考察和书面调查相结合，通过对以往用户使用合格供货厂商产品情况的调查，掌握供货厂商的产品性能和服务状况，其中关键设备和材料还需要进行实地考察。对境外合格供货厂商的调查一般也采用书面调查和用户使用情况调查。

（2）合格供货厂商预选和推荐　采购预选和推荐的合格供货厂商应从总承包商

合格供货厂商名录数据库，以及在 EPC 工程总承包合同签订时就已经业主推荐和批准的新增合格供货厂商名录中选择。合格供货厂商的预选和推荐应遵循总承包商的相关规定和原则。

（3）编制采购询价招标文件　采购询价文件分为两部分，即采购技术部分和采购商务部分。两部分内容应分别按照采购询价文件编制规定进行编制。

① 采购技术部分内容　一般包括：供货范围、技术要求和说明、工程标准、图纸、数据表、检验要求、供货厂商提供文件的要求、采购分包表等。

技术文件应有合格分供商名单、检验与试验计划（ITP）文件。其中，设计工程师负责审查 ITP 文件检验项目，监制工程师负责审查 ITP 文件检验点设置。设计工程师应编制厂商资料要求，其中包含特殊工具清单、消耗品清单、开机及试运行备品备件清单、两年运行备品备件清单。

技术文件应包括供货产品制造进度月报告，其中进度月报告由监制工程师审查。采购技术部分内容由设计经理组织相关设计工程师完成。

② 采购商务部分内容　一般包括：报价须知、采购合同基本条款、询价书等内容。商务文件由采购经理组织采购相关人员编制。应注意技术和商务的一致性和完整性，编制人员对技术文件部分不得自行修改。

（4）投标商预选及发出招标书　对关键设备，询价技术文件完成后须提交业主审查确认，才能正式向询价厂商发出询价。当业主审查影响到采购进度时，设计工程师应及时告知采购经理和项目经理，在获得许可时，可先行发出询价；对非关键设备，询价技术文件虽需提供给业主，但无须得到业主确认。

预选 3 家及以上合格供货厂商作为询价厂商，经报批后向他们发出询价文件。

（5）标书开标及文件评审

① 合格供货厂商投标报价文件的开标和评标工作应遵循总承包商的相关规定，开标和评审的相关人员的选择应遵循投标文件开标和评审的相关规定。投标书一般分为三部分进行独立评审，即技术评审、商务评审和综合部分评审。

② 在投标报价文件评审过程中，对标书报价有疑问或不明确的地方，相关设计工程师或采买工程师应及时与投标报价厂商进行相关技术内容和商务内容的澄清。投标报价厂商应以书面形式确认澄清结论，并作为投标报价文件的补充。

③ 一般评标方法可采用"经评审的最低报价法"对投标报价进行评审；对需采用"打分综合评审法"的采购包，由采购经理提请项目经理批准后实施。

④ 投标书技术评审。按询价文件的技术招标文件要求，对投标商的投标文件技术部分是否符合招标技术要求进行评审，评审结果应填入技术评审表。

主要包括：设备和材料规格、性能能否满足要求，技术文件是否齐全，可接受或不可接受等内容。

⑤ 业主审查。对关键设备，在合同签订前，报价技术评审表需提供给业主。

仅提供总承包商拟推荐中标的供货商，并同时提供该供货商的报价技术文件。对非关键设备，可按正常流程签订合同，但在相应的阶段须将询价技术文件和合同技术附件提供给业主。

⑥ 投标书商务评审。对可接受的合格供货厂商进行商务评审，按询价文件的商务招标文件要求，对投标商的投标文件商务部分是否符合招标商务要求进行评审，评审结果应填入商务评审表。

主要包括：价格，交货期、地点和方式；保质期，货款支付方式和条件；检验、包装、运输能否满足规定的要求；优先推荐、推荐或不推荐。

⑦ 综合评审。由采购经理在投标书技术评审和商务评审的基础上组织综合评审，并填表，排序报项目经理审批。单台（包）大于 100 万元或认为有风险的采购，应按总承包商项目管理的程序，报相关领导审查批准。

（6）投标商确定和签订合同　在合格供货厂商投标书评审的基础上，对评审结果排序第一和第二的投标商进行合同谈判。采购合同谈判和采购合同文件编制应按照总承包商质量管理体系和项目管理体系的相关规定执行。投标书的技术和商务部分的内容应通过合同的形式确定下来，合同的起草应按相关的合同编制规定进行准备，技术和商务部分分别由相关设计工程师和采购工程师签署确认，合同内容的重大变更需报项目经理批准。

（7）供货厂商协调会　在采购合同洽谈过程中，必要时需召开供货商协调会，通过相关方人员参加会议讨论协商的形式，进一步明确和落实采购设备和材料的技术和商务事项。供货厂商协调会由采购经理组织召开，协调会会议纪要及双方书面确认的事项作为采购合同附件或直接纳入采购合同。在项目采购初步计划中，对大型压缩机组等关键设备和重要采购包，应召开相关的供货厂商协调会。

2. 催交监制

（1）采购合同生效　总承包商采购部门完成采买后，总承包商与中标的投标商签定货物供货合同并正式生效，此时，投标商（制造厂商）开始准备制作设备等货物。总承包商采购部门开始进入催交监制阶段，其中对采购合同中的关键长周期设备的制造周期应进行重点监制和催交。

（2）催交监制启动　应按照总承包商的相关管理规定和制度开展工作。采购产品的催交工作由监制工程师执行。必要时，相关方的采买工程师等应进行配合催交工作。对关键大型设备及长周期制造设备的重要控制点是催交和监制的重点，应对设备设计、原材料采购、制造工艺、零部件组装、设备试验、第三方检验、包装和运输等进行全程监督和控制。

（3）编制催交计划　总承包商采购部门相关方应根据总承包项目及装置总体控制网络计划编制催交计划，并通过多种方式对制造商（中标合格供货厂商）的文件、货物进行催交。催交的核心在于预测关键设备制造周期中的关键制造点是否延期。若制造关键点可能延期时，须检查采取的补救措施是否能够保证关键制造点按期执行，而不仅仅是报告关键设备制造点的延期问题。从签订采购合同开始，到货物运抵现场交接结束，其间所发生的所有影响设备交货进度的问题，均应做到有预控方案和补救措施，以保证采购催交工作的圆满完成。

（4）资金计划　在催交过程中，除了掌握设备的制造计划进展情况外，还应掌握和了解制造厂商原材料的采购进展情况、外协件和配套辅机的采购进展情况，还应密切关注制造厂商的资金运行状况。对制造厂商提出由总承包商垫付资金的请求而总承包商又无法垫付的特殊情况，可能会影响到设备制造进度时，应及时按照采购控制程序的规定通报相关方，并谋求解决措施。

（5）催交报告　制造厂商应按照采购合同的相关规定条款和总承包商对设备制造催交报告制度的要求，按周或旬向总承包商的采购部门通报设备的制造进展和交货信息。

（6）监制清单和计划　制造厂商应按采购合同的相关条款与总承包商采购部门商定监制设备清单，并向总承包商采购部门提交设备监制计划、执行标准、监制方案和监制管理规定。制造厂商对设备的质量负责，及时处理设备制造质量问题并及时向总承包商通报。

（7）供货厂商资料清单　制造厂商应按采购合同的相关条款与总承包商设计部门商定分期提供的相关设计图纸、资料和设计数据，以保证总承包商开展相关设计工作所需要的供货厂商设备的数据参数，作为总承包商设计的基础设计资料。如设备的 ACF 图及确定的相关数据，作为总承包商相关专业的设计前置条件；随着制造厂商设计和制造的深入，进一步提供 CF 图及相关数据，进行最终的确定。

3. 检验和验证

（1）验证责任人　一般采购产品的检验工作由监制工程师负责。对重要性等级为 C1 及 C2 的采购包或当项目有特别要求时，可由总承包商相关设计工程师配合参与检验工作。监制工程师应定期向采购经理报告采购产品的状态，重点控制供货厂商文件资料的催交和审查进度，做好供货厂商文件资料的登记和归档。

（2）验证计划　相关方专业设计工程师在编制采购设备分包表时，应提供设备、材料重要性等级。监制工程师应根据设备材料重要性等级及采购包特点制定催交和检验原则，确定检验等级标准及采购产品的检验计划里程碑，编制采购产品催交计划和采购产品检验计划。在采购产品检验计划实施过程中，通过中间检验报告、最终检验报告、事故报告、不符合报告、放行单等文件证实其检验活动，确保出厂前采购的货物质量。

（3）验证方式　一般采购产品的检验和验证可以分为三类方式：供货厂商车间验证、到货现场验证、第三方检验。

对关键设备、制造周期长的大型设备，一般在供货厂商车间进行验证，包括进厂材料、焊接性能评定材料、元素分析等。采用必要的手段和仪器进行检验、测量、察看，查验文件资料和记录。

（4）第三方检验　采用第三方检验单位进行采购产品检验工作是非常必要的，是进一步确保采购产品出厂质量的措施之一，也是一种充分利用专业的社会资源的重要手段。根据采购产品检验的需求和检验工作的重要程度，总承包商可委托有资质的第三方检验单位进行产品验证，并由第三方检验单位提交产品检验报告。在进行第三方检验工作时，也可邀请制造厂商共同参加检验和验证。

（5）关键设备验证　对大型压缩机组等关键设备的验证应予以高度重视，应在审查ITP时加强监制，并跟踪制造进度。对其辅助设备的检验和验证也应在合同技术附件中规定。比如大型压缩机组的油站应在制造厂商工厂内进行清洗后才能出厂，这就要求在技术附件中给予明确，并见证油站清洗工作，协助检验。所有大型采购产品应经监制工程师及第三方检验机构签发检验放行单方可出厂。

（6）出口货物检验和验证　对某些出口设备的检验验证工作应符合项目建设所在国的法律法规要求，在采购产品装船前应按照所在国认定的装船前检验货物名录规定的设备和材料进行符合法规性检验并出具相关方的验证单据和文件。装船前的检验和验证计划应提前至少一个月的时间通知业主，首次装船前的检验、验证尽可能提前两个月时间通知业主。装船前的检验、验证由总承包商采购部门相关方责任工程师发出申请和通知，并与检验机构联系执行检验，完成相关验证手续。

4. 包装和运输

（1）物流责任人　一般采购产品的包装、运输由物流工程师负责。对关键、超限和有危险性设备和材料的运输有特别要求时，可由总承包商相关专业工程师配合参与包装运输工作。物流工程师应就关键、超限和有危险性设备和材料的运输状态向采购经理报告，重点关注运输进度和安全。物流单据由物流工程师归档和移交。物流工程师应检查物流单据的完整性和一致性，采买工程师和监制工程师应予以相应的配合。

（2）编制物流计划　设备和材料是项目建设最基本的资源，物流管理是保证项目资源能够顺利到达项目现场的重要环节，具有举足轻重的作用。总承包商应建立由项目经理负责，相关经理以及相关工程师协调管理的机制，对项目物流管理运行发挥核心作用，加强物流运行全过程的监督、协调、服务和控制职能。

总承包商在EPC合同签订后的项目启动、采购策划过程进行中就应准备编制物流计划，说明项目建设当地的运输条件（铁路、公路）、贮运条件、现场加工和贮运条件（临时设施）。

物流计划中应包括：物流范围，物流实施方案（应包括运输线路勘察，运输方式的确定），项目货物包装、运输的统一规定，超限设备的运输方案，物流实施计划，超限设备运输单位的审查与确定，超限设备包装、装运、运输的跟踪与控制，进口设备和材料的运输及清关支持，设备和材料现场的接收、验收、仓储及发放等。应明确所有设备和材料采购包的包装种类、交货批次、保管方式。

（3）物流管理规定　物流工程师应编制供询价、合同使用的包装及运输规定，经业主审批后使用。物流工程师应在包装、运输规定中详细规定各种运输途径下的超限标准。对于重要、关键的货物或须考虑贮存条件的货物，在采购合同中应规定供货商的包装方案，需经总承包商确认后方可使用。

供货商负责包装和运输，并明确要求供货厂商选择有资质的运输单位承担超限和有危险性的设备和材料运输时，要由供货商和运输单位提供货运方案，由总承包商和业主进行审查和批准。进口货物要考虑交货方式：FOB（装运港船上交货）或 DES（目的港船上交货）。

（4）物流运输方式　境外采购货物一般采用海运运输至项目所在国港口或空运至项目所在国机场，再采用汽车运输或驳船运输方式运至项目现场。在项目所在国当地采购货物，通常采用陆路运输和水路运输相结合的方式运至项目现场。物流工程师应负责编制需提交给业主的物流程序文件和相关方物流文件。

（5）大件货物运输方案　对超限或特殊设备和材料，应在采购合同或物流代理合同中要求供货厂商或物流代理公司提交货物运输方案。根据进度计划，物流工程师应提前组织供货厂商或物流代理公司确定大件货物的运输方案，组织设计工程师或施工工程师审查运输方案的可行性、可靠性和安全性。大件运输方案经总承包商和业主审查后方可实施。必要时，采购经理将安排物流工程师全程监督运输过程。

（6）海外货物运输　总承包商应将项目所在国境外采购与所在国当地采购等情况进行比较，其中在项目所在国境外采购中又应将中国境内采购和中国境外采购情况进行比较，择优选择。为提前安排物流工作并使上下游工作衔接顺畅，物流工程师应编制采购产品物流计划。根据物流计划，物流工程师应跟踪并更新物流的实际状态。

（7）境外货物码头二次装卸货　境外采购的货物，凡不能通过项目所在国内陆运输一次运抵项目工地的，可能会采用二次船运方式运至项目工地附近的码头后卸货，然后再运至项目工地。码头卸货由物流工程师组织物流代理公司执行。在大件货物运抵项目工地附近码头前，应将驳船上货物的摆放方案提前通知物流经理和仓库主管，以便安排现场接收。物流工程师应根据码头设计方案和项目货物信息策划码头卸货方案。当码头卸货方案不能满足卸货要求或项目进度要求时，应提出修改意见和修改方案。

（8）货物运输保险　货物保险索赔由物流工程师协助总承包商保险联络人处理。总承包商应统一办理货物的运输保险，选择合适的运输方式，以便控制运输费用。一般总承包商项目所有货物的运输保险由总承包项目方统一购买"仓至仓"的货物运输险。

（9）免税清单　免税清单是货物出口国清关和办理免税的重要文件，经出口国政府部门批准的总清单之外的货物不能享受免税政策。总清单需提前 6 个月准备完毕，以便获得当地海关的批准。清关时，必须保证物流单据上货物名称与总清单上的货物名称一致。总承包商在编制总清单时，务必保证总清单中设备和材料的名称、采购合同、设备和材料的图纸及铭牌等标识性文件中的设备和材料名称保持一致，以免由于货物名称不相符而造成无法办理该货物免税的情况。

（10）进口货物清关办理 收货人为业主，总承包商应协助业主办理货物的清关。清关时可能发生的税费有：进口关税、进口增值税和代扣所得税。经项目所在国政府部门批准的总清单中所列货物的费用收取一般按以下原则支付：

① 进口关税 由总承包商承担，以申报货值为计算基础，比例按照项目所在国关税税则确定。

② 进口增值税 由总承包商垫付，由业主偿付，缴费比例为申报货值和进口关税总和的 10%。

③ 代扣所得税 由总承包商垫付，由业主偿付。缴费比例为申报货值和进口关税总和的 2.5%。

上述费用均需由总承包商在清关时缴纳，由项目资金垫付。进口增值税垫付后，业主至少需要几个月时间才能偿付给总承包商。代扣所得税则要等业主完成退税后双方进行核算。总承包商采购范围内的货物应尽量列入总清单，以便办理减免税。应特别关注项目所在国的免税优惠政策，总承包商相关人员应在合同签订前及执行过程中保持与相关方协调和处理此类事宜。

（11）物流运输文件管理 编制物流文件管理程序，有效协调、监督和控制货物从供货厂商出厂到安全地送至施工现场所涉及的各项工作资料，包括包装、运输、清关、装卸、中间吊装、仓储等各个环节的工作文件。应特别注意进口设备和材料的清关文件准备工作所需的文件材料，确保相关方的利益得到维护。

5. 现场验收

通过选择可靠的运输公司、可行的运输线路和落实的运输方案，确保货物能够准时、安全到达施工现场，抵达现场的货物应按规定进行开箱现场验收。现场验收相关责任人应组织专门的开箱检验组进行开箱检验。开箱检验应有规定的有关责任方代表在场，填写检验记录，并经有关参检人员签字确认。相关方人员必须严格执行国家有关法律、法规，依据采购合同规定，对设备、材料进行开箱检查。主要检查产品的外观质量、型号、数量，随机资料和质量证明材料等。检查人员应填写设备和材料开箱记录表，对所存在的问题，如漏、缺、损、残等不合格项进行记录和标识，并办理相关手续。

6. 现场移交

经开箱检验合格的设备、材料，在资料、证明文件、检验记录齐全，具备规定的移交条件时，应办理现场移交手续和合格设备、材料入库申请。经仓库管理人员验收后，填写入库单并办理入库手续。仓库管理人员应对设备、材料进行准确统计、有序保管、及时跟踪。

7. 仓库管理

在施工现场应设置设备、材料仓库以及相关仓库管理人员，在采购经理领导下负责仓库作业活动和仓库管理。仓库管理工作主要包括设备、材料等物资保管，技术档案、单据、账目管理，设备、材料仓库的安全及防火防盗管理等。

仓库应建立物资动态明细台账，所有物资应注明货位、档案编号、标识码以便查找。管理员要及时登账，动态持续核对，保证账物相符。仓库应制定物资发放制度，根据批准的领料申请单发放设备、材料等物资，确保准确、及时地发放合格的物资，满足施工和试运行需要。

第六节　采购控制过程

一、采购控制概述

通过采购控制可以预防和发现在采购计划执行中发生的采购目标偏差和存在的各种问题，对发生的偏差和存在问题进行分析，采取纠正偏差的措施。采购经理在项目经理领导下全面负责采购过程的控制管理，并按采购控制程序执行。采购控制要充分结合总承包项目的采购特点和难度，有针对性地提出采购策略和选择最佳的供应商合作伙伴，保证采购过程按照预期的目标实现。

1. 采购控制定义

采购控制是指将采购实施过程中所确定的范围、目标、采购计划、采购活动、采购资源及需求进行控制和管理，确保项目采购活动在发生采购偏差时，能够及时进行偏差分析，采取有效的应对措施，纠正偏差，直至实现项目采购所确定的目标。

2. 采购控制对象

采购控制对象是采购进度、质量、费用（成本）、HSE、范围、活动及与采购活动相关的人员和供应商。采购活动是指采购管理结构图上各个层次的采购单元或采购子项所涉及的各项活动。

3. 采购动态控制

由于受各种内部和外部采购因素影响，采购动态存在变化及变更。因此对采购动态要进行跟踪控制，检查和测量发生的采购偏差，在掌握实际采购动态及其与采购实施计划的偏差情况后进行纠正。采购控制要采用科学的管理方法，按采购控制程序执行。

设置采购控制程序的目的是按照采购计划，保质保量地完成采购目标。

二、采购控制程序内容

采购经理在采购控制程序中通过采购内、外部协调以及采购变更控制等方法，充分发挥采购责任主体的作用。采购控制程序主要内容如表 5-5 所示。

表 5-5　采购控制程序内容

序号	采购控制原则内容描述	备注
1	采购控制说明、原则、原理	程序说明模块
2	采购控制计划	
3	采购控制工作程序	控制工作程序模块
4	采购过程监督和质量记录	监控记录模块
5	采购支持文件体系	文件支持模块

采购控制程序实行采购全过程控制管理，采购控制的目的是为了确保采购目标、范围满足项目合同和 HSE 管理要求。采购控制程序可以用模块进行表示，如图 5-4 所示。

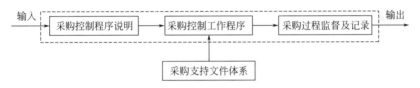

图 5-4　采购控制程序模块示意图

采购控制程序流程见图 5-5。

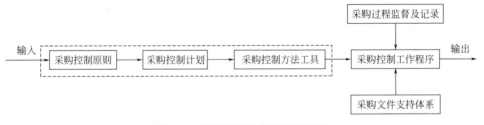

图 5-5　采购控制程序流程示意图

三、采购控制工作程序设置

通常情况下，为了对采购过程进行控制管理，设置采购控制工作程序流程，由下述步骤组成：①采购控制策划；②采购控制计划；③采购控制计划分解；④采购控制计划检测；⑤采购控制偏差分析；⑥采购控制预测；⑦采购控制调整；⑧采购控制报告。

采购控制工作程序流程见图 5-6。

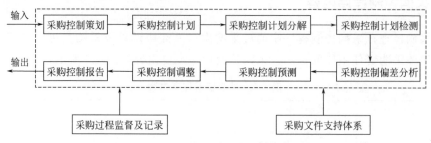

图 5-6 采购控制工作程序流程示意图

第七节 采购收尾过程

采购收尾过程是总承包采购阶段中的一个采购子过程。采购收尾结束后，意味着项目将进入到下一个活动阶段。

一、采购收尾条件

采购执行结果存在两种情况。第一种情况是按照采购进度规定，在规定的时间结束时，完成了合理的采购工期目标；在规定的项目投资估算或预算约束条件下，完成了采购控制的投资概算或投资预算目标；在规定的项目质量约束条件下，采购的设备、材料具备了相应的特性、功能并符合相应的标准。在完成上述三项采购目标的前提下，采购具备收尾条件。第二种情况是没有按照上述三项约定条件完成预期的目标，或经过努力也不可能实现时，可能会导致采购终止或项目终止。

二、采购收尾过程

当采购按照三项约束条件完成采购目标时，将进入采购收尾过程。采购收尾过程有许多工作要做，一般可分为以下四个子过程：采购资料内部交付、采购最后产品交付、项目合同采购条款履约收尾、采购工作总结及评价。

1. 采购资料内部交付

采购资料范围涉及整个采购各阶段的计划、报告、记录、图表和各种数据等资料；同时还包括采购输入资料文件、采购重要方案审查报告等。

采购资料是整个采购过程的详细记录，也是衡量采购成果的重要依据。如采购输入文件资料既可作为采购评价和验收的依据和标准，也是工程施工、设备维护和生产运行重要的原始凭证。

采购资料验收是由采购相关部门和责任人将整理好的、真实的采购资料交给项目管理部门，并进行确认和签收。最后由项目部统一与业主按相关程序进行采购资料文件的验收和转移交接。采购资料交付完成后，应建立采购资料档案，编制采购资料交付报告。

2. 采购最后产品交付

采购产品交付是指将采购成果交付给总承包商及相关方等。当采购成果转移交付后，移交方和接收方将在采购移交报告上签字，形成采购成品交付记录。在采购收尾过程中的采购最后产品主要是指采购漏项、质量不合格产品返修、报废补订及个别产品。而大批量的设备、材料采购在采购收尾时均已完成。

3. 项目合同采购条款履约收尾

项目合同中的采购条款履约收尾是指项目合同中总的采购相关条款履行完成，并经相关方确认。主要包括采购工作量完成确认，采购产品移交完成、采购文件资料转移交付确认，以及相关的采购费用按合同条款进行支付。

同时采购条款履约收尾也包括总承包商与供应商双方当事人按照采购合同的规定履行完各自的义务后，需要进行的单一合同收尾结束工作。单一采购合同收尾包括两方面的工作。一是指单个设备（或货物）、单个采购包或批次采购包合同结束。该合同收尾包括采购工作全过程完成、产品验收和移交、价款结算和争议解决等。二是指项目全部采购合同都已经完成，包括项目采购工作全过程完成、全部采购产品验收和移交、价款结算和争议解决等。

合同收尾过程支持项目收尾过程，因为两者都涉及验证所有采购工作和可交付采购产品是否可以接受。采购合同收尾过程也包括对采购记录进行更新以反映最终采购结果，将更新后的采购记录进行采购归档等工作。

在采购合同收尾后，未解决的争议可能需进入诉讼程序。采购合同条款和条件约定可规定采购合同收尾的具体程序。

采购合同提前终止是采购合同收尾的一项特例，可因双方的协商一致产生或因一方违约产生。双方在提前终止情况下的责任和权利应在采购合同的终止条款中规定。依据这些采购合同条款和条件，采购方可有权随时有原因或无原因终止整个采购合同或部分项目。但是，采购方可能需要就此对供货商的准备工作进行赔偿，并就与被终止部分相关的已经完成和被验收的工作支付报酬。

4. 采购工作总结及评价

采购工作总结及评价是采购各个阶段完成后，在采购收尾结束过程中进行的一项重要活动。通过对采购工作进行系统总结、评价，对采购各阶段完成的工作量、目标、进度、费用、质量、HSE 控制指标进行统计和复核，肯定采购成绩、总结采购经验、研究存在的问题、吸取经验教训、不断提高 EPC 总承包采购综合能力和采购管理能力，为项目全面建设打好基础。

由于采购项目管理范围和组织实施方式不同，采购考核评价的方式也有一定的区别。对 EPC 工程总承包项目管理的采购考核主要包括下列内容：项目名称、用户名称、建设时间、合同号、合同生效日期、采购工作概况、采购范围、采购要求、采购策略、国际采购、国内采购。

此外，采购定性指标包括采购进度目标、采购质量目标、采购费用目标、采购 HSE 目标、采购管理方法和工作程序创新、外界对采购管理的评价等。

采购项目考核评价应按下列程序进行：

① 制定采购考核评价办法；

② 建立采购考核评价组织；

③ 编制采购考核评价方案；

④ 实施采购考核评价工作；

⑤ 提出采购考核评价报告。

三、采购收尾结束

采购收尾结束的标志是在规定的时间、规定的资源和规定的采购项目功能标准目标条件下，完成了合理的采购工期目标；采购项目完成了设备材料费用概算和预算目标；具备了采购产品的特性、功能和标准的目标并已经达到了全部移交接受。如果采购完成了上述采购收尾工作，则进入采购收尾结束。做好采购收尾结束阶段的工作对采购的相关方是非常重要的。采购收尾结束过程重要活动有：

① 采购成品文件资料全部移交及确认；

② 采购成品全部移交并接受确认；

③ 合同中采购相关的条款检查并履约确认；

④ 采购漏项和采购变更完成并确认；

⑤ 采购资源将转移到其他项目的采购；

⑥ 采购工作经验教训总结及改进；

⑦ 采购进入现场服务阶段。

四、供货商保修及回访

供货商应制定项目服务、回访和质量保修制度，并纳入供货商或制造商质量体系管理。对回访和质量保修，应编制供货商或制造商保修工作计划。

供货商或制造商保修工作计划应包括以下内容：

① 确定主管供货商项目回访与保修部门；

② 确定执行供货商回访保修工作的单位；

③ 确定回访哪些供货商项目或使用单位；

④ 确定回访时间、保修期限及主要内容等。

回访可采取以下方式：

① 电话询问、登门座谈、例行回访；

② 季节变化项目重点回访；

③ 特殊供货商项目专访。

建设项目质量保修必须按国家相关法律、法规和规章制度执行。签发项目质量保修书或合同约定，应注明质量保修范围、最低保修期限、保修责任承担、保修费用支出等内容。供货商保修费用的计算可参照建设工程造价的计价程序和方法。保修费用的承担由造成产品质量缺陷的责任方负责。

五、采购收尾报告编制

1. 项目概况

① 项目名称；

② 用户名称；

③ 建设时间；

④ 合同号；

⑤ 合同生效日期；

⑥ 采购范围；

⑦ 采购要求；

⑧ 采购策略；

⑨ 国内、外采购。

2. 采购完成工程量

① 采购完成工作量概况；

② 采购特点及总结。

3. 采购进度过程控制

① 采购进度计划实施概况；

② 采购进度实施总结。

4. 采购费用过程控制

（1）采购估算费用概况

（2）采购费用实施总结

（3）采购人工日

① 采购人工日计划执行概况；

② 采购人工日计划实施总结。

5. 采购质量过程控制

① 采购质量目标测量数据概况；

② 采购质量总结。

6. 采购 HSE 过程控制

    ① 采购 HSE 目标测量数据概况；

    ② 采购 HSE 总结。

7. 采购绩效管理及评价

    ① 采购绩效管理概况；

    ② 采购绩效管理总结。

8. 采购外部评价

    ① 用户评价；

    ② 施工单位评价；

    ③ 监理单位评价；

    ④ 政府评价。

第八节　采购管理

一、采购合同管理

1. 合同管理

采购合同的管理应严格按照采购控制程序文件执行。采购合同均应经过招标、投标、评标和合同谈判后，由采购经理作为授权代表负责对外签订。采购合同的基本合同条款，包括通用合同条件、专用合同条件，在招标前应经项目经理审核，评标结果应经项目经理审批；议标合同的基本合同条款（包括通用合同条件、专用合同条件）也均在合同谈判前经过项目经理审核。采购合同由采购经理及时登记，按月报项目经理、控制经理、费用工程师备案；登记内容均包括合同号、简要说明、分包商名称、签订时间、合同总价、费用支付批次及额度等。

2. 合同变更

采购合同的补充、修改和变更应按项目变更管理程序进行评审后，签订补充协议。在采购合同执行过程中，出现争端或合同双方未按合同规定履行责任和义务的违约事件，双方应及时协商解决，对违约事件双方均应确认或留下书面记录。当争端或违约事件对总合同进度和费用有影响时，要及时报告项目经理，由项目经理决定采取相应措施，必要时报告总承包商分管领导。

在 EPC 总承包项目中机械保证期为 12 个月，采购合同按此要求至少应保留相同的时长。在机械保证期内合同管理执行总承包商相关程序文件的规定。机械保证期到期后再与采购供应商进行最终结算。

3. 进口设备关税减免

进口设备关税按照"资金支付及财务管理制度"要求中有关条款执行。对于可以享受机电产品进口环节关税和增值税减免的总承包项目，免税必须要以业主的名义进行操作，所以此类项目的总承包合同中的进口机电设备采购的方式和进口申报、清关环节有别于一般类型的总承包合同。进口设备的进口环节增值税和关税由总承包商协助业主支付或按照规定从有关税务机关和海关处获得相应减免。在这种情况下，供货商应全面配合和协助总承包商或业主申请和办理这些税收减免。由于供货商怠于配合和协助导致进口设备、材料清关延误的，延误责任和后果由供货商承担。因此发生费用、开支的，总承包商有权从应付供货商合同款中直接扣除。

4. 内陆运费和保险费

在计算内陆运费、保险费及其他费用时，可采用下列任一做法：

① 可按照铁路（公路）运输、保险公司及其他部门发布的费用标准，来计算货物运抵最终目的地将要发生的运费、保险费及其他费用，然后把这些费用加在投标报价上。

② 投标商分别报出货物运抵最终目的地所要发生的运费、保险费及其他费用，这部分费用要用当地货币来报，同时还要对所报的各种费用进行核对。

5. 交货期

在确定交货期时，可根据不同的情况采用下列办法：

① 按招标文件中规定的具体交货时间为基准交货时间，早于基准交货时间的，评标时也不给予优惠；若迟于基准时间，每迟交一个标准时间（1 天、1 周、10 天或 1 个月等），可按报价的一定百分比换算为成本，然后再加在报价上。

② 根据招标文件的规定，货物在合同签字并开出信用证后若干日（月）内交货，对迟于规定时间但又在可接受的时间范围内的，可按每日（月）一定的百分比乘以投标报价后，再乘以迟交货的日（月）数，或者按每日（月）一定金额乘以迟交货的时间来计算，评标时将这一金额加在报价上。

6. 付款条件

投标商必须按照合同条款中规定的付款条件来报价，对于不符合规定的投标，可视为非响应性投标而予以拒绝。但对于大型成套设备采购应允许投标商有不同的付款要求，提出有选择性的付款计划。选择性付款计划只有在得到投标商愿意降低投标价的基础上才能考虑。如果投标商的付款要求偏离招标文件的规定不大时，尚属可接受的范围。在这种情况下，可根据偏离条件给采购单位增加费用，按投标书中规定的贴现率算出其净现值并加在报价上，供评标时参考。

7. 付款方式

一般情况下采购合同拟采取以下方式付款：中国境内供货用人民币结算的采购

合同，付款方式有预付款、交货款、机械竣工款、质保金等；中国境外供货用外币结算的采购合同，付款方式有预付款、交货款、质保保函/履约保函等。各种合同付款方式详见本章第四节"五、采购支付策划"。

根据合同谈判情况，当供货厂商提出偏离有关付款条件时，采买工程师应按照总承包商相关规定完成合同评审。一般情况下，供货厂商可能提出的付款偏离有：预付款比例超过10%；要求一定比例的进度款；要求合同签订后一定时间内开出信用证；减少质保金或质保保函/履约保函比例。

境外供货用当地货币结算的采购合同现象也较多。原则上，境外供货的采购合同，将在当地完成，当地支付。其付款方式，参照中国境内供货用外币结算的采购合同付款方式执行。若在合同谈判时，支付条件与上述原则有偏离，采买工程师应按照总承包商相关规定做好合同评审。在总承包商向供货商开出信用证时，考虑到信用证开证周期，采买工程师应根据采购合同约定，提前与供货厂商商议信用证条款。必须保证在合同约定的开证日期之前开出信用证，以避免供货厂商借故延长交货期。

二、采购风险管理

1. 风险管理计划

EPC总承包项目一般都存在风险。对风险的预计和处理是否得当，往往关系到整个项目的成败。因此风险管理是项目采购管理中非常重要的环节。根据采购项目实施程序要求，每个项目在采购策划阶段，都必须对采购可能存在的风险进行识别、在定性定量分析的基础上进行评估并进行分级，提出应对控制办法和措施，编制采购风险管理计划。

2. 采购风险分析和对策

采购风险定性分析应使用定性术语，将项目采购风险的概率及其影响描述为极高、高、中、低、极低五个级别。根据风险来源，大致分为四种：技术风险、外部风险、总承包内部风险、采购管理风险。根据采购风险对进度、质量、费用、HSE等造成的影响大小，风险也可分为1~5五级，1级风险最高，5级风险最低。

采购风险定量分析是量化分析每一风险发生的概率及其对项目目标造成的后果。通过采购风险量化分析测定获得某一特定采购项目目标的风险发生概率，决定可能需要的采购成本大小和进度计划应急储备金。通过量化各采购风险对项目的相对影响，确定最需关注的采购风险，找出与风险对应的可实现的采购成本、进度计划及采购范围目标。项目采购主要风险的识别见表5-6所示。

表 5-6　项目采购主要风险的识别

风险类型	风险情况	风险级别	应对策略	应对措施
进度风险	长周期设备较长的交货期将可能导致整个项目工期影响	高风险	承受	专利设备预计交货期已经确定,并只能接受该进度风险。对项目施工安装的要求提高
	项目境外采购,大多数供货厂商没有打过交道,供货厂商进度违约较多	高风险	回避	评审时将厂商履约能力与厂商信用等级作为评审指标之一;合同条款中适当细化违约处罚条款;加强催交与检验力度
	合格供货厂商均为中国境外厂商,根据项目前期调查,其制造效率普遍低于中国境内厂商	高风险	控制	在进度策划时,应充分考虑中国境外厂商的制造周期;合同条款中适当细化违约处罚条款;在合同执行过程中加强催交
	供货厂商交货严重滞后而导致进度影响	高风险	控制	及时订货、预留时间储备、定期进度跟踪,提高催交频率;采购应加强与设计人员沟通,取得更多的支持和协助,提高图纸审批效率
	供货厂商的图纸资料的提交和审批进度失控,影响制造进度和交货	中风险	控制	采购和设计加强催要、指导,以及对厂家的图纸资料及时认真审批。采购应加强与设计人员沟通,取得更多的支持和协助
	供货质量问题导致进度风险	中风险	控制	跟踪监控,及时调整检验计划,加强协作力度,及时解决问题。采购应加强与设计人员沟通,取得更多的支持和协助
	付款滞后导致供货厂商延迟交货	中风险	控制	及时付款,提前商议信用证及完成财务申报事宜
	业主审批延迟造成的进度风险	中风险	控制	负责澄清的人员应多采用面对面澄清的方式,加快完成审批手续
	当地厂商工作效率和产品质量问题导致的进度风险	中风险	控制	提前调查;为当地采购预留时间储备
	海关清关效率导致的进度风险	中风险	控制	提前做好文件的准备;提前检查核对文件;必要时请业主协助
	货船延迟导致货等船的进度风险	中风险	控制	加强对物流代理公司的控制力度;提前做好集货和装船安排
	不可抗力导致制造和运输的进度风险	中风险	转移	由不可抗力造成的进度风险,应基于合同提出工期延长的要求

风险类型	风险情况	风险级别	应对策略	应对措施
费用风险	项目合同要求的全部供货厂商为中国境外厂商,而且规定的原产地大多数是发达国家。价格水平普遍高于中国境内及其他发展中国家	高风险	承受	在合同不可偏离的情况下,只能承受此风险。并且应增加合同谈判时间,以便选择合适的厂商供货
	根据以往项目经验及前期市场调查,当地厂商给予的质保期短,付款条件要求高	高风险	控制	做好当地厂商的调查,选择合适的供货厂商供货;适当考虑当地的市场惯例
	汇率风险	高风险	对冲	在项目进度可以调整的情况下,尽量安排合适时机订货。若当前汇率处于有利位置,宜提前安排外汇配置,以抵消未来可能产生的汇率损失的风险
	设备及材料涨价风险	中风险	对冲	在项目进度可以调整的情况下,尽量安排合适时机订货。目前工厂负荷普遍不饱和,竞争有利于买方,宜在价格低位及时订货,以抵消未来可能的涨价风险。大宗材料可以考虑跟踪期货走势提前锁定价格
	项目进度极其紧张,合同或业主的要求过严限制了厂家的选择范围,这些因素导致议价能力降低	中风险	控制	进度策划时,对影响费用控制的重要采购包,应预留更多谈判时间;加强与业主的沟通和澄清,消除业主对项目合同的过度解读以及对总承包商采购过程的过度干涉
	货物清关时要垫付进口增值税及代扣所得税。根据境外项目经验,进口增值税可以在若干月内由业主全额偿付,代扣所得税则在业主完成退税后,再与总承包商核算后偿付。由此产生垫付资金的风险和核算金额不一致的风险	中风险	控制	保管好清关文件和凭证,费用控制人员应了解以往项目核算程序,提前策划并实时收集相关凭证
	总清单(master list)外货物均无法办理免税。税费如何承担尚未明确	中风险	控制	在编制总清单时,应尽量将所有进口货物列入,避免漏项。充分利用一些自贸区优惠政策,办理好自贸区原产地证(FORME),争取减免关税
	货物分批发运及货物增补数量过多	中风险	控制	细化请购要求,细化供货范围;采取合适的请购策略,提高请购精度,减少货物增补合同数量;合同谈判时控制发运批次;加强发货前检验

风险类型	风险情况	风险级别	应对策略	应对措施
费用风险	对供货厂商现场技术服务的需求时间超过计划时间,产生更多的服务费用	中风险	控制	加强施工管理,细化施工各相关方的协调作业安排。采购人员加强与施工人员沟通,取得更多的支持和协助
	供货厂商交单不及时或交单错误,导致物流及清关费用增加	中风险	控制	对短途运输,合同谈判时应尽量争取更短的交单时间或采用其他交单方法保证单证在货到之前收到。若无法实现,应预先考虑交单延迟的风险
	不可抗力导致运输的费用风险	中风险	转移	项目统一购买货物运输保险
质量风险	项目合同规定的合格厂商均为中国境外厂商,而且总承包商对大多数厂商的了解和合作很少。厂商的质量违约风险较大	高风险	承受	受项目费用和进度限制,不可能对所有不熟悉的厂商都安排驻厂监造。该风险只能承受。但应做好前期厂商考察;加强合同执行期间的催交和检验工作,并仍需对这些厂商展开必要的巡检和抽查

三、采购准入管理

建立总承包商的合格供货厂商资源数据库是一项非常重要的工作。通过一系列推荐、走访、调查、评估和认证工作后,可按一定程序批准某一供货商进入到总承包商合格供货厂商资源数据库中。在招标时应对首选、次选等供货厂商建立供应货物明细,包括品种、价格、供应期、运输方式等参数,由供货商进行确认。供货厂商准入是为采购项目预选合格供货厂商准备的。获取的合格供货厂商资料,可作为采购实施过程中进行管理的基础资料。

1. 准入调查类型

总承包商对供货厂商的基本信息、产品性能、装备制造能力、企业资信等调查方式有三种:实地考察、书面调查、以往用户调查。

总承包商相关方部门根据实际需要和可能,采取一种和多种方式对供货厂商进行调查。通常情况下,对关键设备和材料、制造周期长的大型设备供货厂商主要采用实地考察的方式,组织相关人员实地进行考察,并填写供货厂商调查表;对一般设备和材料供货厂商主要采用书面调查的方式,按产品类别向设计部门推荐的供货厂商发出供货厂商调查表,供货厂商填写调查表并将有关资料返回到相关部门;对国外供货厂商主要采用书面调查或以往用户调查的方式,由相关方管理部门组织有关人员对国外供货厂商及以往用户进行实地考察或向国外供货厂商进行书面调查。通过以上调查，获取供货厂商的一手资料，为合格供货厂商评审做准备。

2. 准入调查内容

一般调查的主要内容有：法人营业执照、质量体系认证证书、产品认证证书、加工装备制造能力、设备材料检验能力、装备制造技术力量、合同履约能力、产品销售业绩以及产品售后服务水平等。

通过上述供货厂商的调查内容，形成一系列供货厂商基础资料，将调查成果编制成各种评审表格，内容包括：供货厂商调查情况；供货厂商合规性评价；产品性能及业绩和履约能力；供货厂商装备制造能力；供货厂商资信及财务状况；供货厂商质量体系状况等。

应收集的供货厂商信息有：基本信息、组织信息、联系信息、法律信息、财务信息、沟通记录、机会信息、成本信息、产品与服务信息、合约与订单信息、相关供应商咨询单位的信息。

3. 准入合规性评审

在上述供货厂商调查和收集资料的基础上，对其进行分项评审。供货厂商必须经过资格审核流程以确保其符合生产产品资质的要求。

供货厂商评审主要是对供货商的装备制造能力（含资质）、技术管理研发能力（含产品科技创新）、质量体系覆盖运行状态、产品试验和检验能力、产品质量和履约能力、主要产品业绩、售后服务评价、财务状态及资信等进行分项评价和综合评价。通过综合评价合格后，形成录用使用意见，并经过相关方审查批准后进入合格供货厂商名录数据库。

供应商分类管理时要跟踪每个供应商的资格审核状态及绩效，并根据这些信息将其归入尚未进行资格审核、符合资格、不符合资格、黑名单、高满意度等几种类型。供货厂商数据库要进行动态管理，不断引入新的合格供货厂商，将长期未得到采用的供货厂商清退。

四、采购预选管理

1. 供货厂商预选

供货厂商预选的过程首先是落实供货厂商是否满足项目采购的需求和任务。采买工程师根据总承包商合格供货厂商名录数据库中的供货厂商资源，综合考查有关供货价格、交货数量、交货期、质量要求与技术要求，进行供货厂商预选评价，落实采购货物的优选供货厂商。对新增合格供货厂商名录资源还要进行比选，比选合格后，才能作为许可采购的预选供应商。

2. 预选条件

对关键设备采购包合格供货厂商及产品原产地的选择，必须满足总承包商合格供货厂商名录数据库和新增合格供货厂商名录的要求，不得偏离。

当特殊情况下无法满足要求时，由相关方提交新增合格供货厂商名录申请，并充分说明理由待总承包商相关方批准后选择。

对非关键设备采购包，应提出新增合格供货厂商名录申请，并充分说明原因，经采购经理和项目经理批准后，供业主审批选择。

对非关键设备，新增合格供货厂商名录申请主要从业主方考虑，可以在包括产品质量、备件、费用、培训和售后服务等方面满足总承包商要求的前提下获得选择。

3. 预选数量

预选的合格供货厂商的数量应以在 3 家及 3 家以上为基本要求。

当预选的 3 家供货厂商采购进度和报价情况无法满足项目执行要求时，特别是合格的供货厂商数量不足 3 家时，总承包商相关方可提出新增合格供货厂商名录申请并按一定程序获批后确定选择数量。

对成套设备中需要外协的关键设备和零部件的供货厂商，应从总承包商合格供货厂商名录数据库和新增合格供货厂商名录中选择，并在合同技术附件中予以明确。

对重要设备和零部件，应在询价技术文件中列出供货厂商名单，供业主审查批准；对通用、标准零部件和材料供货厂家，无须在询价技术附件和合同技术附件中明确。

4. 专利厂商预选

专利设备和专利商规定的关键设备的供货厂商名单应由专利商推荐。专有设备、材料和关键设备、材料的供货厂商以及专利设备或材料的厂家可不受此数量的限制。

五、采购评审管理

对投标商标书评审的方法有很多重，常用的有最低评标价法、评标打分法和综合评分法等。

1. 最低评标价法

最低评标价法是指在全部满足采购招标文件实质性要求的前提下，最低报价的投标人作为中标候选供应商；最低评标价法适用于标准定制商品及通用服务项目。机电产品国际招标一般采用最低评标价法，通常是指在商务、技术条款均满足招标文件要求时，评标价格最低者为推荐中标人；对投标报价及投标资料表中选定的评标因素（内陆运保费和伴随服务费、交货期、付款条件偏差、零部件、备品备件和伴随服务、售后服务、运营费和维护费、性能和生产率、备选方案及其他）按规定的量化方法，计算得出的价格为最终评标价。

采购简单的商品及其他性能、质量相同或容易进行比较的货物时，价格可以作为评标考虑的唯一因素。以价格为尺度时，不是指最低报价，而是指最低评标价。最低评标价有其价格计算标准，即成本加利润。其中，利润为合理利润，成本也有其特定的计算口径：

① 如果采购的货物是从国外进口的，报价应以包括成本、保险、运费的到岸价为基础；

② 如果采购的货物是国内生产的，报价应以出厂价为基础。

最低评标价法通常有以下的评审方式：

① 将投标报价与标底价相比较的评议法　这种方法是将各投标人的投标报价直接与经招标投标管理机构审定后的标底价相比较，以标底价为基础来判断投标报价的优劣，经评标被确认为合理低标价的投标报价，即能中标。

② 将各投标报价相互进行比较的评议法　从择优的角度分析，对投标人的投标价不做任何限制、不附加任何条件，只将各投标人的投标价相互进行比较，而不与标底相比，经评标确认投标价属最低或次低价的（即为合理低标价的）即可中标。这种投标价评议方法的优点是给了投标人充分自主报价的自由，标底的保密性高，评标工作也较简单；缺点是招标人无须编制标底，或虽有标底但形同虚设，不起作用，因而导致投标人对投标价的预期和认同心中无数，事实上处于一种盲目状态，很难说是科学合理。而投标人为了中标常常会进行竞相压价的恶性竞争，也极易形成串通投标。

③ 将投标价与标底价结合进行比较的评议法　制定一个可以作为评标定标参照物的价格，投标价最接近于该价时便能中标，称之为最佳评标价。

2. 评标打分法

评标打分法通常要考虑多种因素，评标打分法考虑的主要因素包括：

① 投标价格；

② 内陆运费、保险费及其他费用；

③ 交货期；

④ 偏离合同条款规定的付款条件；

⑤ 备件价格及售后服务；

⑥ 设备性能、质量、生产能力；

⑦ 技术服务和培训。

采用评标打分法时，为了便于综合判断，又利于比较，按上述因素的重要性确定其在评标时所占的比例，对每个因素打分。首先确定每种因素所占的分值。比如：投标价 60～70 分；零配件 10 分；技术性能、维修、运行费 10～20 分；售后服务 5 分；标准备件 5 分。采用评标打分法时，对应考虑的因素、分值分配及打分标准等均应在招标文件中明确规定。这种评标法的优点在于综合考虑，方便易行，能从难以用金额表示的各个投标者中选择最好的投标价格。缺点是难以合理确定不同技术性能的有关分值和每一性能应得的分数，有时会忽视一些重要的指标。

3. 综合评分法

综合评分法一般是在满足招标文件的全部要求前提下，对商务部分的货物价格分值权重在30％～60％的范围内确定；服务项目的价格分值权重在10％～30％范围内确定。首先要确定商务部分的货物价格评标基准价，用基准价除以投标价的结果再进行加权，计算出每一投标的综合评分。价格分采用高分优先的原则，以此确定候选中标人。

综合评分法计算公式如下：

投标报价得分＝（评标基准价/投标报价）×价格权值×100

在采购机械、成套设备时，如果仅比较各投标人的报价或报价商务部分，则将不能对竞争性投标之间的差别作出恰如其分的评价。因此，在某些条件下，必须以价格加其他因素综合评标，即选择综合评估法较为适宜。

4. 评标步骤

评标必须以招标文件为依据，不得采用招标文件规定以外的标准和方法进行评标，凡是评标中需要考虑的因素都必须写入招标文件中。

（1）初步评标　初步评标是非常重要的一步。初步评标的内容包括供应商资格是否符合要求，投标文件是否完整，是否按规定方式提交投标保证金，投标文件是否基本上符合招标文件的要求，有无计算上的错误等。如果投标商资格不符合规定或投标文件未做实质性的反映，应按无效投标处理。不得允许投标商通过修改投标文件或撤销不合要求的部分而使其投标具有响应性。

确定为基本符合要求的投标商，应进一步核定投标中是否有计算和累计方面的错误。要遵循两条原则：用数字表示的金额与文字表示的金额有出入时，要以文字表示的金额为准；如果单价和数量的乘积与总价不一致，要以单价为准。

（2）详细评标　完成初步评标以后，进入详细评定和比较阶段。具体的评标方法取决于招标文件中的规定，并按评标价的高低，由低到高，评定出各投标的排列次序。在评标时，当出现最低评标价远远高于标底或缺乏竞争性等情况时，应废除全部投标。

（3）编写评标报告　评标工作结束后，要编写评标报告并按程序上报审批。评标报告包括以下内容：招标通告刊登的时间、购买招标文件的单位名称；开标日期；投标商名单；投标报价及调整后的价格（包括重大计算错误的修改）；价格评比基础；评标的原则、标准和方法；授标建议。

（4）授标与合同签订　合同授予中标商后，要求在投标有效期内进行合同签订。在向中标商发中标通知书时，也要通知其他没有中标的投标商，并及时退还其投标保证金。具体的合同签订方法有两种：一是在发中标通知书的同时，将合同文本寄给中标单位，让其在规定的时间内签字返回；二是中标单位收到中标通知书后，在规定的时间内派人前来签订合同。如果是采用第二种方法，合同签订前，允许相互澄清一些非实质性的技术性或商务性问题，但不得要求投标商承担招标文件中没有规定的义务，也不得有标后压价的行为。合同签字并在中标商按要求提交了履约保证金后，合同就正式生效，货物采购工作进入到合同实施阶段。

六、采购订单管理

供货厂商完全按照总承包商的招标文件规定，经过合同谈判签订了供货合同，由此获得了总承包商的订单。供货厂商的采购范围需完全按照总承包商的招标文件规定，在采购红线范围提供合同所需的相关设备和材料。总承包商由此完成了采买的全部任务。供货厂商开始合同内设备材料的制造过程。供货厂商应该严格按照合同规定的内容进行工作。而总承包商对合同订单要按照采购实施过程程序文件规定进行采购订单管理。

1. 供货厂商合同管理

对供货厂商按合同规定的设备、材料进行管理。

① 对所采购的设备、材料和交付物进行检验、验证和催运，确保供货厂商满足质量和进度要求，提供符合规范、标准和法律法规的制造设计文件，及时将货物发运到总承包商现场等。

② 对采购设备、材料与现场制作相关联的设备、管道和钢结构进行检验和催交。

③ 遵守第三方检验的相关要求和规定。

④ 协助供货厂商将设备运输到项目现场；或者运到中间货场或预制厂（如果有），然后再运到现场。运输包括交通、货物移交等所有内容。

2. 现场材料控制

控制总承包商现场材料和设备的安全储存和合理分发。在使用前应按相关规范及合同要求，对采购的材料和设备进行检验、试验，并出具产品检验报告。监理和总承包商有权对特殊材料（如不锈钢等）请第三方重新检验、试验，相关费用由供货厂商承担。

3. 备品备件控制

① 在供货厂商处采购用于施工和预试运行、冷试运行和热试运行的备品备件和质量保证期内的操作备件。

② 将推荐质保期后两年操作用的备件清单、价格表，与供货厂商的协议一起提供给业主，以便维持将来这些备件的供应。

4. 供货厂商采购责任

供货厂商应按照招标文件的要求在采购合同的框架下履行供货厂商的责任。根据订货批量、采购提前期、库存量、运输方式、用款计划以及计划外的货物申请生成采购订单，经过总承包商确认后即可进行订单输出。

5. 订单催交跟踪

催交及监制工程师对下达的采购订单应制定订单催交计划，并按计划进行跟踪、催交。在催交过程中，要了解供货厂商的生产进度及质量情况，并及时对供应商给予支持。

6. 供货厂商售后服务

对供货厂商现场技术服务的需求，由现场设计工程师或施工工程师根据现场货物安装、调试工作需要和技术附件规定提出申请，经批准后，由相关负责人联络厂商。对国内供货厂商的技术服务要求提前 20 天提交；对国外供货厂商的技术服务要求提前 60 天提交。采买工程师应要求供货厂商派遣合格的、能独立解决问题的现场服务人员。供货厂商现场服务人员到达项目现场报到后，应安排工作计划和要求，进行 HSE 教育，办理进入现场相关手续。技术服务开始前，应进行技术交底。在技术服务过程中，应全程有相关人员陪同。完成技术服务后，应对技术服务的结果和服务时间进行确认。

七、不合格品管理

1. 采购不合格品的记录与标识

到货现场验收时发现的不合格品，由开箱检验人员在"采购产品开箱检验记录表"中予以记录，并填写"采购产品问题处理情况表"，在不合格品上做出适当的标识。施工、试运行和质保期内发现的不合格品，由施工工程师、试运行工程师在采购产品问题处理情况表中予以记录，并在不合格品上做出适当的标识。

2. 采购不合格品的评审、确认

根据不合格品的信息，组织开箱检验人员，必要时邀请设计工程师对不合格品进行评审、确认，并与供货厂商联络确定处理方案。在"采购产品问题处理情况表"中填写评审结论和处理方式。当不合格品的处理方案对项目进度、费用产生重大影响时需报项目经理审批，必要时报用户批准。

3. 采购不合格品的处理

采购不合格品的处理方式包括：返工、返修、让步接收、拒收。

① 采购不合格品经返工后，按规定重新进行验证和验收，符合规定要求时可接收，并保存相应的验证、验收记录。

② 采购不合格品返修后，按规定重新进行验证和验收后，达到使用要求并确保安全时，可让步接收，并保存相应的验证、验收记录。

③ 采购不合格品作让步接收、降级使用时，需经设计工程师认可。

④ 拒收的不合格品，由采买工程师负责办理退货手续。

采购不合格品处理后，由开箱检验人员在采购产品问题处理情况表中填写处理结果。

八、仓库物资管理

采购产品的现场仓库由现场仓库主管组织仓库管理员按相关管理规定进行管理。现场仓库管理的工作包括：

① 现场仓库使用策划；

② 货物送达和移出仓库；

③ 货物入库和出库；

④ 组织货物开箱检查；

⑤ 向业主或监理单位的货物报检报验；

⑥ 货物的保管和存放；

⑦ 仓库台账和盘存；

⑧ 剩余物资管理；

⑨ 使用材料管理软件进行管理；

⑩ 编制公司和项目所需的仓库程序文件和仓库管理报告。

上述各项工作都应有相应的记录或报告，仓库主管应定期检查各项工作记录或报告的完整性和一致性。货物开箱时，随机资料由仓库主管统一管理，不得随意处置。货物的最终资料作为货物的一部分，由仓库主管负责管理。仓库主管应将货物的最终资料作为仓库管理的一部分，组织现场采购文控工程师做好登记和归档工作。

仓库主管应定期对仓库材料进行盘存，至少每月一次。项目需要时，应提高盘存频率。仓库主管应根据盘存情况，结合施工需求，及时向材料控制工程师、采购经理和施工经理反馈库存材料的使用情况和使用建议。应尽量减少剩余物资数量。

九、采购文档管理

采购文件资料管理是项目管理和质量控制的重要环节。项目部采购团队应保留各项采购工作记录的纸质文件和扫描件。采购类文件资料存档要严格按照总承包商相关资料文件管理规定执行。

1. 总承包商设计类过程文件资料

总承包商采购货物相关的设计类过程文件主要包括数据表、图纸（外形图、布置图、剖面图、P&ID、管道空视图、排板图/焊缝位置图、接线图、电气原理图）、计算书、WPS和PQR、性能曲线、性能描述、特殊工具清单、消耗品清单及备品备件清单等。

2. 供货厂商设计类文件资料

接收总承包商设计类过程文件（技术附件等）后，供货厂商设计的供货设计类过程文件通过合同约定的联系方式，发送给总承包商及相关工程师。设计工程师应及时审查供货厂商设计类过程文件并办理审批手续，由设计工程师将盖好审批章的文件扫描件以电子邮件方式返回给供货厂商，并抄送监制工程师、采买工程师和采购经理。需要监制工程师协助审查时，可邀请监制工程师对指定文件给予书面的审查意见。供货厂商设计类文件往来须抄送监制工程师。监制工程师根据采购合同约定的进度及数量监控供货厂商文件的提交状况，及时催交设计类文件，以避免由于文件提交和审查不及时造成交货延迟。如供货厂商不能按合同规定的时间提供相关文件，监制工程师应及时将情况反馈给采买工程师和采购经理，并提出解决措施的建议。

3. 供货厂商检验试验计划（ITP）类文件资料

供货厂商提供的产品检验试验计划（ITP）文件资料，由设计工程师和监制工程师共同审查。ITP文件首先由设计工程师审查，主要审查ITP的工作内容与输入条件。经设计工程师审查后的ITP文件由监制工程师审查，ITP的检验点由监制工程师审查并确认，共同审查的文件由审查人员会签确认。

4. 最终文件资料

最终资料包括设计数据资料（竣工图、数据表、计算书、WPS/PQR、特殊工具清单、消耗品清单、备品备件清单等）、制造数据资料（合格证书、材质证书、ITP、制造/检验/试验证书/报告/记录等）和安装操作维护手册等。

原则上，设计数据资料及制造数据资料的内容均应来自经审批的供货厂商过程文件。设计工程师和监造工程师应共同负责对供货厂商竣工资料/随机文件的正确性和完整性进行审查并给出书面审查意见，由监造工程师负责对意见进行汇总和处理。必要时，采买工程师可协助监造工程师协调供货厂商最终资料的修订和提交。

5. 随机文件资料

供货厂商应将货物最终资料和货物分开发运。随机资料是单独的，可能包括装箱单、安装示意图或合格证。但供货厂商根据自身进度情况，可能将最终资料随机发货。此时，随机资料即货物最终资料。单独的随机资料应与货物的最终资料统一管理。随机资料中若有纸幅不足A4尺寸的资料，可半铺粘贴到A4尺寸纸幅后归档。

6. 物流文件资料

物流文件包括发票（报关用）、箱单、提单、原产地证明、报关单、熏蒸证明、吊装程序及图纸等。供货厂商根据合同约定联系方式将物流文件发/寄给物流工程师，由物流工程师审查处理。物流工程师应负责检查物流文件的完整性和一致性。

7. 商务文件资料

商务文件包括发票（付款用）、保函、变更单、索赔函等。商务文件由采买工程师负责处理。需要其他专业协助和配合时，采买工程师应要求相关专业人员给予书面确认。

8. 资料登记分发

供货厂商的过程文件采用电子文件形式审查，无须纸质文件传递。办理审批手续时，相关人员自行打印并盖章签字确认，然后扫描后反馈给供货厂商。办理手续的纸质文件和电子文件，交给文控工程师统一登记、归档。供货厂商的最终资料根据合同约定提供，一般需要 9 套纸质文件和 3 份光盘，其中至少 1 套纸质文件为原件。项目最终资料分发和存档见表 5-7 所示。

表 5-7　项目最终资料分发和存档

份数	移交对象	用途
1 套纸质文件（复印件）＋1 份光盘	总承包商档案室	供总承包商存档
5 份纸质文件（1 套原件＋4 套复印件）＋1 份光盘	业主	最终作为工程资料一起移交业主
1 套纸质文件＋1 份光盘	现场档案室	供总承包商现场人员参考
2 套纸质文件	现场档案室	供分包商参考

第六章

EPC 施工过程控制

第一节　施工管理概述

一、施工管理内容

EPC 项目施工管理是全方位的，要求总承包商将施工项目的进度、质量、费用、HSE 以及重要的管理要素纳入正规化、标准化管理，只有这样才能使项目施工各项工作有条不紊、顺利地进行。

EPC 施工管理是以施工项目为管理对象，以合同为依据，按照项目施工的内在规律，实现项目施工资源的优化配置，并对各生产要素进行有效的计划、组织、指导、控制，监测一系列过程管理，以取得最佳经济效益的目标。

项目施工管理的主要内容包括进度、质量、成本及材料、HSE 及文明施工、合同、施工变更、施工风险、施工协调、施工分包、施工技术以及施工信息等，需要做好以下工作：

① 建立高效的施工管理组织；

② 做好施工的各项管理标准规范；

③ 进行施工目标控制；

④ 对施工生产要素优化配置；

⑤ 加强重要因素的管理等，从而使项目施工各个环节规范、高效运转，也使得总承包施工建设目标得以良好实现。

二、施工管理控制要素

在施工实施计划控制过程中，加强对施工要素管理，做好"8＋10 施工管理"（施工综合、施工合同、施工范围、施工资源、施工沟通、施工信息、施工风险、施工变更，施工目标、施工招标、施工评标、施工分包、施工开工、施工工法、施工技术、施工接口、施工三查四定、施工全过程）和"施工四大控制"（施工进度控制、施工质量控制、施工费用控制、施工 HSE 控制）。

施工与采购、设计、试运行及相关方的衔接非常重要。充分发挥以设计为主导的施工总承包管理作用，加强对施工全过程的控制管理，为总承包项目施工后续的过程打好基础。施工管理要素影响程度划分见表 6-1 所示。

表 6-1　施工管理要素影响程度划分

序号	施工影响要素	重要程度	衔接关系	备注
1	施工进度	■	项目部、施工部、施工分包	业主及施工相关方
2	施工质量	■	项目部、采购、施工	业主及施工相关方
3	施工费用	■	控制部、分包商、设计	业主及施工分包商
4	施工安全	■	HSE 部	项目相关方
5	施工综合	◇	项目部、施工部	
6	施工合同	■	营销部门、项目部	业主
7	施工范围	■	项目部	业主
8	施工资源	■	施工部、人力资源部	施工分包商
9	施工沟通	■	各专业、设计施工试运行	业主及项目相关方
10	施工信息	◇	施工部、信息部	施工分包商
11	施工风险	■	项目部、施工部	施工分包商
12	施工变更	■	项目部、设计、试运行	业主及施工分包商
13	施工目标	■	项目部、施工部	
14	施工招标	◇	项目部、施工部	
15	施工评标	◇	项目部、施工部	
16	施工分包	■	项目部、施工部	
17	施工开工	◇	项目部、施工部	
18	施工方案	■	项目部、施工部	
19	施工技术	◇	项目部、施工部	
20	施工接口	◇	项目部、施工部	
21	施工过程	◇	项目部、施工分包商、各专业	
22	施工三查四定	◇	项目部、施工部	

注：■—要素重要程度非常高；◇—要素重要程度次高。要素影响程度划分是相对而言的，在一定条件下可以转化为重要影响程度非常高。

三、施工管理 PDCA 循环

1. 施工过程策划（P）

从施工项目过程类别出发，有效识别施工项目目标价值创造过程，明确施工管理过程输出对象，确定施工过程相关方要求，建立可测量的施工管理过程绩效目标。基于施工合同要求，融合施工过程及相关方所获得的信息，进行施工管理过程方案的 PDCA 循环。

2. 施工过程实施（D）

为了使施工分包商能够尽快熟悉施工方案，并严格遵循业主对总承包项目的具体要求，依据内外部环境因素变化和来自施工相关方的信息，在施工管理过程的柔性范围内，对施工项目进行合规性优化调整。

根据施工过程监测所得到的信息，对施工过程进行有效管理，使得施工产品输出的关键特性满足总承包合同的要求，以应对施工中的问题和难题，在施工实施过程中不断改进和优化。

3. 施工过程监测（C）

施工管理过程监测应包括：对施工实施中的设计、采购及相关方的输入条件进行验证；监测实施后的施工数据并进行分析和判断，旨在检查施工过程是否遵循施工管理程序；监测施工管理过程绩效目标完成情况。施工管理过程监测还包括：施工管理监测数据评审、验证和确认。

4. 施工过程改进（A）

施工项目管理过程"突破性改进"是对现有施工管理过程的重大变更；而"渐进性改进"是对现有施工项目管理过程进行的持续性改进。

第二节　施工启动过程

一、概述

施工管理全过程可分为施工启动过程、施工策划过程、施工实施过程、施工控制过程和施工收尾过程。施工启动过程是紧随项目启动后，或设计启动后就要着手开展的一种施工活动。配合设计启动，开展项目现场的各项施工活动准备工作。

施工启动定义：当项目和设计启动后，施工经理遵循项目合同和相关方专业要求，配置所需要的各类施工资源等，并确定相应的施工团队。

施工启动过程的标志有三：一是总承包项目正式启动；二是任命施工经理、建立施工项目团队（或施工部）；三是确定施工任务书及施工管理计划和准备施工实施计划大纲。

施工经理选择和施工管理团队组建是施工启动过程的关键环节。施工经理必须组织和领导施工团队及全体施工人员，处理好与施工相关方的沟通联络。努力实施施工管理目标，为实施总承包项目终极目标及合同需求，策划好全部施工内容、范围和目标。

二、施工启动内容

施工启动内容应包括项目合同规定的全部内容，意味着总承包项目设计提供的设计文件将开始付诸实质性建设，针对项目施工目标和最终项目成果的各种施工活动全面展开。施工启动过程是由项目部中的所有施工人员以及施工分包商等共同参与的一个过程，以下是在施工启动准备阶段的主要工作任务内容，但不限于此。

① 制定施工项目产品目标和施工质量目标；

② 掌握施工合同中对施工的全部要求；

③ 提出施工对设计的要求及设计的配合；

④ 提出施工对采购的要求及采购的配合；

⑤ 制定施工初步方案、项目施工实施准备方案；

⑥ 制定施工范围的说明；

⑦ 制定施工总进度计划及关键里程碑；

⑧ 确定施工持续时间及所需要的各种施工资源；

⑨ 确定相关管理者在施工中的角色及定义；

⑩ 确定施工管理适用程序文件、标准规定等；

⑪ 确定需由业主提供的资源，以及施工必备条件。

三、施工启动

EPC总承包合同签订后，国家相关部门对项目可研报告、环评报告等已经批复，项目施工所需要在当地政府有关部门办理的各类核准手续基本完成或正在核准过程中，业主建设项目所需要的外部配套条件初步具备，在此前提下准备项目施工启动计划。

施工分包商要提前做好施工启动前的各项准备工作，包括：总承包项目的基本概况和项目产品；类似工程和本工程前期所做的初步施工方案和相关施工工艺；有关技术规范和操作规程；设计要求及施工图的工程质量要求。尽快熟悉施工组织及有关设计文件对施工顺序、施工方法、技术措施、施工进度及现场施工总平面布置的要求；施工任务中的薄弱环节和关键部位。组织施工人员对项目施工现场进行勘察，全面了解项目现场概况以及公用工程建设条件。只有进行勘察、调研，才能更好地组织启动施工管理，落实施工方法。

施工管理过程由施工启动、施工策划、施工实施、施工控制和施工收尾组成，一旦施工启动就代表了项目施工管理全过程启动了。特别是以设计为主导的 EPC 项目总承包项目，施工启动意味着项目建设全面展开，是工程建设过程中的一个非常重要的环节。此外，施工启动与项目管理过程中的其他阶段启动有紧密的关联。

施工启动与设计启动、施工启动与施工策划和施工实施有非常紧密的关联，在施工过程中有许多活动是要配合设计的。各阶段的启动和策划尽管有一定的联系，但也存在一定的次序关系，有时还会有一定的交叉，会形成互为条件和基础。只有当设计实施到一定阶段后，初步具备施工条件的图纸文件完成的前提下，施工启动和施工建设实施才能逐步实现。

第三节　施工策划过程

一、施工策划要求

施工策划是施工启动后紧接着开始的一种施工活动过程。在施工启动过程接近尾期时，施工策划初始阶段工作是将施工启动过程中所确定的施工方案及施工管理工作进一步深化，同时，也为施工实施过程做好基础准备工作。

施工策划遵循的基本原则和要求应依据 EPC 总承包合同和施工分包合同。施工策划要明确项目目标以及分解的施工目标、施工范围、施工项目风险和采取的应对措施等。

① 施工策划可能针对一个施工过程和施工活动，也可能是一个建设项目的全部装置或其中的一个单项工程或单位工程的施工。

② 施工任务的范围由总承包合同界定。

③ 以施工分包商为管理主体，对施工进行有效的管理控制。

施工策划的主要特征：

① 施工管理者是总承包商，施工分包商对施工全权负责。

② 施工管理的对象是项目，具有时间控制性，也就是施工的运作周期（从投标至竣工验收）。

③ 施工管理的内容是在一个长时间段内进行的有序施工活动。根据施工阶段及要求的变化，管理内容也会发生变化。

④ 施工管理要求强化组织协调工作。施工策划应对施工管理计划和施工实施计划进行策划，并由施工经理负责组织编制施工管理计划。施工管理计划编制的依据：工程概况、总承包合同及施工分包合同、业主产品目标与期望目标、总承包项目管理目标以及施工分包目标、施工实施基本原则、施工联络与协调程序、施

工资源配置、项目施工风险分析与对策。

二、施工策划主要内容

项目施工策划的主要内容包括施工组织、施工进度、施工质量、施工成本、施工工序质量、施工安全、文明施工、施工变更、施工风险、施工协调、施工分包、施工技术以及施工信息等，并最终满足总承包合同的总要求。

1. 施工组织策划

总承包商项目施工组织机构与总承包商是局部与整体关系。一般情况下，总承包商（或工程公司）项目施工组织机构如图 6-1 所示。

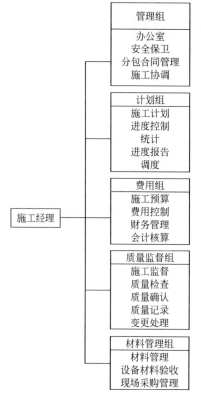

图 6-1　项目施工组织机构示意图

项目施工组织机构通常设置为：

（1）管理组。主要职责为施工现场综合管理，包括施工的安全保卫、项目分包管理、分包合同管理以及项目施工协调和组织。

（2）计划组。主要职责为施工现场计划管理，包括施工计划编制管理、施工进度控制管理、计划进度统计及分析、进度报告和项目进度调度。

（3）费用组。主要职责为施工费用管理，包括施工现场费用计划编制管理、施工费用控制管理、费用支付统计及分析、费用报告和项目现场财务管理，会计核算等内容。

（4）质量监督组。主要职责为现场施工质量管理，包括施工现场质量计划实施管理、施工质量监督控制检查管理、检查质量确认及质量分析、质量记录及现场质量报告、变更处理等内容。

（5）材料管理组。主要职责为现场施工材料管理，包括施工现场材料计划实施、设备材料验收、仓库材料管理及现场材料采购等内容。

一般以设计为主导的总承包商（或工程公司）没有直属的施工企业。通过招投标方式将总承包项目中的施工分包给施工企业，并加强对施工分包企业的管理控制。

建立一个能完成施工管理任务，项目经理指挥灵便、运转自如、工作高效的项目部、项目施工部及施工管理团队非常重要。其目的是为总承包项目进行施工管理提供组织保证，可以有效完成施工项目管理目标，有效应付各种施工环境的变化，形成施工组织力，使施工组织管理系统正常运转，完成项目部管理任务和总承包合同。

施工组织系统能否正常运转，关键在于项目部领导核心，即项目经理和施工经理。不同的施工项目要根据需要，选择不同素质的施工管理人才。一般应具备一定的基本素质：政治素质、组织能力、理论知识水平、实践经验、设计观念和大局意识。

2. 施工进度策划

施工进度是实现施工目标和项目总目标的一个关键环节。在施工启动前应策划好施工方案和进度。对于施工进度的策划，首先要策划项目总进度计划，合理分解施工进度计划。施工过程中的月、旬施工作业计划以及材料、机械使用计划都要服从施工进度计划和项目总进度计划的要求。施工进度计划反映了施工项目从施工启动到竣工的全过程，也反映了施工中各分部、分项工程以及施工工序之间的衔接关系。

对总承包施工项目而言，现场施工是动态的，如施工材料供应、设计变更等原因均会导致施工进度发生变化，必须根据实际情况进行调整。当因自然和人为因素的影响导致施工进度与计划进度偏差较大时，施工经理要结合实际对施工进度计划进行调整，并按程序报批。

3. 施工质量策划

总承包商应建立完整的质量保证体系和质量管理文件，为全面系统地把质量管理落到实处，依据质量保证模式，在项目部建立项目质量保证体系，编制质量文件，制定项目质量目标，使其具有指令性、系统性、协调性、可操作性、可检查性。

施工管理团队和施工人员是项目施工质量的创造者，质量管理应以人为本，调动人的积极性、创造性，增加施工管理团队和施工人员的责任感，树立施工质量第一的观念。施工材料是构成项目产品的主体，在施工过程中，对施工材料的质量控制至关重要，把好各类施工材料的质量关非常关键。施工机械是现代化施工项目中必不可少的因素，对施工项目进度、质量有着直接影响。

影响施工质量的因素还有很多，例如：质量保证体系和质量管理制度；工程技术环境，工程地质、水文、气象等；工程管理环境、劳动环境、劳动组合、作业场所、施工作业面等。要根据总承包项目的特点和具体条件，对影响施工质量的因素采取有效措施严加管理，应建立文明施工和文明生产的环境，为确保施工质量和安全创造良好的条件。

4. 施工成本策划

施工成本是指以施工项目作为成本核算对象的施工过程中所耗费的生产资料转

移价值和劳动者的必要劳动所创造的价值和货币形式。也就是说施工项目在施工过程中所消耗的主材、辅材、构配件、周转材料的摊销费或租赁费，施工机械的台班费或租赁费，支付给职工的工资、奖金以及项目部为组织和管理项目施工所发生的全部费用支出。

随着总承包项目推广应用，施工成本管理已被重视。施工成本管理成为施工管理的主要内容，能够反映施工项目管理的核心价值，提供衡量施工项目管理效绩的定量指标。施工项目成本管理内容包括：成本预测、成本计划、成本控制、成本核算、成本分析、成本考核。施工项目成本的控制，不仅是费用控制人员的责任，也是项目管理人员特别是项目经理和施工经理的责任。要建立以项目经理为核心的项目成本控制体系，实行项目经理负责制，项目经理对施工进度、质量、成本、HSE和现场管理标准化全面负责，特别要把项目成本和施工项目成本控制放在首位。

对施工分包成本管理：项目部与分包单位之间建立特定劳务合同关系，项目部有权对施工分包商进度、质量、安全和现场管理标准进行监督管理，同时按合同支付劳务费用。施工分包商成本的控制，由施工分包商自身负责。

5. 施工工序质量策划

施工工序是形成施工质量的必要因素，为了把工程质量从事后检查转向事前控制，达到"预防为主"的目的，应加强对施工工序质量的控制。工序质量的控制应采用数理统计方法，通过对工序部分检验的数据进行统计、分析，来判断整个工序的质量是否稳定、正常，其步骤为：实测—分析—判断。为更有效地做好事前质量控制，需要做好以下工作：

① 严格遵守施工工艺流程。工艺流程是进行施工操作的依据和法规，也是确保工序质量的前提。

② 控制工序活动条件质量。主要活动条件有施工操作者、材料、施工机械、施工方法和施工环境。将它们有效地控制起来，使其处于被控状态，才能保证每道工序质量正常、稳定。

③ 加强工序活动效果检查。工序活动效果是评价质量是否符合标准的尺度，必须加强工序质量检查工作。对质量状况进行综合统计与分析，掌握质量动态，自始至终使工序活动效果的质量满足规范和设计要求。

④ 设置质量控制点。在一定时期内、一定条件下进行强化管理，使工序质量控制点始终处于受控状态。

6. 施工安全策划

在施工过程中，组织安全生产的全部活动，通过对生产因素的控制，使生产因素不安全的行为和状态减少或消除，不引发事故，从而保证施工项目的正常运行。在施工过程中，坚持控制人的不安全行为与物的不安全状态。分析事故的成因，人、物和环境因素的作用是事故的根本原因，从对人和物的管理方面去分析事故，人的不安全行为和物的不安全状态，都是酿成事故的直接原因。

制定有效的安全施工管理措施。对施工各因素状态的约束和控制，落实施工安全责任，加强施工安全教育，例行施工安全检查。

……

总之，施工策划的主要内容归纳为：

① 策划明确的施工目标，包括施工进度、施工质量、施工成本、施工技术和工序、施工 HSE、文明施工等；

② 策划施工管理模式、施工组织机构和施工职责分工以及施工分包控制；

③ 策划和采用施工技术、质量、安全、费用、进度、职业健康、环境保护等方面的施工管理程序、标准规范和控制指标；

④ 策划施工相关资源配置计划；

⑤ 策划施工沟通程序和相关方规定；

⑥ 策划针对施工风险、存在的问题的应对措施和风险防范计划。

第四节　施工实施过程

一、施工管理程序

施工管理过程应严格按照施工实施程序开展工作，主要内容见表 6-2 所示。

表 6-2　施工实施程序主要内容

序号	程序内容描述	备注
1	施工目标原则	程序说明模块
2	适用施工范围	
3	施工工作职责	
4	施工组织及接口	
5	施工工作程序	施工工作程序模块
6	施工过程监控及记录	过程监控记录模块
7	施工技术文件支持	支持文件体系模块

施工实施程序设置的目的是为了在施工过程中确保按照施工程序文件的规定要求和步骤及设计文件进行施工，以满足项目总承包合同以及适用法律法规和标准规范、HSE 管理的要求。施工经理将作为项目施工管理责任人，全面负责项目的施工过程管理。施工实施管理程序可以用简化了的管理模块进行表示，见图 6-2，包含了施工实施程序说明、施工工作程序流程、施工过程监控记录和文件支持体系，

对施工过程进行质量监控和质量记录，留下痕迹，便于追溯。施工工作程序以及支持性文件体系，包括质量体系文件、施工管理体系文件、施工及相关方国家行业标准规范等。

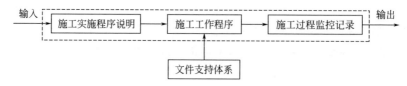

图 6-2　施工实施程序模块示意图

施工实施程序流程见图 6-3 所示。

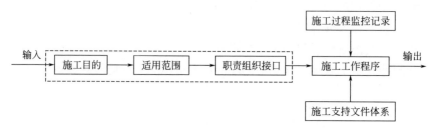

图 6-3　施工实施程序流程示意图

二、施工工作程序设置

在通常情况下，施工工作程序流程是由施工的各个步骤组成：①施工策划；②施工输入；③施工招评标；④施工分包合同签订；⑤施工准备及开工；⑥施工实施；⑦工程中间交接；⑧工程交接（施工输出）。

施工工作程序流程见图 6-4 所示。

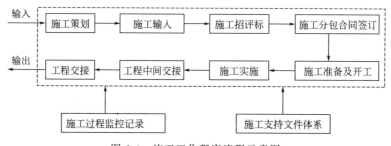

图 6-4　施工工作程序流程示意图

三、施工工作程序说明

1. 施工策划

（1）施工经理负责项目施工策划。根据项目合同、项目实施计划和施工实施计划编制规定的要求，策划组织编制施工实施计划，并按程序审核和批准。施工实施计划批准后，由施工经理组织召开施工开工会议，发布施工实施计划，启动施工各项工作。在施工过程中，施工经理可根据施工实施的具体情况，对施工实施计划进行修订补充，经项目经理审核后发布。

（2）施工策划的重点应该放在施工计划、施工费用、施工进度、施工质量以及施工安全管理和施工技术等方面。

（3）编制施工分包询价文件、施工主要技术规格书、主要施工参数、施工要求、施工进度、施工质量、施工标准等。施工分包商务部分包括施工分包报价等，审查批准后发布。

（4）考察施工分包商的实施能力并进行评价。

（5）对施工实施过程中的"8+10"施工要素的管理及控制进行策划。

2. 施工输入

施工输入包括：项目合同相关条款和规定、施工适用法律法规及标准规范、项目施工相关批文和纪要、总承包商工程设计相关基础资料和图纸文件等。

一般基础资料包括：项目现场建厂条件；提供施工用公用工程等建设条件、厂区总图、地形图等，以及可以利用的建设工程设施等。

施工经理应组织施工相关专业人员对提供的资料进行确认。对不具备施工开工条件的应报告项目经理和业主方，进一步完善、澄清和予以解决，为施工开工创造条件。

3. 施工招评标

（1）施工分包招评标小组。以施工经理为主，组织总承包商相关方的技术、经济、合同等专业人员建立总承包商招评标小组，按照各自专业分工权限负责策划施工招标文件的编制原则、相关专业条款要求，为编制招标文件做好准备工作。

（2）编制施工招标文件。总承包商应对拟参加施工投标的施工分包商进行资格预审，资格预审合格的施工投标商经总承包商报经业主确认后，方可参加施工投标。招评标小组按照策划的施工招标文件原则和要求编制施工招标文件，经相关方审核后发售给资格预审通过的施工分包商投标商。

（3）招评标小组负责组织施工投标商进行施工投标前的现场勘察和工程交底答疑。

（4）招评标小组按照国家有关招投标管理办法，遵照法定招标程序进行招标工作。施工分包商投标结束后，招评标小组组织评标。评标分为商务评标和技术评标两部分进行，最后进行综合评标。施工招评标过程也可以邀请业主方参加。

4. 施工分包合同签订

（1）施工分包招评标小组经过严格的招评标工作后，得到综合评标结果，经相关方审查批准后，对特定的一个装置或几个装置确定一家合格的施工分包商。确定施工分包商后应尽快签订施工分包合同，明确对施工分包商的施工要求、施工进度、施工质量、施工费用和施工总目标。

（2）中标方（施工分包商）应严格按合同要求进行施工，在这个过程中总承包商始终要对施工分包过程进行施工监督、施工质量检查、施工过程控制和施工质量验证。

5. 施工准备及开工

施工前期准备工作主要是做好如下工作：

① 协调业主做好施工场地和施工临时用地的"三通一平"工作；

② 对施工场地进行详勘；

③ 组织施工招投标相关工作；

④ 办理有关项目开工各项手续；

⑤ 准备进驻施工现场的人员、装备；

⑥ 落实建筑施工周转材料、建筑材料供应渠道；

⑦ 落实建筑队伍生活驻地、临时设施问题等。

6. 施工实施

（1）施工进度计划　施工进度计划是项目进度计划在施工方面的深化，它详细描述了需要完成的施工任务的计划时间安排，是施工分包商组织施工的指导性文件。总承包商将根据项目总体进度计划编制施工总体进度计划、装置施工进度计划、装置施工专业进度计划，指导施工分包商编制专业施工详细进度计划和作业计划。

原有进度计划与实际执行情况发生偏差时，必须对原有施工进度计划进行调整，在总关键路径不变的条件下，形成新的进度计划。调整方法是通过压缩关键工作的持续时间来缩短工期，或通过组织搭接作业或平行作业来缩短工期。在实际工作中，将根据具体情况来选用上述方法进行施工进度计划的调整。

（2）施工技术方案　根据施工项目技术特点，施工分包商应在施工准备阶段或施工作业前，组织编制施工技术方案。如某磷酸项目编制浓缩框架土建施工方案、建筑防腐施工方案、机械设备安装方案、现场设备管道制作安装方案、设备管道衬胶施工方案、设备衬碳砖施工方案、电气安装调试方案、仪表安装调试方案、防腐保温施工方案等。

在编制施工技术方案时，为了保证项目工期和施工质量，应体现出施工技术控制的措施：①预制件工厂化，主要包括混凝土构件生产工厂化、钢结构制作工厂化、管道预制工厂化等；②机械化施工，使用吊车用于设备吊装、管道安装机械化、混凝土工程机械化以及大量使用其他各类施工机具；③施工程序化、规范化，结合项目自身特点，广泛采用适当的施工方法，使施工程序化、规范化；④制定施工方案实施计划，使项目施工有方案并可行。施工中应严格按照施工技术方案进行，尤其是重点加强质量管理，采取相应措施，确保工程质量。

（3）施工质量管理　通常情况下，施工项目全部单位工程综合评定目标设定为省级优质工程。为了确保项目施工质量，总承包商应按照专业设立相应的施工质量管理程序，指派各类专业人员贯彻实施施工质量保证程序和项目质量计划，以实现施工质量目标全部达标。

（4）施工费用管理　总承包商应指派专职管理人员负责施工费用的计划实施管理，协调施工中有关施工费用的管理工作。审查项目年、季、月施工费用计划，确定施工费用的有关管理工作程序，定期召开施工费用控制协调会议，检查施工费用计划执行情况。审核施工分包商的工程进度款，定期向项目经理、业主做出施工费用执行报告。

（5）施工安全管理　为了确保项目安全施工，总承包商应成立安全管理机构，指派专人负责检查监督日常安全施工管理工作。并要求施工分包商也建立完整的现场安全管理组织，确定各个安全监督岗位的工作职责和范围。

对施工分包商提出施工现场安全技术要求，在布置施工现场时，各种施工用原材料应堆放整齐，并有一定的安全高度和安全距离。

按照施工总平面图的规划范围，施工现场将会设置一定数量的警告牌，禁止非施工人员或着装不符合安全要求的人员进入现场。

指派专人负责管理施工现场的水源、火源、电源，规定现场安全制度，聘请现场安全值班人员，现场要认真执行安全值日制，监督检查现场所有人员执行安全规程。入场人员必须佩戴安全帽；高空作业要挂安全网，佩戴安全带、工具带。经常检查工人作业场所机械设备的安全状况，以防隐患。

在管理施工现场的同时要管理好所有施工人员的安全工作。在施工作业前针对工作性质，认真对工作人员进行安全交底，严格监督检查工人遵守安全操作规程，对违章作业立即制止，采取改正和处罚措施。

根据项目具体情况、施工条件、施工方法，应制定出相应的安全技术措施，并经常监督措施执行情况。对使用的吊装起重设备、绳索、卡具等应进行强度核算，保证使用中稳定、安全和可靠。对于参加特殊工种、特殊作业的人员应进行施工前的培训，合格后才能允许参加作业。凡属操作机械的人员必须经过考试，取得操作证方可独立工作。

根据季节的变化，做好不同季节的施工管理安全防护工作，夏季做好防暑降温工作，雨季施工则做好防雨、防雷电工作，注意电器设备防雨，防止漏雨跑电，现场塔吊、龙门架高层设备应安装避雷器。

7. 仓库设备材料管理

仓库材料管理是施工安装前的主要环节，总承包商应指派专人负责整个现场设备、材料的管理工作，配合采购部门做好设备材料的验收工作。做好库房规划，搭设临时库房，按照不同设备材料的类别要求，并参照设备材料的特点，分别依次整齐排放，入库设备材料由库房管理人员挂牌标识，按规定格式建立库房设备材料管理台账。设备材料出库，必须持有设备出库单，确认货物发放无误后方能发出，每次设备材料出库完毕，库房管理人员随即进行出库登记。

8. 现场综合管理

总承包商将指派专人负责施工期间的治安保卫管理工作，在业主有关工厂安全保卫规定指导下，建立现场治安保卫管理工作程序和管理办法，对施工分包商的治安保卫工作进行指导协调。

总承包商应按业主有关工厂门卫管理制度规定，对所有进出施工现场的车辆和人员进行登记管理。派出保安人员 24 小时沿着施工现场内进行巡查，重点是施工区域内的建筑物、设施、设备、材料及各类施工工具、机具等巡查工作。同时对整个施工现场的消防工作进行监督检查，在重点区域位置放置灭火器材等防火物品和足够的消防用水。

施工分包商在施工区域内修建临时施工设施和现场办公室等，将按施工总平面图的规划进行，并会事先征得业主的同意。总承包商应要求施工分包商按施工总平面图的规划，在指定地方摆放施工材料、半成品及施工机具；要求施工分包商及时清除因施工原因造成的临时障碍，保证施工道路畅通无阻；要求施工分包商严格施工用水、电的管理工作，做到施工现场节约用水、安全用电。

总承包商应要求施工分包商在施工期间严格执行国家、地方和业主就建设工地施工环境保护的有关规定、要求，对施工中可能产生的废弃物、废水等严格按有关规定进行处理，将施工可能对环境造成的影响控制在最小。

在整个施工期间，总承包商应要求施工分包商在施工现场设置合适的厕所，保证其职工合适地使用这些厕所而不使工地受到污染。

9. 工程交接

（1）施工交接　施工交接是施工分包商之间的交接以及施工分包商内部的一种工程施工交接形式。施工交接可分为施工工序交接（即施工方各专业、工序间的交接和施工工序质量控制点的内部交接）和施工分包商交接。交接时由移交方自检，交接证书、资料；接受方验收，确认证书。当不合格时，由移交方进行整改至合格时为止。

（2）工程中间交接　工程中间交接是施工分包商与用户之间的交接形式。它由中间交接条件、办理中间交接程序和中间交接装置管理组成。中间交接条件即施工方各专业完成单项工程以及装置工厂的施工安装全部任务，中间交接装置已经达到机械竣工条件，提出用户接收申请。办理中间交接程序时由施工分包商自检，交接证书，资料，业主验收，确认证书。当不合格时，由施工分包商进行整改至合格时为止，用户接收。中交装置完成后，由业主保管。使用和维护应在联动试运行前办理手续。

（3）工程交接　工程交接是施工分包商与用户之间的交接形式。它由工程交接条件、办理工程交接程序和交接工程管理组成。工程交接条件即施工分包商完成全部施工任务，全部工程完成达到机械竣工条件，施工方提出用户接收申请。办理工程交接程序时由施工分包商自检，交接证书和相关文件资料，用户审查验收，确认证书。当不合格时，由施工分包商进行整改至工程合格时为止，用户接收。工程交接完成后，业主开始全面准备工程试运行。

四、施工实施计划案例分析

下面以某总承包项目施工为例，分析施工实施计划全过程的管理内容。

1. 编制施工实施计划大纲

施工实施计划大纲见表 6-3。

表 6-3　施工实施计划大纲

序号	主要内容	说明	备注
1	施工项目概况		
2	施工项目范围	施工输入	合同
3	施工策划依据	施工输入	工程条件
4	施工组织及职责分工	施工输入	
5	施工管理目标	施工输入	
6	施工分包		
7	施工招评标		
8	施工工期目标		
9	施工控制目标		
10	施工实施管理	施工实施	施工程序
11	施工开工		
12	施工总平面管理		
13	施工临时设施		
14	施工进度计划	进度控制	
15	施工费用计划	费用控制	
16	施工仓库材料计划	材料控制	
17	施工质量计划	质量控制	
18	施工工序	工序控制	
19	施工技术	技术控制	
20	施工安全	安全控制	
21	HSE 管理要求	施工 HSE 控制	
22	施工风险	风险控制	
23	装置中交	施工输出	
24	工程中交	施工输出	交付
25	文件资料控制和计算机软件要求	文件控制	
26	其他		
27	附件	施工文件支持	

2. 施工管理计划

（1）施工项目概况　以某 EPC 总承包化肥项目为例，对施工管理计划实施进行描述。

项目主要产品和生产规模：交钥匙工程总承包项目，主要产品为合成氨和尿素，合成氨日产量 2000t，尿素日产量 1750t。

项目承包工作范围：项目管理、项目主体工程和配套设施等的勘察、测量，工程设计，采购，施工，预试运行，试运行，投料，性能考核；业主人员培训；备品备件等。项目工期为 36 个月。

（2）施工范围　项目施工范围内容见表 6-4。

表 6-4　项目施工范围内容

序号	装置名称	项目 WBS	施工范围主要内容
A	工艺装置		
1	合成氨装置	4000	土建施工，设备、管道、电气、仪表、防腐保温安装施工
2	尿素装置	6000	土建施工，设备、管道、电气、仪表、防腐保温安装施工
B	公用工程		
1	空压站	31000	土建施工，设备、管道、电气、仪表、防腐保温安装施工
2	配电室	34000	电气、电信安装调试
3	中控室	35000	仪表、电气安装调试
4	界区外管	37000	土建施工，管道、电气、仪表、防腐、保温安装施工
5	全厂通信	38000	设备、电信安装施工
6	氨汽提	26000	土建施工，设备、管道、电气、仪表、防腐保温安装施工
C	辅助生产设施		
1	全厂火炬	51000	土建施工，设备、管道、电气、仪表、防腐保温安装施工
D	外围设施		
1	外接管线	29000	土建、管道、仪表施工

（3）施工外部条件　掌握项目工程地质、气象、水文资料。施工场地情况和用户提供的其他资源：施工用水，由业主提供水的供应点，供水管线 DN150 水管，100m³/h；施工场地用电由两台 1000kV·A 变压器供电，施工分包商营地及预制场由一台 750kV·A 变压器供电。

（4）总承包项目施工职责分工　施工相关方职责分工见表 6-5。

表 6-5　施工相关方职责分工

工作任务	部门主任	项目经理	其他成员	施工经理	施工工程师	用户	施工分包商	施工监理
建立施工管理组织	D	D	A	P和X	X和A			
编制施工进度计划	I或A	D	I或A	P和X	X和A	I或A		
制定施工分包方案	A	D	A	P和X	X和A	I或A		
估算施工费用	A	D	X和A	P和X	X和A			
估算施工管理人工日	I或A	D	X和A	P和X	X和A			
制定资源动员计划	D	D	X和A	P和X	X和A			
施工单位考察	A	D	A	P和X	X和A	I或A		
编写施工招标文件	A	D	X和A	P和X	X和A	I或A		
施工招标	A	D		P和X	X和A	I或A	X	
施工开标	A	D		P和X	X和A	I或A	X	
施工评标	A	D	A	P和X	X和A	I或A	X	
施工决标	A	D		P和X	X和A	I或A		
发中标通知书	A	D		P和X	X和A	I或A		
施工承包合同谈判	A	D	A	P和X	X和A	I或A	X	
施工承包合同评审	D	D	D	P和X	X和A			
施工承包合同生效	A	D		P和X		I	X	
施工承包合同管理	A	D		P和X	X和A	I或A	X	
协调施工开工条件	A	D	X和A	P和X	X和A	I或X	X和A	I或A
组织施工开工	A	D	A	P和X	X和A	I或X	X和A	I或A
施工协调调度	A	D	A	P和X	X和A	I或A	X和A	I或A
施工进度管理	A	D	X和A	P和X	X和A	I或A	X和A	I或A
施工费用管理	A	D	X和A	P和X	X和A	I或A	X和A	I或A
仓库管理	A	D	X和A	P和X	X和A	I或A	X和A	I或A
施工总平面图管理	A	D	A	P和X	X和A	I或A	X和A	I或A
施工和工程交接	A	D	A	P和X	X和A	I或A	X和A	I或A
施工技术管理	A	D	X和A	P和X	X和A			I或A
施工质量管理	A	D	X和A	P和X	X和A			I或A
施工 HSE 管理	A	D	A	P和X	X和A			I或A
文件和资料管理	A	D	A	P和X	X和A	I或A	X和A	I或A
施工月度报告	A	A	A	P和X	X和A			
施工完工报告	A	A	A	P和X	X和A			

注:X—执行工作;D—参加决策;P—决策和控制进度;I—必须通报或咨询;A—建议。

3. 施工分包

（1）施工特点　根据项目施工特点，工期条件以及项目所在地施工资源情况，采用邀请招标方式选用多家施工分包单位分别承担各区域的施工方式。主要施工分包商原则上在邀请招标文件中确定的公司中选取。

（2）施工分包内容　包括建筑工程桩基工程（含试桩）；建筑工程各单位工程钢结构预制；工艺设备、管道、电气、仪表等安装工程；建筑工程及安装工程防腐、保温。上述施工分包可根据施工招标的结果进行适当的合并和拆分。原则上分包合同的招标采用固定单价招标，具备条件的单位工程采用固定总价招标。

4. 施工招标

（1）考察原则　施工经理负责组织施工工程师对合同中列出的拟分包施工单位及其他有关施工单位进行书面调查和现场考察，重点对施工单位的资质、业绩、能力等方面进行考察。

（2）施工招标文件编制要求　根据相关的施工招投标管理规定的要求编制施工招标文件。招标文件应满足项目的相关要求，符合总承包合同的有关条款。承担相关施工任务的分包商应达到的相应资质条件为二级及以上地基和基础工程专业承包资质；一级房屋建筑工程施工总承包资质；一级化工石油工程施工总承包资质。

（3）邀请招标方式　施工分包商不得再次分包和转包。根据不同施工分包项目，主要采用固定综合单价方式投标报价。建筑材料可采取大包或清包两种方式，安装主材由总承包商供应，安装辅材由施工分包商供应。施工工期要求施工分包商响应总承包招标文件对施工工期的要求。一般要求投标人提供投标保函，施工分包商提供履约保函。

（4）施工分包合同　施工承包合同签署后，总承包商应及时跟踪取得施工分包商的履约保函及预付款保函（如果合同要求），支付预付款，保证合同按计划开始履行。施工过程中要及时根据施工活动涉及合同解释、合同增补和合同争议方面的情况，做好合同跟踪和管理工作。工程竣工后及时同施工分包商签订质量保修书。

5. 施工工期目标及开工

（1）施工工期目标　施工开工日期：确定于××××年××月××日开始进行桩基施工，同时也是整个土建施工的开工日期。施工进度（主要控制点）准点率：92％。机械竣工日期：按照总承包合同的规定及项目实施计划执行，计划××××年××月××日全场机械竣工。总工期36个月。

（2）施工管理目标

① 施工进度准点率：≥92％。

② 施工工序质量共检一次合格率：≥97％。

③ 施工HSE管理覆盖率：100％。

④ 环境事故、火灾事故、重大伤害事故：0。

⑤ 百万工时伤害率（整个工期内轻伤≤10人）≤4.5。

⑥ 群体中毒、传染病发生次数：0。

⑦ 伤害严重率（整个工期内事故损失工日≤25天）：≤22。

⑧ 直接经济损失50万元以上的事故：0。

⑨ 施工质量评定等级：合格。

（3）临时设施设置　施工分包商原则上在合同划定的区域内布置临时设施，根据施工承包区域，就近设置。临时设施的布置要在满足使用要求和满足HSE相关规定的前提下，本着勤俭节约的原则，尽量利用现有设施。通过各方友好协商，合理布置公用临时设施，避免重复建设。

（4）施工开工　对可能影响施工按计划要求开工的因素，施工经理应采取以下应对措施：对内部影响因素，通过及时向项目经理报告，并在项目经理的支持下积极进行内部协调，满足施工开工所必需的内部条件；对外部影响因素，通过积极与业主和施工分包商的协调，满足施工开工所必需的外部条件。针对项目的重点、难点，应在场地准备、设施准备、队伍进点、施工部署、施工开工、交叉作业、施工完工等步骤方面，提前做出具体策划，落实施工资源，包括人力、机具、设施和材料供应等。

6. 施工进度管理

（1）施工进度计划编制　根据项目三级进度计划和合同工期要求，编制项目总体施工四级进度计划，同时在开工前根据要求编制项目各装置专业施工作业进度计划。部分关键施工项目的作业进度计划可在施工承包合同签订过程中或合同施行前同施工分包商一起调整确认。

（2）施工计划调度　项目施工进度计划实行分级管理：项目经理通过项目计划工程师制定项目总体进度计划，同时协调保证施工与设计、采购之间的接口关系，保障施工各项目具备按计划开始的各项条件。施工经理在施工工程师的配合下，重点控制各装置施工总体进度计划的执行，重点协调各装置施工总体进度计划落实的外部条件，如协调图纸满足施工、协调材料及时到货等。

施工工程师按照装置各专业施工进度作业计划的要求重点跟踪检查施工分包商的作业计划完成情况，重点协调施工作业计划的外部条件。项目采用每周进度统计，每周定期召开施工调度会和非定期专项工作协调会的方式进行施工计划管理的协调工作。在施工计划协调管理中，以各装置施工总体进度计划管理为核心，对施工分包商实行两周滚动计划管理。施工分包商的两周滚动计划、各种资源计划是施工工程师计划管理的重点。

7. 施工费用管理

施工费用控制管理按项目费用管理规定及有关财务管理规定执行。按项目施工费用控制目标，并结合项目施工费用控制的特点、难点，采用从分包合同价格开始进行施工费用的预控、严格施工签证数量的过程控制和结算（预算工程师、施工经理）审核的方式，对施工费用进行控制。施工费用控制的重点在分包合同价格及施工签证方面，应及时与施工分包商办理工程结算。所有施工签证必须经由施工经理批准。

8. 设备材料仓库管理

（1）仓库设置　总承包商在现场设置一级仓库，施工分包商视承接的施工项目情况设置二级仓库，总承包商对现场内的仓库有管理或监督权，并按施工仓库管理规定进行管理。主要设备采用到货安装或装置就近放置方式。主要仓储物资的管理方式：建筑材料和安装辅材由施工分包商仓储管理；设备和安装主材由总承包商的一级仓库管理或出库后移交施工分包商二级仓库管理。仓储物资包括用于项目建设的全部设备、材料。施工分包商仓库管理规定应符合总承包商的相关仓库管理要求。

（2）仓库管理要求　项目所需设备、材料品种繁杂，应在仓库管理规定中针对大型超限设备及一般设备、特殊管道材料、电气仪表材料等的特点，从接收、存放、出库诸环节制定详细的管理措施，并在施工实施过程中严格执行。

9. 施工技术管理

施工技术管理应重点做好大型设备吊装，现场非标设备制作、安装，贵重金属管道、高压管道预制焊接等施工项目技术指导书的编制工作，重点阐述其施工组织，计划管理，施工技术特点，施工程序、措施和方法；重点做好压缩机安装、高压管道试压、压缩机试运行等关键方案的评审工作。

第五节　施工控制过程

一、施工控制概述

通过施工管理控制可以预防和发现在施工实施过程中发生的施工偏差和各种问题，对发生的施工偏差和存在的施工问题要进行分析并采取必要的纠正措施。施工经理在项目经理领导下全面负责施工过程的控制管理工作，并按施工控制程序执行。施工管理控制要充分结合总承包项目的施工特点和难度，有针对性地提出施工技术方案，选择科学合理的施工工法，以保证施工过程按照预期的施工目标实现。

1. 施工控制定义

施工控制是指将施工实施过程中所确定的范围、目标、计划、活动、资源及施工需求进行管理控制，确保项目施工活动在发生偏差时，能够及时进行偏差分析，采取有效的应对措施，纠正纠偏，直至实现施工所确定的目标。

2. 施工控制对象

施工控制对象是施工进度、质量、费用（成本）、HSE、范围、施工活动以及与施工活动相关的人员和施工分包商。施工活动是指施工项目管理结构图上各个层次的施工单元或施工子项，上至整个项目各层次，下至各个分解的施工子项及工作包的各项工作。

3. 施工动态控制

在施工控制过程中，由于受各种内部和外部施工因素影响，存在施工动态变化及变更，对施工动态变更要进行跟踪控制，检查和测量发生的施工偏差，在掌握实际施工动态与施工实施计划的偏差情况后进行纠正。施工实施计划过程控制要采用科学的管理方法，并严格按照施工实施计划控制程序执行。

设置施工实施计划控制程序的目的是确保施工进度、施工质量、施工费用、施工 HSE 目标与项目目标保持高度的一致性。

二、施工控制程序内容

施工经理在施工控制程序中通过施工内、外部协调，范围及变更控制方法等，充分发挥施工责任主体作用。施工实施计划控制程序主要内容见表 6-6。

表 6-6　施工实施计划控制程序内容

序号	程序内容	备注
1	施工控制说明、原则、原理	程序说明模块
2	施工实施计划	
3	施工控制工作程序	控制工作程序模块
4	施工过程监督质量记录	施工监督记录模块
5	支持文件体系	支持文件模块

施工控制程序实行施工全过程控制管理，施工控制的目的是为了确保施工目标、范围满足项目合同和 QHSE 管理要求。施工控制程序可以用施工控制管理模块进行表示，见图 6-5。

施工控制程序流程见图 6-6。

三、施工控制工作程序设置

通常情况下，为了对施工实施计划进行控制管理而设置的施工控制工作程序由

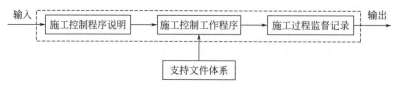

图 6-5　施工控制管理模块示意图

图 6-6　施工控制程序流程示意图

下述步骤组成：施工控制策划、施工控制计划、施工控制计划分解、施工控制计划检测、施工控制偏差分析、施工控制预测、施工控制调整、施工控制报告。

施工控制工作程序流程见图 6-7。

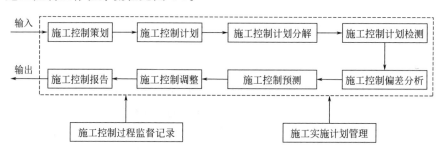

图 6-7　施工控制工作程序流程示意图

第六节　施工收尾过程

施工收尾过程是施工项目结束的最后阶段，施工收尾过程包括施工项目竣工、验收、结算、决算、考核评价等方面的活动。施工收尾可分为施工收尾条件、施工收尾过程、施工收尾结束。其中施工收尾结束后，意味着项目将进入到下一个项目活动，即项目试运行过程开始，标志着项目建设进入全面试运行阶段。

一、施工收尾条件

施工执行结果可能存在两种情况。第一种情况是按照施工进度规定的条件，在规定的时间约束条件下，完成了合理的施工工期目标；在规定的项目投资估算或预算约束条件下，完成了施工控制投资概算或投资预算目标；在规定的项目质量约束条件下，具备了施工项目的特性、功能和标准目标。在完成上述三项施工目标的前提下，施工具备收尾条件。第二种情况是没有按照上述三项约束条件完成预期的目标，项目延期或可能会导致施工项目终止。

二、施工收尾过程

当施工按照三项约束条件完成预定目标，将进入施工收尾过程。对施工收尾管理和控制是施工结束前的一项重要工作。施工收尾过程一般可分为竣工扫尾、竣工验收、竣工结算、竣工决算、资料交付、考核评价等阶段。另外，施工收尾后还应确定施工回访和保修的计划和工作方式。

1. 竣工扫尾阶段

由施工项目经理负责施工项目竣工扫尾工作，根据施工项目竣工收尾的现场情况和施工扫尾进度要求，组织相关人员编制施工项目扫尾实施计划并限期完成施工尾项。竣工扫尾计划应包括以下内容：竣工扫尾项目名称；竣工扫尾内容；竣工扫尾质量标准；竣工扫尾进度计划；竣工扫尾文件资料。

竣工扫尾实施计划编制完成后，按相关程序报批、审查和实施。应及时组织竣工扫尾工作完成和初步验收。竣工扫尾初步验收合格后，施工分包商应向总承包商或项目业主提交施工项目竣工报告，约定有关施工项目竣工验收事宜。

2. 竣工验收阶段

施工项目竣工验收的相关组织工作由总承包商负责，应做好竣工验收前的各项准备工作。项目业主作为竣工验收的主体，在竣工验收前，业主应组织相关方专家或有关人员成立竣工验收委员会或验收小组，研究制定施工项目竣工验收方案。一般情况下，按竣工验收方案进行施工项目竣工验收。对复杂的项目，可以按下列程序分别进行验收：中间验收或单位工程验收；单项工程验收；全部项目验收。

施工项目竣工验收应依据以下文件：经过上级批准的可行性研究报告；施工文件、详细施工图纸及说明书；设备技术说明书；招投标文件和工程合同；施工变更、修改通知单；现行施工规范、规程和质量标准；引进项目的合同和国外提供的技术文件。

交付竣工验收的项目必须符合国家规定的竣工条件和竣工验收要求。组织项目竣工验收应提出工程竣工验收报告，有关当事人等应签署施工项目竣工验收意见，负责人签字并盖单位公章。项目文件归档整理应执行国家现行《建设工程文件归档整理规范》（GB/T 50328—2014）和有关标准、文件的规定。

移交项目文件档案应编制清单目录，并符合下列规定：工程文件档案必须完整、准确、系统；工程文件档案必须符合归档的质量要求；工程文件档案必须与清单目录保持一致；工程文件档案必须有交接、签字、盖章。

3. 竣工结算阶段

竣工结算报告由总承包商（施工分包商）编制，项目业主负责审查，双方最终确定。编制项目竣工结算报告应依据下列资料：

① 工程合同；

② 工程投标中标报价单；

③ 竣工图、施工变更、修改通知；

④ 施工技术核定单、材料代用核定单；

⑤ 现行工程计价、清单规范、取费标准及有关调价规定；

⑥ 有关追加、削减项目文件；

⑦ 双方确认的经济签证、工程索赔资料；

⑧ 其他有关资料等。

施工项目竣工验收后，项目业主或总承包商应在约定的期限（注：对 EPC 总承包项目应在试运行性能考核后的特定时间内）内向总承包商或施工分包商递交工程项目竣工结算报告及完整的结算资料，经双方确认并按规定进行竣工结算。通过施工项目竣工验收程序，办完施工项目竣工结算，总承包商应在合同约定的期限内进行工程项目移交。

4. 竣工决算阶段

工程项目应按国家相关规定编制项目竣工决算报告。项目竣工决算报告编制的依据有：

① 建设项目计划任务书和有关文件；

② 建设项目总概算和单项工程综合概算书；

③ 建设项目施工图纸及说明书；

④ 施工交底、图纸会审纪要；

⑤ 招标标底、工程合同；

⑥ 工程竣工结算书；

⑦ 各种施工变更、经济签证；

⑧ 设备、材料调价文件及记录；

⑨ 项目竣工文件档案资料；

⑩ 历年项目基建资料、财务决算及批复；

⑪ 国家、地方主管部门颁发的项目竣工决算的文件等。

项目竣工决算报告应包括以下内容：

① 项目竣工财务决算说明书；

② 项目竣工财务决算报表；

③ 项目竣工图；

④ 项目造价分析资料表等。

项目竣工决算报告编制应按下列程序进行：

① 收集、整理相关项目竣工决算依据；

② 清理项目账务、债务和结算物资；

③ 填写项目竣工决算报告；

④ 编写项目竣工决算说明；

⑤ 将项目竣工决算提交上级审查。

竣工决算编制完毕，应通过审计机关进行审计。

5. 资料交付阶段

施工资料范围涉及整个施工各阶段的计划、报告、记录、图表和各种数据等资料；同时还包括施工输入资料文件、施工重要方案审查报告等。

施工资料是整个施工过程的详细记录，是衡量施工成果的重要依据。也是工程施工和试运行和生产运行重要的原始凭证。

施工资料验收是由施工相关部门和责任人将整理好的、真实的施工资料交给项目管理部门，由项目管理部门进行确认和签收。最后由项目部统一与业主按相关程序进行施工资料文件的验收和转移交接。施工资料交付完成后，应建立施工资料档案，编制施工资料交付报告。

6. 考核评价阶段

施工各个阶段完成后，在施工收尾结束过程中进行的一项重要的活动是施工总结评价。通过对施工工作进行系统总结评价，对施工各阶段完成的工作量、目标、进度、费用、质量、HSE 控制指标进行统计和复核，起到肯定施工成绩、总结施工经验、研究存在的问题、吸取经验教训、不断提高 EPC 总承包施工综合能力和施工管理能力的作用，为项目试运行打好基础。

考核评价程序如下：

① 制定施工考核评价办法；

② 建立施工考核评价组织；

③ 编制施工考核评价方案；

④ 实施施工考核评价工作；

⑤ 提出施工考核评价报告。

7. 施工回访保修

（1）施工回访和保修　施工分包商应制定施工项目回访和质量保修制度，并纳入企业及项目质量体系管理。回访和质量保修应编制施工保修工作计划。施工保修工作计划应包括以下内容：

① 主管施工项目回访与保修的部门；

② 执行施工回访保修工作的单位；

③ 回访哪些施工项目或使用单位；

④ 回访时间、保修期限及主要内容等。

（2）回访方式

① 电话询问、登门座谈、例行回访；

② 针对季节变化进行重点回访；

③ 对施工中采用的新技术、新材料、新设备、新工艺的项目，回访使用效果或技术状态；

④ 针对特殊施工项目进行专访。

建设项目质量保修必须按国家相关法律、法规和规章制度执行。签发项目质量保修书或合同约定，应注明质量保修范围、最低保修期限、保修责任承担、保修费用支出等内容。

施工保修费用的计算可参照建设工程造价的计价程序和方法。保修费用的承担由造成施工质量缺陷的责任方负责。

三、施工收尾结束

施工收尾的标志是在规定的时间、规定的资源和规定的施工项目功能标准目标条件下，完成了合理的施工工期目标、施工项目投资概算和预算目标、项目特性和功能目标。当施工合同目标及施工结算全部完成并已经确认，则施工收尾结束，编制施工收尾报告。

四、施工收尾报告编制

1. 项目概况

内容包括：项目名称、用户名称、建设时间、合同号、合同生效日期、施工范围、主要施工技术或工法、施工建设规模。

2. 施工完成工程量

内容包括：施工完成工程量概况、施工建设工程总结。

3. 施工进度过程控制

内容包括：施工进度计划实施概况、施工进度实施总结。

4. 施工费用过程控制

内容包括：施工费用估算、施工费用计划实施概况、施工费用实施总结。

5. 施工人工日

内容包括：施工人工日计划执行概况、施工人工日计划实施总结。

6. 施工质量过程控制

内容包括：施工质量目标测量数据概况、施工质量总结。

7. 施工 HSE 过程控制

内容包括：施工 HSE 目标测量数据概况、施工 HSE 总结。

8. 施工绩效管理及评价

内容包括：施工绩效管理概况、施工绩效管理总结。

9. 外部评价

内容包括：用户评价、监理单位评价、政府评价。

第七节　施工管理

一、施工目标管理

1. 施工人员综合素质目标

施工人员是施工生产经营活动的对象，也是施工项目的管理者、操作者。项目施工的全过程均是通过施工人员及施工管理来实现的。施工人员的素质，即文化水平、技术水平、决策能力、管理能力、组织能力、作业能力、控制能力、身体素质及职业道德等，都将直接对施工的质量产生影响。施工人员是决定项目质量目标实现成败的关键。因此施工人员应该具备一定的综合素质，掌握比较完整的知识结构，懂技术及专业知识；具有丰富的工程施工实践经验；具有较强的施工管理协调能力；具备高尚的道德情操和敬业精神；具备良好的文化素养及健康的身心。对施工人员要奖罚分明，建立健全施工人员的管理体制，各岗位职责、权利明确，做到令出必行，服从指挥，才能按期保质完成施工任务。

2. 施工动态过程目标控制

（1）施工目标动态管理　施工项目目标在实施过程中主客观条件的变化是绝对的，不变则是相对的；在施工项目进展过程中平衡也是暂时的，不平衡则是永恒的。因此在施工项目实施过程中必须随着情况的变化进行施工项目目标的动态控制。

（2）施工项目目标动态控制的工作程序　是将施工项目目标进行分解，以确定用于施工项目目标控制的计划值，收集实际值，定期进行比较，当发现施工项目目标的计划值和实际值有偏差时，则采取纠偏措施进行纠偏。

运用动态控制原理，对施工项目进度、施工费用、施工质量、施工技术、施工项目设备材料等动态目标进行管理及控制，方法如下：

① 将目标逐层分解；

② 在施工过程中对各目标进行动态跟踪和控制；

③ 若有必要，则调整相关目标。

二、施工变更管理

在项目施工管理中设计变更和工程签证是很重要的一项工作。变更构成原因复杂，规律性较差，发生时间长，难以确定其造价。一般由设计变更和工程签证而调整的工程造价占整个单位工程竣工结算的比例在6％～20％，因此，重视和做好变更工作是施工管理的一个关键环节。

1. 设计变更含义及内容

设计变更是工程施工过程中为保证设计和施工质量、完善工程设计、纠正设计错误以及满足现场条件变化而进行的设计修改工作。一般包括由原设计单位出具的设计变更通知单和由施工单位征得由原设计单位同意的设计变更联络单两种形式。在建设单位组织的由设计单位和施工企业参加的设计交底会上，经施工企业和建设单位提出，各方研究同意而改变施工图的做法，都属于设计变更，为此而增加新的图纸或设计变更说明都由设计单位或建设单位负责。

施工企业在施工过程中，会遇到一些原设计未预料到的具体情况，需要进行处理，因而发生设计变更。如工程管道安装过程中遇到原设计未考虑到的设备和管墩、在原设计标高处无安装位置等，需改变原设计管道的走向或标高，经设计单位和建设单位同意，办理设计变更或设计变更联络单。这类设计变更应注明工程项目、位置、变更的原因、做法、规格和数量，以及变更后的施工图，经现场设计代表签字确认后即为设计变更。

工程开工后，由于某些方面的需要，建设单位提出要求改变某些施工方法，或增减某些具体工程项目等，如在一些工程中由于建设单位要求增加的管线，在征得设计单位的同意后产生设计变更。施工企业在施工过程中，由于施工方面、资源市场的原因，如材料供应或者施工条件不成熟，认为需改用其他材料代替，或者需要改变某些工程项目的具体设计等，经双方或三方签字同意可作为设计变更。

2. 工程签证含义及内容

施工过程中的工程签证，主要是指施工企业就施工图纸、设计变更所确定的工程内容以外，施工图预算或预算定额取费中未含有而施工中又实际发生费用的施工内容所办理的签证，如由于施工条件的变化或无法遇见的情况所引起的工程量的变化。

例如，由于建设单位未按合同规定的时间和要求提供材料、场地、设备资料等，造成施工企业的停工、窝工损失。由于建设单位决定工程中途停建、缓建或由于设计变更以及设计错误等，造成施工企业的停工、窝工、返工而发生的倒运、人员和机具的调迁等损失。在施工过程中发生的由建设单位造成的停水停电，造成工程不能顺利进行，且时间较长，施工企业又无法安排停工而造成的经济损失。

3. 办理设计变更原则

一般设计变更的原因有：

① 由于设计错误或缺陷造成的；

② 由于监理单位失职或错误指挥造成的；

③ 由于设备、材料供应单位供应的材料质量不合格造成的；

④ 由于施工单位的原因，施工不当或施工错误造成的。

设计变更可由施工方提出，经建设单位、设计单位确认后由设计部门发出相应图纸或说明，下发到有关部门付诸实施。

但在提交时应注意以下原则：

① 更改后施工的方便性不宜受影响；

② 增加造价应取得项目单位的认可；

③ 为免除办理结算时不必要的麻烦，尽可能以工程变更形式替代材料代用单，与设计相关的可办工程签证，作为引起造价增减的结算依据。

4. 办理工程签证注意事项

及时办理现场签证。凡涉及费用支出的停工签证、窝工签证、用工签证、机械台班签证等，一定要在第一时间找现场代表核实后签证，如果现场代表拒签，可退一步请他签认事实情况，及工期顺延。并且要马上报告办理情况。

不适合以签证形式出现的如议价项目、材料价格等，应在合同中约定；而合同中没约定的，应由有关管理人员以补充协议的形式约定。

5. 设计变更和工程签证控制

（1）建立完善的管理制度 明确规范领导、施工技术、预结算等有关人员的责任、权利和义务，只有责权利明确了，才能规范各级工程管理人员在设计变更和工程签证的管理行为，提高其履行职责的积极性。

（2）建立合同交底制度 让每一个参与施工项目的人了解合同，并做好合同交底记录，必要时将合同复印件分发给有关人员，使大家对合同的内容做到全面了解、心中有数，划清甲乙双方的经济技术责任，便于实际工作中运用。

（3）严格区分设计变更和工程签证 根据我国的现行规定，设计变更和工程签证费用都属于预备费的范畴，但是设计变更与工程签证是有严格的区别和划分的。属于设计变更范畴的就应该由设计单位下发设计变更通知单，所发生的费用按设计变更处理。属于工程签证的由现场施工人员签发，所发生费用按发生原因分类处理。

（4）提高责任心和业务水平，严把设计变更和工程签证关 设计变更和工程签证是建筑工程产品在建设过程中的一项经常性工作，加强设计变更和签证管理工作是施工单位成本管理的重要组成部分，也是现场施工人员管理水平的综合体现。

三、施工招标管理

在施工分包商资质、能力、业绩的基础上，对施工分包商进行招标，严格按照招标控制流程开展工作。施工招标管理流程见图 6-8。

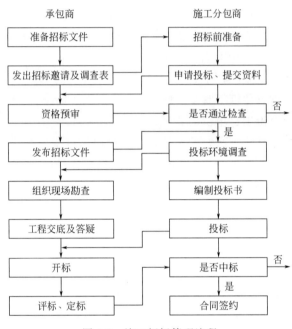

图 6-8　施工招标管理流程

四、施工评标管理

1. 施工项目标书评审类型

目前施工项目标书评审一般采用两种评标办法：综合评标法和最低价中标评标法。综合评标法是按照招标文件设定的不同分值权重分别对投标人的技术标书和商务标书进行评分，按照得分或评标价高低推荐施工项目招标候选人。最低价中标评标法则先进行第一阶段技术标的评审，确定符合招标文件的投标要求，再进行第二阶段的商务标评审，选择符合条件的最低报价的投标企业作为施工项目中标单位。因此，技术标书评审和商务标书评审是招标评审的两个不可或缺的环节。

2. 施工技术标书评审

技术标书评审一般包括评审投标人承诺的拟投入本投标项目的技术人员、设备的配置情况，以及投标人制定的施工方案中的关键工序、技术方案是否严密、可靠、有效，从而评价投标人的技术能力。评审投标人主要管理人员素质和安全生产保障措施与招标文件规定的质量与进度要求的符合程度，从而评价投标人的管理水平。

技术标书分为施工方案、施工工期、工程质量以及项目经理和项目施工班子的配备四项，分别对各项内容评定并打分。技术标书评审规定每项内容经评定合格才能进行下项评定，或者评审总分必须达到满分的 60%，才能进入下一阶段的评审。

对技术标书应进行以下各项分析：

（1）施工方案

① 施工方案及平面布置合理性；

② 施工进度计划及保证措施；

③ 质量、安全措施及质量保证体系；

④ 文明施工措施。

（2）施工工期

① 工期满足招标文件要求；

② 对工期有承诺及有违约经济处罚措施。

（3）工程施工质量

① 工程质量符合招标文件要求；

② 对质量有承诺，有违约经济处罚措施。

（4）项目经理及项目班子的配备

① 有与承担本工程项目相适应的项目经理；

② 近年来获各级优质工程奖、工程安全奖的优秀项目经理的情况；

③ 项目施工班子配备情况。

3. 商务标书评审

商务标书评审是按照招标文件规定的计算方法，采用直线内插法计算投标报价得分。目前评标过程中普遍采用两种计算方法：一种是以标底（或业主的期望值）为基准，以所有投标商报价的平均值（或剔除不合理报价后的平均值）为依据，计算两者的中间价，作为投标报价得分的最高价；另一种是以经过评审、剔除不合理价格后的最低投标报价作为投标报价得分的最高价。

对施工项目投标报价进行以下各项分析：

（1）投标报价数据计算的正确性

① 报价的范围和内容是否有遗漏或修改；

② 报价中每一单项价格计算是否正确等。

（2）报价构成的合理性

① 通过分析投标报价中有关前期费用、管理费用、主体工程和各专业工程项

目价格，判断投标报价是否合理；

②对没有名义的工程量、只填单价的机械台班费和人工费，进行合理性分析；

③分析投标书中所附的各阶段的资金需求计划是否与施工进度计划相一致。

（3）对建议方案的商务评审

①分析投标书中提出的财务或付款方面的建议；

②估计接受这些建议的利弊及可能导致的风险。

4. 评标过程中的相关分析和判断

（1）不合理价格分析判断　在评标过程中剔除不合理价，不应简单地剔除报价最高价和最低价，而应剔除低于个别成本的低价和超过标底的高价。

招标人和投标人常会发现一个现象，即开标时标底价格普遍偏高。如果在标底编制过程中，定位在投标企业平均水平，标底的准确性肯定会好些，但是编制标底的咨询单位，对施工企业内部的财务状况、管理水平以及投标策略等不了解，对工程的现场施工定额测定工作则需要较长的时间。因此，招标的标底一般套用全国统一概预算定额和地区单位估价表，参照概预算取费标准，反映的是本行业本地区企业的平均水平，所以标底价格自然偏高。

然而，招标就是择优，如果投标商的报价高于标底，则说明该企业的技术水平和经营管理水平达不到本地区的平均水平，则该企业不能算优秀，不能成为中标企业。因此，标底可以用来作为限制报价最高价的依据，而不应作为确定评分标准的依据。

如果投标人以排挤其他竞争对手为目的，而以低于其个别成本的价格，则构成低价倾销的不正当竞争行为，违反我国相关规定。在评审过程中，如果评标委员会发现投标人的报价明显低于其他投标报价，使得其投标报价可能低于其个别成本的，应当要求该投标人作出书面说明，并提供相关证明材料。投标人不能作出合理说明或者提供相关证明材料的，由评标委员会认定该投标人以低于成本报价竞争，其投标应作废标处理。

（2）施工方案合理性分析判断　对施工方案的评定，应能体现出施工企业的技术水平和管理水平。在有限的时间里，对所有投标文件的施工方案给出评分，应侧重于评审针对本工程特点采取的质量安全保证体系及措施、主要机具设备及人员专业构成、工期进度安排及保证措施、安全生产及文明施工措施等内容。

5. 施工项目报价管理

投标商最终报价是投标商以标书编制的预算价（标价）为基础，综合考虑各种因素后对预算标价进一步修订的报价，可以在标书中列报，也可以降价函的形式另报。投标商投标最终报价一般要占整个投标书分值的 60%～70%，将对是否中标产生直接影响。所以，一定要对所做的施工工程预算进行认真分析和比较，以使所确定的最终报价最大限度地接近最优报价（得满分的报价），提高中标率。

五、施工分包管理

1. 施工分包商管理

施工分包管理主要包括施工分包商管理和施工分包工作管理。在确定施工分包商前，总承包商要通过调研和相关途径了解落实施工分包商相关资料，这些资料如下：

① 施工分包商资料　营业执照、资质证书、银行信用等级、质量体系认证、工程施工业绩、施工机械装备、专业队伍素质、与总承包商合作履历等。

② 编制招标文件　邀请函、施工投标须知、技术资料。

③ 初步预选施工分包商　在调研的基础上，根据施工分包商的基本资料确定三家及三家以上的施工分包商。

④ 发标书　向预选施工分包商分发标书以及施工合同条款等。

⑤ 评标　施工分包商正式投标，要求投标文件完整齐全、施工能力和技术力量满足标书要求、价格、施工进度、支付方式和条件符合标书要求。

2. 施工分包管理

总承包商在评标基础上与中标施工分包商签订施工合同，包括技术条款、商务条款、补充条款、付款方式、施工单位投标评标报告。施工分包管理的内容应在施工分包合同中予以明确。

施工承包商选择工作流程见图 6-9。

六、施工开工管理

1. 施工开工准备内容

① 施工许可证：施工开工证件齐全，已办理施工许可证。

② 项目现场：项目建设现场三通一平，场地平整无障碍物。

③ 施工所需的公用工程：水、电、汽、路、通信具备条件。

④ 三材：石材、木材、钢材满足施工要求。

⑤ 采购材料：满足施工要求。

⑥ 设计文件：满足施工要求。

⑦ 施工资源：施工人员、机具、设施进入现场。

⑧ 施工管理机构：满足施工管理要求。

⑨ 施工图纸：三方已经会审，设计交底完成。

⑩ 施工计划：已经确认。

⑪ 总平面布置图：坐标控制点和水准点已经确认。

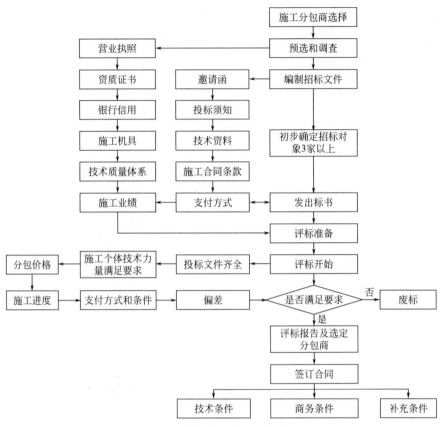

图 6-9　施工承包商选择工作流程示意图

2. 施工开工前准备工作

施工开工前准备及开工条件见图 6-10 所示。

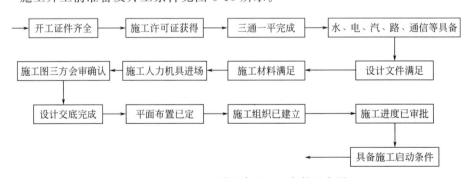

图 6-10　施工开工前准备及开工条件示意图

3. 施工单项工程开工控制

单项工程开工需要提出申请，按照单项工程开工申请审批控制流程执行，经审批通过后，才能进行开工。单项工程施工开工审批管理流程见图 6-11。

七、施工方案管理

1. 施工技术方案准备

对一个施工项目而言，施工工艺复杂，材料品种繁多，各施工专业班组多，因此要求施工过程中的相关人员务必做好施工技术准备。

（1）图纸三方会审 要求各专业施工技术人员熟悉施工图纸，吃透设计意图和技术标准规范，熟悉工艺流程和施工结构特点等重要环节，并澄清施工图纸中的问题。

（2）图纸会审纪要 根据设计交底会议纪要的内容，相关方将会审中提出的有关设计问题、采纳的建议做好记录，设计部门尽快发"设计变更通知单"，施工按"设计变更通知单"执行。

（3）施工要求优化 优化每一道工序、每一分项（部）工程，同时考虑施工资源（施工队伍、材料供应、资金、设备等）有效利用及气候等条件，认真、合理地做好施工组织计划，并以横道图或图表表示出来，从大到小，由面及点，确保每一分项工程能纳入受控范围之中。

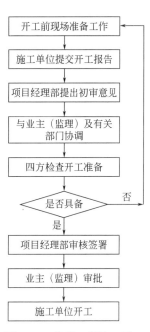

图 6-11 单项工程施工开工审批管理流程示意图

（4）编制施工实施计划 针对工程施工项目特点，根据工期要求、技术标准、机械设备能力、材料供应、自然条件等进行综合分析，编制最佳施工方案，编制合理的施工实施计划。还必须在施工工艺技术方面做好技术准备，特别是高新技术要求的施工工艺。

2. 施工技术方案编制

施工技术方案要针对大型施工项目的特点和难点，编制和制定好大型施工技术方案工作。施工方案重点要策划如大型设备吊装，现场非标制作、安装，贵重金属管道、高压管道预制焊接等施工项目技术指导书的编制工作，重点阐述其施工组织、计划管理，施工技术特点，施工程序、措施和方法。重点做好压缩机安装、高压管道试压、压缩机试运行等关键方案的评审工作。

八、施工接口管理

1. 施工交接管理

施工交接是施工分包商内部的一种工程施工交接形式。由移交方自检，交接证书、资料。接受方验收，确认证书。施工交接程序流程见图 6-12。

2. 工程中间交接管理

工程中间交接是施工分包商与业主之间的交接形式。中间交接装置已经达到

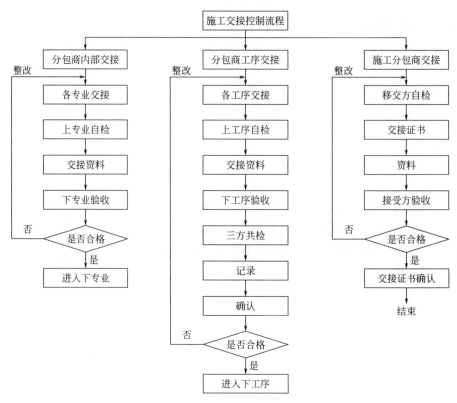

图 6-12 施工交接程序流程示意图

机械竣工条件时，办理中间交接。由施工分包商自检，交接证书、资料。业主验收，确认证书。工程中间交接程序流程见图 6-13。

3. 工程交接管理

工程交接是由施工分包商与业主之间的最终全部工程交接形式，即施工分包商完成全部施工任务；全部工程达到机械竣工条件，由施工分包商自检，交接证书，相关文件资料；业主审查验收，确认证书。工程交接程序流程见图 6-14。

九、施工过程管理

1. 过程管理内容

施工过程管理内容包括：施工过程进度管理、施工过程质量管理、施工过程费用管理、施工过程 HSE 管理、施工过程技术管理。施工过程五大控制管理见图6-15。

2. 施工过程技术管理

施工过程进度、质量、费用和 HSE 管理将在专门章节中介绍，本节仅描述施工过程技术管理。施工过程技术管理主要包括总承包商各专业设计交底、设计变

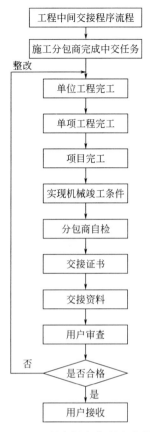

图 6-13　工程中间交接程序流程图

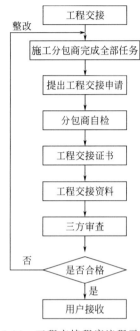

图 6-14　工程交接程序流程示意图

更、施工变更以及施工技术方案评审。

（1）设计交底　施工过程设计交底是由总承包商设计方的各个专业设计人员对所设计的本专业图纸进行设计交底，就设计指导思想、设计原则、设计所使用的标准规范、设计依据、设计基础数据、设计各专业施工图、设计对施工的要求等内容向施工分包商进行全面说明，并形成设计交底会议纪要。

（2）设计变更　由设计方或用户在施工过程中因优化方案，或由于设计方存在问题引起设计变更；或应业主要求发生变化，而施工方无法按设计修改引起设计变更。

（3）施工变更　由于施工方在施工过程中发现存在的问题而提出的方案变更，或由施工工艺、施工环境、施工材料发生了变化，也可能由于施工存在的问题发生了施工变更。无论设计变更或施工变更均需要现场设计代表确认签字后才能进行变更。

（4）施工技术方案评审　重大施工技术方案的提出和变更必须要按照相关的变

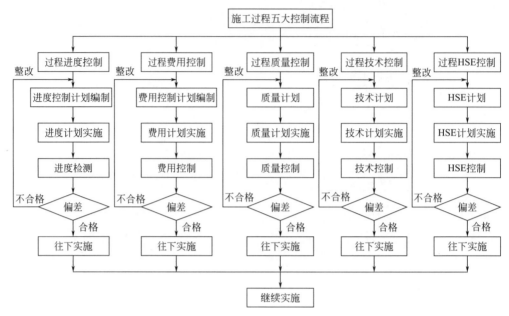

图 6-15　施工过程五大控制管理示意图

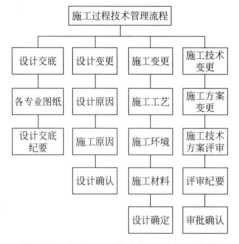

图 6-16　施工过程技术管理流程示意图

更程序进行方案变更评审和确认，形成变更方案评审会议纪要，按照相关程序审批后实施。控制施工过程技术管理是保证施工质量和施工目标实现的基础。

施工过程技术管理流程见图 6-16 所示。

3. 施工过程管理程序

施工全过程，从施工开工现场准备工作开始到工程竣工验收中的工程竣工交接，均属于施工过程管理控制的内容。工程竣工交接后到竣工验收属于工程试运行管理范畴。施工全过程管理程序流程见图 6-17。

十、施工"三查四定"管理

1. "三查四定"概述

施工"三查四定"是化工行业在项目建设中交前经历的一个重要过程，是确保总承包项目化工装置联动试运行、投料试运行成功的有效手段，特别是总承包重大

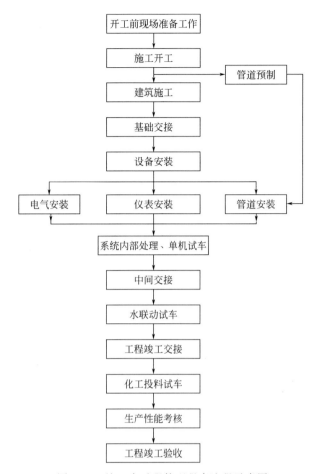

图 6-17　施工全过程管理程序流程示意图

工程都应该在项目施工完工前有序开展施工"三查四定"工作。确保工程中交装置能够一次投料试运行成功。

施工"三查四定"是：① "三查"，查施工漏项、查施工隐患可能引起的工程质量、查施工未完成项目；② "四定"，确定施工最终修改方案、确定施工最终施工工艺、确定施工修改责任人员和确定施工整改时间。把施工项目中存在的问题及时发现、及时处理、及时整改，按计划投料试运行。

2. "三查四定"审查范围

（1）"三查"审查范围

① 查施工项目工程漏项。要根据设计竣工文件、修改联系单等资料文件，参照施工现场实际情况，核查是否发生施工项目工程漏项；是否发生施工项与设计项、设计内容严重不符合偏差；是否存在施工项已经更正设计项的错误，而设计项还未更正。

② 查施工项目工程隐患可能引起的工程质量问题。要核查重大施工技术方案、施工工艺、施工工法中是否存在可能导致工程质量隐患的漏洞；要核查工艺设备、管道、电器和仪表的施工安装中是否存在对施工项目工程质量可能造成危害的不正确操作，在此基础上提出施工项目工程质量整改方案。

③ 查施工项目工程未完工项。要审查是否存在由于施工项目工程遗留以及其他原因造成的工程未完工项。应对照工程项目完工单逐项检查，确认按照施工进度实施计划应完工而未完工的项目，在此基础上提出整改方案。

此外，还应对施工项目工程的外观和内在质量进行检查，查看施工安装材料和焊接材料的质量证书、焊接工艺评定报告、管道焊口无损探伤检测报告、管道系统吹扫和试压报告等。

（2）"四定"落实范围

① 定最终修改方案。要根据审查的施工项目工程质量问题，确认被审查施工方提出的最终整改方案是否可实施，并能否确保施工项目工程质量。

② 定最终施工工艺。要确认施工被审查方制定的详细、准确、可行的最终施工方案和施工工艺（含开机临时管线等流程），以确保在试运行投料一次试运行成功。

③ 定施工整改责任人员。要根据确定的最终施工方案或施工工艺确认施工整改责任人，做到统一整改，一步到位。

④ 定施工整改时间。要确定具体的施工完成整改日期和进度表，并部署好施工项目现场整改实施方案和各项措施。

3. "三查四定"审查原则

（1）审查准确无误　在施工项目核查过程中，不要放过任何疑问，特别是一些看起来的所谓"低、老、坏"问题，即"低标准、老毛病、坏习惯"，这些问题有可能影响到装置的一次投料试运行。特别对主要装置工艺设备、管道材料、电气、仪表等专业的施工工程质量问题进行严格把关。看病把脉要准确，分析判断要严谨，定性结论要可靠。在审查过程中，凡影响试运行、正常生产、安全生产的问题，都应形成一致的整改意见。依据设计文件资料该增加的务必增加，该整改的务必整改。

（2）遵循标准规范工法程序　在施工项目核查过程中应依据设计作业文件和相关资料开展核查工作。严格遵循设计单位相关专业所采用的国家标准、行业标准、企业标准，以及施工企业在施工过程中所遵循的国家和行业施工标准规范和工法，开展施工"三查四定"工作。

（3）重点类别审查把关　一是要依据设计竣工文件、修改联系单等设计资料，对核查过程中发现确存在的施工漏项、施工项与设计项内容严重不符的问题，以及审查过程中提出整改方案但未及时进行整改的问题，要予以高度重视，进行重点审查；二是重视施工隐患可能引起的工程质量问题；三是对中交装置在试运行前可能涉及的需要整改完善和优化的有关方案进行核查。

（4）设计竣工资料是核查的重要依据　竣工文件是指装置（单元）设计、采购及施工完成之后的最终图纸文件资料，它主要包括设计最终施工图文件、采购文件和施工竣工图文件三部分。由被审查单位和设计人员完整、准确提供，作为施工项目审查的重要依据。设计最终文件是否齐全，设计方案是否满足生产要求，设计内容是否有足够而且切实可行的安全保护措施等内容，是保证施工项目审查的最重要的依据。

4. 施工项目漏项审查

施工项目大面积漏项是极少发生的，但影响生产操作或不方便生产操作的施工项遗漏则比较容易发生。当生产装置（单元）施工完成后，尤其是操作人员在进行了充分调试准备后，施工项遗漏问题就很容易被发现，比如：

① 切断阀门、跨线、放空点及排液点遗漏；

② 操作点观察台缺少操作平台；

③ 操作说明遗漏；

④ 设计资料不完整；

⑤ 安全保护措施不到位。

5. 采购文件资料检查

被审查方应提供完整的采购文件清单，特别是关键设备的采购文件。重点审查：采购物品与现场是否相符；采购文件是否齐全；采购关键参数与设计文件是否相符。应核对采购变更后的资料与工艺设计文件的一致性，并在施工项目中能够体现。

6. 施工文件资料检查

要检查的施工文件资料包括：

① 重点管道的安装记录；

② 管道的焊接记录；

③ 焊缝的无损探伤及硬度检验记录；

④ 管道系统的强度和严密性试验记录；

⑤ 管道系统的吹扫记录；

⑥ 管道隔热施工记录；

⑦ 管道防腐施工记录；

⑧ 安全阀调整试验记录及重点阀门的检验记录；

⑨ 设计及采购变更记录；

⑩ 其他施工文件。

7. 竣工图检查

检查内容包括：

① 重点管道安装记录检查；

② 管道的焊接及无损探伤记录检查；

③ 管道系统强度和严密性试验记录检查；

④ 管道系统吹扫记录检查；

⑤ 管道隔热及防腐施工记录的检查；

⑥ 安全阀调整试验记录及重点阀门检验记录的检查；

⑦ 设计及采购变更记录检查；

⑧ 其他施工文件的检查。

第七章
试运行过程控制

第一节 试运行概述

一、试运行概况

当项目进入试运行阶段后，总承包商应全面配合项目业主将试运行的进度、质量、费用、HSE 等管理要素纳入标准化管理，确保建设项目在试运行阶段的各项工作有条不紊、顺利实现一次投料成功。

在 EPC 项目过程启动后，业主就应着手组建生产准备部，在项目建设期就同步进行试运行期的各项准备工作。业主应任命生产管理经验丰富、工作能力强、有领导才能的管理人员，负责项目生产准备管理工作，同时配备试运行经验丰富、专业技术能力强、富有责任心的生产技术人员提前介入项目建设，有序参加试运行工作。

总承包商项目试运行部和试运行经理应与业主所辖生产准备部共同负责组织、协调、实施、督促、检查项目生产准备的各项具体工作，在总承包商工程建设后期及装置中交后全面接手装置的试运行工作。由业主建立的试运行领导小组统一领导、指挥联动试运行和投料试运行。

1. 管理内容

EPC 试运行管理是以项目试运行过程为管理对象，按照项目试运行的内在规律，实现资源优化配置，对各要素进行有效的计划、组织、指导、控制、监测，以达到最佳的试运行目标。项目试运行管理的主要内容包括进度、质量、费用、HSE、风险、协调、人员培训、单机试运行、联动试运行、投料试运行及生产考核等内容。应做好以下工作：

① 建立高效试运行管理机构；

② 做好试运行各项管理标准规范和总体试运行方案；

③ 对试运行管理目标进行控制；

④ 对试运行管理要素进行优化配置；

⑤ 加强试运行安全管理等。

2. 试运行控制要素

以化工 EPC 项目为例，在试运行过程中应做好"8＋8 试运行管理"（试运行综合、试运行合同、试运行范围、试运行资源、试运行沟通、试运行信息、试运行风险、试运行变更，试运行培训、总体试运行方案、三剂装填、开停机、单机试运行、联动试运行、投料试运行和性能考核）和"试运行四大控制"（试运行进度控制、试运行质量控制、试运行费用控制、试运行 HSE 控制）。试运行与设计、试运行与采购、试运行与施工的衔接非常重要。应加强对试运行过程的控制和管理，为项目后续生产运营打好基础，提供优质的项目最终产品。试运行管理要素影响程度划分见表 7-1 所示。

表 7-1　试运行管理要素影响程度划分

序号	试运行要素	重要程度	衔接关系	备注
1	试运行进度	■	项目部、各专业	业主及相关方
2	试运行质量	■	项目部、HSE 部	项目相关方
3	试运行费用	◇	控制部	
4	试运行 HSE	■	HSE 部	项目相关方
5	试运行综合	◇	项目部、试运行部	
6	试运行合同	◇	营销部门、项目部	业主
7	试运行范围	◇	项目部	业主
8	试运行资源	◇	试运行部、人力资源部	
9	试运行沟通	◇	设计、采购、施工	业主、试运行相关方
10	试运行信息	◇	项目部、信息部	
11	试运行风险	■	项目部、试运行部室	业主及相关方
12	试运行变更	■	项目部、设计采购施工	业主及相关方
13	试运行培训	◇	项目部、试运行部	相关部室和制造厂
14	总体试运行方案	■	项目部、试运行部	
15	三剂装填	◇	项目部、试运行部	供应商及相关方
16	开停机	◇	项目部、试运行部	
17	单机试运行	◇	项目部、试运行部	培训相关方
18	联动试运行	■	项目部、试运行部	施工、试运行相关方
19	投料试运行	■	项目部、试运行部	
20	性能考核	◇	项目部、试运行部	相关方

注：■—要素重要程度非常高；◇—要素重要程度次高。要素影响程度划分是相对而言的，在一定条件下可以转化为重要影响程度非常高状态。

二、试运行机构

总承包商项目试运行组织机构（试运行部）与项目业主试运行机构（生产准备部）有十分密切的关系。在试运行过程中，以业主为主，组织领导整个试运行过程。总承包商与业主试运行组织机构关联如图7-1所示。

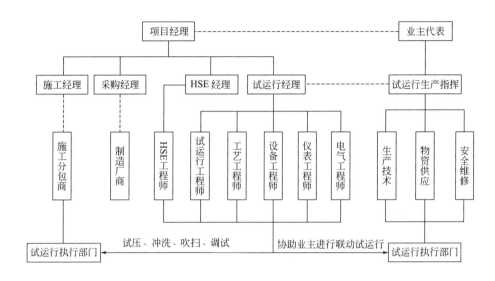

图 7-1　总承包商与业主试运行组织机构关联示意图

———项目责任关系；-----业主责任关系

在预试运行阶段（试压、冲洗吹扫、气密试验、电气仪表调试和单机试运行），试运行工作以总承包商为主，施工分包商参与，业主监督。

在联动试运行和投料试运行阶段，试运行工作以业主为主，总承包商、施工分包商参与。

试运行阶段总承包商职责范围：对业主的操作和维修人员进行培训；负责组织实施试压、冲洗、吹扫、调试和单机试运行；协助业主进行联动试运行和投料试运行并提供试运行技术指导；协助业主进行生产性能考核；负责组织解决试运行过程中出现的有关施工质量问题和设备材料质量问题。

试运行阶段业主职责范围：负责供应试运行必需的原材料、水、电、气（汽）等；参加试压、冲洗、吹扫、调试和单机试运行的检查、监督；负责组织生产操作人员参加培训；负责组织、实施联动试运行、投料试运行；负责组织、实施生产性能考核。

三、试运行管理 PDCA 循环

（1）试运行过程策划（P）　建立可测量的管理绩效目标，规划具体试运行步骤，制定管理方案和各项文件，安排人员和生产资料的配置等。

（2）试运行过程实施（D）　按照策划的结果逐步实施试运行各步骤，对试运行进行有效的管理和控制，使得项目产品关键特性能够满足业主要求，并使试运行过程稳定受控。

（3）试运行过程检查（C）　对试运行数据进行检查和分析，旨在判断试运行过程是否遵循管理程序和标准规范，绩效目标能否实现。应对试运行过程中的各项数据进行评审、验证和确认，作为改进和优化的依据。

（4）试运行过程改进（A）　试运行管理过程改进分为两种：突破性改进，是对现有试运行管理过程的重大变更；渐进性改进，是对现有项目管理过程进行的持续性改进。

第二节　试运行启动过程

在 EPC 项目建设全过程总承包中，试运行管理是总承包过程管理中的一个重要组成部分。试运行管理过程可分为试运行启动过程、策划过程、实施过程、控制过程和收尾过程。

试运行启动过程有四个明确的标志：一是总承包项目正式启动；二是任命试运行经理、建立试运行管理团队（现场项目试运行部）；三是确定试运行任务书及试运行管理计划和准备试运行实施计划大纲；四是业主方同步启动试运行管理团队以及试运行各项准备工作。

试运行经理选择和试运行管理团队组建是启动过程的关键环节，试运行经理组织和领导试运行团队配合业主试运行人员共同做好试运行各项准备工作。试运行经理必须处理好与业主及试运行相关方的关系，实施总承包商制定的试运行管理计划。

试运行启动过程是由项目部所有试运行管理人员和业主共同参与的一个过程。在试运行启动阶段的任务包括但不限于：

① 准备制定项目试运行进度、质量、费用、HSE 目标。

② 制定试运行管理范围说明，定义相关方在试运行中的责任和义务。

③ 确定试运行对设计、采购、施工以及业主的要求及配合方式。

④ 着手准备制定试运行总体方案。

⑤ 了解项目基本概况和类似项目试运行过程。

试运行启动代表了项目试运行管理活动开展，意味着项目建设进入尾声。

第三节　试运行策划过程

试运行启动后，在策划阶段确定试运行总体方案、各项管理制度和必需文件，为试运行实施做好充分准备。由试运行经理负责组织编制试运行实施计划，该计划与试运行备忘录等文件将作为试运行管理人员的工作准则。

一、试运行进度策划

试运行进度是实现项目总目标的关键节点。应策划一个周密的试运行总体方案和进度计划。要制定符合实际的切实可行的试运行方案，使整个试运行工作能够有计划、有步骤地推进。试运行经理和现场试运行管理者要统筹全局，合理调配试运行资源，正确指导试运行活动。原则上试运行进度控制应按策划的试运行实施计划执行。当工程总进度受自然和人为因素的影响而与计划试运行进度偏差较大时，试运行经理及现场试运行管理者要结合实际对试运行进度计划进行调整，并按程序报批。

以某总承包项目试运行为例，编制进度计划如下：

自合同生效之日起，第 20.5 个月完成试压查漏；

第 21 个月完成冲洗、吹扫；

第 21.5 个月完成气密试验；

第 21.5 个月完成电气仪表调试；

第 22 个月完成单机试运行及机械竣工；

第 23.5 个月完成联动试运行；

第 25 个月完成投料试运行；

第 26 个月完成性能考核。

二、试运行质量策划

项目部应依据总承包商质量保证体系，编制试运行质量文件，制定试运行质量目标，并使之具有指令性、系统性、协调性、可操作性、可检查性。

试运行质量控制应坚持"安全第一，预防为主"的原则。试运行操作人员必须经考核合格，持证上岗。应严格遵循试运行质量控制程序，严格按试运行过程程序和设计文件的要求进行试运行活动。试运行准备工作未完成或未达到标准，不得进行试运行；试运行中上道工序未达到标准、事故原因未查明或未消除，不得进行下一道工序。决不能使风险后移。

三、试运行 HSE 策划

对全部试运行活动都要进行控制。通过对试运行生产因素的严格控制，使不安全的行为和状态减少或消除，避免引发试运行安全事故，从而保证试运行正常完成。

必须坚持安全管理的原则。一切与试运行有关的人的共同事情，要求参加试运行的全体人员共同参与。制定有效的试运行安全生产管理措施。落实试运行安全责任，实施生产安全责任制，加强生产安全教育，加强安全检查力度。

第四节　试运行实施过程

一、试运行实施程序

应按照试运行实施程序进行试运行管理。试运行实施程序模块内容如表 7-2 所示。

表 7-2　试运行实施程序模块内容

序号	程序内容	备注
1	试运行目的描述	程序说明模块
2	试运行适用范围	
3	试运行工作职责	
4	试运行组织及接口	
5	试运行工作程序	工作程序模块
6	试运行过程监控及记录	监控记录模块
7	试运行支持文件体系	支持文件体系模块

对试运行全过程进行管理的目的是为了确保按照总承包商设计文件开展试运行工作，以满足项目总承包合同以及适用法律法规和标准规范、HSE 管理的要求。通过设立试运行实施程序对试运行工作进行规范。

试运行经理将作为项目试运行责任人，全面负责项目试运行管理工作。

试运行实施程序是为了对总承包合同试运行目标进行有效管理的一种标准化手段，可以对试运行全过程进行质量监控和质量记录，留下痕迹，便于追溯。

试运行工作程序的支持性文件，包括质量体系文件、试运行管理文件、试运行及国家行业相关标准规范等。试运行实施程序模块如图 7-2 所示。

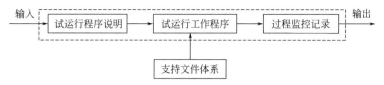

图 7-2　试运行实施程序模块示意图

试运行实施程序流程如图 7-3 所示。

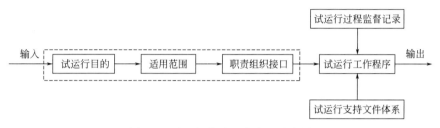

图 7-3　试运行实施程序流程示意图

二、试运行工作程序设置

通常情况下，试运行工作程序是由下面的步骤组成：试运行策划、试运行输入、试运行准备、预试运行、联动试运行、投料试运行、性能考核、接收。

试运行工作程序流程如图 7-4 所示。

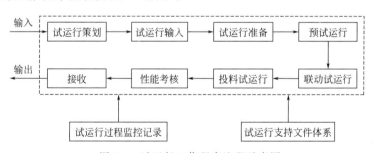

图 7-4　试运行工作程序流程示意图

三、试运行工作程序说明

1. 试运行策划

① 试运行经理负责项目试运行策划。根据项目合同和项目实施计划的要求，策划组织编制试运行实施计划，并按程序审核和批准。试运行实施计划批准后，由试运行经理组织召开试运行开工会议，发布试运行实施计划，启动试运行各项工作。在试运行计划实施过程中，试运行经理可根据试运行实施的具体情况，对试运行实施计划进行修订补充，经相关程序审核后发布。

② 试运行策划的重点各要素管理目标，包括试运行进度、质量、费用、HSE 等。

③ 对试运行管理模式、组织机构和职责分工进行策划。

④ 对试运行方案及控制指标进行策划。

⑤ 策划试运行相关资源配置计划。

⑥ 策划试运行沟通程序和相关方规定。

⑦ 策划试运行风险对策措施和风险防范计划。

2. 试运行输入

试运行输入包括项目合同相关条款和规定、试运行适用法律法规及标准规范、项目试运行相关文件和纪要、总承包商工程设计相关基础资料和图纸文件等。一般基础资料包括：项目审查条件；提供的试运行公用工程及工程设施等。试运行经理组织试运行相关专业对提供的试运行资料进行确认。对不具备试运行条件的应报告项目经理和业主方，进一步完善、澄清和予以解决，为试运行创造条件。

3. 试运行准备

通过对业主生产人员的培训，使生产人员熟习并理解装置工艺流程、掌握装置的工艺操作、工艺指标的控制、设备维护和安全操作有关知识。培训方式包括理论培训、类似装置的操作培训、制造厂的车间培训、业主装置的现场培训。由试运行经理负责组织编制生产人员培训计划，经项目经理审批，业主批准后实施。

由总承包商负责组织编制、审核技术文件，包括：操作手册、分析手册、试压方案、冲洗方案、吹扫方案、严密性试验方案、电仪调试方案、单机试运行方案、联动试运行方案、投料试运行方案。

4. 预试运行

由总承包商负责预试运行，业主配合。要求预试运行质量应符合有关标准、规范，以及总承包商预试运行和投料生产工作规定的要求。预试运行内容如下：设备、管道系统的压力试验；设备、管道系统的严密性试验；设备、管道系统的清洗；蒸汽和工艺管道的吹扫；电气、仪表的调试；单机试运行。

5. 联动试运行

由业主负责组织实施联动试运行，成立联动试运行领导小组，总承包商负责联动试运行技术指导，施工单位负责施工保护。

联动试运行条件：试运行范围内的设备、管道系统的内部处理及耐压试验，严密性试验已经全部合格；单机试运行合格；电气和仪表的调校合格符合有关规定；联动试运行方案和操作规程已经批准；工厂或装置的正常管理机构已建立；生产操作人员经考试合格；试运行所需的燃料、水、电、汽、工艺空气和仪表空气等确保稳定供应，各种物资和测试仪表、工具皆已齐备；试运行现场有碍安全的杂物均已清理干净；试运行安全措施已经落实。

6. 投料试运行

由业主负责组织投料试运行，成立投料试运行领导小组，总承包商负责投料试运行技术指导，施工单位负责施工保护。在投料试运行前，由试运行经理组织设计人员、试运行工程师参与业主组织的共检。投料试运行应具备条件：投料试运行方案已经批准；单机试运行合格，具备投用条件；岗位操作记录、投料试运行专用表格已准备齐全；水、电、汽以及工艺空气和仪表空气已能确保连续稳定供应，仪表控制系统已能正常运行；试运行备品备件、工具、测试仪表、维修材料皆已齐备；分析等器具已调试合格；机械、管道的绝热和防腐工作已经完成；试运行指挥、调度系统的通信设置已经畅通，可供随时使用；安全、急救、消防设施已经准备齐全。参加试运行人员应佩带试运行证；操作人员必须按投料试运行方案和操作方法进行操作。

投料试运行必须循序渐进，当上一道工艺不稳定或上一道工序不具备条件时，不得继续进行下一道工序试运行。当发生事故时，必须果断处理，隔离事故区或全装置停机，不允许违反正常工艺条件规定和有关安全及环保规定。必须按照投料试运行方案的规定测定数据，并做好记录。

投料试运行应达到下列标准：打通生产流程、生产出合格产品；与试运行相关的各生产装置必须统筹兼顾，首尾衔接，同步试运行；按投料试运行方案规定，投用连锁和自控装置；投料试运行质量要求应符合有关标准规范。

7. 性能考核

在项目经理领导下，成立以设计经理、试运行经理及设计人员、试运行工程师等参加的生产考核班子，会同业主进行装置的生产考核。

生产性能考核应具备的条件：投料试运行已经合格并在满负荷下稳定运行；生产考核方案业已颁发，并被参与考核人员所掌握；测试用具已齐备，有关计量仪表已校准，化学分析项目、分析方法已确定；原料、燃料、化学药剂的质量符合设计文件的要求；

生产考核应达到的标准：考核期间满负荷运行72h以上；达到合同规定的考核指标；达到装置性能保证指标。

四、试运行实施案例分析

EPC项目进入单机试运行、联动试运行及投料试运行阶段，应按照EPC试运行实施计划编制要求，编制试运行实施计划，作为开展试运行工作的依据。现以某总承包项目为例分析试运行实施过程的管理内容。

1. 编制试运行实施计划

试运行实施计划大纲如表7-3所示。

表 7-3 试运行实施计划大纲

序号	主要内容	说明	备注
一	**试运行概况**		
1	试运行项目		
2	试运行范围	试运行输入	合同
3	试运行策划依据	试运行输入	工程条件
4	试运行组织及职责分工	试运行输入	
5	试运行管理目标	试运行输入	
6	试运行分工	试运行输入	
7	试运行工期目标	试运行输入	
8	试运行目标	试运行输入	
二	**试运行准备工作**	试运行准备	
9	试运行准备		物资、现场管理
10	试运行人员培训		
三	**试运行方案**		试运行总体方案
11	总体试运行方案计划	试运行方案	
12	试压查漏水洗吹扫置换方案	单机试运行	
13	单机试运行及开停机准备方案	单机试运行	
14	催化剂填料装填方案	单机试运行	
15	催化剂升温还原方案		
16	单机试运行方案		
17	联动试运行方案		
18	投料试运行方案		
19	性能考核及验收方案	考核方案	
20	操作手册、安全手册、分析手册		
四	**试运行管理计划**		试运行实施计划
21	试运行进度计划	进度控制	
22	试运行费用计划	费用控制	
23	试运行质量计划	质量控制	
24	试运行安全管理	工序控制	
25	试运行 HSE 管理	HSE 控制	
26	试运行风险	风险控制	
27	文件资料控制和计算机软件要求	文件控制	
28	其他		
29	附件	试运行文件支持	

2. 试运行概况

（1）项目产品　以生产磷酸为主，主要产品和生产规模如下：

① 磷酸装置　275t/d（100% P_2O_5）。

② 水泥缓凝剂装置　600t/d。

③ 氟硅酸钠装置　17t/d。

（2）试运行范围　项目建设工期为30个月。试运行装置范围如表7-4所示。

表 7-4　试运行装置范围

序号	装置名称	范围
A	工艺装置	
1	磷酸装置	土建施工，设备、管道、电气、仪表、防腐保温安装中交
2	水泥缓凝剂装置	土建施工，设备、管道、电气、仪表、防腐保温安装中交
3	氟硅酸钠装置	土建施工、设备、管道、电气、仪表、防腐保温安装中交
B	公用工程	
1	空压站	土建施工、设备、管道、电气、仪表、防腐保温安装中交
2	10kV变电站（A区）	土建施工、电气、电信安装调试中交
3	10kV变电所　（B区）	土建施工、电气、电信安装调试中交
4	污水处理站	土建施工，设备、管道、电气、仪表、防腐保温安装中交
5	中控室	仪表、电气安装调试中交
6	界区外管	土建施工，管道、电气、仪表、防腐、保温安装施工中交
7	全厂通信	设备、电信安装中交
C	辅助生产设施	具备试运行条件

（3）总承包商管理职责分工

① 负责预试运行组织管理工作，与业主和施工单位组成预试运行领导小组。

② 负责试运行总体方案编写工作。

③ 负责组织试运行技术方案指导及编制工作。

④ 聘请开工队，主持装置具体试运行操作和故障处理。

⑤ 聘请专利商来现场技术指导工作。

⑥ 联系制造厂代表来现场处理解决设备的故障问题。

（4）业主管理职责分工

① 负责联动试运行和投料试运行组织工作。

② 负责供应试运行必要的原材料、水、电、汽等。

③ 负责产品的销售或贮备工作。

④ 负责废渣、废料的输送和排放。

⑤ 派出合格的操作人员参加试运行。

⑥ 派出维修人员负责维修和维护。

⑦ 负责组织消防和医疗工作。

⑧ 负责安全保卫工作。

（5）施工分包商管理职责分工

① 负责中间交接前的全部预试运行具体工作以及试运行保护工作。

② 负责装置中间交接的各项准备工作及交接准备。

③ 负责联动试运行、投料试运行的维修保护工作。

（6）试运行管理目标

① 试运行一次成功率100％。

② 无环境事故、火灾事故、重大伤亡事故。

③ 无直接经济损失50万元以上的事故。

④ 用户投诉或抱怨答复处理率100％。

⑤ 用户书面向总承包商最高管理层重大投诉次数为0。

⑥ 相关人员具备完成化工装置各项准备工作的技能。

⑦ 相关人员具备完成设备管道水压试验和气密性试验的技能。

⑧ 相关人员具备完成典型化工单元操作装置的试运行技能。

⑨ 相关人员具备完成压缩机试运行技能。

⑩ 相关人员具备完成典型化工单元反应装置试运行技能。

⑪ 相关人员具备在紧急情况下进行化工装置的开停机技能。

3. 试运行准备工作

试运行准备主要包括试运行方案和资料准备、试运行人员培训、试运行物资准备等方面工作。

（1）试运行方案和资料准备　组织试运行相关人员到同类工厂参观培训，了解同类装置的生产概况、试运行正常开停机步骤、同类装置生产中存在问题及其改进、同类装置生产操作故障及防范措施，组织相关人员编制试运行总体方案及各分项方案，编制所需各项文件、资料。

（2）试运行人员培训　在试运行经理领导下，组织相关方人员编写试运行人员培训计划，经项目经理审批，业主同意后实施。

（3）试运行物资准备　试运行物资准备应以业主为主，总承包商给予配合和指导，按照试运行及化工投料生产所需的原料、燃料、备品备件、填料、化学药品、润滑油脂等各种物资的品种、技术规格、数量等进行统计，提出采购清单，责成有关部门进行采购。物资在试运行前应运抵现场。试运行人员应根据设计文件要求，检查落实物资到位情况。

项目部在做好试运行总体方案准备工作的基础上，统筹控制试运行进度计划，搞好各项试运行工作衔接，确保试运行按照计划进度完成任务。

4. 性能考核

（1）生产能力　磷酸装置生产能力在性能考核期间（168h）不应小于 275t/d；水泥缓凝剂装置生产能力不小于 600t/d。

（2）产品和副产品质量

① 产品：P_2O_5 质量分数≥52％，固含量（质量分数）≤1％。

② 副产品氟硅酸：H_2SiF_6 质量分数≥22％，P_2O_5≤200mg/kg（在 22％ H_2SiF_6 中）。

③ 产品水泥缓凝剂：$CaSO_4$ 质量分数≥76％（干基），总 P_2O_5 质量分数≤0.4％。

④ 水溶性 P_2O_5 质量分数≤0.01％，氟质量分数≤0.4％。

⑤ 游离水质量分数≤14％（干基），pH 6～8。

（3）磷酸装置 P_2O_5 回收率　≥96.7％。

（4）性能考核标准　考核期间满负荷运行 72h 以上；达到装置性能保证指标及合同规定的考核指标。

第五节　试运行控制过程

一、试运行控制概述

试运行控制是指对试运行过程所确定的目标、计划、活动、资源及需求进行管理控制，确保项目试运行活动在发生偏差时，能够及时进行偏差分析，采取有效应对措施，纠正偏差，直至实现所确定的目标。试运行经理在项目经理领导下全面负责试运行过程的控制管理工作，并按试运行控制程序实施执行。试运行管理控制要充分结合试运行特点和难度，提出正确的控制方案。

试运行控制对象是试运行进度、质量、费用、HSE、试运行活动以及与活动相关的人员。

在试运行过程中，受各种内部和外部因素影响，存在试运行动态变化及变更。对试运行动态变更要进行跟踪控制，检查和测量发生的偏差，及时进行纠正。应严格按照试运行实施计划控制程序执行，确保试运行进度、质量、费用、HSE 目标与项目目标保持一致。

二、试运行控制程序

试运行经理在试运行控制程序中通过内外部协调、变更控制等手段，充分发挥责任主体作用，按照试运行程序规定的要求执行，确保试运行过程有序推进。试运行控制程序主要内容如表 7-5 所示。

表 7-5　试运行控制程序内容

序号	试运行控制原则内容描述	备注
1	试运行控制说明、原则、原理	试运行程序说明模块
2	试运行实施计划	
3	试运行控制工作程序	试运行程序工作模块
4	试运行过程监督质量记录	试运行监督记录模块
5	支持文件体系	试运行支持文件体系模块

试运行控制程序模块如图 7-5 所示。

图 7-5　试运行控制程序模块示意图

试运行控制程序流程如图 7-6 所示。

图 7-6　试运行控制程序流程示意图

三、试运行控制工作程序设置

通常情况下，为了对试运行实施计划进行控制管理而设置的试运行控制工作程序由下述步骤组成：试运行控制策划、试运行控制计划、试运行控制计划分解、试运行控制检测、试运行控制偏差分析、试运行控制预测、试运行控制纠偏及调整、试运行控制报告。

试运行控制工作程序流程如图 7-7 所示。

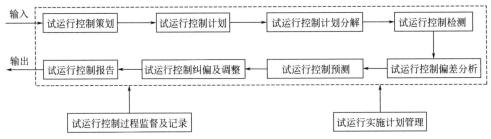

图 7-7　试运行控制工作程序流程示意图

第六节 试运行收尾过程

EPC 试运行收尾过程是总承包项目管理的最后一个过程。试运行从启动开始，分为单机试运行、联动试运行、投料试运行及性能考核阶段，每一个阶段都存在一个收尾过程。最重要的是投料试运行收尾过程。当投料试运行收尾结束，意味着项目的建设目标已基本实现，待性能考核合格后就进入生产运行周期，项目的建设周期即将结束。

一、试运行收尾条件

完成下面三项试运行目标，即可判断具备了试运行收尾条件：按照试运行进度计划，在规定的时间结束条件下，完成合理的试运行工期目标；在规定的投资估算约束条件下，完成试运行投资预算目标；在规定的质量约束条件下，具备了项目功能和标准。

二、试运行收尾过程的子过程

试运行收尾过程有许多工作要做，对试运行收尾过程进行控制和管理是一项重要的工作。试运行收尾过程一般可分为三个子过程：试运行资料验收交接、合同试运行条款履约收尾、试运行总结评价等。

1. 试运行资料验收交接

试运行资料包括试运行各阶段的计划、报告、记录、图表和各种数据等资料；同时还包括单机试运行方案评审、联动试运行方案评审、投料试运行方案评审以及性能考核成果验收报告等管理文件和技术文件。

试运行资料是整个试运行过程的详细记录，是试运行成果的重要依据，也是项目进入生产维护和生产运行的重要原始凭证。

试运行资料验收是指总承包商内部交付，由试运行部门将整理好的、真实的试运行资料交给项目管理部门，并进行确认和签收的过程。最后由项目部统一与业主按相关程序进行验收和交接。试运行资料交接完成后，应建立试运行资料档案，编制试运行资料交付报告。

2. 合同试运行条款履约收尾

项目合同中的试运行条款履约收尾是指总承包项目合同中关于试运行的所有条款履行完成，并经相关方确认。主要包括试运行工作量完成、试运行资料文件转移和交接、试运行相关费用按合同条款进行支付。

3. 试运行总结评价

试运行总结评价是试运行过程各个阶段完成后，在试运行收尾过程中进行的一项活动。通过对试运行工作进行系统总结评价，对试运行阶段完成的工作量、目标、进度、费用、质量、HSE 控制指标进行核算，肯定成绩、总结经验、研究存在的问题、吸取教训。试运行总结评价可以起到不断提高 EPC 总承包试运行综合能力和试运行管理能力的作用，为以后的 EPC 项目总承包提供经验和借鉴。

三、试运行收尾结束

试运行收尾工作全部完成时，试运行收尾结束。试运行收尾结束后，总承包商将把管理资源转移到其他项目；对整个项目的经验教训进行总结；对项目过程中出现的新技术进行总结和推广。项目将进入回访、保养维护和服务过程。

四、试运行收尾报告编制

1. 项目概况
内容包括：项目名称；用户名称；建设时间；合同号；合同生效日期；试运行范围；试运行要求。
2. 试运行完成工作量
内容包括：试运行完成工作量概况；试运行工作总结。
3. 试运行进度过程控制
内容包括：试运行进度计划实施概况；试运行进度实施总结。
4. 试运行费用过程控制
内容包括：试运行费用估算；试运行费用计划实施概况；试运行费用实施总结；试运行人工日计划执行概况；试运行人工日计划实施总结。
5. 试运行质量过程控制
内容包括：试运行质量目标测量数据概况；试运行质量总结。
6. 试运行 HSE 过程控制
内容包括：试运行 HSE 目标测量数据概况；试运行 HSE 总结。
7. 试运行绩效管理及评价
内容包括：试运行绩效管理概况；试运行绩效管理总结；用户评价；监理单位评价；政府评价。

第七节　试运行管理

一、试运行培训管理

1. 培训概述
总承包商依托自身 EPC 建设的丰富经验和业绩，特别是有相类似的工程生产装置合作伙伴的优势，对总承包项目试运行人员进行培训，是总承包建设项目能够顺利投产的重要保证。同时也依靠业主已经建立的生产管理体系和资源，利用现有技术、生产岗位，以就地培训为主，完成对试运行操作人员的培训工作。

培训目标：使业主试运行操作人员能掌握工艺流程、工艺参数调整、生产技术管理、设备使用维护等主要知识技能。

业主应选派合格的技术人员和操作人员参加培训。总承包商将指派有经验的专业技术人员对业主的技术、操作人员进行培训并解答他们提出的技术问题。培训人员经过培训应熟悉、掌握其本专业的技术知识和操作技能，经考核合格后应具有独立工作的能力。培训结束时，总承包商将对培训人员进行技术知识和操作技能考核。

总承包商应在人员培训工作开始前一个月向业主提交书面的人员培训计划，经业主确定后作为最终人员培训计划。

2. 培训内容

（1）办公室理论培训　总承包商将派出有经验的技术专家为业主的培训技术人员介绍装置的设计文件和设计知识，通过答疑和讨论的方式使培训人员能理解工艺装置的相关理论知识和生产技术，并能熟悉掌握：项目基本情况；工艺原理；装置的 PFD 和 PID；运行参数的给定和操作方法；开停机程序及设备维护、故障排除方法；主要设备的性能、结构及材料情况；仪表及连锁系统；分析方法；安全生产知识等。

（2）设备制造厂培训　在关键设备制造过程中参观学习，请设备制造厂工程技术人员在设备制造厂讲授关键设备专业知识。培训期间主要学习：关键设备基本结构和性能；关键设备所用材料规格、型号和材质要求；关键设备正常运行和安全要求；关键设备维护保养知识；关键设备运行故障处理。

培训时间将根据设备制造进度进行适当的调整，一般在设备中间检验时进行。

（3）类似装置培训　总承包商将在同业主协商一致的条件下，安排培训操作人员到类似装置所在地进行培训。培训人员主要通过总承包商集中授课和跟班操作来学习、掌握装置生产日常操作的相关知识和故障处理方法。通过培训，应能掌握：开停机程序；常规操作中运行参数的调整；操作中故障及处理方法；设备、仪表的维护；设备和管道的清洗方法；分析和取样方法；维修程序；安全及紧急状况下的操作程序。

（4）业主现场装置培训　通过业主的合同装置现场培训，使培训人员熟悉装置内的设备布置，工艺管道、阀门、仪表电气情况，熟悉生产岗位之间的联系。培训人员参加如下工作：

① 操作人员按 PID 图，对照现场设备、管道安装情况，熟悉操作岗位。

② 机械和检修人员参加设备的安装调试或质量监督工作，了解设备的结构和

安装情况，为今后设备的维修保养奠定基础。

③ 电气、仪表专业人员参加电气、仪表安装调试和质量监督工作，为今后电气、仪表运行、调试、维护保养打下基础。

④ 操作、仪表、检修、电气人员参加装置单机试运行工作，在实际试运行中提高专业素质。

⑤ 在联动试运行和投料试运行前，总承包商的试运行专家在现场为参加联动试运行和投料试运行的人员讲授试运行程序和要求、安全注意事项。培训人员和其他操作人员定编上岗参加联动试运行和投料试运行。

⑥ 总承包商将在现场施工、试运行期间，有针对性地为业主技术、操作人员举行专题技术讲座。

3. 考核及培训报告

（1）培训考核　人员培训工作结束时，总承包商将负责对参加培训的技术、操作人员进行考核，经考核合格后颁发培训合格证。总承包商协同业主按当地劳动、安全部门的要求，对操作工人进行考核取证工作。

（2）培训报告　每项培训工作结束后，由培训负责人及时提交培训报告，经试运行经理审查后上报项目经理。培训报告如表 7-6 所示。

表 7-6　培训报告格式

项目：	生产人员培训执行报告		装置：	
培训类型：			培训人数：	
培训时间：年　月　日 —　年　月　日			培训地点：	
培训内容：				
附件：				
建设单位：		总承包商单位：		
代表：　　　　年　月　日		代表：　　　　年　月　日		

二、总体试运行方案管理

总体试运行方案是指导试运行实施的重要指导文件。编制总体试运行方案是做好试运行阶段工作的关键，也是确保试运行能够按计划完成的基本前提。

1. 总体试运行方案内容

包括：总则；试运行组织；人员、物资和资料的准备及规章制度的编制计划；具体试运行方案的编制工作；水、电、汽、原料、燃料及运输量等外部条件的平衡和分期预测；试运行计划及试运行总体统筹计划；对施工安装收尾进度基本要求；试运行临时设施计划和物资供应计划；试运行费用计划；对可能存在的试运行问题的预处理措施。

2. 总体试运行方案编制

由项目相关的设计、采购、施工部门以及业主相关部门应提供必要的资料或文件。

由试运行经理负责组织试运行管理人员编制总体试运行方案及各分项工作方案。

按照审定的编制大纲进行初稿编制，完成后，由试运行经理按照审批程序进行校核和审批。然后由项目经理将总体试运行方案提交业主审查，定稿印发给相关单位和部门。

总体试运行方案编制大纲如表 7-7 所示。

表 7-7　总体试运行方案编制大纲

序号	主要内容	说明	备注
一	**总则**		
1	概况		合同
2	试运行范围		合同
3	编制依据		工程条件
4	遵循原则		
5	试运行目标		
二	**试运行组织**		
1	组织机构		
2	职责范围及分工		
3	人员培训计划及安排		
三	**试运行准备工作**		试运行准备
1	试运行前准备		物资和现场管理
2	试运行资料		
3	试运行管理制度及标准规范		
4	试运行物资需求计划		
四	**总体试运行方案及分解**		
1	油压系统吹净方案		
2	工艺系统吹净方案		
3	系统置换方案		
4	仪表系统调试方案		
5	单机试运行方案		
6	联动试运行方案		
7	投料试运行方案		

序号	主要内容	说明	备注
8	生产考核及验收方案		
9	操作手册、安全手册、分析手册		
五	**试运行公用工程条件**		试运行控制
1	试运行供水		
2	试运行供电		
3	试运行供汽		
4	试运行原料		
5	试运行燃料		
六	**试运行总进度计划**		
1	试运行总计划		
2	试运行工序计划及里程碑		
3	试运行物资供应计划		
4	统筹计划		
七	**工程施工尾项**		
1	工程尾项及三查四定安排		
2	尾项存在问题及整改		
八	**试运行临时设施方案**		
九	**试运行费用计划**	费用控制	
十	**试运行质量及安全控制**		
1	试运行质量计划	质量控制	
2	试运行安全管理计划	安全控制	
3	试运行 HSE 管理计划	HSE 控制	
4	试运行风险管理计划	风险控制	
十一	**其他**		
1	试运行存在的问题		
2	应对措施		

总体试运行方案编写工作应在装置试运行前半年开始,试运行前两个月完成各项编制工作和定稿。

三、预试运行管理

预试运行过程中的试压、查漏、水洗、吹扫、置换,是联动试运行、投料试运行前的重要工作。只有这些工作完成合格后，才能进行联动试运行和投料试运行。预试运行过程主要工作内容是设备管道系统试压、查漏、水洗、蒸汽吹扫、化学清洗、空气吹扫及置换，单机试运行，塔、器、反应器充填等内容。

1. 压力试验控制

（1）管道系统压力试验条件

① 安全阀已加盲板、爆破板已拆除并加盲板。

② 膨胀节已加约束装置。

③ 弹簧支架、吊架已锁定。

④ 当以水为介质进行试验时，已确认或核算了有关结构的承受能力。

⑤ 压力表已校验合格。

（2）试验时应遵守的规定

① 以空气和工艺介质进行压力试验，须经生产、安全部门许可。

② 试验前确认试验系统已与无关系统进行了有效隔绝。

③ 进行水压实验时，以洁净淡水作为试验介质。当系统中连接有奥氏不锈钢设备或管道时，水中氯离子含量不得超过 0.0025%。

④ 试验温度必须高于材料的脆性转化温度。

⑤ 当在寒冷季节进行试验时，要有防冻措施。

⑥ 钢质管道液压试验压力为设计压力的 1.5 倍；当设计温度高于试验温度时，试验压力应按两种温度下许用应力的比例折算，但不得超过材料的屈服强度。当以气体进行试验时，试验压力为设计压力的 1.15 倍。

⑦ 当试验系统中设备的试验压力低于管道的试验压力，且设备的试验压力不低于管道设计压力的 115% 时，管道系统可以按设备的试验压力进行试验。

⑧ 当试验系统连有仅能承受压差的设备时，在升、降压过程中必须确保压差不超过规定值。

⑨ 试验时，应缓慢升压。当以液体进行试验时，应在试验压力下稳压 10min，然后降至设计压力查漏。当以气体进行试验时，应首先以低于 0.17MPa（表压）的压力进行预试验，然后升压至设计压力的 50%，其后逐步升至试验压力并稳压 10min，然后降至设计压力查漏。

⑩ 试验结束后，应排尽水、气并做好复位工作。

2. 泄漏性试验控制

（1）管道泄漏性试验

① 输送有毒介质、可燃介质，以及按设计规定必须进行泄漏性试验的其他介质时，必须进行泄漏性试验。

② 泄漏性试验宜在管道清洗或吹扫合格后进行。

③ 当以空气进行压力试验时，可以结合泄漏性试验一并进行。但在管道清洗

或吹扫合格后，需进行最终泄漏性试验，其检查重点为管道复位处。

（2）试验时应遵守的规定

① 试验压力不高于设计压力。

② 试验介质一般为空气。

③ 真空系统泄漏性试验压力为 0.01MPa（绝压）。

④ 以设计文件指定的方法进行检查。

3. 水冲洗控制

（1）水冲洗试验条件

① 压力试验合格，系统中的机械、仪表、阀门等已采取了保护措施，临时管道安装完毕，冲洗泵可正常运行，冲洗泵的入口安装了滤网后，才能进行水冲洗。

② 冲洗工作如在严寒季节进行，必须有防冻、防滑措施。

③ 充水及排水时，管道系统应和大气相通。

④ 在上道工序的管道和机械冲洗合格前，冲洗水不得进入下道工序的机械中。

⑤ 冲洗水应排入指定地点。

⑥ 在冲洗后应确保全部排水、排气管道畅通。

（2）水冲洗工作应遵守的规定

① 应使用洁净水，当冲洗奥氏体不锈钢设备或管道时，水中氯离子含量不得超过 0.0025％。

② 冲洗流速不得低于 1.5m/s。

③ 冲洗工作应按先总管、再分管、后支管的顺序进行。

（3）合格标准　排出的水色与入口水色目测一致时为合格。

4. 蒸汽吹扫控制

（1）蒸汽吹扫条件

① 管道系统压力试验合格。

② 按设计要求，预留管道接口和短节的位置，安装临时管道。管道安全标准应符合有关规范的要求。

③ 阀门、仪表、机械已采取有效的保护措施。

④ 确认管道系统上及其附近无可燃物，对邻近输送可燃物的管道已做了有效的隔离，确保当可燃物泄漏时不致引起火灾。

⑤ 供汽系统已能正常运行，汽量可以保证吹扫使用的需要。

⑥ 禁区周围已安设了围栏，并具有醒目的标志。

⑦ 试运行人员已按规定防护着装，并已佩戴了防震耳罩。

（2）蒸汽吹扫工作应遵守的规定

① 未考虑膨胀的管道系统严禁用蒸汽吹扫。

② 蒸汽吹扫前先进行暖管，打开全部导淋管，排净冷凝水，防止水锤。

③ 吹扫时逐根吹遍导淋管。

④ 吹扫工作应按先干线、后支线的顺序进行。

⑤ 蒸汽吹扫的线速度不得低于 20m/s。

⑥ 对复位工作严格检查，确认管道系统已全部复原，管道和机械连接处必须按规定的标准自由对中。

（3）合格标准　以刨光木板检查，木板上须无可见铁锈或在每平方厘米的靶片上痕迹少于一个。以连续两次达到此标准为合格。

5. 化学清洗控制

① 管道系统内部无杂物和油渍。

② 化学清洗药液经质检部门分析符合标准要求，确认可用于待洗系统。

③ 具有化学清洗流程图和盲板位置图。

④ 化学清洗所需设施、热源、药品、分析仪器、工具等已备齐。

⑤ 化学清洗人员已按防护规定着装，佩戴防护用品。

⑥ 化学清洗后的管道系统如暂时不能投用，应以惰性气进行保护。

⑦ 污水必须经过处理，达到环保要求才能排放。

6. 空气吹扫控制

（1）空气吹扫条件

① 系统压力试验已合格。

② 系统压力试验合格，对系统中的机械、仪表、阀门等已采取了有效的保护措施。

③ 气源已有保证。

④ 盲板位置已确认。

（2）空气吹扫应遵守的规定

① 吹扫忌油管道时，空气中不得含油。

② 空气吹扫速度不应小于 20m/s。

③ 吹扫时应按先总管后支管的顺序进行。

④ 应尽可能利用生产装置中的大型压缩机，当不具备条件时，也可利用装置中的大型容器蓄气吹扫。

⑤ 对吹扫后的复位工作应进行严格的检查。

⑥ 吹扫要有遮挡、警示、防止停留、防噪等措施。

（3）合格标准　白布靶片上无可见污物为合格。

7. 系统置换控制

（1）惰性气体置换条件

① 试运行系统通入可燃性气体前，必须以惰性气体置换空气，再以可燃性气

体置换惰性气体。

② 停机检修前必须以惰性气体置换系统中的可燃性气体，再以空气置换惰性气体。

③ 注意有毒有害固、液体置换处理。

（2）系统置换条件

① 已具备标明放空点、分析点和盲板位置的置换流程图。

② 取样分析人员已就位，分析仪器、药品已备齐。

③ 惰性气体可以满足置换工作的需要。

（3）系统置换应遵守的规定

① 惰性气体中氧含量不得高于安全标准。

② 确认盲板的数量、质量、安装部位合格。

③ 置换时应注意系统中死角，需要时可采取反复升压、卸压的方法以稀释置换气体。

④ 当管道系统连有气柜时，应将气柜反复起落三次以置换尽环形水封中的气体。

⑤ 置换工作应按先主管、后支管的顺序依次连续进行。

⑥ 分析人员取样时应注意风向及放空管道的高度和方向，严防中毒。

⑦ 分析数据以连续三次合格为准，并经生产、技术、安全负责人员签字确认。

⑧ 置换完毕，惰性气体管线与系统采取有效措施隔离。

（4）系统置换合格标准

① 以惰性气置换可燃性气体时，置换后气体中可燃性气体含量不得高于 0.5%。

② 以可燃性气体置换惰性气体时，置换后的气体中氧含量不得超过 0.5%。

③ 以惰性气体置换空气时，置换后的气体中氧含量不得高于 1%。如置换后直接输入可燃、易爆的介质，则要求置换后的气体中氧含量不得高于 0.5%。

④ 以空气置换情性气体时，置换后的气体中氧含量不得低于 20%。

8. 仪表系统调试控制

（1）仪表系统调试条件

① 仪表空气站具备正常运行条件，仪表空气管道系统已吹扫合格。

② 控制室空调、不间断电源能正常使用。

③ 变送器、指示记录仪表、连锁及报警的发信开关、调节阀，以及盘装、架装仪表等的单体调校已完成。

④ 自动控制系统调节器的有关参数已预置，前馈控制参数、比率值及各种校正的比率偏置系统已按有关数据进行计算和预置。

⑤ 各类模拟信号发生装置、测试仪器、标准样气、通信工具等已齐备。

⑥ 全部现场仪表及调节阀均处于投用状态。

⑦ 对涉及（一重大、两重点）关键装置、重点岗位，要先对自动连锁、报警

系统进行分别调试，确保完好。

（2）仪表系统调试应遵守的规定

① 检测和自动控制系统在与机械联试前，应先进行模拟调试。即在变送器处输入模拟信号，在操作台或二次仪表上检查调整其输入处理控制手动及自动切换和输出处理的全部功能。

② 连锁和报警系统在与机械联试前应先进行模拟调试，即在发信开关处输入模拟信号，检查其逻辑正确和动作情况，并调整至合格为止。

③ 在与机械联试调校仪表时，仪表、电气、工艺操作人员必须密切配合互相协作。

④ 对首次试运行或在负荷下暂时不能投用的连锁装置，经业主同意，可暂时切除，但应保留报警装置。

⑤ 投料试运行前，应对前馈控制、比率控制以及含有校正器的控制系统，根据负荷量及实际物料成分，重新整定各项参数。

9. 电气系统调试控制

（1）电气系统调试条件

① 具备隔离开关、负荷开关、高压断路器、绝缘材料、变压器、互感器、硅整流器等已调试合格。

② 具备继电保护系统及二次回路的绝缘电阻已经耐压试验和调整合格。

③ 具备高压电气绝缘油的试验报告。

④ 具备蓄电池充、放电记录曲线及电解液化验报告。

⑤ 具备防雷、保护接地电阻的测试记录。

⑥ 具备电机、电缆的试验合格记录。

⑦ 具备连锁保护试验合格记录。

（2）电气系统调试应遵守的规定

① 供配电人员必须按制度上岗，严格执行操作制度。

② 变、配电所在受电前必须按系统对继电保护装置、自动重合闸装置、报警系统进行模拟试验。

③ 对可编程逻辑控制器的保护装置应逐项模拟连锁及报警参数，应验证其逻辑的正报警值的正确性。

④ 应进行事故电源系统的试运行和确认。

⑤ 应按照规定的停送电程序操作。

⑥ 送电前应进行电气系统验收。

10. 一般电动机器试运行控制

（1）一般电动机器试运行条件

① 与机器试运行有关的管道及设备已吹扫或清洗合格。

② 机器入口处按规定设置了滤网（器）。

③ 压力润滑密封油管道及设备经油洗合格，并经过试运转。

④ 电机及机器的保护性连锁、预警、指示、自控装置已调试合格。

⑤ 安全阀调试合格。

⑥ 电机转动方向已核查、电机接地合格。

⑦ 设备保护罩已安装。

（2）电动机器试运行应遵守的规定

① 试运行介质应执行设计文件的规定，若无特殊规定，泵、搅拌器宜以水为介质，压缩机、风机宜以空气或氮气为介质。

② 低温泵不宜以水作为试运行介质，否则必须在试运行后将水排净，彻底吹干、干燥，并经检查确认合格。

③ 当试运行介质的密度大于设计介质的密度时，试运行时应注意电机的电流，勿使其超过规定。

④ 试运行前必须盘车。

⑤ 电机试运行合格后，机器方可试运行。

⑥ 机器一般应先进行无负荷试运行，然后带负荷试运行。

⑦ 试运行时应注意检查轴承（瓦）和填料的温度、机器振动情况、电流大小、出口压力及滤网。

⑧ 仪表指示、报警、自控、连锁应准确、可靠。

11. 塔、器内件充填控制

（1）塔、器内件充填条件

① 塔、器系统压力试验合格。

② 塔、器等内部洁净，无杂物，防腐处理后的设备内部有毒、可燃物质浓度符合相关标准。

③ 具有衬里的塔、器，其衬里检查合格。

④ 人孔、放空管均已打开，塔、器内通风良好。

⑤ 填料已清洗干净。

⑥ 充填用具已齐备。

⑦ 已办理进入受限空间作业证。

（2）塔、器内件充填应遵守的规定

① 进入塔器的人员不得携带与填充工作无关的物件。

② 进入塔器的人员应按规定着装并佩戴防护用具，指派专人监护。

③ 不合格的内件和混有杂物的填料不得安装。

④ 安装塔板时，安装人员应站在梁上。

⑤ 分布器、塔板及其附件等安装和填料的排列皆应按设计文件的规定严格执

行，由专业技术人员复核并记录存档。

⑥ 塔、器封闭前，应将随身携带的工具、多余物件全部清理干净，封闭后应进行泄漏性试验。

12. 催化剂、分子筛充填控制

（1）催化剂、分子筛等充填条件

① 催化剂的品种、规格、数量符合设计要求，且保管状态良好。

② 反应器及有关系统压力试验合格。

③ 具有耐热衬里的反应器经烘炉测试合格。

④ 反应器内部清洁、干燥。

⑤ 充填用具及各项设施皆已齐备。

⑥ 已办理进入受限空间作业证。

（2）催化剂、分子筛等充填应遵守的规定

① 进入反应器的人员不得携带与充填工作无关的物件。

② 充填催化剂时，必须指定专人监护。

③ 充填人员必须按规定着装、佩戴防护面具。

④ 不合格的催化剂（粉碎、破碎等）不得装入器内。

⑤ 充填时，催化剂的自由落度不得超过 $0.5m$。

⑥ 充填人员不得直接站在催化剂上。

⑦ 充填工作应严格按照充填方案的规定进行。

⑧ 应对并联的反应器检查压力降，确保气流分布均匀。

⑨ 对于预还原催化剂在充填后以惰性气体进行保护，并指派专人监测催化剂的温度变化。

⑩ 反应器复位后应进行泄漏性试验。

13. 热交换器检查控制

① 热交换器运抵现场后必须重新进行泄漏性试验，当有规定时还应进行抽芯检查。

② 试验用水或化学药品应满足试验需要。

③ 试验时应在管间注水、充压、重点检查涨口或焊口处，控制在正常范围内。

④ 如管内发现泄漏，应进行抽芯检查。

⑤ 如按规定需以氮或其他介质进行检查时，应按特殊规定执行。

⑥ 检查后，应排净积水并以空气吹干。

四、联动试运行管理

当预试运行过程中的试压、查漏、水洗、吹扫、置换及单机试运行工作全部完成后，具备将建设装置进行中间交接的条件时，经过三方及相关方共检合格后，由业主接受。由业主成立试运行工作领导机构，形成运转正常的生产管理机构，生产操作人员全部到岗单位后，才能启动联动试运行或投料试运行等项工作。

1. 联动试运行条件

① 工厂正常管理机构已建立。

② 生产操作人员经考试合格。

③ 试运行范围内的工程全部设计内容已经完成。

④ 试运行范围内的施工验收规范标准全部达标。

⑤ 试运行范围内的设备、管道系统的内部处理已经全部合格。

⑥ 试运行范围内的系统管道耐压试验和热交换设备气密试验合格。

⑦ 工艺和蒸汽管道吹扫或清洗合格。

⑧ 单机试运行合格。

⑨ 动设备润滑油、密封油、控制油系统清洗合格。

⑩ 安全阀调试合格并已铅封。

⑪ 联动试运行相关的电气、仪表、自动连锁控制、报警系统、计算机等调试联校合格。

⑫ 联动试运行所需的燃料、水、电和仪表空气等确保稳定供应，各种物资和测试仪表，工具皆已齐备。

⑬ 联动试运行和操作规程方案已经被批准，指挥、操作、保运人员到位。测试仪表、工具、防护用品、记录表格准备齐全。

⑭ 联动试运行设备和与其相连系统已完全隔离。

⑮ 联动试运行技术指标确定。

⑯ 试运行现场有碍安全的杂物均已清理干净。

⑰ 安全措施已经落实。

2. 联动试运行要求

① 在联动试运行前，由试运行经理组织设计人员、试运行管理人员会同施工单位和业主的有关技术人员，共同检查联动试运行是否具备条件。

② 若不具备条件，列出问题清单，由相关部门进行整改、完善。然后，再进行共检直至具备条件后，才能进行联动试运行。

③ 严格按照设计文件的要求和联动试运行方案进行试运行。联动试运行结果必须达到规定的标准。

④ 业主的生产操作人员通过联动试运行应能掌握开停机、事故处理和工艺指标的控制调整等方面的生产操作技术。

⑤ 对于在联动试运行过程中发现的施工质量问题，列出问题清单，由施工经理负责协调、落实处理，并由试运行经理与业主、施工单位的代表签署整改通知单。

3. 联动试运行合格标准

① 在规定期限内系统稳定运行。

② 不受工艺条件影响的连锁和自控装置已全部投用。

4. 联动试运行合格证书

联动试运行合格证书如表 7-8 所示。

表 7-8　联动试运行合格证书

工程名称：		
装置名称：		
联动试运行时间：　　年　月　日　——　年　月　日		
联动试运行结果评定：		
附件：		
建设单位签章： 年　月　日	总承包单位签章： 年　月　日	施工单位签章： 年　月　日

五、投料试运行管理

当联动试运行合格或在联动试运行期间发现的问题进行整改或销项后，经过三方共检合格，将启动投料试运行。

1. 投料试运行条件

① 投料试运行方案已经批准。

② 联动试运行合格，具备投料试运行启动条件。

③ 岗位操作记录、投料试运行专用表格已经准备齐全。

④ 水、电、汽以及工艺空气和仪表空气已能确保连续稳定供应，仪表控制系统已能正常运行。

⑤ 投料试运行备品备件、工具、测试仪表、维修材料皆已齐备。

⑥ 分析等器具已调试合格。

⑦ 机械、管道的绝热和防腐工作已经完成。

⑧ 投料试运行指挥、调度系统的通信设置已经畅通，可供随时使用。

⑨ 安全、急救、消防设施已经准备齐全。

2. 投料试运行要求

① 成立投料试运行领导组织，由业主统一负责投料试运行指挥和试运行工作，生产管理及操作人员上岗操作；总承包商负责试运行技术配合和协调；施工单位负责

施工保护。

② 总承包商负责制定详细的投料试运行计划，提交业主会审后执行。

③ 在投料试运行前，由试运行经理组织设计人员、试运行管理人员与建设单位、施工单位共同检查装置是否具备投料试运行的条件。

④ 参加投料试运行人员必须在明显部位佩戴试运行证。

⑤ 操作人员必须按投料试运行方案和操作规程进行操作。

⑥ 投料试运行必须循序渐进，当上一道工艺不稳定或上一道工序不具备条件时，不得继续进行下一道工序投料试运行。

⑦ 当在投料试运行过程中发生事故时，必须果断处理，切断事故区或全装置进行停机处理。

⑧ 不允许违反正常工艺条件和有关安全及环保规定进行操作和试运行。

⑨ 必须按照投料试运行方案的规定测定数据进行保存并做好记录。

⑩ 投料试运行合格后，试运行经理与建设单位的代表签署投料试运行合格证书。

3. 投料试运行合格证书

投料试运行达到下列标准时签署合格证书。

① 打通生产工艺流程、生产出合格产品。

② 投料试运行相关的各生产装置统筹兼顾，首尾衔接，同步试运行。

③ 按投料试运行方案的规定投用了连锁和自控装置。

④ 投料试运行程序和质量要求符合有关标准、规范。

投料试运行合格证书如表 7-9 所示。

表 7-9　投料试运行合格证书

工程名称：
装置名称：
投料试运行时间：　　年　月　日　—　　年　月　日
试运行结果评定：
附件：

建设单位签章：	总承包单位签章：
年　月　日	年　月　日

六、性能考核管理

投料试运行工作已经全部完成时，在项目经理领导下，成立以设计经理、试运行经理及相关方人员参加的生产性能考核小组，会同业主及相关方人员进行试运行装置生产性能考核。

1. 性能考核具备条件

① 投料试运行已经合格并已在满负荷下稳定运行。

② 在满负荷试运行条件下暴露出的问题已经解决，各项工艺指标调整后处于稳定状态。

③ 供装置满负荷试运行的外界区条件已稳定且确保。

④ 生产性能考核方案，经业主审批或确认，并为考核人员所掌握。

⑤ 性能考核机构已经建立，测试人员工作任务已经落实。

⑥ 测试专用工具已经齐备，有关计量仪表已校准，化学分析项目、分析方法已确定。

⑦ 原料、燃料、化学药品的质量符合设计文件的要求。

⑧ 水、电、汽、气、原料、燃料、化学药品稳定供应。

⑨ 自控仪表、报警和连锁装置稳定运行。

⑩ 按合同要求，化工试运行必须连续、稳定运行 240 小时后才能转入性能考核试验。

⑪ 考核标准：考核期间满负荷运行 72 小时以上；达到合同规定的考核指标。

2. 性能考核要求

① 成立以设计经理或试运行经理为主，设计人员、试运行管理人员参加的装置性能考核班子，协同业主组织生产考核。

② 总承包商和制造厂技术人员负责考核技术指导；业主方面生产人员上岗操作；施工单位负责施工保护。

③ 总承包商协同业主编制装置性能考核方案。

④ 在考核前，由试运行经理组织设计人员、试运行管理人员与业主、施工单位共同检查装置性能考核应具备的条件。

⑤ 性能考核完毕，设计经理与建设单位代表签署生产性能考核报告。

第八章

项目进度控制

第一节 进度概述

一、进度定义

进度通常是指项目或工作在实施过程中的一种进展程度。为实现这种进展程度，项目需要消耗一定的时间、人力、工期、材料和成本等资源。

进度不等于工期。在这里进度的内涵已经不仅仅是传统意义上的工期，还包括了人力、材料、资金等资源和所完成的实物工程量的状态。进度管理与控制就是使所实施项目的进度与质量、费用及 HSE 控制分阶段目标一致，并实现项目工期的阶段目标。

进度是可以进行定量分析、统计和计算的。项目或工作可分为不同的子项或工作包，它们的内容及性质不同。特别对于大型、复杂的项目，所含子项的情况就更为复杂。为此要选择一个共同的，对所有项目或工作都适用的计量单位。

一般下情况进度可采用如下表示方式：

① 按项目或工作持续时间；

② 按项目或工作状态、数量；

③ 按完成项目或工作的价值量；

④ 按项目或工作资源消耗指标。

衡量进度的度量方法可采用如下表示方式：

① 0～100％方法；

② 比例衡量法。

二、进度管理

进度管理是指在项目或工作实施过程中，对项目各阶段的进展结果和项目最终完成的期限所进行的一种管理行为。进度管理本质上是采用科学的管理方法确保项目或工作实施所采取的行为和措施能够实现项目或工作预期的目标。进度管理的主要工作即在规定的时间内，拟定出合理科学且最佳的进度计划（包括多级管理的进度子计划）；在实施进度计划的过程中，定期对进度计划的实施进行监控。测量和检查实际进度是否按计划进度要求实施，对于出现进度偏差的情景，要及时进行分析，判断进度发生偏差的原因。对偏差采取必要的应对措施，必要时应进行调整、修改原进度计划并按程序报批，直至实现项目目标。

进度管理应处理好项目进度、质量、费用和 HSE 四者的对立统一关系，提高项目管理的综合效益。进度管理应以实现项目合同约定的项目产品交付日期为目标。项目部应建立以项目经理为责任主体的进度管理体系。

进度管理的主要内容如下：

① 根据项目管理目标责任书确定进度目标，在项目管理实施计划中进行项目工作结构分解。

② 根据项目目标和需求编制项目总进度计划，以及不同层次、不同过程、不同专业的分进度计划，并制定有效的进度控制措施。

③ 根据进度计划编制人力、材料、机械设备等资源需求计划。

④ 根据进度计划分解进度控制责任主体和责任人。

⑤ 在实施进度计划过程中，对进度计划进行监控和检查，记录和收集实际进度数据。

⑥ 将实际进度数据与进度计划进行比较、分析、研究，确定进度实施偏差。

⑦ 采取必要的应对措施，纠正进度偏差或调整进度计划，保证实际进度按计划进行。

⑧ 当采取纠正偏差措施或调整进度计划仍不能保证进度计划实现时，可变更进度计划，并将变更后的进度计划报相关单位审批，然后按审批的进度计划实施。

三、进度控制

进度控制是指对所实施的项目或工作进展、行为进行有效的控制，避免发生进度偏差，以及发生偏差时采取应对措施进行纠偏和调整，直至实现项目所确定的预期目标。进度控制是将工作的进展和工期的需求结合在一起，控制项目进度按期完成，使各项活动在时间上相互衔接。

进度控制的对象是项目或工作。它包括项目或工作结构图上各个层次的单元，上至整个项目或工作，下至各个工作包（最低层次网络上的项目或工作）。进度状态通常是通过各项目或工作完成程度（百分比）逐层进行统计汇总得到的。

进度指标的确定对进度状态的表达、统计和计算有很大影响，同时与项目或工作的复杂程度也有非常大的关系。对于现代煤化工项目，由于一个项目有许多的装置、子项、工作包，其工作内容和性质完全不同，因此必须选择一个共同的、对所有项目或工作都适用的计量单位。

进度的表示方法较多，最常用的有下列两种方法：

① 甘特图法。它是利用甘特图（线条图）来对项目或工作进行计划调度和控制的一种方法。具有简单、醒目和便于进度编制等特点，在 EPC 总承包项目或其他领域进度管理中广为应用。

② 网络计划法。通过网络图的形式，来反映和表达进度计划的安排。选择最优方案并据以组织、协调和控制项目或工作的进度和费用，使其达到预定项目或工作目标的一种管理方法。

第二节　进度控制基本原理

一、赢得值理论

赢得值管理（earned value management，EVM）理论作为一项先进的项目管理技术，由美国国防部于 1967 年首次确立。目前工程公司普遍采用赢得值管理理论进行工程项目的费用、进度控制。赢得值管理理论在进度管理中的运用，主要是控制进度偏差和时间偏差。

用赢得值管理曲线可以对项目进行费用、进度控制。赢得值管理曲线基本参数有三项：

计划工作的预算费用（budgeted cost for work scheduled，BCWS）；

已完工作的预算费用（budgeted cost for work performed，BCWP）；

已完工作的实际费用（actual cost for work performed，ACWP）。

在项目或工作实施过程中，以上三个参数可以形成如图 8-1 所示的三条曲线。

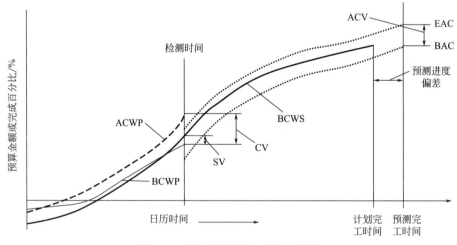

图 8-1　项目赢得值管理曲线示意图

主要评价指标包括费用偏差（CV）和进度偏差（SV）。

$$CV = BCWP - ACWP$$

由于 BCWP 和 ACWP 均以已完工作为计算基准，所以二者之差，反映项目或工作进展的费用偏差。

CV＝0，表示实际消耗费用与预算费用相符；

CV＞0，表示实际消耗费用低于预算费用；

CV＜0，表示实际消耗费用高于预算费用，即超预算。

$$SV = BCWP - BCWS$$

由于 BCWP 和 BCWS 均以预算值作为计算基准，所以二者之差，反映项目或工作进展的进度偏差。

SV＝0，表示实际进度符合计划进度；

SV＞0，表示实际进度比计划进度提前；

SV＜0，表示实际进度比计划进度拖后。

另外，采用赢得值管理技术进行费用、进度综合控制，还可以根据项目或工作当前的进度、费用偏差情况，进行偏差分析。

图 8-1 中，BAC（budget at completion）为项目或工作完工预算；EAC（estimate at completion）为预测的项目或工作完工成本；ACV（at completion variance）为预测项目或工作完工时的费用偏差。

$$ACV = BAC - EAC$$

通过以上分析，对进度趋势可以预测，预测项目或工作结束时进度和费用情况。

二、关键路径法

关键路径法（CPM）是通过控制项目关键活动，分析总时差和自由时差，来控制进度。

一般将项目或工作从启动到完工的最长作业路径定义为关键路径。项目或工作进度控制的核心就是对关键路径的进度进行控制。项目或工作关键路径上的作业就是关键进度作业。只有将关键进度点控制好，才能确保项目或工作计划进度目标实现。

第三节　项目进度管理

一、项目进度

项目进度通常是指项目总承包实施过程中的项目进展状态。可以分为项目进度计划和项目实际进度计划，二者之间存在进度偏差。

在总承包项目的进度控制过程中，将 EPC 总承包项目的任务目标、建设工期、项目成本及费用统筹有机地结合起来，形成一个项目综合的指标，这个指标能够全面反映总承包项目进度状态，这就是项目进度的内在含义。

项目工期是完成项目活动所需要的时间。每个项目在活动开始之前，都有一个估算的周期。而每个项目在活动开始之后，完成之前，可以估算剩余周期。一旦项目活动完成，就可记录实际周期。

项目工期可按下式估算：

$$EF(最早结束时间) = ES(最早开始时间) + 工期估计$$

项目工期也可按下式估算：

$$LS(最迟开始时间) = LF(最迟结束时间) - 工期估计$$

最迟开始时间与最早开始时间不同，其差值称为时差；也可用最迟结束时间与最早结束时间的差值表示。

$$时差 = 最迟开始时间 - 最早开始时间$$
$$= 最迟结束时间 - 最早结束时间$$

记录最初的计划日期就是基线日期；当前的计划就是计划安排日期。安排项目进度计划的过程就是给这些日期和时间赋值。第一步是估算周期，第二步是赋予该工作开始和结束时间。

二、项目进度与工期区别

项目进度与项目工期既有联系，又有区别。项目工期仅是一个时间的概念，比较直观。而进度不仅包含时间概念，还被赋予了其他的资源内涵，比如费用、人工时等。项目工期计划分解可以得到各项目单元的计划工期，由各个单元的计划工期可以得到时间参数，而把时间参数作为制定项目进度的目标之一，再赋予其他的资源在进度的内涵中项目进度就完整了，这也是项目工期控制向更高层次发展的必然。项目工期控制的目标就是使项目实施活动与计划工期在时间上吻合。即保证各项目活动按计划及时开工，按时完成，由此保证总工期不推迟。

三、项目进度管理

项目进度管理是指运用科学的系统管理方法、信息技术和管理程序，控制项目进度目标，在项目实施过程中，对项目各阶段的活动进展程度和项目最终完成的期限进行有效的控制管理。

项目进度管理是 EPC 总承包过程管理中的一个重要部分，它与项目质量管理、项目费用管理、项目 HSE 管理同为项目管理过程控制的重要组成部分。项目进度管理是保证项目如期完成、合理安排资源供应、节约项目费用的重要措施。

1. 项目进度管理计划

在项目进度管理过程中，一般会存在两种进度计划，即项目进度管理计划和项目进度计划。项目进度管理计划在整个项目进行过程中为控制项目进度管理提供指南和方向。因此在项目进度管理计划中需要明确项目进度模型制定、精确水平、度量单位、项目进度模型维护、控制临界值、绩效度量规则、项目进度报告格式、项目进度过程控制描述等。项目进度管理计划中并不包含项目具体的进展、里程碑等与项目活动进度密切相关的内容。项目进度管理计划只提供项目进度管理程序和方法指南。

2. 项目进度计划

项目进度计划是利用各种项目进度计划编制工具制定具体的项目进度里程碑，如关键路径法、关键链法、资源平衡、进度压缩及相关项目进度管理软件等。在考虑各种约束条件情况下制定各项目活动的计划开始时间、计划结束时间，并确定项目进度里程碑文件。里程碑文件是项目进度计划基准，用来与实际进度状态进行分析对比，便于考核项目进度绩效。制定项目进度计划的目的是在项目合同工期和主要项目里程碑的前提下，对项目设计、采购、施工和试运行的各项活动作业进行时间和逻辑上的安排，合理利用总承包商及相关方的资源，降低项目费用，实现项目合同工期。

第四节　项目进度计划

一、项目进度影响因素分析

在 EPC 总承包项目中，特别是一些大型项目，例如现代煤化工项目，具有规模大、工艺技术复杂、建设周期长、协作单位多等特点，影响工程进度的因素很多。人力资源、工艺技术及专利、大型设备制造、特殊材料、资金筹措、水文地质、气象、环境资源、社会环境等，以及其他难以预料的因素，都会影响项目进度计划的实施。现将这些内外部因素归纳如下。

1. 项目建设方主要影响因素分析

① 项目勘察资料不准确，特别是地质资料错误或遗漏引起的技术障碍；

② 项目总图的控制性坐标点、高程点资料不准确或错误；

③ 项目建设用水、供电等相关手续办理不及时，供应量不足；

④ 项目开工手续不完备；

⑤ 项目场地搬迁工作拖延；

⑥ 项目相关方图纸提供不及时、不配套等；

⑦ 市场变化需要修改、调整设计等；

⑧ 采用不成熟新材料、新设备、新工艺引起的修改设计；

⑨ 总承包合同内容、条件发生变化引起的谈判；

⑩ 总承包合同纠纷引起的仲裁或诉讼；

⑪ 业主负责供应的材料、设备供货不及时，技术参数与实际所需不符等；

⑫ 业主向有关行业主管部门提出各种申请审批、审核手续的延误；

⑬ 业主负责的各种验收组织不及时，如验线、验槽、各种隐蔽验收、消防验收、人防验收等；

⑭ 项目资金不能按合同约定支付合同款；

⑮ 与项目相关的不可预见事件的发生；

⑯ 主业的其他事项。

2. 总承包商（分包商）主要影响因素分析

① 项目部配置的人力资源不能满足总承包项目管理需要，管理水平经验不足，致使项目管理混乱，不能按预定项目进度计划完成；

② 总承包商协调各分包商能力不足，相互配合工作不及时到位；

③ 总承包商与分包商、材料供应商及其他协作单位发生合同纠纷引起仲裁或诉讼；

④ 总承包商（分包商）自有资金不足或资金安排不合理，无法支付相关方应付费用；

⑤ 项目安全事故、质量事故调查、处理；

⑥ 总承包商采购关键材料、关键设备不及时或物流出现问题，不能按时到达项目现场；

⑦ 总承包商采购材料的数量、型号及技术参数错误，供货质量不合格；

⑧ 总承包商的其他事项。

3. 总承包商设计方主要影响因素分析

① 不能按设计约定及时提供项目建设所需的图纸；

② 设计资源配置不合理，各专业缺乏协调配合；

③ 设计深度不够；

④ 设计图纸"缺、漏、碰、错"现象严重，导致设计变更增加；

⑤ 与各专业设计院协调配合不及时到位；

⑥ 因与设计分包方合同纠纷而引起仲裁或诉讼；

⑦ 未按业主及监理要求及时解决在现场出现的设计问题；

⑧ 不能按时参加各种验收工作；

⑨ 设计方的其他事项。

4. 供应分包商主要因素分析

① 原材料、配套零部件供应不能满足项目建设需求；

② 生产制造设备维护、使用不当出现故障无法正常供货；

③ 运输方式及运力不能满足供货需要；

④ 提供产品的型号、参数、数量错误或与合同不符；

⑤ 生产产品质量不合格；

⑥ 包装、存储、运输及二次搬运不当造成货物破损和丢失；

⑦ 与协作单位产生合同纠纷，引起仲裁及诉讼；

⑧ 供应商自有资金不足，无法支付相关应付费用；

⑨ 供应商管理机构调整、人员调整等原因无法按相关合同履约；

⑩ 采购分包商的其他事项。

5. 施工分包商主要因素分析

① 施工人员资质、资格、经验、水平及人数不能满足施工需要；

② 施工组织设计不合理、施工进度计划不合理、施工方案缺陷；

③ 施工工序安排不合理，工序之间在时间上的先后搭接难以达到保证施工质量；

④ 不能根据施工现场情况及时调配施工人力资源和施工机具资源；

⑤ 施工用机械设备配置不合理，不能满足施工需要；

⑥ 施工用供水、供电设施及施工用机械设备出现故障；

⑦ 施工材料供应不及时，材料的数量、型号及技术参数错误，供货质量不合格；

⑧ 施工现场管理不善出现问题；

⑨ 施工分包商因管理机构调整、人员调整等原因无法按施工分包合同履约；

⑩ 施工分包商的其他事项。

6. 监理单位主要因素分析

① 监理单位配置资源不合理，监理工程师学历、专业、资质、资格、经验、水平、数量等不能满足工程监理需要；

② 责任心不强、管理协调能力薄弱，不能及时采取有效措施保证项目按计划实施；

③ 监理管理机构调整、人员调整、资产重组等原因无法按合同履约；

④ 监理单位的其他事项。

7. 政府主管部门主要因素分析

① 相关政策、法律法规及管理条例调整；

② 各种手续办理程序复杂，不能满足项目建设的需求；

③ 政府管理部门机构调整、管理职责调整、人员调整；

④ 政府管理部门的其他事项。

8. 社会及各种自然条件因素分析

    ① 自然灾害如恶劣天气、地震、洪水、火灾等；

    ② 各种突发刑事案件；

    ③ 重大政治活动、社会活动；

    ④ 其他事项。

二、项目进度计划编制

1. 编制要点

    ① 遵循动态变化、全过程、统筹兼顾和循环改进的原则。项目进度变化是客观存在的一种现象。在项目进度计划编制过程中，应分析项目动态控制特点，充分考虑项目进度动态变化规律。在发生项目进度偏差时，采取有效的应对措施，执行PDCA循环。

    ② 选择信息化平台和进度控制软件。项目进度控制的过程是一个信息传递和信息反馈的过程，应选择合适的信息化平台及先进适用的进度应用软件，有效完成项目进度计划的制定、跟踪、监控、资源分配等管理任务。

    ③ 细化项目结构分析。在充分了解 EPC 总承包项目的特点基础上，系统地对项目进行合理的定位。细分项目分项、子项、工作包，系统地将项目按照其内在结构和实施过程的顺序进行逐层分解，做好项目的工作分解结构（WBS）。将项目分解到内容单一的、相对独立、易于成本核算与检查的项目单元，明确单元之间的逻辑关系，将每个单元具体落实到相关责任者和相关责任方。

    ④ 预测项目资金支出与回笼计划。对项目资金进行预测、协调及分配，使其在需要时可以被充分利用。提出不同时间所需资金和资源的级别，以便赋予项目不同的优先级，满足严格的完工时间约束，保证项目按时获取并补偿已经发生的费用支出。

2. 编制方法

    ① 关键日期表　关键日期表是一种最简单的项目进度计划表，它只列出一些项目关键活动和进行的日期。

    ② 横道图　也叫作线条图。以横线条表示项目每项活动的起止时间，具有简单、明了、直观，易于编制的特点，也是常用的一种工具。在横道图上，可以表示各项活动的开始时间和终了时间，也考虑了活动的先后顺序。但该法也存在不能表示各活动之间关系的缺点。特别对于复杂的项目管理而言，横道图难以适用。

    ③ 网络计划技术法　随着科学技术和信息技术的迅速发展，许多大型项目，工序繁多，协作面广，需要动用大量人力、物力、财力等。要在有限资源、最短时间和最低的费用约束下完成项目建设，选择网络计划技术就比较合适。网络图可表达项目中各项活动的进度和它们之间的相互关系。利用网络图可进行网络分析，确

定关键活动与关键路径，不断调整与优化网络，将成本与资源要素考虑进去，以求项目进度控制最优化。

3. 编制依据

项目进度编制主要依据包括：项目范围；项目工期要求（项目合同规定）；项目特点；项目内、外部资源条件；项目结构分解单元；项目对各工作单元的时间估计；项目资源供应状况。

4. 项目进度计划编制过程

主要通过绘制网络计划图，确定关键路径和关键工作活动，根据项目总进度计划，制定出项目资源总计划、费用总计划。然后把这些总计划分解，细分到年、季度、月、旬等各个实施阶段，形成项目进度实施计划。

在项目进度计划实施过程中，对项目进度计划的实施进行监控，将项目进度、质量、费用和 HSE 目标进行关联，充分考虑项目主、客观条件和风险预防。

5. 编制分工

在 EPC 总承包项目中设置进度工程师，在控制经理领导下负责编制 EPC 项目总进度计划；装置主进度计划；装置设计、采购、施工、试运行进度计划。各专业负责人负责编制设计、采购、施工、试运行详细进度计划，对项目各工作包进度计划进行进度管理。

项目进度控制工程师、控制经理对项目进度全面负责。运用系统控制原理，制定项目进度控制流程和基本程序，对项目进度计划进行控制。

三、项目进度计划逻辑关系

1. 计划分层管理

EPC 总承包项目总进度计划编制应充分考虑设计、采购、施工和试运行的合理交叉匹配，交叉深度取决于可接受的项目进度控制风险。项目进度控制是分层次管理的，以项目总进度计划为控制基准，通过定期对项目进度绩效进行测量，计算项目进度偏差，并对偏差产生的原因进行分析比较，采取相应的纠正措施。当项目范围发生较大变化时，或出现重大项目进度偏差时，经批准可调整项目进度计划。

2. 工作任务单元细分

工作分解结构（WBS）是一种层次化的树状结构。将项目划分为可以管理的项目工作任务单元。项目的工作分解结构一般分为以下层次：项目、单项工程、单位工程、组码、记账码、单元活动。通常按各层次制定进度计划。根据执行项目计划所消耗的各类资源预算值，按每项具体任务的工作周期展开并进行项目资源分配。

3. 计划层次划分

项目进度计划采用分类、分级方式进行编制。一般分为五类 7 级，最低一级项目进度计划深度为 WBS 7 级；最低层次的项目进度计划是项目最小工作任务单元的工作包进度计划。项目进度计划采取自上而下的编制方法。以业主确定的主要控制点为基础，对项目进度计划采取自上而下逐级分类，逐步细化。项目进度计划层次划分如表 8-1 所示。

表 8-1　项目进度计划层次划分

进度类别	进度级别	进度计划名称	项目进度分解层次		
			5 级	6 级	7 级
项目综合	1	项目总进度计划	主体工程 公用工程 辅助工程	装置（单元）	设计 采购 施工 试运行
	2	装置（单元）	设计、采购	主要设计、采购包里程碑	
			施工	专业施工主要活动	
			试运行	试运行活动	
设计	3	项目设计进度计划	专业设计		
	4	项目设计详细进度计划	全部工作包		工作子项
采购	3	项目采购进度计划	各类设备、材料	关键控制点、里程碑点	
	4	项目采购详细进度计划	全部采购包		
施工	3	装置施工进度计划	专业施工活动	主要工作包	
	4	装置施工详细进度计划	全部工作包	工作项	工作子项
试运行	3	装置试运行进度计划	试运行活动	主要工作包	
	4	装置试运行详细进度计划	全部工作包	工作项	工作子项

4. 第一级层次逻辑关系

第一级进度计划为项目总进度计划，由项目经理组织控制经理、设计经理、采购经理、施工经理、试运行经理和进度工程师，根据项目合同、项目实施计划、项目 WBS、类似项目的信息和经验、项目的实际情况等讨论确定，并由进度工程师进行编制。

项目总进度计划，经控制经理审核、项目经理批准后，作为编制第二级装置主进度计划的基础。项目总进度计划反映了主体工程、公用工程、辅助工程在设计、采购、施工、试运行等方面的汇总活动。它向决策层和管理层提供项目总体进度状态。

5. 第二级层次逻辑关系

第二级进度计划为装置主进度计划，由项目经理组织控制经理、设计经理、采购经理、施工经理、试运行经理和进度工程师，根据第一级进度计划统筹安排各装置的设计、采购、施工、试运行进度，并由进度工程师进行编制。

装置主进度计划，经控制经理审核、项目经理批准后，作为编制第三级设计、采购、施工、试运行各阶段进度计划的依据。装置主进度计划反映每一装置（单元、设施）设计、采购、施工、试运行活动，主要供管理层使用。

6. 第三级层次逻辑关系

第三级进度计划为设计、采购、施工、试运行各阶段进度计划、由进度工程师根据第二级进度计划安排各阶段进度，并进行编制。

在设计进度计划中安排各专业设计进度；在采购进度计划中安排各类设备、各类电气仪表和各类材料的采购进度；在施工进度计划中安排各装置、各专业施工活动施工进度；在试运行进度计划中安排各装置试运行活动的进度。

各阶段进度计划，经负责管理各阶段的子部门经理和控制经理审核、项目经理批准后，作为编制第四级各阶段详细进度计划的依据。

各阶段进度计划应用 Project 软件进行编制，并使用项目进度费用综合检测软件进行检测，进行赢得值分析，以满足项目管理的需要。

7. 第四级层次逻辑关系

第四级进度计划为项目各阶段的详细进度计划，分别由设计、采购、施工和试运行工程师根据第三级进度计划进行编制，作为开展设计、采购、施工和试运行工作的依据。各阶段详细进度计划反映了设计、采购、施工、试运行的详细作业活动安排，并相对独立。它服从于第三级进度计划并提供检测数据。

第五节　项目进度控制程序

一、项目进度控制

1. 项目进度控制对象

项目进度控制对象是项目的各项活动，包括项目结构图上各个项目层次的单元或子单元。项目进度控制的目标与项目工期控制基本是一致的。但项目进度控制不仅追求时间上的一致性，而且还追求在一定时间内项目工作量完成程度和效率；在一定时间内项目消耗的费用、成本和资源的一致性。项目进度的拖延最终会表现为项目工期的拖延。对项目进度的调整常表现为对项目工期的调整。为加快项目进度，采取的措施包括改变项目活动次序、增加项目资源投入等。通过采取必要的措施确保项目按时完成。

2. 项目进度动态控制

在项目进度控制过程中，受各种内部和外部因素影响，存在项目进度动态，因此对项目进度计划进行跟踪是一项重要的工作。项目进度事实上存在两种不同的表示方法：一种是纯粹的时间表示，对照项目计划中的时间进度来检查是否在规定的时间内完成了项目计划的任务；另一种是以工作量来表示的，在项目计划中对整个项目的工作内容预先进行估算，再跟踪实际进度计划，看实际的项目工作量完成情况，而不是单纯以时间作为唯一衡量标准。在使用第二种表示方式时，即使有些项目活动有拖延，但实际完成的项目工作量不少于计划的项目工作量，通常被认为是正常的。在项目进度控制管理中，往往同时跟踪完成时间和工作量进度两项指标。在掌握了实际项目进度动态与项目进度计划的偏差情况后，就可对项目的总体实际完成时间做出预测。

二、项目进度控制程序和工作程序

项目经理在项目进度控制程序中通过项目进度计划管理、项目内外部协调管理、项目变更管理等方法，应用经济和管理手段充分发挥责任主体的作用。项目进度计划控制程序设置应严格按照项目进度控制程序实施。项目进度控制程序内容一般包括 7 个部分，可简洁地划分为四个管理模块，如表 8-2 所示。

表 8-2　项目进度控制程序内容

序号	程序控制原则内容描述	管理模块
1	项目进度控制原则	程序说明模块
2	项目进度控制计划	
3	赢得值原理	
4	WBS 工具	
5	项目进度工作程序	进度工作程序模块
6	监控及记录	进度监督检查记录模块
7	文件支持体系	文件支持模块

项目进度控制程序模块之间的关系如图 8-2 所示。

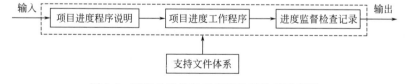

图 8-2　项目进度控制程序模块间关系示意图

项目进度控制程序流程如图 8-3 所示。

项目进度控制工作程序流程如图 8-4 所示。

图 8-3　项目进度控制程序流程示意图

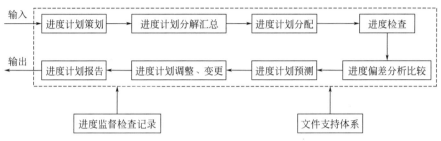

图 8-4　项目进度控制工作程序流程示意图

三、项目进度工作程序说明

1. 程序控制原则

总承包商及其制造厂商、施工分包商按照确定的 WBS 和计划活动编码体系编制项目进度计划，下一级的项目进度计划必须在上一级计划中找到对应的大项，各级项目进度计划的分层汇总必须服从编码体系的要求。

应建立统一的项目进度检测和项目进度汇总及进度报告要求，且应符合合同规定和用户要求。所有项目进度计划信息的正式来源均为由项目经理签发的进度报告。对制造厂商、施工分包商的项目进度计划及其变更必须进行确认。

项目第一级和第二级进度计划中涉及的里程碑的建立、修改与变动都要按规定报批；第三级和第四级项目进度计划的调整和变更，若影响到第二级进度计划，则必须按规定报批。

2. 进度计划策划

根据合同要求、项目实施计划，以及项目进度控制管理过程中的活动定义、活动排序、活动历时估算等进行项目进度计划策划。策划过程中应明确：项目进度计划的实施与控制过程同时也是信息传递与反馈过程，需要不断地进行信息传递与反馈。

进度计划策划编制时应考虑各种进度风险的存在，使项目进度计划留有余地，具有一定的弹性。在进度控制时可利用这些弹性，缩短某项工作的持续时间或改变工作之间的搭接关系，确保项目工期目标的实现。

3. 进度计划分解汇总

项目进度计划对象应由大到小逐级分解。将项目按照 WBS 分解原则，由粗到细进行划分，直至人工时、进度、费用等资源的最小检查和管理单位。分解时要考虑项目进度计划实施中由细到粗汇总的需要。项目进度计划不是一成不变的。由项目进度计划编制到项目进度计划实施，再到计划调整、变更，形成了一个不断循环的过程。

4. 进度计划分配

进度计划分配就是将人工时、实物工作量、费用等资源预算数值按时间坐标进行分配，分配后可以获得有关人力负荷、现金流动等资源的 BCWS 曲线，建立项目进度计划控制基准。

5. 进度检查

项目的管理人员应对项目进度状态进行检查，掌握项目进度计划进展动态。通常采用日常检查和定期检查方法。

日常检查法是指随着项目的进展，不断检查记录每一项工作的实际开始时间、实际完成时间、实际进展状态、实际消耗的资源量等内容，以此作为项目进度计划控制的依据。

定期检查是指每隔一定时间对项目进度计划执行情况进行一次较为全面的检查。检查各工作之间逻辑关系的变化，各工作进度和关键路径的变化，以便更好地发掘潜力，调整或优化资源。检查要遵循项目进展检查程序进行，检查设计、采购、施工、试运行进展情况。检查工作按月或周进行，由检查结果可以得到实际进展的 BCWP 曲线，作为赢得值管理的依据。

6. 进度偏差分析比较

即将检查所得的实际的项目进度数据与计划数据进行比较，依据项目进度计划分析比较结果，计算出项目进度计划偏差值。

7. 进度计划预测、调整、变更、报告

在进度偏差分析比较的基础上预测项目进度变化趋势。当实际进度与计划发生偏离时，需采取合适的措施来纠偏，及时变更和修改项目进度计划，编制进度计划调整报告，并按规定报告总承包商及相关部门和领导审批。并按相关规定报批。

四、项目进度控制措施

对项目进度计划偏差运用赢得值原理进行分析判断时，虽然直观性强，简单明了，但不能确定项目进度计划中的关键路径，因此不能完全用赢得值管理原理取代网络计划分析。当预测项目活动滞后时间可能会影响项目进度计划时，应对网络计划中的关键活动进行自由时差和总时差分析，设法消除关键活动滞后对项目进度计

划的不利影响。自由时差是指在不影响紧随其后的项目活动最早开始条件下，项目活动所具有的机动时间。

项目进度计划工期的控制原则：

① 当计划工期等于合同工期，而关键路径上的项目活动出现拖延时，应调整相关项目活动的持续时间或相关项目活动之间的逻辑关系，使调整后的计划工期与原计划工期相同。

② 当项目活动拖延时间小于或等于自由时差时，可不做项目进度计划调整；当项目活动拖延时间大于自由时差时，应根据后续项目工作的特性进行应对处理。

③ 当项目计划工期小于合同工期时，可按需要适当延长计划工期，但不得超过合同工期。

④ 当项目活动超前完成，并影响后续工作的设备、材料、资金、人力等资源的合理安排时，若后续工作的最早开始时间受到外部条件约束，应及时调整进度计划，消除不利影响。若后续工作的开始时间不受外部条件约束，可不用调整项目进度计划。

第九章

项目质量控制

第一节 质量管理概述

一、质量管理体系

GB/T 19000—2016/ISO 9000:2015《质量管理体系 基础和术语》中对质量的定义是：客体的一组固有特性满足要求的程度。在这个定义中，质量是指客体（产品、服务等）的可区分的特征（包括固有的或赋予的、定性的或定量的、各种类别的）满足顾客的要求（需求或期望）的程度。顾客的要求，可以是对具体的产品物质属性的需求，也可以是对产品相关服务或其他方面的需求。

质量管理，即指挥和控制某一组织（包括但不限于代理商、公司、集团、协会等）的协调活动中，关于质量的部分。管理体系，是指组织建立方针（组织的宗旨和方向）和目标以及实现这些目标的过程的相互关联或相互作用的要素。质量管理体系（quality management system，QMS），即管理体系中关于质量的部分。

质量管理体系是组织内部建立的，为实现质量目标所必需的系统的质量管理模式，是组织的一项战略决策。它将资源与过程结合，以过程管理方法进行系统的管理，根据企业特点选用若干体系要素加以组合，一般包括与管理活动、资源提供、产品实现以及测量、分析与改进活动相关的要素等。质量管理体系贯穿于产品生产或项目建设的始终，一般以文件化的方式，成为组织内部质量管理工作所应遵循的规范。

二、企业质量管理体系

企业（工程公司）应按 GB/T 19001-ISO 9001 族标准，以正确的质量管理指导思想为基础，以科学的质量管理原则为指导，以质量管理手册为表现形式，建立质量管理体系。通过对质量管理体系的科学评价，经过连续不断的评价、修正，再评价、再修正，动态完成对质量管理体系的完善。

企业质量管理体系是企业管理体系的一个子系统，其质量目标必须符合企业发展的战略目标，成为企业成功发展的保证。企业管理者应明确建立企业质量管理体系的具体职能和体系结构，在正确指导思想指导下，确定企业质量管理体系的职能范围。

1. 质量管理原则

在 ISO 9000:2015 中提出的 7 项质量管理原则是企业最高管理者用于领导组织进行业绩改进的指导原则，是构成质量管理体系系列标准的基础。这些质量管理原则如下：

① 以顾客为关注焦点，满足顾客要求并且努力超越顾客期望。

② 领导作用，各级领导建立统一的宗旨和方向，并创造全员积极参与实现组织的质量目标的条件。

③ 全员积极参与，整个组织内各级胜任、经授权并积极参与的人员，是提高组织创造和提供价值能力的必要条件。

④ 过程方法，将活动作为相互关联、功能连贯的过程组成的体系来理解和管理时，可更加有效和高效地得到一致的、可预知的结果。

⑤ 改进，成功的组织持续关注改进。

⑥ 循证决策，基于数据和信息的分析和评价的决策，更有可能产生期望的结果。

⑦ 关系管理，为了持续成功，组织需要管理与有关相关方（如供方）的关系。

2. 质量管理手册

企业质量管理手册是阐明企业质量方针、质量目标、质量指导思想和管理原则，以及描述质量管理体系的重要文件。质量管理手册涉及企业有关质量管理的全部活动、工作范围和应用领域。企业质量管理手册涉及企业质量方针和质量管理目标的贯彻，影响到企业质量控制管理的运行、执行、验证或评审工作，以及企业相关部门和人员的质量职责、权限和相互关系。质量管理人员（质量经理、质量总监、质量工程师）负责质量计划的制定、监督、检查并建立质量责任制和考核办法，明确所有人员的质量职责。质量计划、质量相关文件的编制、修订和审批及质量控制程序说明、质量手册的修订和完善和实施，应在企业质量管理手册中明确规定。

第二节　企业质量管理要点

质量管理是为实现质量目标而进行的一系列管理性质活动，通常包括：制定质量方针、质量目标，以及通过质量策划、质量保证、质量控制和质量改进实现这些质量目标的过程。

在项目总承包质量管理过程中，要正确处理好质量与成本（投资）的关系，不仅要从技术质量指标角度评价质量管理，还要从管理运行成本、产品价值和成本消耗方面综合评价质量管理。在确定质量水平或目标时，不能脱离成本费用、投资条件和需要。不能单纯追求项目质量管理技术上的先进性，还应考虑质量与成本投资和效益达到合理的平衡。

质量管理全过程可以分解为设计质量管理、采购质量管理、施工质量管理和试运行质量管理四个阶段。

一、体系有效运行

1. 体系运行

企业应确保质量管理体系能够长期有效运行，为企业长远发展打下坚实的基础。围绕"让客户满意"，认真处理客户投诉或意见，不断满足客户需求与期望。赢得客户信任，提高客户满意度，提升企业在工程建设领域的社会形象和市场竞争力。

2. 体系运行评价

开展质量管理体系评价是为了给企业质量管理改进提供依据。实践表明经过运行的质量管理体系需要进行评价。评价的目的是为了评估企业质量活动及其相关资料结果是否符合质量计划安排；质量计划的实施是否能达到预期质量目标。评价是通过对构成质量管理体系各要素的审核来进行的。根据审核目的不同，质量管理体系审核有内部审核和外部审核两种形式。

企业质量目标能否实现，取决于企业所建立的质量管理体系能否正常运行，以及质量管理体系文件是否能够涵盖 EPC 总承包项目所有质量管理要素。质量管理必须按照建立的企业质量管理体系要求进行运行。应根据评价结果对质量管理体系进行不断完善，并予以持续改进。

二、质量管理要点

1. 质量目标确定

一般依据企业的质量方针，确定企业的质量总目标，再将总目标分解到组织的相关职能和层次，形成质量子目标，以协调企业各个部门乃至个人的质量活动。

应确保组织的质量总目标与组织的质量方针保持一致。质量方针为质量目标提供了制定和评审的依据。因此，质量目标应建立在质量方针的基础之上。管理人员应在充分理解企业质量方针本质后，提出质量目标并与质量方针保持一致。企业在建立质量目标后，应有效合理分配和利用企业资源，由此激发员工的工作热情，为实现企业质量总目标做出贡献。

2. 质量标准化管理

标准可以分为技术标准和管理标准两类。技术标准主要有设计标准（各专业设计标准、规范）、采购标准、施工标准和试运行标准等，以及半成品标准、成品标准等。质量标准化管理就是要对形成项目产品的一系列过程的质量活动，层层把关设卡，使项目形成产品过程处于受控状态。在技术标准体系中，各个标准都是以最终产品的标准为核心而展开的，都是为项目最终产品标准服务的。标准化管理主要是规范人的行为，提高工作质量，为保证项目产品质量服务，包括形成项目产品过程的管理规定、程序、流程和经济责任制等。总承包商要保证项目产品质量，首先要建立健全各种技术标准和管理标准，力求配套。还要不断修订改进标准，贯彻实现新标准，保证标准的先进性。

3. 质量关键点控制和管理

质量关键点控制的含义是在一定时期、一定条件下对需要进行质量重点控制的质量活动、质量特性、质量关键部位、质量薄弱环节以及主要质量因素采取特殊管理措施和办法，实行质量关键点强化控制，使质量过程处于受控状态，目的是保证规定的质量目标能够实现。

第三节　质量计划编制、实施与控制

质量计划通常是质量策划的结果，是确定质量以及采用质量体系要素的目标和要求的活动。质量计划在 GB/T 19000—2016 中的定义是："对特定的客体，规定由谁及何时应使用程序和相关资源的规范"。

质量计划应根据质量目标制定，包括质量保证计划和质量跟踪控制计划。

一、质量计划编制原则

① 以产品、项目或合同为对象的全过程质量标准文件将与企业质量保证标准、质量手册和程序文件的通用要求有机联系起来。涉及的产品、项目等相关的质量活动，可直接采用或引用企业相关的质量文件，并保持与相关质量文件相一致。

② 对产品结构简单、品种单一或形成系列产品的，一个质量计划可包容时，不必针对每个产品都制定质量计划。

③ 质量计划要求可高于但不能低于企业现有质量体系文件的要求。应明确质量计划所涉及的全部质量活动，并对其质量责任和权限进行分配。

④ 质量计划应由质量相关负责人主持，相关部门及人员参加，统一协调，使其具备可操作性。

⑤ 现行产品状态发生显著变化时，应重新编制或修改质量计划。实施质量管理所需要的组织结构、程序和资源应以满足质量目标为基准。

⑥ 一个组织的质量体系设计主要是为满足组织内部质量管理的需要，比特定顾客的需要更广泛。特定顾客仅评价组织质量体系中与其相关部分内容。评价时，可要求对已确定的质量体系要素的实施进行证实。

二、质量计划编制内容

编制内容应覆盖全过程所有工作质量活动和质量管理要求，并规定全过程管理、设计、采购、施工和试运行等过程质量控制程序和方法。主要编制内容如下：

① 明确项目全过程范围和目的（所适用的产品或项目）的特殊要求及有效期，以及需要达到的质量目标。

② 组织实际运作的各过程的步骤。

③ 全过程的不同阶段，质量管理的相关职责、权限和资源的具体分配。

④ 全过程质量控制采用的具体文件化程序和质量控制说明书。

⑤ 全过程适宜阶段适用的检验、试验、检查和审核大纲。

⑥ 全过程质量进展进行更改和完善质量计划的文件化程序。

⑦ 达到质量目标的度量方法及所采取的措施。

三、质量计划实施程序和控制程序

质量计划实施程序一般由质量计划实施的各个步骤组成：①质量计划策划；②质量目标确定；③质量计划编制；④质量计划实施程序；⑤质量标识及可追溯；⑥质量活动测量分析及改进程序；⑦质量全过程记录程序。

质量计划实施控制程序一般由以下各个步骤组成：①质量控制启动；②质量控制策划；③质量目标验证；④质量控制计划；⑤质量活动检查；⑥质量评定及评定标准；⑦质量评定汇总；⑧质量整改和持续改进；⑨质量报告。

第四节　项目质量管理

一、项目质量管理体系

1. 体系建立

质量管理体系是实施项目质量管理所需的组织结构、程序、过程和资源。项目质量体系的内容应以满足项目质量目标为基准。一个项目的质量体系的设计，主要是为了满足该项目内部管理的需要，它比业主及相关方的需要更广泛。业主仅评价项目质量体系中与之相关联的部分。

项目质量管理体系是企业组织内部根据总承包项目所建立的一种项目质量管理子系统，是实现总承包项目质量目标所必需的一种质量管理模式，也是企业组织的一项战术决策。它将总承包资源与项目质量管理过程相结合，以项目过程管理方法进行系统的质量管理。根据项目特点选用若干质量要素加以组合，一般包括与项目管理活动、企业资源供给、项目产品实现以及项目质量测量、分析与改进活动相关的质量活动组成。

2. 确定项目关键质量活动

项目质量管理体系是企业质量管理体系的一个子系统，其项目质量目标必须符合企业所确定的总质量目标，同时也是企业总质量目标系下的一个项目子目标。项目质量体系应被企业质量管理体系全覆盖，应在企业质量体系指导下，确定项目质量管理体系的职能和范围。根据 EPC 总承包项目产品的特点，分析产品质量产生、形成和实现的过程，从中找出可能影响项目产品质量的关键质量活动。特别是重点环节的关键质量活动，并确定对其关键环节的质量活动进行控制。

3. 项目质量保证

项目质量保证活动既涉及企业内部各部门及各环节，也涉及项目组织内部各组织、专业、层次以及与项目质量密切有关联的相关方。从项目启动开始到试运行性能考核期间的质量信息反馈为止，形成一个以保证项目质量为目标的管理体系，称之为项目质量保证体系。建立这种项目质量保证体系的目的在于确保用户对项目质量的要求和利益，保证项目质量性能的可靠性、耐用性、可维修性和外观式样等。

"质量保证"一词在 GB/T 19000—2016/ISO 9000:2015 中的定义为："质量管理的一部分，致力于提供质量要求会得到满足的信任。"所以，质量保证应该以最终业主使用项目的环境、寿命以及对项目及产品按相关标准要求进行严格检测来获取业主的信任。

4. 项目质量控制

项目质量控制是为保证总承包项目产品的全过程的质量达到质量标准而采取的一系列技术检查、测试和有关的质量活动，是项目质量保证的基础。对质量差异采取相关措施进行调节控制过程，就是质量控制，一般的组成步骤包括：选择质量控制对象—选择计量单位—确定评定标准—进行实际的测量—分析并说明实际与标准差异的原因—进行质量差异的改进。

二、项目质量管理及质量计划

1. 项目质量管理

项目质量管理是为实现项目质量目标而进行的管理性质活动。在项目质量管理中通常要制定项目质量目标、管理职责、管理程序以及管理原则。通过项目质量控制程序对项目质量进行策划、实施、控制、保证和改进，以实现全部的项目质量目标。

项目质量管理应贯彻"质量第一、预防为主"的方针，坚持 PDCA 循环工作方法，持续改进项目管理质量。项目质量管理应遵守《建设工程质量管理条例》等国家有关的法规和强制性标准，满足项目建设技术标准和业主对项目的质量要求。

2. 项目质量计划

项目质量计划通常是项目质量策划的结果。项目质量计划是一种将 EPC 总承包项目或合同的特定要求与总承包的质量管理体系及控制程序联系起来的途径。项目质量计划无须另外编制一套综合的程序或作业指导书，某些内容可引用企业质量体系文件的有关规定、相关文件内容、程序和管理标准。也可在相关规定的基础上对业主的需求加以补充，对有特殊要求和过程的质量管理加以明确。项目质量计划可用于监测和评估贯彻执行项目质量要求的情况。

项目质量管理计划可以是正式的，或详细或概括。由于项目对质量管理计划的要求有差异，视项目具体需求确定。但项目质量管理计划应涵盖项目相关的质量工作，以确保项目决策（如概念、设计和试验）正确无误。项目质量工作应通过独立审查方式进行，具体的项目实施人员不得参加。这种审查可降低成本并减少因为返工造成的进度延迟。

第五节　项目质量计划管理

一、项目质量目标

1. 以企业质量计划为依据

项目质量计划一般依据企业的质量方针确定。项目质量目标应与组织确定的质量总目标、质量总方针保持一致性。因此，项目质量目标应建立在组织质量方针的基础上。管理人员应在充分理解企业质量方针本质后，提出项目质量目标并与组织质量目标保持关联。

2. 深度分析业主项目需求

确定项目质量目标时，应分析总承包项目业主的需求，充分考虑业主对相关产品的需求和期望值，考虑相关方的要求是否能够得到满足，发挥项目质量目标引导作用，使项目全过程质量目标具有前瞻性。

二、确定项目质量目标

在策划项目质量目标时，可以将项目质量目标分解为质量总目标和质量计划实施过程中的各个关键过程的质量分目标。质量总目标应涵盖项目质量管理的设计、采购、施工、试运行全过程。

如某总承包项目的项目质量目标被分解为 6 大项 13 个子项，如表 9-1 所示。

表 9-1　某项目质量目标分解表

序号	质量目标名称	质量目标值
一	**设计过程**	
1	设计成品提交准点率	≥95%
2	设计变更率	≤4%
3	工艺计算实施率	100%
4	设计 HSE 评审实施率	100%
二	**采购过程**	
1	采购产品交货准点率	≥92%
2	采购产品验收一次合格率	≥95%
三	**施工过程**	
1	施工进度准点率	≥92%
2	施工工序质量共检一次合格率	≥97%
四	**试运行过程**	
1	试运行	一次成功
五	**服务质量**	
1	用户投诉或抱怨答复处理率	100%
2	用户书面向公司最高管理层重大投诉次数	0
六	**项目管理**	
1	单一过程控制能力指数	≥90%
2	项目综合控制能力指数	≥90%

注：生产考核结果表明生产能力、经济指标、环保指标等全部达到设计指标，产品质量合格率100%；从质量目标兑现情况分析，该 EPC 总承包项目质量目标完成情况优良，质量控制取得了显著效果。

三、项目质量计划策划

首先对项目质量计划进行策划，重点对项目质量指标进行商定和量化。根据承包商企业质量管理体系的质量方针和质量目标以及总承包项目的特点和业主的项目需求，制定量化的项目质量目标。总承包项目启动后，在项目经理领导下，由项目质量经理组织相关人员研究项目合同内容和要求，做好项目质量计划三级策划工作。

1. 项目级质量计划及项目质量指标策划

项目级质量计划及质量指标由项目经理与质量经理负责组织策划和编制。对项目全部要求的质量指标进行分析和研究，并在编制的项目质量计划中明确提出量化的、可操作的项目质量目标及项目质量管理要求。

2. 过程专业级质量计划及过程专业质量指标策划

过程专业级质量计划及过程专业质量指标由专业经理负责组织策划和编制。依据项目经理确定的项目质量计划及总项目质量目标的要求，各过程专业经理对其负责的项目过程的质量计划及质量指标进行策划和研究，分别编制设计质量计划、采购质量计划、施工质量计划、试运行质量计划等，并作为过程专业实施计划中的一个重要内容进行控制。

3. 专业级质量计划分解的专业质量管理规定策划

专业级质量计划分解的专业质量管理规定由各专业负责人组织落实和实施。各专业负责人在项目质量计划和过程专业质量计划的基础上，对各专业质量管理相关规定、选择标准等进行策划和研究，编制各阶段和过程的专业工作质量规定和质量要求，进一步明确专业过程中的标准规范、方案评审、计算、主要原则、程序、对质量管理的规定、主要交付成果及进度安排等控制要求和措施。

四、项目质量计划编制

1. 编制依据

项目质量计划应直接或通过引用适当的总承包商通用文件化程序或其他文件指明如何执行项目要求的质量活动。项目质量计划的格式和详细程度应与协商好的业主要求、总承包商的操作方法和所完成的项目质量活动的复杂程度相一致。项目质量计划的编制依据如下：

① 项目基本概况及项目范围。

② 总承包项目合同，包括合同规定的项目产品特点、质量特性、质量需求、项目产品应达到的各项性能指标及其相关国家和行业验收标准规范。

③ 企业质量管理体系、质量手册、质量过程控制程序文件和质量管理相关规定。

④ 总承包商项目部相关质量管理体系文件及其质量管理要求。

⑤ 项目实施计划、各专业相关专业文件和质量管理规定。

⑥ 项目应执行的相关国家和行业法律、法规、技术标准、质量标准。

2. 编制原则

① 项目质量计划应成为项目对外质量保证和对内质量控制的重要依据。项目质量计划编制工作应在项目经理领导下，由项目质量经理（或质量工程师）负责组织编制，经项目经理批准后发布实施。

② 项目质量计划应体现全过程质量管理，与项目部全体人员都有关联。项目质量经理应将质量目标和质量职责分解到相关人、相关部门，并按照项目质量管理职责和分工进行项目质量计划的编制工作。

③ 项目质量计划应体现项目各装置、各工序、分项工程、分部工程及单位工程的

过程质量控制，体现从项目资源投入到完成项目的最终检验和验证的全过程项目质量控制。

④ 项目质量计划应进行前期质量策划和研究。提出符合项目质量管理体系及质量手册，与企业质量方针、质量目标相一致的项目质量目标，作为项目质量控制目标，并对该目标进行量化，使其具备可操作性。

⑤ 提出和选择符合项目质量管理体系及质量手册相关的过程质量控制程序，作为总承包项目的质量控制程序作业文件。

⑥ 明确在项目质量计划实施过程中，对项目质量控制点和重点过程的质量检查、检测时，采用的质量管理规定及保存质量记录的程序和方法。

⑦ 当发生项目质量缺陷或质量事故时，项目质量计划应该能够作为提出分析事故及解决项目质量问题的方法和措施的依据。

3. 编制内容

项目质量计划编制内容如表 9-2 所示。

表 9-2　项目质量计划编制内容

序号	质量计划内容描述	备注
1	编制依据	
2	项目概况	
3	项目质量策划	
4	项目质量目标	与企业质量方针及目标一致性
5	项目质量组织机构及职责	项目组织和人员质量职责
6	项目质量保证程序	各过程质量保证程序及协调管理
7	项目质量实施控制程序及控制措施	各过程质量控制程序及控制措施
8	项目质量关键工序和质量点作业文件	
9	项目质量标识及可追溯性	
10	项目质量控制相关标准、规范、规程	
11	项目质量测量分析改进	
12	更改和完善质量计划的程序	持续改进循环
13	质量体系审核（含项目质量体系内审与外审）	体系有效运行

4. 评审与确认

项目质量计划应经过总承包商评审委员会评审认可。同时也可将项目质量计划提交给业主进行外部评审认可。当总承包合同要求提供总承包商项目质量计划时，一般应在要求的项目质量计划活动开始前提交给业主评审和备案。

经过评审委员会的评审后，项目质量计划可以颁布，通过项目质量计划实施程序实施。在实施过程中，通过质量检测程序对它们进行检测。通过质量审验单，反映项目质量计划按照规定的程序步骤得到贯彻实施的情况。

第六节　项目质量计划实施与控制程序

一、项目质量计划实施程序

设置项目质量计划实施程序的目的是为了确保项目全过程质量满足业主项目合同的质量需求和企业的质量体系管理要求。

项目质量计划实施程序可以用一个管理模块进行示意，见图 9-1。

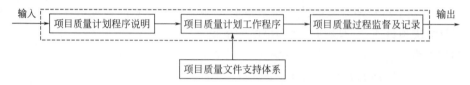

图 9-1　项目质量计划实施程序模块示意图

通常情况下，项目质量计划实施程序是由项目质量计划工作程序中的各个部分组成：

① 项目质量计划实施程序（包括设计质量计划实施程序、采购质量计划实施程序、施工质量计划实施程序、试运行质量计划实施程序）；

② 项目完工质量计划；

③ 项目质量标识及可追溯性；

④ 项目质量偏差测量分析及改进；

⑤ 项目全过程质量监督及记录；

⑥ 项目质量文件支持体系。

项目质量计划工作程序流程如图 9-2 所示。

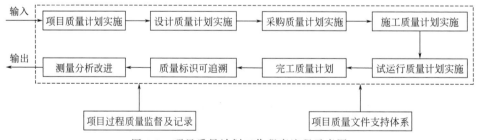

图 9-2　项目质量计划工作程序流程示意图

二、项目质量检查及改进程序

总承包商应对项目质量计划执行情况组织检查、内部审核和考核评价，验证实施效果。在项目经理领导下，质量经理应依据项目质量检测考核中出现的质量问题、质量缺陷或质量不合格，召开项目部及总承包商相关部门有关专业人员参加的项目质量分析会，并制定项目质量整改措施。

项目质量计划实施改进程序如图 9-3 所示。

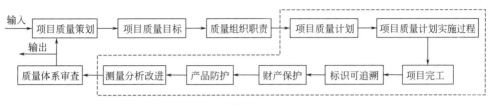

图 9-3　项目质量计划实施改进程序示意图

项目质量持续改进应按全过程项目质量管理的方法和程序进行。项目部应分析和评价项目质量管理控制现状，识别项目质量持续改进区域，确定改进项目质量目标，实施选定的项目质量解决办法和相关措施。

1. 项目质量不合格项控制

① 应按企业的质量不合格控制程序杜绝不合格物资进入项目施工现场，严禁质量不合格物资或半成品未经处置而转入下道工序。

② 对项目质量验证中发现的质量不合格产品和质量过程，应按相关规定进行项目质量鉴别、标识、记录、评价、隔离和处置。

③ 应进行项目质量不合格评审。

④ 项目质量不合格处置应根据不合格严重程度，按返工、返修或让步接收、降级使用、拒收或报废四种情况进行处理。构成等级质量事故的不合格项，应按相关国家法律、行政法规进行处置。

⑤ 对完成返修或返工的产品，应按质量相关规定重新进行质量检验和试验，保存记录。

⑥ 进行不合格项让步接收时，项目部应向发包人提出书面让步申请，记录项目质量不合格程度和返修的情况，双方签字确认让步接收协议和接收标准。

⑦ 对影响工程主体结构安全和使用功能的不合格项，应邀请发包人代表或监理工程师、设计人，共同确定处理方案，报建设主管部门批准。

⑧ 检验人员必须按规定保存不合格控制的记录。

2. 项目质量不合格项纠正措施

① 对发包人或监理工程师、设计人员、质量监督部门提出的项目质量问题，应分析产生质量事故的原因，制定纠正措施。

② 对已发生或潜在的质量不合格信息，应分析并记录结果。

③ 对检查发现的项目质量问题或质量不合格项报告提及的质量问题，应由项目质量负责人组织有关人员判定质量不合格程度，制定纠正措施。

④ 对严重质量不合格项或重大项目质量事故，必须实施纠正措施。

⑤ 实施纠正措施的结果应由项目质量负责人验证并记录；对严重质量不合格项或等级质量事故的纠正措施和实施效果应验证，并报总承包商管理层。

⑥ 项目部或责任单位应定期评价纠正措施的有效性。

三、项目质量控制程序

1. 项目质量控制程序步骤

项目质量控制程序如图 9-4 所示。

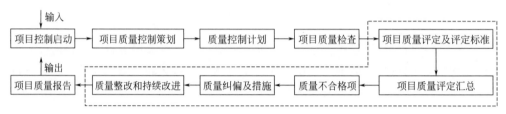

图 9-4　项目质量控制程序示意图

2. 项目质量控制程序说明

（1）项目控制启动及策划　质量工程师根据项目质量计划规定和项目合同、项目各类实施计划等文件编制质量控制计划，启动整个控制过程，策划确定项目质量控制范围和时间安排，经项目经理、项目质量经理审批后，发送相关经理。

（2）项目质量检查　质量工程师应根据项目质量控制计划，按项目进展情况对项目质量实施过程进行检查。每次检查完成后，将结果填写在项目质量过程评定表中。

（3）项目质量评定与汇总　在项目质量检查完成后，质量工程师应对项目中各过程的监控结果进行质量评定和汇总，并向项目相关经理和技术质量管理部门报告。项目质量计划实施过程评定记录由质量管理部门负责保存，保存期五年。

项目质量评定按项目全过程，设计、采购、施工、试运行等子过程，以及售后服务等过程进行评定。项目质量评定以过程为主线，以承包商质量管理体系文件及其支持性文件为依据，按项目质量控制计划和质量评定规定进行。

（4）质量不合格项　质量不合格项可以由质量检查评分确认。按质量规定，执行过程可以分为严格执行得全分；执行不到位扣分；未按规定执行不得分。单一过程评定总分为 100 分。85 分以上（含 85 分）评定结果为合格；70～84 分为基本合格；70 分以下评定为不合格。

对总承包项目，当所有过程评定为合格或基本合格时，项目总体评定为合格；当所有过程中有 1 个过程评定为不合格时，项目总体评定为不合格；当所有过程中有 2 个过程评定为不合格时，项目总体评定为严重不合格。

（5）质量纠偏、持续改进和质量报告　在项目质量检查过程发现的质量问题除以口头报告外，还应以书面报告的形式将检查中发现的问题报告项目相关经理。项目相关经理应对存在的项目质量问题或者项目质量不合格项进行相应的纠正或改进。

3. 项目质量记录程序

项目质量记录程序由以下步骤组成：

① 制定项目各类质量评审、验证、审核、测试、检验、鉴定的报告或记录并收集数据和原件；

② 项目质量记录和证据确认；

③ 项目质量记录和证据校验报告；

④ 质量持续改进和整改培训记录；

⑤ 项目质量记录报告。

项目质量计划记录程序如图 9-5 所示。

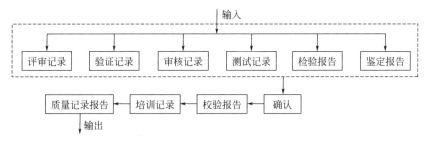

图 9-5　项目质量记录程序示意图

项目部要指定专人及时收集、记录、报告项目质量情况，使各层级经理及总承包商各职能部门都能掌握项目质量计划实施的真实情况，及时处理各种项目质量问题，确保项目质量目标的顺利实现。

第十章
项目费用控制

第一节　费用概述

一、费用的概念

《企业会计准则》中对"费用"的定义为：费用是指企业在日常活动中发生的、会导致所有者权益减少的、与向所有者分配利润无关的经济利益的总流出。无论是对生产企业的产品费用控制，还是对工程项目的建设费用控制，均是企业、组织非常重要的一个管理核心。EPC 工程总承包项目的费用是项目建设四大（进度、质量、费用和 HSE）控制要素之一，是控制的重点。费用控制不仅是要对项目建设过程中发生的各种费用进行监督和控制、对大量的费用数据进行收集和归纳，更重要的是对各类费用进行大数据分析，通过正确分析及时采取有效的费用管理控制措施，将项目最终发生的费用控制在费用目标范围之内，而又同时保证进度目标、质量目标和 HSE 目标的同步实现。

二、费用分类

按照经济用途，可将费用分为生产经营成本和期间费用。

1. 生产经营成本

（1）直接成本

① 直接材料费。指企业在生产产品和提供劳务的过程中所消耗的、直接用于产品生产、构成产品实体的各种材料（包括主要材料、外购半成品以及有助于产品形成的辅助材料等）的费用。

② 直接人工费。指企业在生产产品和提供劳务过程中，直接从事产品的生产的工人的工资、津贴、补贴和福利费以及社保等。

③ 其他直接费用

（2）间接成本　又称制造费用，指企业为生产产品和提供劳务而发生的各项间接费用，包括企业生产部门（如生产车间）发生的水电费、固定资产折旧、无形资产摊销、管理人员的职工薪酬、劳动保护费、国家规定的有关环保费用、季节性和修理期间的停工损失等。

2. 期间费用

指企业为组织和管理生产经营活动而发生的管理费用、财务费用、销售费用等，不计入生产成本，直接计入当期损益。

费用分类可以非常直观地反映直接用于企业生产产品的材料费用、工人工资以及耗用于组织和管理生产经营活动上的各项支出，有助于企业了解费用计划、定额、预算等的执行情况，通过成本分析加强成本控制管理。

三、费用特征、相关性与确认

1. 费用特征

① 费用是在企业日常的活动中产生的。

② 费用最终会导致企业资源（资金）减少，是一种资源（资金）的流出，与资源（资金）的流入刚好相反。产生费用的目的是为了取得收入，获得更多资产。

③ 费用可能表现为企业负债的增加，或企业资产的减少，或者二者兼而有之，最终会减少企业的所有者权益。

2. 费用相关性

（1）费用与主营业务的相关性　费用的内容（如企业差旅费、应酬费、通信费、工资及福利费、办公费等）与主营业务有相关性，与企业发生的具体经济事项相联系。

（2）费用与结果的相关性　费用是与收入有关的合理性支出，从逻辑关系的角度分析，支出会产生一定的结果，即费用的发生能帮助企业实现某种营业目的。

（3）费用与发生时间的相关性　费用单证是证明某项经济事项过程发生的原始凭证，费用必然与具体经济业务过程发生时间关联。费用单证取得时间与具体经济事项发生时间通常不能相差太久，费用单证的入账时间与费用单证的取得时间不能相差太久。

3. 费用确认

费用作为为获取收入所发生的资产流出或资源牺牲，实质上是已经耗用的资产。费用的确认和计量与资产的确认和计量密切相关。

费用的确认应遵循以下两条基本标准：

① 划分资本性支出和收益性支出。这一原则限定了费用确认的时间界限。

② 权责发生制。费用应当按照权责发生制原则，在确认有关收入的同一期间予以确认。

第二节　成本类别及成本与期间费用的区别

一、成本类别

1. 企业成本（工业产品生产成本）

指企业为生产一定种类和数量产品所支出的一切费用的总和。通常按照原材料，燃料和动力、生产工人工资及福利费、车间经费和企业管理费等成本项目计算和列示。企业成本扣除其中的企业管理费就是车间成本。企业成本是反映企业内部工作质量和各项支出水平的综合指标。

$$企业成本 = 原材料费用 + 燃料动力费用 + 外协劳动费用$$
$$+ 生产工人工资 + 车间经费 + 企业管理费用$$

2. 经营成本

指企业总成本扣除固定资产折旧费、流动资金利息净支出后的成本。经营成本中不包括固定资产折旧费和利息支出的原因是：一是固定资产折旧费属项目系统内部固定资产投资的现金转移，已在固定资产投资估算中作为现金流出量列入现金流量表之中，不能再在成本中重复计算；二是利息净支出不需要通过净周转资金的投资来负担。

经营成本是项目评价中使用的特定概念。作为项目运营期的主要现金流出，其构成和估算可采取下式表达：

经营成本 = 外购原材料费用 + 燃料动力费用 + 工资及福利费 + 修理费 + 其他费用

3. 制造成本

企业可以根据自身需要，对成本构成项目进行适当调整。制造成本的构成：

① 直接材料，包括企业生产经营过程中实际消耗的直接用于产品的生产，构成产品实体的原材料、辅助材料、备品备件、外购半成品、燃料、动力、包装物以及其他直接材料。

② 直接工资，包括企业直接从事产品生产人员的工资、奖金、津贴和补贴。

③ 其他直接支出，包括直接从事产品生产人员的职工福利费等。

二、成本与期间费用的区别

1. 成本和期间费用的定义内涵

① 成本是指企业为生产产品、提供劳务而发生的各种耗费；

② 期间费用是指企业为销售商品、提供劳务等日常活动所发生的经济利益的流出。

2. 成本和期间费用的关联

① 成本和期间费用都是企业除偿债性支出和分配性支出以外的支出的构成部分；

② 成本和期间费用都是企业经济资源的耗费；

③ 期末应将当期已销产品的成本结转进入当期的费用。

3. 成本和期间费用对象

① 成本是对象化的期间费用，其所针对的是一定的成本计算对象；

② 期间费用则是针对一定的期间而言的。

4. 成本和期间费用计算期

① 期间费用计算期与会计期间相联系；

② 成本计算期一般与产品的生产周期相联系。

5. 成本和期间费用评价作用

① 期间费用指标，分析其比重，了解结构变化从而加强费用管理等。

② 成本指标，反映生产产品的资源消耗与人力成本消耗；资金耗费的补偿；检查成本和利润计划；反映企业工作质量的综合指标。

第三节　费用管理体系

一、费用管理

费用管理是企业运用系统工程及信息化原理对在日常经济活动中发生的、会导致所有者权益减少的流出资源进行计算、调节和监督的活动过程。费用管理的目的是促进企业全面改善经营管理，在激烈竞争的市场环境下保持竞争力。在费用管理中通常要制定费用目标、费用管理原则、费用管理职责和费用管理程序。通过费用管理程序及控制程序对费用管理进行策划、实施、控制、保证和改进，以实现全部的费用活动目标。

费用管理要处理好费用与费用目标的关系，费用与进度、质量、HSE 的关系。不仅要从费用技术指标的角度考虑费用管理，还要从管理运行成本、产品价值和资源消耗等多方面综合评价。在确定费用综合指标水平或费用目标时，不能脱离项目投资条件和业主需求，不单纯追求费用指标上的唯一性，应综合考虑费用成本与业主投资和效益的相关性，并达到合理的费用资源进出平衡。

费用管理是以费用预算为控制基准，通过费用核查，定期对费用绩效进行测量，发现费用偏差后对偏差产生原因进行分析，采取相应的纠正措施。费用调整是当费用范围发生较大变化，或出现重大费用偏差时，经过批准调整费用预算。费用控制是在费用管理计划实施过程中将费用作为控制手段，通过制定费用总水平综合指标值、可比产品费用成本降低率等，达到对经济活动实施有效的控制的目的。

二、费用管理方法

费用管理可以进行分解。项目全过程的费用管理一般可以分为：设计费用管理、采购费用管理、施工费用管理和试运行费用管理等子项。费用管理的方法较多，有全过程费用管理法、目标费用管理法、费用策划法、价值工程法以及线性规划法等。最常用的是前面三种方法。

（1）全过程费用管理法　全过程费用管理法是指对企业生产经营的所有过程中发生的全部费用、费用形成的全过程、企业组织内所有员工参与的费用进行控制的方法。根据企业的实际条件和特点，建立费用信息管理控制模式，确定由费用管理控制方法、管理控制重点、组织结构等相结合的全过程费用控制体系，实施全过程费用管理。

（2）目标费用管理法　此法是以给定的竞争价格为基础决定产品生产的费用，以保证实现预期的利润。即首先确定业主会为产品或服务支付多少费用，然后回过头来设计能够产生期望利润水平的产品或服务及项目运行费用控制。

（3）费用策划法　费用策划是费用的前置控制，它与传统的费用反馈控制有本质的区别。即先确定方法和步骤，根据实际结果偏离费用目标值的情况和外部环境变化采取相应的对策，对当前的方法与步骤进行弹性调整。这是一种先导性的控制方法。

三、费用管理体系

企业应建立符合企业实际需求的费用管理体系，并不断梳理各种费用管理流程，不断完善费用管理体系，为企业项目产品和服务质量提供资源保障。应增强企业和员工的费用管理意识与费用控制意识，明确各项费用管理职责和费用管理程序，真正做到费用管理有人负责、有章可循、有据可查、有人监督。应规范企业费用管理控制作业程序，明确企业各部门和员工的费用控制职责和权限，控制费用在规定的范围内进出平衡。

1. 费用管理组织

费用管理体系最关键的是相关组织机构以及控制人员的职责、权限和相互关系的安排。组织机构设置通常包括财务资产部、费用控制部、项目管理部和项目部（项目总承包实施机构）等机构。在企业的组织机构中应安排所需的管理岗位，配置相应的财务人员和费用管理人员，规定其职责和权限。在工作过程中应明确其相互关系和活动接口，确保有效沟通和密切配合。

2. 费用策划

费用策划通常包括：根据企业总承包项目需求，建立费用管理团队，落实费用管理职责及权限，制定费用管理方针和目标，编制费用管理计划、费用管理控制程序、费用管理保证措施、费用检查、费用分析和费用管理改进等。组织好费用管理，应加强最高管理者对费用管理的领导作用，推动各级费用管理者的职责和权限。从财务角度要衡量费用管理体系的有效性，不断降低管理成本。通过持续改进改善费用管理体系功能，减少或杜绝资源浪费和损失，使费用降到尽可能低的水平。

3. 费用管理体系运行

企业应确保费用管理体系长期有效运行，为企业发展打下坚实的基础。费用管理部门应持续、有效地开展费用管理活动，包括费用管理策划、评审、实施、检查、内审、考核，费用管理控制、费用核算，费用分析和费用管理改进，预防费用风险、持续改进等活动。

四、费用管理计划

费用管理计划是指对费用管理工作的计划安排和描述，以及对于费用控制方法的具体说明。费用管理计划应当说明实施费用管理的组织结构、责任、程序、过程和资源等。费用管理计划应为费用管理提供依据，应涵盖项目全过程的费用管理活动。

第四节　项目费用估算和预算

项目费用是 EPC 项目总承包费用管理的核心。项目费用的产生不仅仅是总承包商内部资源的流出，会导致所有者权益减少的问题，更重要的是会对项目总承包建设产生重大影响。若项目费用管理不善，产生失误，导致总承包商无法再投入更多费用到项目建设中去，项目将停工，会对业主造成重大损失。此时只能由业主增加费用，项目才能延续，否则项目将无限期停工。总承包商和业主都不希望发生这类事情。

一、概念

项目费用管理与控制的基础是"项目费用估算"和"项目费用预算"。

1. 项目费用估算

按照国际惯例，对 EPC 总承包项目承包合同应该开展项目费用估算的设计工作。

国际惯例中"项目费用估算"的术语内涵与我国国内工程项目的"投资估算"或"设计概算"的内涵是不同的。

一般情况下，项目费用估算值比项目投资估算值或工程概算值要低，因为费用范围不同。国内项目可行性研究报告中使用"投资估算"，初步设计使用"设计概算"，施工图设计完成后使用"施工图预算"。通常的"估算""概算""预算"指的是整个项目的投资总额，包括业主负担的费用，例如建设单位管理费等都包括在里面。

按国际惯例进行的项目不同阶段的"估算"，在前面加定义词以示区别，例如"报价费用估算""初期控制费用估算""批准控制费用估算""核定费用估算"或"费用估算"等。EPC 总承包项目费用所涉及的"估算"，仅包括合同约定的范围，不包括合同范围以外应由业主承担的费用。

2. 项目费用预算

按照国际惯例，对 EPC 总承包项目承包合同应该开展项目费用预算的设计工作。国际惯例中"项目费用预算"的术语内涵与我国国内工程项目在施工图完成后做的"项目工程预算"的内涵也是不同的。

项目费用预算是随着项目设计工作的深化和条件的进一步具备，对项目估算费用进一步细化，根据预算的标准设计的项目费用定义为"费用预算"或"项目费用预算"。同样项目费用预算值比项目投资估算值或工程概算值要低，费用范围也更明确。

按国际惯例进行设计的项目不同阶段的"费用预算"，在前面加定义词以示区别，例如"中期控制费用预算""批准控制费用预算""核定费用预算"或"项目费用预算"等。这种费用预算通常是按 WBS 进行分解和按费用进行分配。

二、费用估算与预算方法

1. 初期控制费用估算

初期控制费用估算是一种近似估算，即在工艺设计初期采用分析估算法进行编制。分析估算方法是在明确项目的规模、类型以及基本技术原则和要求的条件下，根据总承包商企业历年来按照总承包项目统计学方法积累的工程数据、曲线、比值和图表等历史资料，对项目费用进行分析和初期估算。初期控制费用估算主要是用作项目实施初始阶段费用控制的基准。

2. 批准控制费用估算

批准控制费用估算的偏差幅度比初期控制费用估算的偏差幅度要小得多，在基础工程设计初期，用设备估算法进行编制。编制主要依据是工程项目所发表的工艺文件中已确定的设备表、工艺流程图和工艺数据，工程设计中有关的设计规格说明书（技术规定）和材料一览表等，以及根据总承包积累的工程经验数据，结合项目的实际情况进行选取和确定的各种费用系数。批准控制费用估算主要用作基础工程设计阶段的费用控制基准。

3. 首次核定费用估算

首次核定费用估算的偏差幅度比批准费用估算的偏差幅度又要小得多。一般在详细工程设计阶段或施工设计阶段进行费用控制。首次核定费用估算是在基础工程设计或施工图设计完成后用设备详细估算法进行编制的。它依据的文件和资料系基础工程设计完成时发表的设计文件。由于深度上的某些缺陷，有的散装材料还需用系数估算有关费用。首次核定费用估算编制的阶段与设计概算的编制阶段的设计条件比较接近，具体编制时可套用现行的定额（指标）取费，或建设工程工程量清单计价规范。首次核定费用估算主要用作详细工程设计阶段或施工设计阶段的费用控制基准。

4. 二次核定费用估算（或费用预算）

二次核定费用估算的偏差幅度基本与首次核定费用估算相近。一般作为工程施工结算的依据。二次核定费用估算方法是在详细工程设计完成时用详细估算法进行编制。主要用于分析和预测项目竣工时的最终费用，基本与施工图预算的编制设计条件接近。设备和材料的价格应采用采购订单上的价格。二次核定费用估算是偏差幅度最小的估算。

第五节　项目费用管理及体系

一、项目费用管理

项目费用管理应在企业费用管理体系的框架内有效运转。项目费用管理首先应遵循与建设工程相关的国家法令法规和强制性标准，以及《企业会计准则》等国家财税方面的法规。为了满足项目业主对项目建设的费用、进度、质量和 HSE 方面的需求，应坚持使用"策划、实施、检查、处置"的循环工作法。

二、项目费用管理体系

项目组织应在企业建立的费用管理体系内，不断梳理项目内部各种费用管理流程运行数据，充分发挥和不断完善项目费用管理子系统功能，为项目产品和服务质量提供费用资源保障。应增强企业项目费用管理意识与项目费用控制意识，明确项目费用管理职责和项目费用管理程序，明确项目部和员工的费用控制职责和权限，控制项目费用在规定的范围内进出平衡。

项目费用管理体系最关键的是管理机构和控制人员的职责、权限和相互关系的安排。在项目组织机构中应安排所需的费用管理岗位，配置相应的财务人员和费用管理人员，规定其职责和权限。在工作中应明确其相互关系和活动接口，确保有效沟通和密切配合。

1. 项目费用全过程管理

项目费用计划是一个全过程的计划，它将伴随着项目从启动到收尾的全部过程，连接着设计、采购、施工、试运行以及项目性能考核的各个阶段。这种全过程费用管理可以细分为若干子过程，如设计费用管理、采购费用管理、施工费用管理以及试运行费用管理。每个子过程的费用管理互相之间存在内在的关联，但本身也存在相对的独立性。子过程费用管理对全过程费用管理有影响，对其他子过程费用管理也有影响。因此，费用管理应遵循全过程控制原则。

2. 项目费用管理特点

① 项目费用管理实施输入及输出。

② 输入的是项目费用管理的基础和依据。

③ 输出的是项目费用管理完成的结果。

④ 输出的有可能是项目产品、建构筑物、机械、设备、装置、设计文件、资料、专利等。

⑤ 项目实施过程必须投入费用和活动，是牺牲一种资源，换取另一种资源的增值（或不增值）转换过程。

3. 项目费用循环递进管理

项目费用计划实施应充分考虑其动态变换的规律，应符合实施的实际条件，使项目费用计划的实现有充分的资源保证。同样的费用在不同的过程和阶段投入，其结果会完全不同，增值效果也会完全不一样。当项目费用计划实施过程中产生与计划的偏差时，应将实际费用发生情况与项目费用计划进行分析对比，找出产生费用偏差的内、外部原因，采取有效应对措施，使项目实施能够按新的费用计划继续进行。

4. 项目费用循环过程具有的特点

① 项目费用计划是一个循环递进的过程，也是一个不断调整的过程。

② 项目费用计划在执行过程中完全可能会受到来自项目环境内、外部各种因素的干扰和影响，产生项目费用偏差。

③ 项目费用要持续进行必要的计划、核查、评估和验证。

④ 项目费用要根据核查验证结果持续进行统计、分析，对比、调整和控制，在发生偏差时，采取有效的应对措施。

5. 项目费用动态变化管理

项目动态变化是客观存在的一种普遍现象，项目费用动态变化也不例外。虽然项目费用目标已经确定，但由于项目费用匹配的资源条件和环境条件的不确定性因素较多，项目费用管理主、客观条件不断变化，费用估算、费用预算也在项目动态中逐步完善和调整。因此，项目费用计划存在不确定性。所以，项目费用管理必须遵循动态管理的原则，在实施过程中必须不断掌握真实变化的状态，不断使项目费用计划实施按预定的项目或工作目标进行，确保项目或工作费用控制目标的实现。

6. 项目费用资源统筹兼顾管理

项目实施的过程也是一个项目资源投入的过程。用合理的项目费用来换取较大的收入，增加企业所有者权益，是费用管理的最终目标。总承包商应识别和保证这种项目资源投入的条件和重要性，以保证企业循环良性发展。

在编制项目费用计划时，对各项资源都要统筹兼顾。项目费用计划的对象应由大到小、由粗到细、由外到内，使得编制完成后的项目费用计划形成控制系统。各种项目费用计划涉及的资源、投入与计划控制要匹配一致，对涉及的各相关主体、相关人员、相关单位、各相关资源均需要建立一种统筹兼顾的管理体系。

① 为保证项目费用计划的有效实施，管理体系应自上而下设置专门的职能部门或人员负责费用计划的检查、统计、分析及调整等工作。

② 费用控制应遵循统筹兼顾的原则，用系统的理论和方法解决问题。

③ 识别项目费用利用不合理现象并积极采取改进措施，为项目总承包管理服务。

④ 保持和降低项目费用，在不对项目进度、质量、HSE 等造成影响的情况下，尽可能降低项目费用的水平。

7. 项目费用信息化管理

项目费用计划的信息是从上到下传递到项目各岗位及相关人员的，以使项目费用计划得以贯彻落实；而项目活动实际费用信息则自下而上反馈到各相关部门和人员，以供进行项目费用偏差分析并做出决策和调整，以便将项目费用控制在预定的费用目标之内。所以项目费用控制的过程是一个信息传递和信息反馈的过程。对一些大型总承包项目而言，如没有管理信息化及控制软件的支撑，对费用资源分配及管理的难度是相当大的。

根据总承包项目的特点，在保障项目建设资金供给的同时，采用操作性强的资金管理工具、手段、方法和途经，对资金的数量、结构、时间和消耗途经进行统筹安排，是非常重要的。

① 利用信息化手段，提高资金使用的计划性，使项目费用跟着项目走，统筹安排。

② 利用信息化平台，提高资金运作能力，有效提高资金使用效率。

③ 利用信息化工具，提高资金运转过程和结果的可控性，实现对资金的跟踪和可追溯。

④ 利用信息化管理方法，使资金使用价值最大化。

三、项目费用管理计划及费用计划

1. 项目费用管理计划

项目费用管理计划是规划项目费用计划编制大纲、编制内容、编制程序和编制资源需求的指南，从宏观上提出项目费用计划的指导意见及安排，确定项目费用目标完成的路径，项目费用管理的内部组织、责任主体、控制程序及项目过程的资源配置等。项目费用管理计划涵盖项目全过程，提供资金保证措施及项目费用管理持续改进的方法。

2. 项目费用计划

项目费用计划是在项目费用管理计划指导下，拟定的对项目资金的使用时间、过程、途径等的规划，用于费用管理实施过程。项目费用计划编制工作应满足下列要求：

① 要根据项目管理目标责任书确定项目费用计划目标。根据项目费用目标进行项目工作结构分解，规定费用最小单元。

② 要根据项目费用目标和费用需求编制项目费用总计划，再按不同层次、不同过程、不同专业编制出各子计划，并制定出有效的实施控制措施。

③ 项目费用计划应该与项目资金需求计划相匹配。总承包商应依据项目费用计划与资金需求计划进行配套控制管理。

④ 依据费用目标对设计方案和施工方案进行优化。总承包商应加强设计过程控制，做好项目估算和项目预算工作，进行精准设计。加强项目过程的人工时统计和优化管理，有效降低人工时成本。

⑤ 根据项目费用计划，编制好设计、采购、施工、试运行等各过程的费用计划，以及人力、材料、机械设备等资源需求计划。

⑥ 应对设备、材料采购资金计划进行重点优化。将价格谈判工作和税收筹划纳入费用计划中。对与费用相关的活动进行统筹安排，提高资金的使用效率和节约

项目采购资金。

⑦ 总承包商应遵从相关的费用管理规定，合法进行总承包项目费用管理相关活动。

3. 项目费用计划变更

项目状态的动态变化会引起项目某些内容变更，工作内容变更又会引起项目费用的变更。项目经理应根据项目实际运行状况，加强对这些费用变更的分析和判断。有些引起项目费用调整的变更是由业主提出来的，则此部分的费用增加应由业主承担。由总承包商项目管理内部引起的费用变更，要进行认真的验证和查明情况，必要时应与奖惩制度结合起来管理。

第六节　项目费用管理基准

一、项目费用估算及预算

总承包项目应对项目费用估算或费用预算进行严格的管理控制。在项目费用计划执行中，应根据项目建设的不同阶段，特别是随设计阶段的不断深入，详细设计图纸和资料不断完善的条件下，安排设计概算专业及费用控制人员与设计专业人员进行费用条件和基础数据的复核和交流，对某些具备条件的工业装置、项目单元、分部工程、分项工程以及最小核算单元等进行费用精算，为费用控制打好基础。

根据项目预算确定各阶段的费用情况，或分包标底价格情况，并将实际发生与计划进行对比分析，随时掌握项目费用特定工作的预期盈余状况。

1. 项目工作分解结构

项目工作分解结构是费用管理的基础。EPC 总承包项目依据工作分解结构（WBS）的原理划分的工作包将成为整个项目管理控制的基准，也是项目费用控制的基准。

以某 EPC 总承包项目为例，其项目费用分解工作包及费用目标如表 10-1 所示。

表 10-1　项目费用分解工作包及费用目标

序号	费用大类	工作包类别	费用计划目标	备注
1	操作成本 （人工时费用）	设计工作包	工作包费用控制目标	
		采购管理工作包	工作包费用控制目标	
		施工管理工作包	工作包费用控制目标	
		试运行管理工作包	工作包费用控制目标	
		项目管理工作包	工作包费用控制目标	

序号	费用大类	工作包类别	费用计划目标	备注
2	分包费用	采购包（设备）	工作包费用控制目标	含进口设备清关
		采购包（材料）	工作包费用控制目标	
		施工工作包	工作包费用控制目标	含现场临时设施
		试运行工作包	工作包费用控制目标	

项目费用分解工作包数量如表 10-2 所示。

表 10-2　项目费用分解工作包数量

序号	工作包类别	工作包数量	备注
一	**总承包商工作包**	1394	
1	设计工作包	1342	
2	采购管理工作包	8	
3	施工管理工作包	12	
4	试运行管理工作包	6	
5	项目管理工作包	26	
二	**对外分包商工作包**	129	
1	采购包	103	外包
2	施工工作包	26	外包

2. 项目人工时费用

总承包商应加强项目内部人工时基础管理工作，加强对人工时管理原理、方法和发展趋势进行研究。对项目人工时计算要做好基础数据收集和管理，特别是对项目人工时投入数量和质量以及计算方法进行比较分析。

项目部与总承包商要对人工时消耗进行核定，严格控制人工时消耗数。人工时消耗对总承包商资源安排和项目部费用消耗、费用绩效影响都非常大，应在绩效测量中严格检查和控制。

3. 项目定额费用

定额是总承包商在一定时期、条件及工程技术水平条件下对人、财、物等各种项目资源消耗的规定数量界限。定额管理是一项长期的基础管理工作，研究制定企业消耗定额，才能在企业主营业务中发挥费用控制的作用。建立定额管理机制是企业费用控制的一项基础工作。

人工时定额的制定主要依据国家各地区发展水平、企业发展战略、人力资源状况等因素。目前人力成本越来越高，人工时定额管理显得非常重要。

二、项目费用构成及权限

业主在项目建设前期会委托有资质的工程公司做项目可行性研究报告,进行项目产品、工艺、技术、市场、投资和技术经济等研究,并得出研究报告结论,按照工程建设程序报国家、省(自治区、直辖市)、市(区)进行报批和立项。项目批复后进行项目总体设计、初步设计和详细工程设计。

业主确定采用 EPC 总承包进行项目建设时,会按照项目投资估算,参照同类型项目的建设投资经验进行招投标工作,选择合格的项目总承包商。

例如某总承包项目工程报批总投资为 221 006.75 万元(含外汇 1624.00 万美元),其中建设投资为 210 495.68 万元(含外汇 1624.00 万美元),建设期利息 9467.93 万元,流动资金为 1043.14 万元。其中建设投资组成如下:

设备购置费 109 758.66 万元,占建设投资 52.14%;

安装工程费 46 143.25 万元,占建设投资 21.92%;

建筑工程费 28 519.85 万元,占建设投资 13.55%;

其他建设费 26 073.92 万元,占建设投资 12.39%。

项目投资估算费用组成见表 10-3 所示。

表 10-3　项目投资估算费用组成表　　　　　　　单位:万元

序号	项目	主要工程量	设备购置费	主要材料费	安装工程费	建筑工程费	其他建设费	合计	占项目总资金的参考比例
	项目总资金							223464.84	100.0%
	项目报批总投资							221006.75	98.9%
I	**建设投资**							210495.68	94.2%
一	固定资产投资								89.1%
(一)	工程费用								82.8%
1	工艺生产装置								50.1%
2	配套系统工程								28.4%
2.1	总图运输								1.0%
2.2	储运工程								5.0%
2.3	公用工程项目								22.0%
2.4	辅助工程项目								0.4%
2.5	服务工程项目								0.1%
3	厂外工程								2.9%
4	特定条件下的费用								1.4%

序号	项目	主要工程量	设备购置费	主要材料费	安装工程费	建筑工程费	其他建设费	合计	占项目总资金的参考比例
4.1	机具及吊装措施费								0.5%
4.2	安全生产费								0.5%
4.3	工器具家具购置费								0.0%
4.4	地基处理(强夯)								0.3%
4.5	桩基检测								0.1%
(二)	固定资产其他费用								6.2%
5	土地使用费								0.9%
6	建设单位管理费								1.3%
7	临时设施费								0.4%
8	前期准备费								0.1%
9	环境影响咨询费								0.1%
10	劳动安全卫生评价								0.0%
11	可研报告编制费								0.0%
12	地质灾害检测费								0.0%
13	工程勘察设计费								0.8%
14	工程建设监理费								0.4%
15	进口设备材料检验费								0.0%
16	特种设备安全检验费								0.2%
17	超限设备运输措施费								0.1%
18	设备监造费								0.1%
19	工程保险费								0.2%
20	联合试运转费								0.8%
21	人防								0.1%
22	拆迁费								0.7%
二	无形资产投资								2.5%
23	土地使用权契税								0.1%
24	特许权使用费								2.4%
三	其他资产投资								0.6%
四	预备费								2.0%
25	增值税抵扣额								2.0%

序号	项目	主要工程量	设备购置费	主要材料费	安装工程费	建筑工程费	其他建设费	合计	占项目总资金的参考比例
Ⅱ	建设期贷款利息							9467.93	4.24%
Ⅲ	流动资金							1043.14	0.47%

注:1. 工程费参考类似工程土建费用,根据实际情况进行相应调整,并考虑当期市场物价水平及项目所在地施工特点。

2. 本次估算的设备、材料安装费用,参照以往类似各装置或工序的工程经验,根据目前安装工程人工、材料、机械等的价格水平,进行各单项工程安装费的估算。

3. 设备采购费,参考近期类似各装置或工序的资料和工程经验进行估算。

4. 主要材料价格采用近期市场价格,或参考参照类似工程项目各单项工程的主要材料费用,并依据目前材料的价格水平进行估算。

5. 固定资产其他费用参考中国石化建〔2008〕81号文件《石油化工工程建设费用定额》、发改价格〔2007〕670号文件《建设工程监理与相关服务收费管理规定》(2014年修订)、地方有关规定、《中石化石油化工工程建设费用定额》(2007版)、以往工程经验,并根据项目特点、业主提供的资料进行估算。

6. 预备费按固定资产投资、无形资产投资、其他资产投资之和减去已签合同部分为基数,取6%计算。

7. 项目筹资需要申请银行长期贷款和流动资金贷款,年利率按6.8%计算,流动资金根据分项详细估算法估算。

根据表10-3,项目总承包费用控制权限如表10-4所示。

表 10-4 项目总承包费用控制权限

序号①	项目	占总投资比例	备注
一	固定资产投资		
(一)	工程费用	82.8%	
1	工艺生产装置	50.1%	全部工艺生产装置
2	配套系统工程	28.4%	全部配套系统工程
3	厂外工程	2.9%	合同约定
4	特定条件下的费用	1.4%	合同约定
(二)	固定资产其他费用		6.3%中的部分
6	建设单位管理费	1.3%的部分	合同约定大部分费用
7	临时设施费	0.4%	
16	特种设备安全检验费	0.2%	合同约定
17	超限设备运输措施费	0.1%	合同约定
18	设备监造费	0.1%	合同约定
19	工程保险费	0.2%的部分	合同约定
二	无形资产投资		2.5%中的部分
24	特许权使用费(专利)	2.4%	合同约定
	小计	87.5%	

① 为表10-3中对应的序号。

由表 10-4 可知，由项目承包方控制的费用总额大约占总投资的 87.5% 左右。通过招投标及合同谈判后可能会由总承包商进行费用固定价总承包。从项目费组成范围分析，总承包商主要是承包项目工程费用的范围。当工程建设竣工后进行工程交接，装置试运行的工作由业主负责，这一部分的费用也由业主承担。

上例中，总承包商承包费用约为 19.55 亿元，包括设备购置费、主要材料费、安装工程费、建筑工程费以及其他建设费（包括部分建设单位管理费、临时设施费、勘察设计费、特种设备检验费、超限设备运输措施费、设备监制费、部分工程保险费、专利费等）等内容。

三、项目费用目标及范围

以表 10-4 的数据为例进行总承包项目费用分析。若总承包项目合同签订费用为 19.55 亿元人民币，执行这个项目时，首先要对费用范围进行策划。一般情况下，项目总费用控制指标小于 19.55 亿元。总承包商要对费用目标进行分解，确定哪些费用由总承包商控制，哪些费用由项目部控制。这些指标全部要细化为项目各过程、各层次、各专业的控制目标和指标。

第七节　项目费用计划编制

一、编制原则

① 遵循项目费用全过程、动态变化、统筹兼顾的原则。

② 细化项目工作结构分解。系统剖析项目工作结构构成，按照项目特点及内在结构逐层分解，形成项目工作结构示意图。通过项目 WBS 分解原理，将项目分解到内容单一、相对独立、易于费用核算与检查的单元。明确工作包之间的逻辑关系与工程量（工作量），并能够进行费用赋值和费用计算。

③ 选择先进的费用控制软件。费用控制的过程是一个信息传递和信息反馈的过程，选择先进的项目费用控制应用软件，可以高效实施项目费用计划的各项任务。

二、编制方法

随着信息技术的迅速发展，对复杂项目的费用控制工作要在短时间和合理的低人工成本约束下完成，选择费用控制应用软件及控制程序进行费用计划编制及控制是比较合适的。细分到年、季度、月、旬等各个项目实施阶段。

三、编制依据

项目费用编制主要依据如下：

① 项目总承包范围；

② 项目总承包工期要求（项目合同总工期规定）；

③ 项目费用管理计划；

④ 项目费用控制需求及费用控制目标；

⑤ 项目费用内、外部资源条件；

⑥ 项目工作结构分解单元，各层次工作包；

⑦ 项目估算或项目预算文件；

⑧ 项目资金供应状况等。

四、编制分工

在 EPC 总承包项目中设置费用控制工程师，在费用控制经理的领导下负责编制 EPC 项目费用计划。各专业相关责任人负责配合及编制相关的费用计划部分内容。费用控制工程师、费用控制经理及财务部等相关人员对项目费用全面负责。

第八节　项目费用管理程序

一、项目费用实施程序

1. 费用实施程序内容

项目费用实施程序由费用控制经理负责组织实施。项目费用实施程序内容如表10-5 所示。

表 10-5　项目费用实施程序内容

序号	程序内容描述	备注
1	项目费用管理原则	费用实施程序说明模块
2	项目费用管理目标	
3	项目费用管理方法及工具	
4	项目费用实施计划	
5	项目费用计划控制程序	费用实施控制程序模块
6	项目费用过程监督记录报告	费用过程监督记录报告模块
7	项目费用管理控制体系支持性文件规定	费用管理文件支持模块

项目费用实施程序内容可以用简单的管理模块表示，如图 10-1 所示。

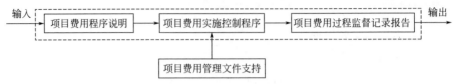

图 10-1　项目费用实施程序模块示意图

2. 项目费用实施程序流程

项目费用实施程序流程如图 10-2 所示。

图 10-2　项目费用实施程序流程示意图

二、项目费用控制程序

1. 项目费用控制程序流程

如图 10-3 所示。

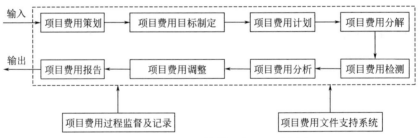

图 10-3　项目费用控制程序流程示意图

2. 项目费用控制程序说明

（1）项目费用策划　项目总承包合同签署后，首先要对合同及费用指标进行消化。对业主要求的主要指标和费用范围、权限定义进行分析。在满足合同指标的前提下，对合同费用控制范围进行重点策划。分解总承包商控制费用、国家相关税费、项目控制费用、分包项目控制费用（设备、材料采购费用、施工分包费用，以及其他费用等）、项目费用分解及工作包费用等。其次，重点策划设计方案及各专业方案需要进行费用控制的原则；项目费用估算和项目费用预算的条件和控制原则；对相应的工艺设计方案进行优化的原则。要重视重大技术方案的优化，例如设备布置和荷重、总图布置、管道材料选择以及设备吊装方案等会对项目费用产生较大影响的因素。重点策划项目采购费用的原则，对关键长周期设备、设备价值高的设备、材料及机泵等制定采购策略和采购方案。再次对施工分包项目费用进行策划，严格控制施工分包费用。

总之，项目建设过程、各专业、各层次费用的细节都是费用策划的关注点。

当获取总承包合同后，会存在项目报价和合同价格之间的费用偏差。对费用偏差要全面分析，判断是全局或局部的；专业性或非专业性的；属于市场偏差，还是策略偏差；属于项目费用漏项偏差还是报价策略等。在分析清楚原因的基础上，采取必要的对策以消除费用偏差。遵循措施适当原则。当采取不适当的应对措施时可能会对项目费用产生不必要的影响，或引起较大的风险。

（2）项目费用目标制定　项目费用策划的目的是要科学合理制定项目费用目标，在项目总费用目标的基础上进行费用目标分解，确定各层次、各过程的项目费用子目标，由此制定各层次、各过程费用控制目标和费用管理控制原则及策略。

（3）项目费用计划　项目费用计划是项目费用策划的必然结果。在确定项目费用控制指标后，应进行项目费用的测算和初步估算，明确总承包商控制的项目计划利润指标以及执行 EPC 项目所应当承担的企业管理费用支出。

（4）项目费用检测　在项目费用计划及分解计划实施过程中，项目费用控制经理应按照费用管理控制职责对项目费用进行全程跟踪检查和检测。在检测过程中可以精细化管理和跟踪到每一个采购包、每台关键设备、每个施工工作包，甚至每个施工最小单元。

（5）项目费用分析　在项目费用检测的基础上，定期进行项目费用计划值与实际值的分析比较，当实际值偏离计划值时，分析产生偏差的原因，采取适当的纠偏措施，以确保费用目标的实现。

（6）项目费用调整　根据赢得值原理，采用项目费用综合检测软件，按实际完成情况与基准曲线进行分析比较。若存在偏差，提出费用调整计划报项目经理。通常情况下，实际支出与控制指标偏离不大时，原则上不做大的调整。

（7）项目费用报告　费用控制经理按月提出费用执行报告，报项目经理和总承包商相关领导和部门。若各部分费用总支出均在控制范围内，则按项目费用控制程序正常进行下一阶段的管理、控制。

第九节　项目成本管理

一、项目成本管理概述

如本章第一节所述，费用可分为生产经营成本和期间费用两部分。对一个项目来说，项目费用同样可分为项目成本和期间费用两部分。可见项目成本是项目费用的一部分。项目总费用与项目合同额在数值上保持一致，项目成本要小于项目费用。项目成本在项目总费用中的占比较大，因此在进行总承包项目时，除了要制定项目费用目标及分解外，更重要的是制定项目成本控制目标，并进行有效控制。

① 将项目成本核算和控制作为费用管理体系中的一个重要部分，从组织结构、资源保障、管理制度、实施流程、控制程序等方面进行完善。充分发挥总承包商的各项技术的优势，为项目目标奠定基础。

② 建立、健全项目成本管理责任体系，明确管理分工和责任关系。把项目成本管理目标分解到总承包项目的各过程、各层次、各专业和相关人员的工作职责中。

③ 建立项目成本目标分解，选择和应用先进的管理方法、理念和工具，正确进行总承包项目工程量计算和分解、确定工作包费用及成本控制目标，确定可操作性强的成本核算手段和方法。

④ 建立项目工程变更及工程量增减、价格调整及控制的程序、管理规定及各项审批程序。

⑤ 建立企业管理层面上的项目成本决策与计划控制中心，确定总承包项目投标报价和合同价格。确定项目成本目标和编制项目成本管理计划，制定项目成本目标管理责任书。

⑥ 建立项目操作层面上的项目成本实施机制。在授权范围内实施可控责任成本，把成本操作层面上的过程落实到成本相关责任人上。

二、项目成本管理计划编制

项目成本管理计划应在项目合同签订生效后与项目费用计划一同编制，由项目费用、成本管理归口部门按年、季、月等日期编制项目用款计划、定额标准等。成本管理计划除列示数字外，还应附文字说明。对预计完成项目的成本进行定性和定量预测分析，完成后按相关程序进行审查和批准。

1. 项目成本计划策划

项目投标阶段应充分研究招标文件的全部内容，在此基础上，以总承包商的竞争优势和先进的工艺技术、工程技术和项目成本优势为依据，策划编制项目成本管理计划。

EPC 总承包商应在企业内部进行投标过程信息专递和反馈，在研究项目成本可靠性和合同准备充分的条件下，确定项目可控的责任目标成本，作为考核项目成本绩效的依据，同时确定成本责任与授权的可控范围。

2. 项目成本管理计划编制要求

① EPC 总承包商的项目成本管理计划应以总承包合同范围、项目建设可研报

告、项目审批文件等资料为依据进行编制和确定。

② 确定项目成本管理工作的全过程及项目各阶段过程的衔接。

③ 对项目总成本的管理应包括对设计、采购、施工、试运行及项目性能考核等全部成本的管理。

④ 应将项目投标与签订合同后初步估算的成本，作为项目成本管理的初步目标。以后随项目逐步深化形成具体的成本目标，作为总承包商实施项目成本控制和工程价款结算的依据之一。

⑤ 项目成本管理计划应根据不同阶段管理的需要，在各项成本要素预测的基础上进行编制，并用于指导项目实施过程中的成本控制。

三、项目成本核算

项目成本核算是在项目部、总承包商费用控制部及财务资产部等部门的领导组织下进行的一项重要的项目成本控制管理活动。按照费用、成本管理体系的职责分工范围，组织相关部门和责任人进行项目成本管理计划预控制核算和项目成本过程控制核算工作。

1. 项目成本核算方法

（1）赢得值法原理　项目成本核算以项目部为单位，运用赢得值原理法进行项目总进度累计偏差和总成本累计偏差的分析，计算后续未完成工作量的计划成本余额，并预测其尚需的成本数额，为后续工作量的总进度控制和总成本控制寻求解决的途径和方向。

（2）限额设计成本核算　即把后一设计阶段的项目成本计划值和前一设计阶段的项目成本目标值进行同口径归集对比分析，或在前一阶段的设计限额基础上下浮，寻找设计优化的路径和设计优化措施。通过深化设计过程限额设计方法，分析项目成本变动的原因，不断优化设计创新，保证设计成本值控制在项目成本目标范围内。

2. 项目成本计划预控制

项目成本核算应在事先做好与成本控制活动相关联的计划安排。成本计划预控制使得项目预期成本目标的实现是建立在总承包商有充分的技术能力、工程能力和项目费用成本管理措施的基础上，为项目资源进行合理配置提供依据。成本计划预控制的重点是充分利用设计优势，对项目进行优化以及控制项目采购的市场价格。

总承包项目成本计划过程控制的关键是项目实际发生的成本，包括实际设计、采购、施工及试运行过程中发生的成本等。总承包商要充分发挥项目成本责任体系的约束和激励机制，提高项目成本运行的效率。

在项目成本运行过程中，应对各项成本进行动态跟踪核算，发现实际成本与目标成本产生偏差时，分析原因，采取有效措施予以纠偏。

总承包商应充分利用项目成本核算资料，由财务、费用、审计部门对项目成本和效益进行全面审核审计，做好项目成本效益的考核与评价，落实成本管理责任制的激励措施，以获取预期的总承包项目效益。

第十一章

项目 HSE 控制

第一节　HSE 发展概述

一、HSE 内涵及发展历程

1. HSE 内涵

　　HSE 是健康（health）、安全（safety）和环境（environment）的简称。健康是指人身体上没有疾病，在心理上（精神上）保持一种完好的状态；安全是指在劳动生产过程中，努力改善劳动条件、克服不安全因素，使劳动生产在保证劳动者健康、企业财产不受损失、人民生命安全的前提下顺利进行；环境是指与人类密切相关的、影响人类生活和生产活动的各种自然力量或作用的总和，它不仅包括各种自然因素的组合，还包括人类与自然因素间相互形成的生态关系的组合。由于健康、安全与环境的管理在实际工作过程中有着密不可分的联系，因此把与健康、安全、环境相关的管理工作整合成一个整体的管理体系。

2. HSE 发展历程

　　20 世纪 60 年代以前主要是体现安全方面的需求，不断改进装备，加强对人的保护。70 年代以后，注重了对人的行为的研究，注重考察人与环境的相互关系。80 年代以后，逐渐发展形成了一系列安全管理的思想和方法。

　　20 世纪 80 年代后期，国际上发生了几次重大事故。包括 1987 年的瑞士 SANDEZ 大火，1988 年英国北海油田的帕玻尔·阿尔法平台事故，以及 1989 年的 EXXON 公司 VALDEZ 泄油事故等。这些重大事故引起了国际工业界的普遍关注。人们认为石油石化生产作业是高风险的作业，必须采取有效、完善的管理措施才能避免重大事故的发生。

　　1985 年，壳牌公司首次在石油勘探开发领域提出了强化安全管理（Enhance Safety Management）的构想和方法；1986 年，形成安全管理手册；1990 年制定了自己的安全管理体系（SMS）；1991 年，颁布了健康、安全与环境（HSE）方针指南；1992 年，正式出版安全管理体系标准 EP92－01100；1994 年，正式颁布健康、安全与环境管理体系导则。

1996 年 1 月，ISO/TC67 的 SC6 分委会发布 ISO/CD14690《石油和天然气工业健康、安全与环境管理体系》，成为 HSE 管理体系在国际石油业普遍推行的里程碑，HSE 管理体系在全球范围内进入了一个蓬勃发展时期。

1997 年 6 月中国石油天然气总公司等单位参照 ISO/CD14690 制定了行业标准 SY/T 6276—1997《石油天然气工业健康、安全与环境管理体系》及相关体系文件。

2001 年 2 月中国石化集团公司发布了《中国石油化工集团公司安全、环境与健康（HSE）管理体系》及相关体系文件。由此推动了国内 HSE 管理体系的发展。

二、HSE 法律法规体系结构

为规范 HSE 管理，国家、部委和行业出台了相关的安全生产的法律法规和管理制度，为我国企业的安全生产及 HSE 管理奠定了法律基础。在 HSE 的实施过程中要严格遵循这些法律法规。

国家、部委、地方政府及行业相关的法律法规构成了实施 HSE 的标准体系，此外，企业为贯彻执行这些法律法规以及项目建设的要求，制定了规模强大的制度标准规范，作为企业 HSE 管理体系的一个重要组成部分。HSE 适用国家法律法规标准规范结构示意如图 11-1 所示。

三、国家法律法规

《中华人民共和国安全生产法》由中华人民共和国第九届全国人民代表大会常务委员会第二十八次会议于 2002 年 6 月 29 日通过，自 2002 年 11 月 1 日起施行。后于 2014 年进行了一次修订。

《中华人民共和国消防法》由中华人民共和国第九届全国人民代表大会常务委员会第二次会议于 1998 年 4 月 29 日通过，自 1998 年 9 月 1 日起施行。后分别于 2008 年和 2019 年进行了修订。

《中华人民共和国建筑法》由中华人民共和国第八届全国人民代表大会常务委员会第二十八次会议于 1997 年 11 月 1 日通过，自 1998 年 3 月 1 日起施行。后分别于 2011 年和 2019 年进行了修订。

《中华人民共和国道路交通安全法》由中华人民共和国第十届全国人民代表大会常务委员会第五次会议于 2003 年 10 月 28 日通过，自 2004 年 5 月 1 日起施行。

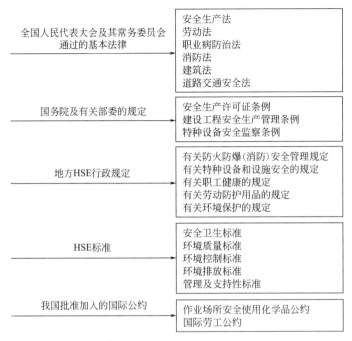

全国人民代表大会及其常务委员会通过的基本法律	安全生产法 劳动法 职业病防治法 消防法 建筑法 道路交通安全法
国务院及有关部委的规定	安全生产许可证条例 建设工程安全生产管理条例 特种设备安全监察条例
地方HSE行政规定	有关防火防爆(消防)安全管理规定 有关特种设备和设施安全的规定 有关职工健康的规定 有关劳动防护用品的规定 有关环境保护的规定
HSE标准	安全卫生标准 环境质量标准 环境控制标准 环境排放标准 管理及支持性标准
我国批准加入的国际公约	作业场所安全使用化学品公约 国际劳工公约

图 11-1 HSE 适用国家法律法规标准规范结构示意图

后分别于 2007 年和 2011 年进行了修订。

《中华人民共和国劳动法》由中华人民共和国第八届全国人民代表大会常务委员会第八次会议于 1994 年 7 月 5 日通过，自 1995 年 1 月 1 日起施行。后分别于 2009 年和 2018 年进行了修订。

《中华人民共和国职业病防治法》由中华人民共和国第九届全国人民代表大会常务委员会第二十四次会议于 2001 年 10 月 27 日通过，自 2002 年 5 月 1 日起施行。后分别于 2011 年、2016 年、2017 年、2018 年进行了修订。

《中华人民共和国环境保护法》由中华人民共和国第七届全国人民代表大会常务委员会第十一次会议于 1989 年 12 月 26 日通过，自公布之日起施行。后于 2014 年进行了修订。

四、国家相关部门安全生产条例和规定

《国务院关于加强企业生产中安全工作的几项规定》于 1963 年 3 月 30 日由国务院发布。其中包含了关于安全生产责任制、关于安全技术措施计划、关于安全生产教育、关于伤亡事故的调查和处理等五个方面的内容。

《建设工程安全生产管理条例》经 2003 年 11 月 12 日国务院第 28 次常务会议通过，自 2004 年 2 月 1 日起施行。

《安全生产许可证条例》经 2004 年 1 月 7 日国务院第 34 次常务会议通过，自公布之日起施行。后于 2014 年进行了修订。

《危险化学品安全管理条例》经 2002 年 1 月 9 日国务院第 52 次常务会议通过，自 2002 年 3 月 15 日起施行。后于 2013 年进行了修订。

第二节　HSE 管理体系

HSE 管理体系是将实施健康、安全与环境管理的机构、职责、做法、程序、过程和资源等要素构成一个有机的整体。这些要素通过先进、科学、系统的运行模式（PDCA 模式），有机地融合在一起，相互关联、相互作用，形成动态管理。健康、安全与环境体系的形成和发展是国际石油勘探开发行业多年来管理工作经验积累的成果。

一、HSE 管理体系要素

在 HSE 管理体系中存在十大管理要素：①领导承诺、方针目标和责任；②组织机构、职责、资源和文件控制；③风险评价和隐患治理；④承包商和供应商管理；⑤装置（设施）的设计和建设；⑥HSE 管理体系的运行和维护；⑦变更管理和应急管理；⑧HSE 管理体系的检查和监督；⑨事故处理和预防；⑩HSE 管理体系审核、评审和持续改进。

其中"领导承诺、方针目标和责任"在十大要素中发挥核心和导向作用；风险评价是所有 HSE 要素的基础，它是一个不间断地依照现有的专业经验、评价标准和准则，对危害分析结果作出判断的过程。

二、HSE 管理体系架构

1. HSE 管理体系目的

① 遵从政府对健康、安全和环境的法律、法规要求。

② 为组织提出的总方针、总目标的实现提供保证。

③ 减少事故发生，保证员工健康与安全，保护企业财产不受损失。

④ 保护环境，满足可持续发展要求。

⑤ 提高项目原材料和能源利用率，保护自然资源，增加经济效益。

⑥ 减少医疗、赔偿、财产损失费用，降低保险费用。

⑦ 满足公众期望，保持良好公共和社会关系。

⑧ 维护组织名誉，增强市场竞争能力。

2. HSE 管理体系方针

"以人为本，坚持安全发展，坚持安全第一、预防为主、综合治理"是我国进入新时期党和国家提出的安全生产的方针。认真落实这一方针，既是党和国家的要求，也是搞好项目建设安全生产，保障从业人员的生命安全健康，保障企业的生产经营顺利进行的根本要求。

随着科学技术的发展，现代工业项目建设的产品越来越多，生产工艺越来越复杂，工艺条件要求越来越高，同时潜伏的对安全、环境和人的健康的危险性也越来越大，因此对安全生产的要求也越来越高。这就要对项目建设生产中的设计、建设及生产工艺、设备运行、人员操作等过程中的危险进行超前预测、科学预防，有效地避免事故的发生。

3. HSE 管理体系原则

（1）第一责任人原则　随着生命和健康成为保障人权的重要内涵，HSE 管理体系强调最高管理者的承诺和责任，组织的最高管理者是 HSE 的第一责任者。

（2）以人为本原则　HSE 管理体系强调组织所有的生产经营活动都必须满足 HSE 管理的各项要求，突出了企业对员工健康的重视。人才才是企业屹立不倒的根本。企业重视员工的健康和利益，能够提高员工对企业的忠诚度，使其更积极地投入到工作中。

（3）全员参与原则　HSE 管理体系立足于全员参与，组织的每位员工，无论身处何处，都有责任把 HSE 事务做好，并通过审查考核。

（4）重在预防原则　在组织的 HSE 管理体系中，风险评价和隐患治理、承包商和供应商管理、装置（设施）设计和建设、HSE 管理体系的运行和维护、变更管理和应急管理这 5 个要素，着眼点在于预防事故的发生。风险评价是一个不间断的过程，是所有 HSE 要素的基础。

4. HSE 管理体系文件

HSE 文件架构包括管理层文件、作业层文件和 HSE 管理手册。

① 管理层文件包括手册、程序文件、运行控制文件。

② 作业层文件包括作业指导书、记录、表格、报告等。

③ HSE 管理手册是阐明组织 HSE 方针、HSE 目标、HSE 指导思想和管理原则，以及描述 HSE 管理体系的重要文件。HSE 管理手册涉及了组织的有关 HSE 管理的全部活动，工作范围和领域。

5. HSE 工作内容

HSE 工作主要内容为：识别评估、风险控制、绩效评估。建立和实施 HSE 管理体系的关键是各级领导，尤其是一把手高度重视和亲自参与是 HSE 管理体系有效运行的重要前提；全员参与是关键；危害和环境因素识别以及风险及环境影响评价是重要环节。

第三节　HSE 管理计划

一、HSE 管理计划策划

根据风险评价和现状调研结论，最高管理者应组织有关部门对拟建立的 HSE 管理体系进行策划设计和准备，其主要工作程序及内容应包括：

① 最高管理者依照 HSE 管理规范确定的承诺原则和内容，向组织员工和相关方作出书面承诺。

② 主管部门提出 HSE 方针和目标草案，最高管理者要组织评审并批准发布。

③ 成立 HSE 管理委员会，制定 HSE 管理委员会章程。

④ 最高管理者指定和任命 HSE 管理者代表，并授予应有的管理权限。

⑤ 调整和强化 HSE 管理监督机构，合理设置 HSE 工作岗位，充实 HSE 技术管理人员。

⑥ 依照 HSE 管理规范，制定各级组织和人员的 HSE 职责。

⑦ 根据 HSE 管理规范和制度要求，制定出 HSE 关键管理工作的程序。

⑧ 建立健全 HSE 管理网络，成立基层 HSE 管理小组，按要求选拔配备 HSE 管理人员或安全工程师。

⑨ 制定、修订和完善 HSE 管理工作所必需的程序、制度、规定。

⑩ 提出建立和保持 HSE 管理体系所需的资源配置计划。

⑪ 制定 HSE 管理体系建立的实施计划进度表，明确各部门和相关负责人的责任与分工。

二、HSE 管理计划实施

1. HSE 体系文件编制

HSE 实施程序是 HSE 管理体系执行文件，根据组织的 HSE 管理体系和 HSE 管理规范要求，组织在建立 HSE 管理体系前，应编制组织 HSE 管理体系实施程序、职能部门 HSE 职责实施计划、项目（过程）HSE 实施计划等 HSE 实施程序文件。

2. HSE 管理计划实施

准备工作完成后，即可进入 HSE 管理计划的实施阶段，其主要工作内容应为：

① 批准和发布 HSE 实施程序；

② 组织相关方按实施程序要求，组织开展日常的 HSE 管理活动；

③ 组织相关方建立 HSE 体系要素运行保证机制，开展检查监督和考核纠正工作，保证 HSE 管理计划按既定的目标和程序运行。

3. HSE 体系检查、评审

由于受到外因、内因的影响，在 HSE 管理体系运行过程中，管理目标、管理程序、管理方法与管理效果之间可能会发生一定的偏差，可能存在不合格项。因此，在 HSE 管理体系运行一定时间后，需要对 HSE 管理体系的符合性、有效性、适用性进行检查、评审，以及时调整实际与体系不相符合的部分，达到持续改进，不断提高的目的。

三、HSE 管理计划实施和监督程序

1. 实施程序

HSE 管理计划应涵盖项目全过程，包括设计、采购、施工、试运行等各阶段的 HSE 管理。

通常情况下程序如下：

① HSE 策划；

② HSE 目标制定；

③ HSE 计划编制；

④ HSE 实施；

⑤ HSE 检查；

⑥ HSE 偏差分析及纠正措施；

⑦ HSE 持续改进；

⑧ HSE 全过程记录。

2. 监督程序

HSE 管理计划监督程序设置一般包括：

① HSE 监督启动；

② HSE 监督策划；

③ HSE 绩效目标评价制定；

④ HSE 检查计划；

⑤ HSE 活动绩效检查；

⑥ HSE 不合格项及分析；

⑦ HSE 绩效评价及整改措施；

⑧ HSE 评价报告。

第四节 项目 HSE 管理

一、项目 HSE 管理体系

项目 HSE 管理系统是企业 HSE 管理体系的一个子系统。它将总承包商资源与项目 HSE 管理过程相结合，以项目过程管理控制方法对所涉及的项目 HSE 进行管理活动。根据项目特点将 HSE 管理体系要素进行组合控制管理，以实现项目 HSE 的目标。项目 HSE 管理系统一般包括与项目管理活动、项目资源供应、项目产品实现路径、项目 HSE 目标、项目 HSE 测量、分析与改进活动相关的 HSE 活动和人员。

二、制定项目 HSE 目标

项目 HSE 目标必须符合企业所确定的 HSE 目标、方针和原则。因此，项目 HSE 目标应被企业 HSE 目标所覆盖，是企业 HSE 目标系下的子项目标。控制好项目 HSE 子目标也意味着为企业发展及企业 HSE 的目标实现奠定了基础。

为了使项目 HSE 目标能够实现，HSE 管理体系能够正常运行，项目组织内部应建立符合需要的组织结构。确定项目组织中相关机构的 HSE 管理职能范围和授权，在企业 HSE 管理体系指导下，应用 HSE 管理体系相关规定、程序、工具和方法，根据 EPC 总承包项目产品的特点，分析项目 HSE 可能出现的问题，并对关键环节的安全及环境风险进行管理控制，避免产生较大的事故。

三、项目经理在 HSE 管理中的工作内容

① 项目经理是项目 HSE 管理第一责任人，应全面落实生产 HSE 管理责任制等管理制度；特别要落实针对总承包商项目所指定和补充的安全生产规章制度和操作规程。

② 项目经理应组织制定并实施项目安全生产事故应急预案。对项目实施过程中的人的不安全行为、物的不安全状态、作业环境的不安全因素和管理缺陷进行规范的 HSE 控制。

③ 项目经理应组织制定项目安全生产教育制度，编制项目现场安全生产教育培训计划，实行项目部级和项目专业组级安全教育培训，对首次进入项目现场的员工必须进行现场安全培训，未经安全生产教育培训的人员不得上岗作业。

安全员应持证上岗，在项目经理的领导下，负责项目现场的安全生产管理工作，保证项目安全目标的实现。

④ 项目经理应根据项目特点制定相关安全生产措施，消除安全事故隐患，及时客观报告项目生产安全事故。

四、其他必须执行的要求

① 项目部必须为从事危险作业的人员办理意外伤害保险。意外伤害保险期限自建设工程开工之日起至竣工验收合格止。总承包项目 HSE 安全生产费用要实行专款专用。

② 总承包商和施工分包商对分包项目的安全生产承担连带责任。施工分包商应服从总承包商的安全生产管理。对不服从安全管理导致项目安全生产事故的，由施工分包商承担主要安全责任。

③ 实行施工总承包的项目，由施工总承包商对承包项目现场的安全生产负总责。施工总承包商依法将建设工程再分包给其他单位的，分包合同中应当明确各自的安全生产方面的权利和义务。

④ 在进行项目施工平面图设计时，应充分考虑项目的安全、防火、防爆、防污染等因素，做到项目布置分区明确，合理定位。

⑤ 对项目作业过程中危及生命安全和人身健康的行为，作业人员有权抵制、检举和控告。

第五节 安全生产管理职责

1. 总经理（董事长）

① 建立、健全本企业安全生产责任制；

② 组织制定本企业安全生产规章制度和操作规程；

③ 组织制定并实施本企业安全生产教育和培训计划；

④ 保证本企业安全生产投入的有效实施；

⑤ 督促、检查本企业的安全生产工作，及时消除生产安全事故隐患；

⑥ 组织制定并实施本企业的生产安全事故应急救援预案；

⑦ 及时、如实报告生产安全事故。

2. 安全管理部门

① 积极贯彻和宣传上级的各项安全规章制度，并监督检查企业范围内责任制的执行情况。

② 制定定期安全工作计划和方针目标，并负责贯彻实施。

③ 协助领导组织安全活动和检查。制定或修改安全生产管理制度，负责审查企业内部的安全操作规程，并对执行情况进行监督检查。

④ 对广大职工进行安全教育，组织相关人员参加特种作业人员的培训、考核，签发合格证。

⑤ 开展危险预知教育活动，逐级建立定期的安全生产检查活动。监督检查活动企业每月开展一次、项目部每周开展一次、班组每日开展一次。

⑥ 参加施工组织设计、会审；参加 HSE 管理系统构建方案、安全技术措施、文明施工措施、施工方案会审；参加生产会，掌握信息，预测事故发生的可能性；参加新建、改建、扩建工程项目的设计、审查和竣工验收。

⑦ 参加暂设电气工程的设计和安装验收，提出具体意见，并监督执行。参加自制的中小型机具设备及各种设施和设备维修后在投入使用前的验收。

⑧ 参加一般及大、中、异型特殊脚手架的安装验收，及时发现问题，监督有关部门或人员解决落实。

⑨ 深入基层研究不安全动态，提出改正意见，制止违章。遇有重大问题，安全管理部门有权停止作业和罚款。

⑩ 协助领导监督安全保证体系的正常运转。对削弱安全管理工作的部门，要及时汇报领导，督促解决。

⑪ 鉴定专控劳动保护用品，并监督其使用。

⑫ 督促班组长按规定及时领取和发放劳动保护用品，并指导工人正确使用。

⑬ 参加因工伤亡事故的调查，进行伤亡事故统计、分析，并按规定及时上报，对伤亡事故和重大未遂事故的责任者提出处理意见。

3. 项目部经理

① 对承包项目工程生产经营过程中的安全生产负全面领导责任。

② 贯彻落实安全生产方针、政策、法规和各项规章制度，结合项目工程特点及施工全过程的情况，制定本项目部各项安全生产管理办法，或提出要求并监督其实施。

③ 必须本着安全工作只能加强的原则，根据工程特点确定安全工作的管理体制和人员，并明确各业务承包人的安全责任和考核指标，支持、指导安全管理人员的工作。

④ 健全和完善用工管理手续，录用外包工队必须及时向有关部门申报，严格用工制度与管理。适时组织上岗安全教育，加强劳动保护工作。

⑤ 组织落实施工组织设计中安全技术措施，组织并监督项目工程施工中安全技术交底制度和设备、设施验收制度的实施。

⑥ 领导、组织施工现场定期的安全生产检查。发现施工生产中不安全问题时，组织制定措施，及时解决。对上级提出的安全生产与管理方面的问题，及时安排定时、定人、定措施解决。

⑦ 在发生事故时，做好现场保护与抢救工作，及时上报；组织、配合事故的调查，认真落实制定的防范措施，吸取事故教训。

⑧ 对分包商加强文明安全管理，并对其进行评定。

第六节　项目 HSE 措施费用管理

项目 HSE 措施费用是保证总承包项目安全管理资金投入到位和安全防护设施到位的根本保障。用于 HSE 措施的资金必须足额投入、专款专用，对资金的使用要进行规划、安排及检查。

一、HSE 措施费用使用原则

总承包商应对项目 HSE 措施费用进行统一管理，向分包商单独支付，建立专门台账，专款专用。为进一步细化管理，应编制项目 HSE 措施费用管理规定。项目 HSE 措施费用使用原则如下：

① 总承包商在总承包项目投标和合同签订过程中要对项目 HSE 措施费用单列。

② 总承包商与分包商的分包合同中对项目 HSE 措施费用要单列，分包商在开工前要制定项目 HSE 措施费用使用计划。

③ 在项目现场实施过程中，项目 HSE 措施费用由分包商按使用计划记录台账，定期向总承包商单独申请支付。

④ HSE 经理应根据分包商项目 HSE 措施费用现场实际投入情况进行审核。审核出某项费用投入不足时，对分包商项目 HSE 措施费用申请不得批复和支付，并立刻督促分包商进行整改。

⑤ 分包商未按国家相关法律法规和标准规范进行必要的项目 HSE 措施费用投入，导致安全隐患存在时，总承包商应下发整改通知单，仍不执行或执行不到位时，总承包商有权直接采取相关安全措施，以消除安全隐患。

⑥ 分包商拒不执行总承包商关于项目 HSE 措施费用投入的整改意见时，由总承包商对项目 HSE 措施费用直接投入，该费用将计入分包商项目 HSE 措施费用额度中，并从分包合同中直接扣除。

二、HSE 措施费用范围

为正确合理使用项目 HSE 措施费用，总承包商应特对项目 HSE 措施费用的使用范围进行规范并做出规定：

① 项目安全培训教育所需费用；

② 为从业人员配备符合国家标准的个体防护用品及保健品的经费；

③ 安全卫生设施、应急救援等设施的投入和维护保养，及作业场所职业危害

防治措施的资金投入；

　　④ 保证重大隐患治理所需费用；

　　⑤ 安全风险抵押金；

　　⑥ 安全检查工作所需费用；

　　⑦ 保证安全生产科学技术研究和安全生产先进技术推广应用的经费投入；

　　⑧ 建立应急救援队伍，开展应急救援演练所需的费用；

　　⑨ 为从业人员交纳安全保险的费用等。

三、HSE 措施费用来源

　　根据国家安全法及相关法律法规，在总承包项目报价阶段应依据国家相关规定及项目所在地工程造价管理机构测定的相应费率，合理确定项目 HSE 措施费用报价，并在总承包合同中单列。总承包商与分包商的分包合同中也应单独列出项目 HSE 措施费用，并由分包商提出详细项目 HSE 措施费用清单，经审核确认，项目经理批准。

　　总承包商与施工分包商合同中项目 HSE 措施费用投入总额原则上不得低于分包项目直接费用的 1.5%。对项目安全额外提供的费用不列入项目 HSE 措施费用规定的范围，如对项目安全生产的奖励费用、特殊的安全技术措施费用等。

四、HSE 措施费用管理规定

　　总承包商应将项目 HSE 措施费用在与项目部的承包合同内予以明确，并制定项目 HSE 措施费用控制指标，由项目经理对项目 HSE 措施费用负责，进行统一控制和管理。项目经理要承担由于安全生产所必需的资金投入不足或使用失当而导致安全事故的责任。项目 HSE 安全措施费使用应遵循下列规定：

　　① 总承包商在与分包商签订的项目分包合同中，应对分包商的安全责任有单独条款，或签订单独的 HSE 管理协议书。

　　② 总承包商和项目分包商的 HSE 经理应在项目开工前编制各自的项目 HSE 措施费用计划。应按相关的规定和要求内容、范围、原则和程序进行编制。

　　③ 项目分包商编制完成的项目 HSE 措施费用计划应提交总承包商进行审查和备案，批准后由项目分包商按相关程序进行发布。

　　④ 在项目 HSE 措施费用计划实施过程中，总承包商要定期进行检查和控制。分包商要做到各项安全措施费用计划与实际项目进度同步实施和完成。检查发现使用过程中存在偏差，要对费用偏差进行分析，采取必要的措施进行整改和纠偏。

　　⑤ 在项目实施过程中，分包商要求支付的项目 HSE 措施费应由总承包商

HSE 经理审核确定，按计划和实际发生额核定后经项目经理批准后支付。

⑥ 项目 HSE 措施费用是专项费用，应与项目其他费用分开单独支付，单独建立明细台账，做好记录。支付方式可按月或按进度支付。

第七节　三级安全教育培训管理

开展三级安全生产教育不仅仅是针对新入职员工的教育，应该还包括企业的领导干部和其他企业员工。国家安全生产监督管理总局令第 3 号《生产经营单位安全培训规定》第九条规定：生产经营单位主要负责人和安全生产管理人员初次安全培训时间不得少于 32 学时，每年再培训时间不得少于 12 学时；煤矿、非煤矿山、危险化学品、烟花爆竹、金属冶炼等生产经营单位主要负责人和安全生产管理人员初次安全培训时间不得少于 48 学时，每年再培训时间不得少于 16 学时。因此企业安全生产培训每年要有规划，针对企业员工有计划、有步骤地培训和轮训。

新入职员工到企业人事部门报到，就要按照培训计划进行相关的入职培训，其中包括进行安全生产教育三级培训，经培训合格后上岗。企业安全生产培训由企业安全部（HSE 管理部门）组织实施，部门培训由企业各部门主要负责人组织实施，班组培训由各班组长负责组织实施。

一、安全教育培训原则和基本内容

由安全部负责制定年度、半年、季度、月培训计划；各部门、班组根据企业的培训计划，制定相应的培训计划、培训原则及培训主要内容。

1. 培训原则

安全培训要本着"要精准、要管用"的原则，培训应有针对性和实效性。

2. 培训基本内容

① 宣传学习国家安全生产法律、法规、标准、制度和企业安全生产制度。

② 培训安全生产方面的基本知识及紧急安全救护知识，安全防护用品发放标准，防护用具、用品使用基本知识。

③ 培训岗位安全生产作业特点、安全操作规程、安全生产制度及纪律。

④ 培训正确使用安全防护装置（设施）及个人劳动防护用品知识。

⑤ 培训企业及作业中的不安全因素及防范对策、作业环境及所使用的机具安全要求。

培训记录及安全培训要建立安全培训台账，培训结束要考核存档。

二、安全教育培训具体内容

1. 全企业普遍适用培训内容

① 讲解安全生产劳动保护的意义、任务、内容和其重要性，使入职职工树立起"安全第一"和"安全生产人人有责"的理念。

② 企业安全概况介绍，包括企业安全工作发展史，企业安全生产特点、特征、企业分布情况，重点介绍接近要害部位、特殊设备的注意事项，企业安全生产的组织结构、HSE管理体系。

③ 安全生产有关管理法律法规以及企业内部安全生产设置的各种警告标志和信号装置等宣传教育。

④ 企业典型安全生产事故案例和教训，抢险、救灾、救人常识以及工伤事故报告程序等宣传教育。

企业总部级安全生产教育一般由企业安全生产部门负责进行，时间为8～16小时。讲解应结合图片，与参观安全劳动保护教育基地、培训基地结合起来，并发放企业安全生产手册。

2. 企业部门适用培训内容

① 介绍企业部门的基本概况。如部门设计生产建设的产品、工艺流程及其特点，部门人员结构、安全生产组织状况及活动情况，部门危险区域、有毒有害岗位情况，部门劳动保护方面的规章制度和对安全生产劳动保护用品的穿戴要求和注意事项。部门级事故多发部位、原因，有什么特殊规定和安全要求。介绍部门常见事故和对典型事故案例的剖析，部门安全生产中的相关情况，特别是结合项目现场的建造和安全管理生产方面的具体做法和要求。

② 根据部门特点介绍安全技术基础知识。特别是总承包项目现场是如何进行安全防范的典型案例、安全现象以及项目施工任务的特点。学习施工安全基本知识、施工安全生产相关的管理制度及相关工种的安全技术操作流程。了解施工机械设备的使用现状、高处作业安全基本知识。学习防火、防毒、防爆、防洪、防尘、防雷击、防触电、防高空坠落、防物体打击、防坍塌、防机械伤害等知识及紧急安全救护知识。了解安全防护用品发放标准，防护用具、用品使用基本知识。

③ 介绍部门防火知识，包括部门易燃易爆品的情况，防火的要害部位及防火的特殊需要，消防用品放置地点，灭火器的性能、使用方法，部门消防组织情况，遇到火险如何处理等。

④ 组织新入职员工学习安全生产文件和安全操作规程制度，并教育新员工尊敬导师，听从指挥，安全生产。

授课时间一般需要8～16课时。

3. 企业班组适用培训内容

① 本班组的生产特点、作业环境、危险区域、设备状况、消防设施等。重点介绍专业设计过程中的高温、高压、易燃易爆、有毒有害、腐蚀、高空作业等方面可能导致发生的事故，以及从事工作岗位的安全设计及项目现场的事故的危险因素。交代本班组容易出事故的部位和典型事故案例的剖析。

② 讲解专业岗位所涉及的安全操作规程和岗位安全管理责任。重点宣传职工思想上应时刻重视安全生产等内容。要求从业人员应自觉遵守相关的设计安全操作规程，不违章作业，爱护和正确使用机器设备和工具。介绍各种安全活动以及作业环境的安全检查和交接班制度，特别是在项目现场的设计及项目管理服务工作所面临的安全问题。要求新员工出了安全事故或发现了安全事故隐患，应及时报告领导，采取措施。

③ 讲解如何正确使用爱护劳动保护用品和文明生产的要求。强调在进入项目施工现场和登高作业时，必须戴好安全帽、系好安全带，工作场地要整洁，道路要畅通，物件堆放要整齐等。

④ 实行安全操作示范。组织重视安全、技术熟练、富有经验的老员工进行安全操作示范，边示范、边讲解，重点讲安全操作要领，说明怎样操作是危险的，怎样操作是安全的，不遵守操作规程将会造成的严重后果。

4. 培训形式

企业在进行安全教育培训时，可以采取多种形式。

① 观看视频。这种视频是来自现场的视频，包括人的不安全行为、物的不安全状态以及正确操作方法的模拟演练等视频。

② 建立培训场所。即建立新员工培训实验室，将现场的设备按比例缩小后，再安排新员工进行现场的模拟观摩，提高员工的实际了解操作能力。

③ 安全事故案例的培训。多搜集相关的安全事故案例。

④ 安全小品。这种形式比较贴近生活，主要是组织员工进行相关的事故模拟演练，将事故排演成小品，通过小品表演，让员工都能明白事故的前因后果。

第八节　项目 HSE 计划实施及控制程序

项目 HSE 计划实施重在管理与控制。进行 HSE 控制管理的目的是为了预防、消灭事故，减少或消除事故伤害，保护劳动者的安全与健康。

一、项目 HSE 计划实施程序

事故的发生，是由于人在项目活动过程中的不安全行为运动轨迹与物的不安全状态运动轨迹的交叉。发生的许多事故案例均说明了对项目安全生产因素状态的控制，是项目安全管理的控制重点。

项目 HSE 计划实施程序流程如图 11-2 所示。

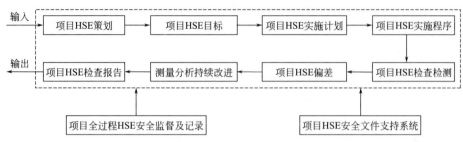

图 11-2　项目 HSE 计划实施程序流程示意图

应严格按照项目 HSE 计划实施程序开展项目 HSE 活动，并在项目 HSE 计划实施过程中进行管理和检查，发现偏差进行整改，以实现项目 HSE 管理的目标。

二、项目 HSE 控制程序

项目 HSE 控制程序流程如图 11-3 所示。

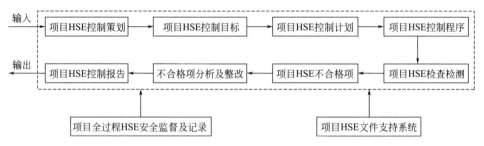

图 11-3　项目 HSE 控制程序流程示意图

项目经理应根据项目 HSE 计划实施程序和控制程序，定期对项目 HSE 安全计划实施执行情况进行检查、考核和评价。对项目过程中存在的不安全行为和隐患，分析原因并制定相应整改防范措施。

项目部应根据项目实施过程的特点和项目 HSE 计划安全目标的要求，确定安全检查方案。安全检查应配备必需的设备或器具，确定检查负责人和检查人员，并明确检查内容及要求。

安全检查应采取随机抽样、现场观察、实地检测相结合的方法，并记录检测结果。对项目现场管理人员的违章指挥和操作人员的违章作业行为应进行纠正。安全检查人员应对检查结果进行分析，找出安全隐患部位，确定危险程度。检查结果应进行项目安全绩效评价，在此基础上编写安全检查报告。

三、安全隐患和安全事故的处理

（1）安全隐患处理　应符合下列规定：

① 项目安全隐患应区分为"通病"、"顽症"、首次出现、不可抗力等类型，针对不同类型制定和完善安全整改措施。

② 对检查出的安全隐患应立即发出安全隐患整改通知单。受检单位应对安全隐患原因进行分析，制定纠正和预防措施。纠正和预防措施应经检查单位负责人批准后实施。

③ 对检查出的违章指挥和违章作业行为向责任人当场指出，限期纠正。

④ 对纠正措施的实施过程和实施效果应进行跟踪检查，保存验证记录。

（2）安全事故处理　必须坚持"事故原因不清楚的不放过，事故责任者和员工没有受到安全教育的不放过，事故责任者没有处理的不放过，安全防范措施没有制定的不放过"的原则。

安全事故处理应遵循下列程序：

① 报告安全事故。安全事故发生后，受伤者或最先发现事故的人员应立即用最快的传递手段，将发生事故的时间、地点、伤亡人数、事故原因等情况，上报至企业安全主管部门。企业安全主管部门视事故造成的伤亡人数或直接经济损失情况，按规定向政府主管部门报告。

② 事故处理。抢救伤员、排除险情、防止事故蔓延扩大，做好标识，保护好现场。

③ 事故调查。应指定技术、安全、质量等部门的人员，会同企业工会代表组成调查组，开展调查。

④ 调查报告。调查组应把事故发生的经过、原因、性质、损失责任、处理意见、纠正和预防措施撰写成调查报告，并经调查组全体人员签字确认后报企业安全主管部门。

四、项目 HSE 资源保证计划

企业和项目部必须将必要的资源投入到生产实际中，才能确保项目 HSE 目标能够实现。以资源作为必要保证基础，才能够保证项目 HSE 工作有条不紊地推进。所谓资源，包括 HSE 所需资金、人才、技术、管理、专利成果等。

对于专业性较强的项目，项目经理要组织专业人才、专家编制专项 HSE 计划实施方案并采取必要的 HSE 技术措施，才能确保项目顺利进行。

对于结构复杂、项目建设难度大的项目，除制定项目 HSE 技术总体方案及 HSE 保证计划外，还必须制定单位工程或分部、分项工程的 HSE 技术方案和计划。

对于高空作业、井下作业、水上作业、水下作业、爆破作业、脚手架上作业、有害有毒作业、特种机构作业等专业性强的项目作业，以及电气、压力容器、起重机、金属焊接、井下瓦斯检验、机动车和船舶驾驶等特殊工种的作业，应制定单项安全技术方案和措施，并对管理人员和操作人员的安全作业资格和身体状况进行合格审查。

对于达到一定规模的危险性较大的分部、分项工程应编制专项预防危险实施方案，并附有安全验算结果，经相关程序评估认证和内外部专家审查，论证合格并批准后实施，由专职安全管理人员进行现场监督。《危险性较大的分部分项安全管理规定》中规定的此类工程包括以下几大类：

① 基坑工程；

② 模板工程及支撑体系；

③ 起重吊装及起重机械安装拆卸工程；

④ 脚手架工程；

⑤ 拆除工程；

⑥ 暗挖工程；

⑦ 其他。

HSE技术措施应包括防火、防毒、防爆、防洪、防尘、防雷击、防触电、防坍塌、防物体打击、防机械伤害、防溜车、防高空坠落、防交通事故、防寒、防暑、防疫、防环境污染等方面的措施。应根据项目特点、安全措施、施工程序、安全法规和标准的要求，采取可靠的技术措施，消除安全隐患，保证施工安全。项目HSE资源保证计划应在项目开工前编制，经项目经理批准后实施。计划内容包括：项目概况、程序、目标、组织结构、职责权限、规章制度、资源配置、安全措施、检查评价、奖惩制度。

第十二章
进度全过程控制

第一节 设计进度过程管理

一、概述

设计进度是指项目实施过程中的设计进展状态。设计进度计划和设计实际进度二者之间存在一定偏差。将设计阶段的任务目标、周期、人工时成本及定额设计、总投资费用控制统筹等结合起来，形成一个设计综合指标，能够全面地反映设计进行的状态，这就是设计进度的内涵。

1. 设计进度表示方法

关键日期表是最简单的一种设计进度表示方法。该表只列出一些关键的设计活动和设计进行的日期。

横道图是另一种设计进度表示方法，以横线来表示每项设计活动的起止时间。横道图的特点是简单、易于编制。在横道图上，可以看出各项设计活动的开始和终了时间。但在绘制各项设计活动的起止时间时，仅考虑设计活动的先后顺序，对各项设计活动之间的关系不能表示出来，特别是没有表示出设计周期的关键点。所以，对于大型、复杂的设计项目进度而言，横道图是有明显不足的。

用网络图来表达各项设计活动的进度以及相互之间的关系是非常明了的。利用网络图，可以在此基础上进行设计进度网络分析，确定关键设计活动与关键设计路径，利用时差不断调整与优化设计进度计划，同时将设计资源要素考虑进去。网络图方式在优化设计进度计划方案方面具有突出的优点。

2. 设计周期

设计周期是完成设计活动所需要的时间。在每个设计活动开始之前，可以估算设计周期。在每个设计活动开始之后，完成之前，可以估算剩余设计周期。一旦设计活动已经完成，就记录实际设计周期。

3. 设计进度管理

设计进度管理是指运用科学的系统管理方法、信息技术和管理程序控制设计进度目标。在设计实施过程中，对设计各阶段的设计活动进展程度和设计最终完成的期限进行有效控制。

设计进度管理是EPC总承包项目进度管理中的一个部分，设计进度管理最终目标是保证总承包项目如期完成、合理安排设计资源供应，节约项目费用和降低设计成本。

设计进度管理是在项目进度总计划规定的时间内，制订合理、经济的设计进度计划（包括多级项目设计进度子计划），在执行计划的过程中定期检查实际设计进度是否按计划要求执行。若出现设计进度偏差，及时分析找出造成偏差的原因，采取必要的措施、变更原设计进度计划，直至项目设计进度目标完成。

二、设计进度计划

影响设计进度计划的因素主要是人、资源、项目外部条件等。每项设计工作开始之前，设计经理应组织相关编制人员，结合工作经验对潜在的、可能影响到设计目标实现的因素进行分析、研究、归纳，并制定出解决措施，责任到人进行落实。

1. 编制原则

① 遵循设计进度动态变化、全过程控制、统筹兼顾和循环改进的原则。由于项目内外部环境因素的影响，设计进度动态变化是一种普遍现象。应分析设计动态控制的特点，充分考虑设计进度动态变化的规律，在进度计划中留出一定的弹性管理的空间，以便在纠偏时减少对总进度的影响。

② 细化项目设计结构。充分了解项目设计的特性和难点，对项目设计进行合理的定位，细分项目设计的分项、子项、工作包，做好项目设计的工作分解结构（WBS）。系统剖析项目设计结构构成，包括设计实施过程，按照设计内在结构和实施过程的顺序进行逐层分解，形成项目设计结构示意图。

③ 设计单元逻辑清晰，责任明确。通过项目WBS分解，将项目设计内容分解到内容单一、相对独立、易于设计费用核算与检查的设计单元。明确各设计单元之间的逻辑关系与设计工作关系，再将每个设计单元具体落实到相关设计责任者和设计部门。

按照确定的WBS和计划活动编码体系编制设计进度计划。下一级设计计划必须在上一级设计计划中找到对应的大项，各级设计计划分层汇总必须服从编码体系要求。

④ 赋予设计相关单元不同优先级别。预测重点项目结构设计单元进度，定义在不同时间所需资金和资源投入级别，赋予设计项目不同的优先级，以满足采购、施工和试运行等过程进度的要求。

⑤ 选择先进的进度控制软件。设计进度控制的过程是一个设计信息传递和反馈的过程，选择适宜的设计进度计划应用软件，高效实施进度计划任务的制定、跟踪、监控、资源分配等信息管理。

2. 编制方法

复杂的设计项目设计工序繁多，需要动用较多的设计资源等，又要在最短的时间和最低的人工成本约束条件下完成，选择网络计划技术编制设计进度计划是合适的。

通过绘制网络计划图，确定关键设计路线和关键设计工作。根据项目总进度计划，确定设计总进度计划，同时制定设计人工时成本计划。然后把设计总进度计划细分到每年、每季度、每月、每旬等各个实施阶段，在此基础上对设计进度计划实施过程进行监控。

3. 编制依据

设计进度编制主要依据如下：

① 项目总承包设计范围；

② 项目设计周期要求（项目合同总工期规定）；

③ 项目进度管理计划、项目进度计划；

④ 项目设计特点；

⑤ 项目设计内、外部资源条件；

⑥ 项目设计结构分解单元，各工作设计单元的时间估计；

⑦ 设计资源供应状况。

4. 编制分工

设计进度编制首先应根据项目 WBS、项目工作包一览表、项目建设设计过程逻辑顺序、各专业设计工作流程和进度管理规定等制度完成项目设计活动定义、设计活动排序、设计活动历时估算等工作。

在 EPC 总承包项目组织结构中设置进度控制工程师，在控制经理的领导下负责编制 EPC 项目设计总进度计划、装置设计主进度计划、装置设计进度计划。各专业设计负责人负责编制装置设计详细进度计划，并对设计工作包进度进行控制管理。进度控制工程师、控制经理对设计进度全面负责，制定设计进度控制流程和基本程序，运用系统控制原理将设计内容细分至最小单元，包括项目设计活动定义、设计活动排序、设计活动历时估算、设计进度计划编制和设计进度计划控制。

5. 设计进度计划逻辑关系

EPC 总承包项目设计进度计划应充分考虑设计与采购、施工和试运行的合理交叉匹配，以及可接受的设计进度风险。设计进度控制是以项目总进度计划为控制基准，通过定期对设计进度绩效的测量，进行设计进度偏差计算，并对设计进度偏差原因进行分析，采取相应的纠正措施。当项目设计范围发生较大变化，或出现重大设计进度偏差时，经过批准调整设计进度计划。

（1）设计工作任务单元　项目工作分解结构（WBS）是一种层次化的树状结构。将项目中的设计活动或工作单元划分为最小且可以管理的设计任务单元，一般可以分为下列层次：

    ① 设计项目；

    ② 设计单项工程；

    ③ 设计单位工程；

    ④ 组码、记账码；

    ⑤ 设计工作任务单元。

在分层的基础上，对各层次设计单元活动制定设计进度计划。根据执行设计进度计划所消耗的各类设计资源预算值，按每项具体设计任务的设计工作周期进行设计资源的分配。设计进度计划编制说明中的风险分析应包括经济风险、技术风险、环境风险和社会风险。

（2）设计进度计划层次划分　设计进度计划是项目进度计划的一部分，采用分类、分级方式进行编制，如第八章表 8-1 所示。最低层次的设计进度计划是最小设计工作任务单元的工作包进度计划。设计进度计划采取自上而下的编制方法，以业主确定的主要控制点为基础，对设计进度计划自上而下逐级分类、逐步细化。

三、设计进度控制程序

设计进度控制是在设计进度计划实施过程中，对其实施监督，将与设计相关的进度、费用、质量和 HSE 目标进行关联，充分考虑设计主、客观条件和设计风险预计，确保设计进度目标实现。

应确保设计各项活动在时间上相互衔接，使设计进度计划与采购、施工、试运行进度计划有机结合，避免发生设计进度偏差导致设计实物难以完成，甚至引起其他项目过程进度发生偏差，导致整个项目进度难以控制。当发生设计进度偏差时，应采取有效的应对措施，进行纠偏和设计进度调整，直至实现设计进度计划所确定的预期目标。

1. 控制对象和目标

设计进度控制对象是各项设计（或与设计相关的）活动，包括项目结构图上各个项目设计层次的设计单元或设计子单元。设计进度控制的目标与设计周期控制目标基本一致。但设计进度控制不仅追求时间上的一致性，而且还追求在一定时间内设计工作量或设计实物完成程度及完成效率；追求在一定时间内设计消耗的成本费用、人工时和设计资源与设计实物的一致性。设计进度的拖延最终会表现为设计周期的拖延，导致项目工期的拖延。对设计进度的调整一般表现为对设计周期的调整。为加快设计进度，可以通过采取改变设计活动次序、增加设计资源投入等必要的措施，确保设计周期和项目工期按时完成。

可采用设计进度计划持续时间，或按设计活动结果状态、数量描述，或设计资源消耗指标，对设计进度进行计量。

2. 设计进度控制程序内容

在项目经理领导下，设计经理在设计进度过程控制中通过设计进度计划、设计项目内外部协调、设计变更管理等方法，发挥设计责任主导的作用，通过设计进度控制程序对设计进度计划进行管理和监督。设计进度控制程序内容如表12-1所示。

表 12-1　设计进度控制程序内容

序号	控制内容描述	管理模块
1	设计进度控制原则	程序说明模块
2	设计进度控制计划	
3	赢得值原理	
4	WBS 工具	
5	设计进度控制程序	设计控制程序模块
6	设计进度监督及记录	监督及记录模块
7	设计体系文件	文件支持系统模块

设计进度控制程序设置的目的是为了确保项目设计进度计划能够满足项目合同和业主的需求。设计进度控制程序模块如图12-1所示。

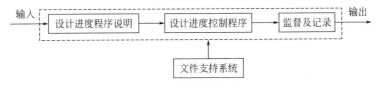

图 12-1　设计进度控制程序模块示意图

设计进度控制程序流程如图12-2所示。

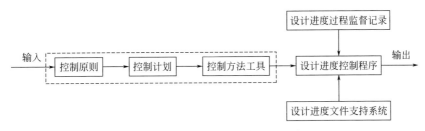

图 12-2　设计进度控制程序流程示意图

3. 设计进度控制工作程序设置

设计进度控制工作程序流程如图12-3所示。

4. 设计进度控制工作程序说明

（1）设计进度控制原则

① 建立统一的设计进度检查和设计进度汇总准则及设计进度报告要求。

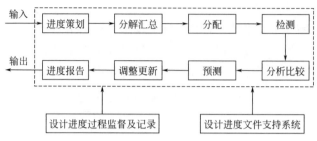

图 12-3 设计进度控制工作程序流程示意图

② 对制造厂商、施工分包商的相关进度也应进行控制和确认。

③ 项目第一级和第二级计划所涉及的设计进度里程碑的修改和变动均要按照规定进行报审。项目第三级和第四级设计进度计划的任何调整和变更，影响到第二级设计进度计划时，必须按规定进行报批。

（2）设计进度策划　根据合同和其他相关要求进行策划。

① 设计进度计划策划的内容：设计活动定义、设计活动排序、设计活动历时估算、设计进度计划编制和设计进度计划控制等。

② 设计进度策划中应明确：设计进度计划实施与控制过程需要不断进行设计信息传递与反馈。

③ 设计进度计划编制时应考虑各种设计风险的存在，使设计进度计划留有余地，具有一定的弹性。

（3）设计进度计划分解汇总　设计进度计划分解由大到小，设计计划内容从粗到细。按照 WBS 分解原则，将设计进度计划可划分至人工时、费用等资源的最小检查单位。另外在分解时还要考虑设计进度计划实施中由细到粗汇总的需要。

（4）设计进度分配　将人工时、实物工作量、相关费用资源预算数值按时间坐标进行分配，从分布结构上获得相关人力资源负荷、现金流动负荷计划的 BCWS，由此建立设计进度控制基准。

（5）设计进度检查　对设计进度的状态要定时进行检查，掌握设计进度进展动态。一般可采用日常检查和定期检查方法。

日常检查法是指随着设计进度的进展，不断检查记录每一项设计工作的实际开始时间、实际完成时间、实际消耗资源量以及目前状态等内容，以此作为设计进度控制的依据。定期检查是指每隔一定时间对设计进度计划执行情况进行一次全面的检查。检查各设计工作进度之间的逻辑关系变化、关键设计路径变化。

检查要按相关程序进行。检查工作可按月或按周进行。由检查结果可以得出实际设计进度的 BCWP，形成赢得值曲线。

（6）设计进度分析比较　将检查期间的实际设计进度数据与设计进度计划数据进行比较分析，并得出相关设计进度的报告。

（7）设计进度预测　依据设计进度分析比较结果报告，计算出真实进度与设计进度计划的偏差值，在此基础上预测设计进度变化趋势。

（8）设计进度调整与更新　当实际进度与设计进度计划发生偏离时，应需采取适当的应对措施。需要更新和修订计划时，应及时进行更新和修改，并按修改规定报批。

设计进度是一个动态的过程。整个设计进度计划的编制、实施、检查、修改，是一个不断循环渐进的过程。

设计经理应按设计进度要求和相关管理规定严格按程序控制。可根据设计实际情况，在不影响采购、施工和试运行进度的前提下，对设计进度计划进行适当调整。由进度控制工程师更新设计进度计划，通知相关专业负责人。当设计进度调整影响采购、施工和试运行进度时必须报项目经理批准，并将批准后的设计进度计划发送给各专业负责人和项目相关经理。

（9）设计进度报告　编制设计进度状态和计划调整报告，并按规定报告业主和总承包商相关部门。

第二节　采购进度过程管理

一、概述

采购进度是指项目过程中的一种采购进展状态。采购进度计划和采购实际进度，二者之间存在着一定偏差。

采购进度是将 EPC 总承包项目的采购任务目标、采购包周期、总采购周期、关键设备采购期限、采购人工时成本及采购定额费用、采购总费用控制等关联在一起，形成一个采购综合指标，这个指标能够全面地反映总承包采购进行的状态。

1. 采购进度表示方法

横道图可以表示每项关键设备采购、总设备材料采购、采购包及一般设备材料采购活动的起止时间。在横道图上，可以方便看出各项采购活动的开始和终了时间。横道图在绘制各项采购活动起止时间时，仅考虑采购活动的先后顺序，对各项采购活动之间的相对关系不能表示，显得不足。用网络图来表达各项采购活动的进度以及采购相互之间的关系就非常简单。可以确定关键设备采购活动与关键设备采购路径，利用时差不断调整与优化采购进度。

2. 采购周期

采购周期是指完成全部设备采购或部分设备采购包（采购包可以包含若干台设备，也可以包含一台设备）所需要的时间。长周期关键设备的采购是决定整个设备采购周期的控制点。在每个采购活动开始之前，可以估算采购周期。在每个采购活动开始之后，完成之前，可以估算剩余采购周期。一旦采购活动已经完成，就记录实际采购周期。

3. 采购进度管理

采购进度管理是指运用系统控制和信息技术的管理方法控制采购进度目标。在采购计划实施过程中，对采购周期各阶段的采购活动进展程度和采购最终完成的期限进行有效控制。采购进度管理是项目进度管理中的一个子项，采购进度管理最终目标是要服从和保证总承包项目进度如期完成、合理安排采购资源（如采购资金）供应，节约采购费用及降低采购成本。

采购进度管理是在项目进度总计划规定的时间内，制定合理的采购进度计划（包括多级项目采购进度、最小采购单元子采购计划），在执行采购进度计划的过程中，定期检查实际采购进度是否按计划要求执行。若出现采购进度偏差，及时分析找出造成偏差的原因，采取必要的措施、变更原采购进度计划，直至总采购进度目标实现。

二、采购进度计划

影响采购进度计划编制的因素主要是人、采购资源及采购内外部条件等因素。因此，在每项采购工作开始之前，采购经理应组织相关采购编制人员，结合采购管理制度和采购工作经验，对潜在的、可能影响到各采购目标实现的不利因素进行分析、研究、归纳，并制定出解决措施，责任到人进行落实。

1. 采购进度计划编制原则

① 项目 WBS 分解结构。根据项目 WBS、采购设备一览表、长周期关键设备分交表、采购工作包、采购过程逻辑顺序、采购工作流程和进度管理规定完成项目采购活动定义、采购活动排序、采购活动历时估算周期等工作。

② 细化项目采购结构。根据项目采购特点，分析项目采购设备、材料及物品的特性，以及设备制造加工的难点，细分项目采购分项、子项、工作包内容；剖析项目采购结构构成、采购实施过程，按照采购规律和采购实施过程的顺序进行逐层分解，形成采购结构示意图。

③ 采购单元逻辑清晰，责任明确。通过项目 WBS 分解，将采购内容分解到内容单一、相对独立、易于采购费用核算与检查的采购单元。明确各采购单元之间的逻辑关系，将每个采购单元具体落实到相关采购责任者。

按照确定的 WBS 和采购计划活动编码体系编制进度计划，下一级采购计划必须在上一级采购计划中找到对应的大项，各级采购计划的分层汇总必须服从编码体系的要求。

④ 赋予采购相关单元不同优先级别。预测重点项目采购单元进度，定义在不

同时间所需采购资金和采购资源投入级别，赋予采购包不同的优先级，以满足设计、施工和试运行等过程进度的要求。编制采购分包表，列出采购设备和材料的交货周期，按程序审批。

⑤ 长周期设备（关键设备）优先级别。列入长周期设备表的设备和材料，在采购时为优先级别最高的采购活动单元，应对其优先提出请购单，以利于提前安排采购。

原则上将设备交货周期超过六个月的设备和材料视为长周期设备。应制定长周期设备采购交接工作程序，对长周期设备的采买、催交、检验、包装运输、现场移交做出详细计划。当长周期设备交货存在延迟交货风险时，应评估对采购进度的影响乃至对整个项目进度的影响程度，采取必要的应对措施。关键设备和长周期设备直接关系到项目的费用和进度控制效果，在采购、催交和检验方面均按相应等级加强协调和配合。

2. 编制方法

对复杂的项目采购，由于设备、机泵、材料、电气、仪表等物品的大量采购信息需要专递和反馈，需要动用大量的采购资金、采购人工时等，可选择网络计划技术编制采购进度计划。通过绘制采购网络计划图，确定关键采购路径和关键采购工作，确定采购进度计划，同时制定采购人工时成本计划。然后把采购进度计划进行分解，细分到每年、每季度、每月、每旬等各个采购实施阶段。

3. 编制依据

采购进度编制主要依据如下：

① 项目总承包采购范围；

② 项目采购周期要求（项目合同总工期规定）；

③ 项目采购进度管理计划、项目采购计划；

④ 项目采购及设备制造加工难点；

⑤ 项目采购内、外部资源约束条件；

⑥ 项目采购分解单元，采购单元时间周期估算；

⑦ 采购资源供应状况；

⑧ 采购资金财务状况。

4. 编制分工

控制工程师在控制经理领导下负责编制 EPC 项目采购进度计划、装置采购主进度计划、装置采购进度计划。采购专业负责人及相关采购人员负责编制装置采购详细进度计划，并对采购工作包进度进行控制管理。进度控制工程师、控制经理对采购进度全面负责，制定采购进度控制流程和基本程序，运用系统控制原理将项目采购细分至最小单元，包括项目采购活动定义、采购活动排序、采购活动历时估算、采购进度计划编制和采购进度计划控制。

5. 采购进度计划逻辑关系

应充分考虑采购与设计、施工、试运行的合理交叉匹配，以及可接受的采购进度控制风险。采购进度控制是以项目总进度计划为控制基准。通过定期对采购进度绩效测量，进行采购进度偏差计算，分析偏差原因，采取相应的纠正措施。

（1）采购工作任务单元　将项目中的采购活动或采购工作单元划分为最小且可以管理的采购任务单元，一般可以分为下列层次：

① 采购项目；

② 采购单项工程；

③ 采购单位工程；

④ 组码、记账码；

⑤ 采购工作任务单元。

在分层的基础上，对各层次采购单元活动制订采购进度计划。根据执行采购进度计划所消耗的各类采购资源预算值，按每项具体采购工作任务的采购周期进行采购资源的分配。采购进度计划编制说明中的采购风险分析应包括采购经济风险、技术风险和环境风险。

（2）采购进度计划层次划分　采购进度计划是项目进度计划的一部分，采用分类、分级方式进行编制，如表 8-1 所示。最低层次的采购进度计划是最小采购工作任务单元的工作包进度计划。采购进度计划采取自上而下的编制方法，以业主确定的主要控制点为基础，对采购进度计划自上而下逐级分类、逐步细化。

三、采购进度控制程序

采购进度控制是在采购进度计划实施过程中，对其实施监督，将与采购相关的进度、费用、质量和 HSE 目标进行关联，充分考虑采购主、客观条件和采购风险预测，确保采购进度目标实现。

应确保采购各项活动在时间上相互衔接，使采购进度计划与设计、施工、试运行进度计划进行融合，避免发生采购进度偏差致使采购难以完成或设备、材料存在质量缺陷，甚至引起其他项目过程进度发生偏差，导致整个项目进度难以控制。当发生采购进度偏差时，应采取有效的应对措施，进行采购进度纠偏和采购进度调整，直至实现采购进度计划所确定的预期目标。

1. 控制对象和目标

采购进度控制的对象是项目采购任务中的各项采购活动，包括项目采购结构图上各个层次的采购单元或采购子项。采购进度控制目标与采购周期控制目标应保持一致。但采购进度控制不仅追求时间上的一致性，而且还追求在一定时间内采购工作量及采购资金或采购实物（或采购设备半成品）完成程度和完成效率，追求在一定时间内采购消耗的采购资金及采购成本费用、采购人工时资源与采购实物的一致性。采购进度的拖延最终会表现为采购周期的拖延，导致项目工期的拖延。

对采购进度的调整一般表现为对采购周期的调整，为加快采购进度，可以通过采取改变采购包活动次序、增加采购资源投入等必要的措施，确保采购按时完成，满足进度的要求。可采用采购进度计划持续时间，或按采购活动结果实物状态数量描述，或采购资源消耗指标表示，对采购进度进行计量。

2. 采购进度控制程序内容

在项目经理领导下，采购经理在采购进度过程控制中通过采购进度计划、采购项目内外部协调、采购变更管理等方法，充分发挥采购责任主体作用，通过采购进度控制程序对采购进度计划进行管理和监控。采购进度过程控制程序内容如表12-2所示。

表 12-2　采购进度过程控制程序内容

序号	程序内容描述	管理模块
1	采购进度控制原则	程序说明模块
2	采购进度控制计划	
3	赢得值原理	
4	WBS 工具	
5	采购进度控制程序	控制程序模块
6	采购进度监督及记录	监督及记录模块
7	采购体系文件	文件支持系统模块

采购进度控制程序设置的目的是为了确保项目采购进度计划能够满足项目合同的要求。采购进度控制程序模块如图12-4所示。

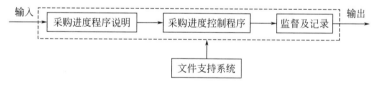

图 12-4　采购进度控制程序模块示意图

3. 采购进度控制工作程序设置

采购进度控制工作程序流程见图12-5所示。

4. 采购进度控制工作程序说明

（1）采购进度控制原则

① 为减少采购界面和采购信息不一致，所有采购进度信息正式来源均为项目经理或采购经理签发的采购进度报告。应对制造厂商的采购进度及其更新应进行必

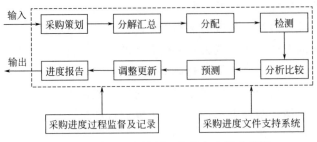

图 12-5　采购进度控制工作程序流程示意图

要的控制和确认。

② 项目采购第一级和第二级采购计划所涉及的采购里程碑的修改与变动要按规定进行报批。项目的第三级和第四级采购计划的任何调整和变更，若影响第二级采购进度计划，必须按相关规定进行报批。

③ 建立统一的采购进度检查和采购进度汇总原则，采购进度报告要符合合同规定和用户要求。

（2）采购进度策划　根据合同和其他相关要求进行采购策划。

① 采购进度分解及安排。采购进度计划应进行分解，对进行采购的关键设备和材料应在初步采购进度计划中明确，并做好采购进度安排。

② 根据项目 WBS、采购设备一览表、长周期关键设备分交表、采购工作包一览表等定位好采购过程逻辑顺序。

③ 采购进度计划策划内容：采购活动定义、采购活动排序、采购活动历时估算、采购进度计划编制和采购进度计划控制等。

④ 采购进度策划中应明确：采购进度计划实施与控制过程需要不断进行采购信息传递与反馈。

⑤ 采购进度计划编制应考虑各种采购风险的存在，特别是大型关键长周期设备的采购风险以及海外引进设备的采购风险，使长周期设备采购进度计划留有一定的余地。

（3）采购进度计划分解汇总　采购进度计划分解由大到小，采购计划内容由粗到细。按照 WBS 分解原则，采购进度计划可划分至采购人工时、费用等资源的最小检查和管理单位。另外在分解时也要考虑采购进度计划实施中由细到粗汇总的特点。

采购进度计划同样是一个动态的过程，由采购进度计划编制到采购进度计划实施，再到采购进度计划调整，直至采购进度计划修改编制，是一个不断循环渐进的过程。

（4）采购进度分配　将人工时、实物工作量、相关费用等资源预算数值按时间坐标进行分配，从分布结构上获得相关采购人力资源负荷、现金流动等负荷计划的

BCWS，由此建立采购进度控制基准。

（5）采购进度检查　对采购进度的进展状态要定时进行检查，掌握采购进度进展动态。一般可采用定期检查方法。

定期检查是指每隔一定时间对采购进度计划执行情况进行一次较为全面的检查。检查各采购工作进度之间的逻辑关系变化、关键采购长周期设备路径变化。检查要按相关程序进行。检测工作可按月或按周进行。由检测结果可以得出实际采购进度的 BCWP，形成赢得值曲线。

（6）采购进度分析比较　将检查期间的实际采购进度数据与采购进度计划数据进行比较分析，并得出相关采购进度的结论。

（7）采购进度预测　依据采购进度分析比较结果和报告，计算出真实进度与采购进度计划的偏差值，在此基础上预测采购进度变化趋势。

（8）采购进度调整与更新　当实际进度与采购进度计划发生偏离时，应采取适当的应对措施。需要更新和修订计划时，应及时更新和修改，并按相关修改规定报批。

（9）采购进度报告　编制调整采购进度计划报告，并按相关修改规定报告。

5. 采购进度控制保证措施

（1）采购进度调整审批制　根据采购计划实施具体情况，在不影响项目总体进度的情况下，可对采购进度计划进行补充、修订和调整。但必须遵循采购进度调整审批制度，经项目经理（采购经理）审批后发布。当项目总体进度发生变更时，要及时调整采购进度计划。

（2）采购进度偏离及纠正　当控制工程师和采买工程师在设备采购催交过程中发现影响采购进度的趋势和问题时，要组织专业或采购人员分析采购进度偏离原因，督促供货厂商及时采取有效的纠偏和补救措施。相关情况应及时报告给采购经理和项目经理，必要时派出采购催交人员驻厂催交。

派遣有丰富采购经验、较强协调和沟通能力的采购催交人员到制造厂帮助协调各生产车间，甚至到具体的生产工人。从外购件的采购到每一个零部件的加工，每一个环节都控制精准，保证催交力度。

（3）采购资金支付调节功能　按照项目建设总进度要求，审查并确定请购单货物的到货时间，适时组织接货和支付，使货物供应进度与施工安装相匹配。避免到货太晚影响施工安装进度，也避免到货太早引起资金过早投入，增加财务费用，造成货物积压，增加仓储、保管费用。

（4）供货厂商进度协调沟通　采购经理在采购合同洽谈过程中对关键设备及长周期设备的制造进度以及交付内容等，组织召开供货厂商协调会，进一步明确和落实采购设备和材料的进度相关事项。协调会进度会议纪要及双方书面确认的采购进度里程碑事项可作为采购合同的进度附件或直接纳入采购合同中。

（5）长周期设备风险控制　关键设备和长周期设备采购进度和费用是采购的重要风险项，对设备交货均可能产生风险，应严格控制。也可通过对供货厂商索赔的方式转移此部分风险。采购进度风险影响及处理措施如表 12-3 所示。

表 12-3　采购进度风险影响及处理措施

序号	项目	可能产生的影响	处理措施
1	制造月报告延迟	影响采购进度款申请	协商处理，可以作为预付款或进度款的支付条件；作为厂商资料，催交时关注
2	箱单与实物不符（单货不符）	清关延误，影响进度并可能产生滞箱费、滞港费	协商处理，在合同中明确相应处罚条款。当厂商违约时，买方可以要求厂商空运漏发货物并承担漏发货物的运费或税费，以便进行补救或减少损失
3	交货延迟	影响项目进度	协商处理，在合同中明确相应处罚条款
4	文件资料提交延迟	影响项目进度及采购款申请	协商处理，在合同中明确相应处罚条款
5	技术服务延期	影响项目进度	协商处理，在合同中明确相应处罚条款

第三节　施工进度过程管理

一、概述

施工进度是指项目在施工过程中的一种施工进展状态。施工进度计划包括施工总进度计划和单体工程施工进度计划。施工进度计划和施工实际进度，二者之间存在一定偏差。

施工进度是将 EPC 总承包施工分包项目的施工任务目标、施工工期、施工成本及施工总投资费用控制统筹结合起来，形成一个施工综合指标，这个指标能够全面地反映施工分包进行的状态。

1. 施工工期

施工工期是完成项目施工活动和单体工程施工活动所需要的时间。在每个施工活动开始之前，可以估算施工周期。在每个施工活动开始之后，完成之前，可以估算剩余施工周期。一旦施工活动已经完成，就记录实际施工周期。

控制施工工期的目的是保证各施工活动单元按施工进度计划及时开工、按时完成，保证施工工期不延迟。

2. 施工进度管理

施工进度管理是指总承包商或施工分包商运用科学的系统管理方法和信息技术控制项目总施工进度目标或分项工程施工进度目标。在施工实施过程中，对各施工分包商及施工各阶段的施工活动进展程度和总施工进度目标或分项工程施工目标最终完成的期限进行有效的管理控制。

施工进度管理是EPC总承包项目进度管理的一个子项。施工进度管理最终目标是保证总承包项目施工进度如期完成以及科学合理安排施工资源供应，节约控制项目施工总投资和降低施工成本。施工进度管理是在项目总进度计划规定的时间内，制定合理、经济的施工进度计划（包括多级项目施工进度计划及单项工程子进度计划），在执行施工计进度计划的过程中，定期检查实际施工进度是否按控制的施工进度计划要求执行。若出现施工进度偏差，及时分析找出影响施工进度偏差的原因，采取必要的措施、变更原施工进度计划，直至项目总施工进度目标实现。

二、施工进度计划

制定施工进度计划的目的是在项目施工工期内明确项目总施工工期、单项施工工程工期和主要施工里程碑，并用于协调施工进度与设计、采购和试运行进度的关系。在协调一致的基础上对各项单项施工活动或施工工作进行时间和逻辑上的合理安排，以达到合理利用施工资源，按期完成工程的目标。

1. 报审制度

（1）项目总体进度计划报审制度　单位工程施工开始前，EPC总承包商编制的项目总进度计划应按相关审批程序进行审批，通过后方可作为施工分包商进行施工的依据。项目总体进度计划中，明确各施工分包商的施工配合措施和施工要求，进驻施工现场节点时间和工期时间。因节点时间和工期误差会造成下一分包商进场时间拖后导致工期延误。

（2）施工进度计划和施工组织方案报审制度　单位工程施工开始前，EPC总承包商应按相关审批程序对施工进度计划和施工方案进行审批。审批后的施工进度计划和施工方案可作为施工分包商施工合同的附件。

施工分包商应根据施工分包合同中的施工进度计划和施工组织方案进行评估，根据施工实际情况和施工经验进行施工动态优化调整，以确保施工进度计划和施工组织方案的可操作性。应根据施工进度计划的先紧后松原则（基础施工、主体装置施工期间要安排工期紧凑），加大施工控制力度，保证总体施工进度计划的有效执行和控制。

（3）重大施工进度计划和方案调整报审制度　在发生重大施工进度计划和方案调整时，总承包商（或施工分包商）应按原审批程序对修订后的施工进度计划和施工组织方案进行审批，通过后才能执行。施工进度计划和施工方案的调整不能与整体项目施工工期计划相违背。施工分包商的分包项目施工进度计划、施工进度保证措施和施工方案修订后也应按相关程序审批。分项工程的施工进度计划，必须符合施工总进度计划，并且要为其他分项的施工留有一定的工期余地。

2. 编制原则

① 遵循施工进度动态变化、全过程控制、统筹兼顾和循环改进的原则。由于施工分包项目内外部环境因素的影响，施工进度动态变化是一种普遍现象。应分析施工项目动态控制的特点，充分考虑施工进度计划动态变化的规律，在进度计划中留出一定的弹性管理的空间，以便在纠偏时减少对总进度的影响。

② 细化项目施工结构。充分了解分包项目施工的特性和难点，对项目施工工程、分项工程以及最小施工单元（施工活动）进行合理定位，细分项目施工的分项、子项、活动工作单元，做好项目施工的工作分解结构（WBS）。系统剖析分包项目施工结构构成，包括施工工序实施过程，按照施工内在结构和实施过程的顺序进行逐层分解，形成项目施工结构示意图。

③ 施工单元逻辑清晰，责任明确。通过项目 WBS 分解，做到将项目施工分解到内容单一的、相对独立的、易于施工费用核算与检查的施工单元。明确施工单元之间的逻辑关系与施工工序的工作关系，将每个施工单元具体落实到相关施工责任者和施工单位班组。

按照确定的 WBS 和计划活动编码体系编制施工进度计划。下一级计划必须在上一级计划中找到对应的大项，各级施工计划分层汇总必须服从编码体系要求。

④ 赋予施工单元不同优先级别。预测重点项目施工结构单元进度，定义在不同时间所需资金和资源投入级别，赋予施工项目不同的优先级，以满足上下游施工进度控制的要求。对施工人工时计划，主要施工材料、预制件、施工半成品计划，施工机械设备需要量计划，资金收支预测计划等应依据施工进度计划进行同步编制。

3. 编制方法

随着信息技术的迅速发展，对复杂的分包项目施工过程，施工工序复杂，程序流程长，需要动用大量施工资源等，一般采用网络计划技术编制工具进行施工进度计划编制是比较合适的。

施工进度控制过程是一个施工信息传递和信息反馈的过程，应选择适宜的计划应用软件。单体施工进度计划应采用网络计划技术，应符合国家网络计划技术相关标准（GB/T 13400.1～3）及行业标准《工程网络计划技术规程》（JGJ/T 121—2015）的要求，高效实施施工进度计划任务的制定、跟踪、监控、资源分配等信息管理。

通过绘制网络施工计划图，确定关键施工路径和关键施工单元工作。根据项目施工总进度计划，确定单项工程及最小活动单元的施工进度计划，同时制定人工时成本计划。然后把施工进度计划进行分解，细分到年、季度、月、旬等各个施工阶段，并通过采集施工进度真实数据对施工进度计划实施过程进行监控。

4. 编制依据

（1）施工项目总进度计划编制依据

① 施工分包商合同；

② 项目施工进度管理计划、项目施工计划（总承包商提供）；

③ 项目施工总进度目标；

④ 项目施工工期要求（施工合同规定）；

⑤ 项目施工分包特点（总承包商提供）；

⑥ 项目施工内、外部资源条件（总承包商或项目业主提供）；

⑦ 项目施工工期定额和施工技术（工法）(资料施工分包商提供)；

⑧ 项目施工部署与主要工程施工方案；

⑨ 项目施工结构分解单项，各施工工作单元时间估计；

⑩ 施工资源供应状况（施工分包商提供）。

（2）单项工程施工进度计划编制依据

① 施工项目管理目标责任书；

② 施工项目总进度计划；

③ 单项工程施工方案；

④ 单项工程施工主要材料和设备供应能力；

⑤ 施工分包商资源及施工人员技术素质和劳动效率；

⑥ 施工现场施工条件（包括业主或总承包商提供的建设公用工程条件、当地气候条件、施工环境条件等）；

⑦ 同类项目施工实际进度及主要施工进度计划经济指标参考资料。

5. 编制内容

（1）施工项目总进度计划编制内容

① 施工项目总进度计划编制说明；

② 施工项目总进度计划图（表）；

③ 施工进度计划控制目标；

④ 施工项目结构分解单项工程时间估计；

⑤ 施工项目计算工程量；

⑥ 项目各单项工程工期和开竣工日期及工期一览表；

⑦ 项目各单项工程的工序逻辑搭接关系；

⑧ 施工资源需求计划及施工资源供应平衡表。

（2）单项工程施工进度计划编制内容

① 施工单项进度计划编制说明；

② 施工单项进度计划图（表）；

③ 单项施工进度计划控制目标；

④ 施工单项结构分解施工单元时间估计；

⑤ 施工单项计算工程量；

⑥ 单项工程及施工单元工期和开竣工日期；

⑦ 单项工程及施工单元施工搭接关系；

⑧ 单项工程施工资源需求计划及施工资源供应平衡表。

6. 编制优化

（1）施工进度计划编制成果参考　EPC总承包商或施工分包商在编制施工进度计划时要借鉴同类项目施工各阶段进度控制成果和施工进度控制经验，分析研究项目施工特点和施工技术方案、施工分包合同工期目标，形成施工结构分层次、分阶段、分专业和分工序的进度计划系统。

（2）合理改变施工顺序，提高施工搭接程度　在项目施工进度网络计划中，关键路径是项目施工工期的重要影响因素。选择好施工关键路径，合理改变施工顺序，提高施工搭接程度，会对缩短施工工期和加强施工进度计划控制有明显效果。应注意通过采取压缩关键施工工作持续时间来控制施工进度，可能会引起工程质量负面影响。

一般可通过调整工作组织措施，优化施工网络进度计划，有效调整施工顺序，使施工作业单元搭接得更合理。前后施工顺序越合理，施工投入间隔时间越短，施工搭接程度会越高，由此可以缩短施工工期。

合理安排非关键施工工序的开始时间，将非关键施工工作活动单元的施工人工时、资金抽离出来，转移到关键施工路径上来，可以在一定程度上缩短关键施工工作持续时间。

（3）有效压缩关键施工工作持续时间　当项目施工出现工期拖延时，一般可采取缩短网络施工计划中关键路径上持续施工时间的方法，将施工工期拖延时间偏差消除掉。具体措施为增加人工时、适当延长施工作业时间、增加施工机械设备数量等。

应采用先进的作业施工工艺（工法）和施工技术来减少因为施工工艺技术落后带来的时间损耗，采用先进、科学的施工方法或机械设备提高施工效率。可适当提高薪金报酬，提高施工人员的积极性。在采用上述措施调整施工进度计划时，也要适度考虑施工成本费用增加的情况。

7. 逻辑关系

EPC总承包项目施工总进度计划应充分考虑施工与设计、采购、试运行的合理交叉匹配，以及可接受的施工进度控制风险。施工总进度控制是以项目总进度计划为控制基准。通过定期对施工进度绩效的测量，进行施工进度偏差计算，并对施工进度偏差原因进行分析，采取相应的纠正措施。当项目施工范围发生较大变化或出现重大施工进度偏差时，经过批准可调整施工进度计划。

（1）施工工作任务单元　将项目中的施工活动或工作单元划分为最小且可以管理的施工任务单元，一般可以分为下列层次：

① 施工单位工程；

② 施工分部分项工程；

③ 施工单项工程；

④ 组码、记账码；

⑤ 施工活动任务单元。

在分层的基础上，对各层次施工单元活动制定施工进度计划。根据执行施工进度计划所消耗的各类施工资源预算值，按每项具体施工任务的工作周期进行施工资源的分配。施工进度计划编制说明中的施工风险分析应包括经济风险、技术风险、环境风险和社会风险。

（2）施工进度计划层次划分　施工进度计划是项目进度计划的部分，采用分类、分级方式进行编制，如表8-1所示。最低层次的施工进度计划是最小施工工作任务单元的工作包进度计划。施工进度计划采取自上而下的编制方法，以确定的主要控制点为基础，对施工进度计划自上而下逐级分类、逐步细化。

8. 影响施工进度的因素

由于施工项目的复杂性，影响施工进度的因素较多，应充分估计这些因素对施工进度的影响。

（1）相关单位影响　施工分包商对施工进度起决定性作用。但是项目业主、EPC总承包商、银行信贷单位、施工材料设备供应单位、物流运输部门、公用工程供应部门及政府相关部门都可能给施工进度造成拖延。如建设资金不到位、施工图纸审批不及时、重大施工方案变更、施工材料和关键设备不能按期供应、设备质量规格不符合质量标准、公用工程不能保证、政府相关部门政策变化后审批延迟等。

（2）施工条件变化影响　施工条件变化主要包括施工中发现前期未勘察出的地质断层、溶洞、地下障碍物、软弱地基、文物等；恶劣气候、暴雨、高温和洪水等天气和水文变化都会对施工进度产生影响。

（3）施工工法、工序失误影响　施工分包商采用的工法技术和施工方案不当，施工中发生技术事故，应用新技术、新材料、新结构缺乏经验等，均会对施工进度产生影响。

（4）分包商施工组织管理失误影响　施工分包商施工组织经验不足，施工经理管理能力弱，施工活动单元分解不合理，施工组织、施工人工时和施工机械调配不当等会对施工进度产生极大的影响。

（5）施工意外事件影响　施工中出现的意外事件，如严重自然灾害、火灾、重大工程事故、安全事故等都会影响施工进度。

三、施工进度控制程序

1. 控制对象和目标

施工进度控制对象为施工项目，即施工的项目总体、单项工程、子项工程，即项目结构图上各个层次的施工单元、施工子单元或施工活动，上至整个项目施工工程，下至各个项目施工单元或子项施工工作包。

施工进度目标与施工工期控制目标应一致。施工进度控制不仅追求时间上与施工工期的一致性，而且还追求在一定时间内施工工作量或施工实物完成程度和完成效率，追求在一定时间内施工消耗的施工成本费用、施工人工时和施工资源与施工实物的一致性。

单元施工活动的拖延最终会表现为施工工期的拖延或导致项目总工期的拖延。对施工进度的调整一般表现为对施工工期的调整。为加快施工进度，可以通过采取改变施工活动次序、增加施工资源投入等必要的措施，确保施工按时完成。可采用施工进度计划持续时间，或按施工活动结果状态数量描述，或施工资源消耗指标，对施工进度进行计量。

2. 施工进度检查

依据施工记录，对施工进度进行检查。检查内容包括：实际完成施工工程量和累计完成工程量统计，施工人工时数、施工机械台班数、施工生产效率等的统计，施工进度与计划的偏差及施工进度管理现状。根据检查结果分析影响施工进度计划的主要原因。施工进度检查应由专门负责施工统计的管理人员按管理规定执行。对最小施工单元活动进行跟踪、监督和检测，记录实际施工进度情况，进行统计和分析，落实施工进度控制措施。

3. 施工进度控制

施工进度控制是按照施工进度计划，对施工过程进行监督，对各影响因素进行干预和调整，使施工进度符合计划要求，确保施工进度计划目标实现。

应确保施工各项活动在时间上相互衔接，施工与设计、采购、试运行的进度计划有机结合，避免发生施工进度偏差影响施工实物难以完成，以及由施工进度引起的其他项目过程进度偏差导致的整个项目进度难以控制。当发生施工进度偏差时，应采取有效的应对措施、技术方案，进行施工偏差纠正和施工进度调整，直至实现施工进度计划所确定的进度目标。施工进度控制流程如图 12-6 所示。

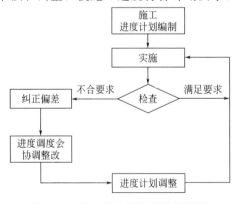

图 12-6　施工进度控制流程示意图

施工质量等出现问题时，应按照施工过程暂停与复工控制程序进行控制，消除隐患。发生进度偏差时，在不影响项目总进度和施工质量的前提下，可适当调整施工进度，重新复工。施工过程暂停与复工控制流程如图12-7所示。

4. 施工进度控制程序内容

在项目经理领导下，施工经理在施工进度过程控制中通过施工进度计划、施工项目内外部协调、施工变更管理等方法，充分发挥施工责任主体作用，通过施工进度控制程序对施工进度计划进行管理和监控。施工进度控制程序内容如表12-4所示。

施工进度控制程序设置的目的是为了确保项目施工进度计划能够满足项目合同要求。施工进度控制程序模块如图12-8所示。

施工进度控制程序流程如图12-9所示。

5. 施工进度控制工作程序设置

施工进度控制工作程序流程如图12-10所示。

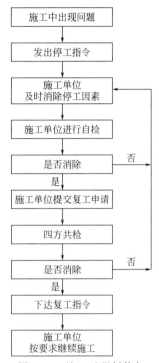

图 12-7　施工过程暂停与
复工控制流程示意图

表 12-4　施工进度控制程序内容

序号	程序内容描述	备注
1	施工进度控制原则	程序说明模块
2	施工进度控制计划	
3	赢得值原理	
4	WBS 工具	
5	施工进度控制程序	控制程序模块
6	施工进度监控及记录	监督及记录模块
7	施工文件支持系统	文件支持系统模块

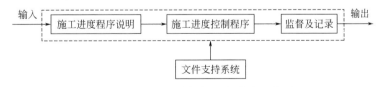

图 12-8　施工进度控制程序模块示意图

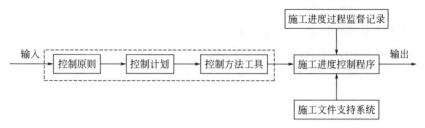

图 12-9　施工进度控制程序流程示意图

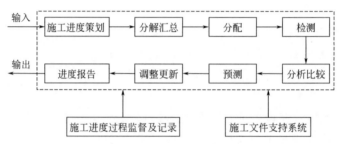

图 12-10　施工进度控制工作程序流程示意图

6. 施工进度控制工作程序说明

（1）施工进度计划实施原则

① 建立统一的施工进度检测和施工进度汇总准则及施工进度报告要求，应符合合同规定和用户要求。施工进度信息的正式来源为项目经理（施工经理）签发的施工进度报告。

② 对施工材料分包商的相关进度更新应进行确认。

③ 对项目第一级和第二级计划所涉及的施工进度里程碑的建议、修改和变动均要按规定进行报批。项目第三级和第四级施工进度计划的任何调整和变更，影响到第二级施工进度计划时，必须按规定进行报批。

（2）施工进度策划　根据合同和项目实施计划以及其他要求进行策划。要合理分解施工进度计划。施工过程中组织的月、旬施工作业计划以及施工材料、施工机械使用计划都要服从施工进度计划和项目总进度计划的要求。施工进度计划反映了项目施工从启动到竣工的全过程，反映了施工中各分部、分项工程以及施工工序之间的衔接关系。

① 施工进度计划应策划内容：施工活动定义、施工活动排序、施工活动历时估算、施工进度计划编制和施工进度计划控制等。

② 施工进度策划中应明确：施工进度计划实施与控制过程需要不断进行施工信息传递与反馈。

③ 施工进度计划编制时应考虑各种施工风险的存在，使施工进度计划留有余地，具有一定的弹性。

（3）施工进度计划分解汇总　施工进度计划分解由大到小，施工计划的内容从粗到细。按照 WBS 分解原则，施工进度计划可划分至人工时、费用等资源的最小检查和管理单位。另外在分解时也要考虑施工进度计划实施中由细到粗汇总的需要。施工进度计划是一个动态的过程，由施工进度计划编制到施工进度计划实施，再到施工进度计划调整，直至施工进度计划修改，是一个不断循环渐进的过程。

（4）施工进度分配　将人工时、实物工作量、相关费用等资源预算数值按时间坐标进行分配，从分布结构上获得相关人力资源负荷、现金流动等负荷计划的 BCWS，由此建立施工进度控制基准。

（5）施工进度检查

① 对施工进度的状态要定时进行检查，掌握施工进度进展动态。一般可采用日常检查和定期检查方法。

② 日常检查法是指随着施工进度的进展，不断检查记录每一项施工工作的实际开始时间、实际完成时间、实际消耗资源以及目前状况等内容，以此作为施工进度控制的依据。

③ 定期检查是指每隔一定时间对施工进度计划执行情况进行一次全面的检查。检查各施工工作进度之间的逻辑关系变化，各工作施工进度和关键施工路径变化。

④ 检查要按相关程序进行。检查工作可按月或按周进行，检查结果代表实际施工进度的进展 BCWP，形成赢得值曲线。

（6）施工进度分析比较　将检查期间的实际施工数据与施工进度计划数据进行比较分析并得出相关施工进度进展的结论和报告。

（7）施工进度预测　依据施工进度分析比较结果和报告，计算出真实进度与施工进度计划的偏差值，在此基础上预测施工进度变化趋势。

（8）施工进度调整与更新　当实际进度与施工进度计划发生偏离时，应需采取适当的应对措施。需要更新和修订计划时，应及时更新和修改，并按修改规定报批。

（9）施工进度报告　编制调整施工进度计划报告，并按相关修改规定报告。

第四节　试运行进度过程管理

一、概述

试运行进度是指试运行过程中的单机试运行、联动试运行和投料试运行的进展状态。试运行进度计划和试运行实际进度，二者之间存在一定偏差。试运行进度是将 EPC 总承包项目试运行目标、试运行工期、试运行成本及试运行费用控制统筹结合起来，形成一个试运行综合指标，这个指标能够全面地反映总承包试运行进行的状态。

1. 试运行周期

试运行周期是项目竣工中交单机试运行、联动试运行、投料试运行及性能考核活动所需要的时间。在试运行每个阶段活动开始之前，可以估算试运行周期。在每个试运行活动开始之后，完成之前，可以估算剩余试运行周期。一旦试运行某阶段活动已经完成，就记录实际试运行周期。

控制试运行周期的目的是保证各试运行活动单元按试运行进度计划及时开工、按时完成，保证试运行周期不延迟。

2. 试运行进度管理

试运行进度管理是指总承包商运用科学的系统管理方法和信息技术控制试运行进度目标或分阶段进度目标。在试运行实施过程中，对试运行各阶段活动进度进行管理。试运行进度管理是 EPC 总承包项目进度管理中的最后阶段，试运行进度管理最终目标是保证总承包项目进度如期完成，以及合理安排试运行资源供应，节约项目试运行投资和降低试运行成本。

试运行进度管理是在项目总进度计划规定的时间内，制定合理经济的项目试运行进度计划（包括单机试运行阶段、联动试运行阶段、投料试运行阶段和性能考核阶段），在执行计划的过程中，定期检查实际试运行进度是否按计划要求执行。若出现试运行进度偏差，及时分析找出造成偏差的原因，采取必要的措施、变更原进度计划，直至项目试运行进度目标完成。

一般在试运行进度管理中，存在两种进度计划，试运行进度管理计划和试运行进度计划。试运行进度管理计划是为试运行进度计划提供指南。在试运行进度管理计划中需要明确试运行进度度量单位、试运行进度控制临界值、试运行绩效规则、试运行进度报告等。

试运行进度计划则包含试运行具体的进展、里程碑等与试运行活动密切相关的内容，如关键路径法、试运行资源平衡及相关试运行进度管理软件等，以及在约束条件下的各项试运行活动计划开始时间和计划结束时间。

试运行进度计划被批准后，即成为与实际试运行进度进行比较的基准，便于考核试运行进度绩效。试运行进度计划中应当明确项目试运行目标、单机试运行目标、联动试运行目标、投料试运行目标及主要试运行里程碑，并与设计、采购、施工的进度相互协调，具有逻辑上的合理性，以达到对试运行工作进行有效管理和控制的目的。

二、试运行进度计划

1. 编制原则

① 遵循试运行进度动态变化、全阶段过程控制、统筹兼顾的原则。由于试运

行内外部环境因素的影响，试运行是动态变化的。应充分考虑试运行进度计划动态变化的特点，在进度计划中留出一定的弹性管理的空间，以便在纠偏时减少对总进度的影响。

② 细化项目试运行结构。充分了解装置试运行的特性和难点，对项目试运行、阶段试运行以及最小试运行单元（试运行活动）进行合理定位，细分项目试运行分项和子项、试运行活动工作单元，做好项目试运行工作分解结构（WBS）。系统剖析试运行项目结构构成，形成项目试运行结构示意图。

③ 试运行单元逻辑工序清晰，责任明确。通过项目 WBS 分解，做到将项目试运行分解到内容单一的、相对独立的、易于试运行费用核算与检查的试运行单元。明确试运行单元之间的逻辑关系与试运行阶段的工作关系，将每个试运行单元具体落实到相关试运行责任者和相关试运行单位（试运行班组）。

按照确定的 WBS 和计划活动编码体系编制试运行进度计划。下一级计划必须在上一级计划中找到对应的大项，各级试运行计划分层汇总必须服从编码体系要求。

2. 编制方法

通过绘制网络试运行计划图，确定关键试运行路径和关键试运行单元工作。根据试运行总进度计划，确定试运行阶段及试运行最小活动单元的进度计划，同时制定试运行人工时成本计划。将进度计划细分到季、月、旬、天等各个试运行阶段，并通过采集试运行进度真实数据对试运行进度计划实施过程进行监控。

3. 编制依据

（1）试运行总进度计划编制依据

① 项目总承包合同；

② 项目试运行进度管理计划、项目试运行计划等；

③ 项目试运行进度分解目标；

④ 项目试运行周期要求；

⑤ 项目试运行特点；

⑥ 项目试运行内、外部资源条件；

⑦ 项目试运行部署与主要试运行技术方案；

⑧ 项目试运行结构分解，各试运行工作单元时间估计；

⑨ 试运行资源供应状况。

（2）单项装置试运行进度计划编制依据

① 试运行单项项目管理目标；

② 试运行单项项目进度计划；

③ 单项工程试运行方案；

④ 单项工程试运行主要材料和设备供应能力；

⑤ 试运行资源及试运行人员培训计划；

⑥ 试运行现场条件；

⑦ 同类项目试运行实际进度及主要试运行进度计划经济指标参考资料。

4. 编制内容

(1) 试运行项目总进度计划编制内容

① 试运行项目总进度计划编制说明；

② 试运行项目总进度计划图（表）；

③ 试运行进度计划控制目标；

④ 试运行项目结构分解单项工程时间估计；

⑤ 试运行项目计算工作量；

⑥ 项目各单项装置试运行周期和开完工日期；

⑦ 项目各单项装置的工序逻辑搭接关系；

⑧ 试运行资源需求计划及试运行资源供应平衡表。

(2) 单项装置试运行进度计划编制内容

① 试运行单项装置进度计划编制说明；

② 试运行单项装置进度计划图（表）；

③ 单项装置试运行进度计划控制目标；

④ 试运行单项装置结构分解单元时间估计；

⑤ 试运行单项装置计算工作量；

⑥ 单项装置试运行单元周期和开完工日期；

⑦ 单项装置及试运行单元搭接关系；

⑧ 单项装置试运行资源需求计划及试运行资源供应平衡表。

5. 逻辑关系

EPC 总承包项目试运行总进度计划应充分考虑试运行与设计、采购、施工的合理交叉匹配，以及可接受的试运行进度控制风险。试运行总进度控制是以项目总进度计划为控制基准。通过定期对试运行进度绩效的测量，进行试运行进度偏差计算，并对试运行进度偏差原因进行分析，采取相应的纠正措施。当项目试运行范围发生较大变化或出现重大试运行进度偏差时，经过批准可调整试运行进度计划。

(1) 试运行工作任务单元　将项目中的试运行活动或工作单元划分为最小且可以管理的试运行任务单元，一般可以分为下列层次：

① 试运行项目（全厂）；

② 试运行阶段项目；

③ 试运行单项项目；

④ 组码、记账码；

⑤ 试运行活动任务单元。

在分层的基础上，对各层次试运行单元活动制定试运行进度计划。根据执行试运行进度计划所消耗的各类试运行资源预算值，按每项具体试运行任务的工作周期进行资源分配。试运行进度计划编制说明中的试运行风险分析应包括经济风险、技术风险、环境风险和社会风险。

（2）试运行进度计划层次划分　试运行进度计划是项目进度计划的一部分，采用分类、分级方式进行编制，如表 8-1 所示。最低层次的试运行进度计划是最小试运行工作任务单元的工作包进度计划。试运行进度计划采取自上而下的编制方法，以业主确定的主要控制点为基础，对试运行进度计划采取自上而下逐级分类、逐步细化。

三、试运行进度控制程序

1. 试运行进度控制

试运行进度控制是按照试运行进度计划，对试运行过程进行监督，对各影响因素进行干预和调整，使试运行进度符合计划要求，确保试运行计划目标实现。

应确保试运行各项活动在时间上相互衔接，避免发生试运行进度偏差影响整个项目进度。当发生试运行进度偏差时，应采取有效的应对措施、应急方案等进行纠正和进度调整，直至实现试运行进度计划所确定的目标。

2. 试运行进度控制对象和目标

试运行进度控制对象为项目运行装置、各试运行阶段的活动，包括项目结构图上各个项目试运行层次的试运行单元或子单元。

试运行进度目标与试运行周期控制目标应一致。但试运行进度控制不仅追求时间上与试运行周期一致性，而且还追求在一定时间内，试运行工作量或试运行实物完成程度和完成效率，追求在一定时间内试运行消耗的成本费用、人工时和资源的一致性。

试运行进度局部拖延现象最终会表现为试运行周期的拖延或导致项目总工期拖延。对试运行进度的调整一般表现为对试运行周期的调整。为加快试运行进度，可以通过采取改变试运行活动次序、调整技术方案等措施，确保试运行按时完成。

可采用试运行进度计划持续时间，或按试运行活动结果状态数量描述，或试运行资源消耗指标，对试运行的进度进行计量。

3. 试运行进度控制程序内容

在项目经理领导下，试运行经理在试运行进度过程控制中通过试运行进度计划、项目内外部协调、试运行变更等方法，通过试运行进度控制程序对试运行进度计划进行管理和监督。试运行进度控制程序内容见表 12-5 所示。

表 12-5 试运行进度控制程序内容

序号	程序内容描述	备注
1	试运行进度控制原则	程序说明模块
2	试运行进度控制计划	
3	赢得值原理	
4	WBS 工具	
5	试运行进度控制程序	控制程序模块
6	试运行过程监督及记录	监督及记录模块
7	试运行文件支持系统	文件系统模块

试运行进度控制程序设置的目的是为了确保项目试运行进度计划能够满足项目合同要求。

试运行进度控制程序模块如图 12-11 所示。

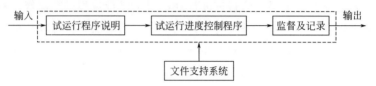

图 12-11 试运行进度控制程序模块示意图

试运行进度控制程序流程如图 12-12 所示。

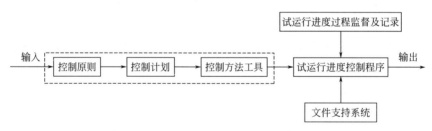

图 12-12 试运行进度控制程序流程示意图

4. 试运行进度控制工作程序设置

试运行进度控制工作程序流程如图 12-13 所示。

5. 试运行进度控制工作程序说明

（1）试运行进度计划实施原则

① 建立统一的试运行进度检测和试运行进度汇总准则及试运行进度报告要求，应符合合同规定和用户要求。试运行进度计划信息的正式来源为项目经理（试运行经理）签发的试运行进度报告。

② 对试运行相关方的进度更新应进行确认。

③ 项目第一级和第二级计划所涉及的试运行进度里程碑的建议、修改和变动

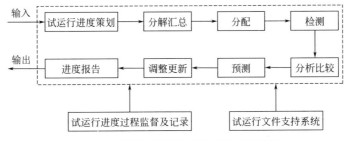

图 12-13　试运行进度控制工作程序流程图

均要按规定进行报批。项目第三级和第四级试运行进度计划的任何调整和变更影响到第二级试运行进度计划，必须按规定进行报批。

（2）试运行进度策划　根据合同和试运行实施计划以及其他相关要求进行策划。要合理分解试运行进度计划。试运行实施过程中组织的月、旬试运行作业计划以及试运行原材料、燃料及公用工程等计划都要服从试运行进度计划和项目总进度计划的要求。试运行进度计划反映了项目试运行从启动到收尾的全过程。

① 试运行进度计划策划内容：试运行活动定义、试运行活动排序、试运行活动历时估算、试运行进度计划编制和试运行进度计划控制等。

② 试运行进度策划中应明确：试运行进度计划实施与控制过程需要不断进行试运行信息传递与反馈。

③ 试运行进度计划编制时应考虑各种试运行风险存在，使试运行进度计划留有余地，具有一定的弹性。

（3）试运行进度计划分解汇总　试运行进度计划分解由大到小，试运行计划内容从粗到细。按照 WBS 分解原则，试运行进度计划可划分至人工时、费用等资源的最小检查和管理单位。另外在分解时也要考虑试运行进度计划实施中由细到粗汇总的需要。

试运行进度计划是一个动态的过程，由试运行进度计划编制到试运行进度计划实施，再到试运行进度计划调整，直至试运行进度计划修改，是一个不断循环渐进的过程。

（4）试运行进度分配　将人工时、实物工作量、相关费用等资源预算数值按时间坐标进行分配，从分布结构上获得相关人力资源负荷、现金流动等负荷计划的BCWS，由此建立试运行进度控制基准。

（5）试运行进度检查

① 对试运行进度实施过程中的状态要定时进行检查，掌握试运行进度进展动态。一般可采用日常检查和定期检查方法。

② 日常检查法是指随着试运行进度的进展，不断检查记录每一项试运行工作的实际开始时间、实际完成时间、实际消耗资源以及目前状况等内容，以此作为试

运行进度控制的依据。

③ 定期检查是指每隔一定时间对试运行进度计划执行情况进行全面的检查。检查各试运行工作进度之间的逻辑关系变化，各工作试运行进度和关键试运行路径变化。

④ 检查要按相关程序进行。检查工作可按月或按周进行，检查结果代表实际试运行进度的进展 BCWP，形成赢得值曲线。

（6）试运行进度分析预测调整及报告　将检查期间的实际试运行数据与试运行进度计划数据进行比较分析并得出相关试运行进度进展的结论和报告。

（7）试运行进度预测　依据试运行进度分析比较结果和报告，计算出真实进度与试运行进度计划的偏差值，在此基础上预测试运行进度变化趋势。

（8）试运行进度调整与更新　当实际进度与试运行进度计划发生偏离时，应需采取适当的应对措施。需要更新和修订计划时，应及时更新和修改，并按修改规定报批。

（9）试运行进度报告　编制调整试运行进度计划报告，并按相关修改规定报告业主和总承包商相关部门和人员。

第十三章

质量全过程控制

第一节 设计质量过程管理

一、设计质量与管理体系

1. 设计质量

设计质量是设计的产品和设计活动满足项目合同设计需求和相关国家行业标准规范要求的程度，是设计的产品和设计活动的固有属性。"设计质量合格"要求设计的产品和设计活动，既要遵守国家、行业的相关标准、规范、法律、法规，又要满足业主对生产装置、产品的各种要求和需求。

2. 设计质量管理

设计质量管理是为实现设计质量目标而进行的一种管理活动，是指确定设计目标和职责，并通过设计质量策划、控制、保证和改进来规范全部设计活动，实现最终设计目标。

设计质量管理应贯彻"质量第一、预防为主"的方针，坚持"计划、执行、检查、处理"的 PDCA 循环工作法，持续改进管理活动；同时还应遵循国家、行业对各专业设计制定的相关设计法规、强制性标准、产品标准和规范要求。

3. 设计质量管理体系

（1）设计质量管理体系建立 设计质量管理体系是指为实施设计质量管理所需的组织结构、程序、过程和资源。设计质量管理体系的内容应以满足设计质量目标为准。一个设计组织的质量管理体系设置主要是为了满足组织内部设计管理的需要。

项目的设计质量管理体系是总承包商内部根据所承包的项目建立的一种质量管理子系统，是为实现总承包项目质量目标所必需的一种质量管理模式。它将总承包商资源与设计质量管理过程相结合，根据项目特点选用若干质量体系要素加以组合，进行系统的项目设计质量管理。主要管理活动一般包括对设计的产品和设计活动在质量方面的监督、测量、分析与改进等。

项目设计质量目标必须符合项目合同要求，同时也是企业质量目标系下的重要分支目标。项目设计质量管理体系应被企业质量管理体系全覆盖，在企业质量体系指导下，确定职能范围。要根据 EPC 总承包项目产品的特点，分析设计质量产生、形成和实现的过程，从中找出可能影响设计质量的各个环节，特别是重点关键环节和控制点，确定质量管理职能。

（2）设计质量控制　对设计质量进行检查、测试，并对设计质量差异采取相关措施进行调节和改进的过程，就是设计质量控制。一般步骤包括：①选择设计质量控制对象；②选择计量单位；③确定设计质量评定标准；④进行实际的设计质量测量；⑤分析并说明实际质量与标准设计质量差异的原因；⑥进行设计质量的持续改进。

设计质量控制的重点是加强承包商内部和相关方各级设计人员资质及设计关键环节的控制，以便有效保证设计成品质量。

二、设计质量计划

设计质量计划通常是设计质量策划的结果，其中确定了设计质量目标以及采用何用设计质量体系要素。设计质量计划是一种将 EPC 总承包项目合同的设计特定要求与总承包商的质量管理体系及控制程序联系起来的途径。制定设计质量计划无须重新编制一套综合的设计程序或作业指导书，其中相关设计内容和管理规定可引用企业质量体系文件的有关规定、相关文件内容、程序和管理标准，特别是第三层次的作业文件，如项目质量计划、项目实施计划、设计实施计划等。也可在相关设计规定的基础上对项目业主的设计需求加以补充，对有特殊要求的设计过程加以明确。设计质量计划可以用于监测和评估设计质量水平。

由于对设计质量管理认识和要求的差异等，设计质量管理计划可以较为详细，也可以比较概括。但设计质量管理计划应涵盖项目前期设计的相关质量工作，以确保项目设计先期决策（如概念、设计和试验）正确无误。这些设计质量工作应通过独立审查方式进行，具体设计实施人不得参加。

1. 设计质量目标管理

（1）设计质量目标策划　设计质量目标一般应依据企业的质量方针和企业的质量目标进行策划。将设计质量目标分解到各相关职能和层次形成质量子目标，以协调项目设计组织内各个部门乃至设计人的设计活动。

设计质量目标应与项目组织确定的项目质量总目标保持一致。设计质量目标应建立在项目质量目标的基础上，受项目总质量目标约束。应在充分理解企业质量方针和质量目标本质，以及项目总质量目标的基础上，提出设计质量目标。

应深度分析总承包项目业主的设计需求，使设计质量目标具有一定的前瞻性。

应充分考虑相关设计产品的市场需求和期望值，考虑设计是否令业主感到满意，发挥设计质量目标的引导作用，为项目成功打下良好的基础。

（2）设计质量目标设置　首先将项目质量目标分解为各个过程（设计、采购、施工、试运行）的质量分目标，在此基础上确定设计总质量目标；其次，设计总质量目标再分解为各个设计关键过程的质量分目标。设计总质量目标应涵盖设计过程中的各个设计阶段（包括工艺包设计、基础设计、初步设计、详细设计），以保证质量目标受控和质量控制的可操作性。

例如某总承包项目的设计质量目标被设定为 3 个大项、8 个子项，使其量化并可操作，如表 13-1 所示。

表 13-1　设计质量目标指标

序号	质量目标名称	质量目标值
一	设计过程(工艺包、基础设计、详细设计)	
1	设计成品提交准点率	≥97%
2	设计变更率	≤3.5%
3	工艺计算实施率	100%
4	设计 HSE 评审实施率	100%
二	设计服务质量(现场设计服务、性能考核服务)	
1	用户设计投诉或抱怨设计答复处理率	100%
2	用户书面向公司最高管理层递送重大设计投诉次数	0
三	设计过程管理(设计进度、质量、人工时、费用等)	
1	单一设计阶段控制能力指数	≥93%
2	设计综合控制能力指数	≥91%

2. 设计质量计划策划

设计质量计划策划的重点是对设计质量目标进行确定和量化。在项目经理领导下，由设计经理（质量经理）组织相关人员研究项目合同的设计内容和工作范围要求，根据承包商企业质量管理体系的质量方针和质量目标以及总承包项目的设计特点和业主的设计需求，对设计质量计划进行策划。

由设计经理负责组织设计各专业负责人及相关设计人员对各专业设计质量计划进行策划。

各设计专业负责人负责组织设计人员对各专业设计质量管理规定、标准规范等进行策划，编制专业设计（各过程）工作质量规定和质量要求，进一步明确专业设计过程中的设计标准规范、设计方案评审、设计计算、设计主要原则、设计程序，以及对设计质量管理的规定、主要交付成果及设计进度安排等。

3. 设计质量计划编制

应结合企业质量管理体系、承包项目特点和用户设计要求，编制设计质量计划。

（1）编制依据

① 项目基本概况及设计范围。

② 总承包项目合同及相关国家和行业验收标准规范。合同规定了设计产品特点、设计质量特性、设计质量需求和设计产品应达到的各项性能指标。

③ 总承包商项目经理部相关质量管理体系文件及其质量管理要求。

④ 项目实施计划、设计实施计划、项目质量计划以及相关专业文件和质量管理规定。

⑤ 设计应执行的国家和行业相关法律、法规、技术标准、质量标准规范。

（2）编制原则

① 设计质量计划应成为项目对外设计质量保证和对内设计质量控制的重要依据。设计质量计划应由设计经理领导，质量经理（质量工程师）在设计质量计划策划过程中组织编制，经项目经理批准后发布实施。

② 设计质量计划应体现设计全过程质量管理，应将设计质量目标和设计质量职责分解到相关设计专业和设计人员以及总承包商企业相关部门，并按照设计质量管理职责和分工进行设计质量计划的编制工作。

③ 设计质量计划应体现从资源投入到完成项目设计的最终检验和验证的全过程设计质量控制。

④ 设计质量计划中的设计质量目标应与企业质量方针、质量目标相一致。

⑤ 应提出和选择符合总承包商企业质量管理体系及质量手册的设计过程质量控制程序和设计质量控制作业文件。

⑥ 应设定重点设计过程中的关键设计质量控制点，以便进行质量检查。

⑦ 应提出分析事故及解决设计质量问题的方法和程序，以便在发生设计质量缺陷或设计质量事故时，做到原因清晰、责任明确、及时整改。

（3）设计质量计划验证应符合的规定

① 设计质量计划验证应包括设计质量管理内容，以及监督、检查、分析和改进的措施。

② 设计质量负责人应定期组织具有资质的质量检查人员和内部质量审核员验证设计质量计划的实施效果。当存在设计质量问题或设计质量隐患时，应提出解决措施。

③ 对重复出现的设计不合格项和设计质量问题，相关质量责任人和相关人员应按质量管理的相关规定承担责任，并应依据验证评价的结果接受质量处罚。

（4）编制内容　设计质量计划编制内容如表 13-2 所示。

表 13-2　设计质量计划编制内容

序号	质量计划内容描述	备注
1	设计编制依据	
2	项目基本概况及设计范围	
3	设计质量策划	
4	设计质量目标及设计目标分解	与企业质量方针及项目目标一致
5	设计质量组织机构及人员质量职责	项目组织和人员质量职责
6	设计质量保证程序	各设计过程质量保证程序及协调管理
7	设计质量计划实施程序	各设计过程质量计划实施程序
8	设计质量计划实施控制程序及控制措施	各设计过程质量计划实施控制程序
9	设计质量关键工序和关键设计质量点	
10	设计质量标识及可追溯	
11	设计质量测量、分析、持续改进	
12	质量体系审核(含项目质量体系内审与外审)	体系有效运行

三、设计质量实施与控制程序

1. 设计质量实施程序

设计质量实施程序可以用简单的实施模块进行示意，如图 13-1 所示。

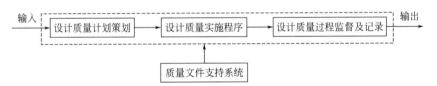

图 13-1　设计质量实施程序模块示意图

设计质量实施程序流程如图 13-2 所示。

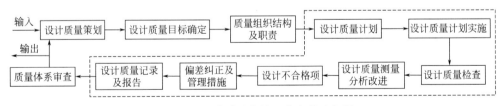

图 13-2　设计质量实施程序流程示意图

设计质量持续改进应按全过程设计质量管理的方法进行。设计经理部应分析和评价设计质量管理现状，识别设计质量持续改进区域，确定改进设计质量目标及相关措施。

2. 设计质量控制程序

设计质量控制程序流程如图 13-3 所示。

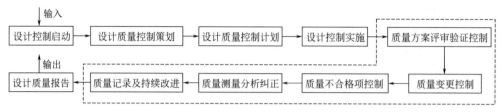

图 13-3　设计质量控制程序流程示意图

3. 设计质量控制程序要点

（1）设计质量控制启动　在质量经理领导下，质量工程师根据项目质量计划、设计质量计划、总承包商项目合同、项目实施计划、设计实施计划等相关文件组织启动设计质量控制程序，对设计质量控制进行策划，编制设计质量计划，确定设计质量控制范围和时间安排。经设计经理（质量经理）审批后，发送相关设计专业和设计人。

（2）设计输入质量控制

① 对设计输入文件资料完整性进行确认。主要包括对设计基础资料及满足设计要求的文件和项目建设外部条件资料进行确认。

② 详细检查设计质量计划是否符合国家及行业相关专业的标准规范要求，以及总承包商企业质量管理体系操作文件规定的设计程序和质量管理要求。

③ 确认设计质量目标所确定的阶段性目标是否合理、可行。

（3）设计方案评审及设计验证控制　设计方案评审及验证是控制设计质量的重要保证措施，也是设计质量环上的关键质量控制点。评审内容包括：工艺包设计审查；基础设计审查；初步设计审查；总体设计审查；各相关专业重大设计方案审查；HAZOP 审查；管道仪表流程图 R 版评审；设备布置图 R 版评审；总平面布置图 R 版评审；建构筑物防火登记表 R 版评审；爆炸危险区域划分图 R 版评审；其他重要的设计方案和文件审查；设计接口审查；重大设计变更审查。

（4）设计输出质量控制　将设计输入参数转化成设计施工图/设计表格/设计文件等，经相关审查程序签字确认后作为设计成果输出。对设计输出的控制是一个关键的质量控制点。设计输出应满足下列条件：

① 设计成品应满足设计输入的全部要求。

② 设计文件编制应满足相关标准、规范和规定的要求。

③ 设计文件应通过完整性验证。

④ 设计文件审查（校核、审核、审批）记录以及相关会议审查记录、第三方审查记录和会议纪要等文件齐备。

（5）设计质量检查、测量和分析　质量工程师应根据设计质量计划实施程序和控制程序，按设计进展情况对设计质量进行检查。完成每次检查后，将结果填写在设计质量过程评定表中。

（6）设计质量评定与汇总　在设计质量检查完成后，质量工程师应组织对设计质量检查结果进行评定和汇总，并向设计经理和质量管理部门报告。

设计质量评定以设计过程为主线，以总承包商质量管理体系文件、项目质量管理体系文件及其支持性文件（总承包商质量标准）为依据，进行评定。对质量评定结果应形成质量评定记录并予保存。

在设计质量评审过程中及时发现设计存在的问题，提出纠正措施，以改进设计质量。

第二节　采购质量过程管理

一、采购质量与管理体系

1. 采购质量

采购质量是采购的设备、材料、仪表等的特性能够满足项目合同的需求以及国家、行业相关标准规范要求的程度，是采购物资所具有的固有属性。符合采购特征和特性要求的采购产品，就是满足合同中提出的采购需求的产品。

2. 采购质量管理

采购质量管理是为实现采购质量目标而进行的一种管理活动，是指确定采购目标和职责，并通过采购质量策划、控制、保证和改进来规范全部采购活动，实现最终采购目标。在采购管理过程中通常要制定采购质量目标、采购管理职责、采购管理程序以及采购原则等。采购文件应标明符合国家规定的相关技术标准要求和质量标准，按采购文件采购物资、产品及相关服务。产品和服务采购应全面符合项目进度、质量、费用和 HSE 管理要求。采购的物资及产品的质量必须按规定进行验证，且符合标准。采购过程中发现的不合格产品必须按相关规定进行处置。采购产品的文件资料必须真实、有效、完整，具有可追溯性。通过采购质量计划实施程序和控制程序对采购质量进行策划、实施、控制、保证和改进，以实现全部的采购目标。

3. 采购质量管理体系

采购质量管理体系是指为保证采购质量管理所必需的采购组织结构、程序、过程和资源。采购质量管理体系的内容应以满足采购质量目标为基准。一个采购组织的质量管理体系设置主要是为了满足组织内部采购管理的需要，而业主仅评价采购质量体系中与之相关的部分。

项目的采购质量管理体系是总承包商组织内部根据所承包的项目过程所建立的一种质量管理子系统，是为实现项目总承包采购质量目标所必需的一种采购管理模式。它将总承包商资源与采购质量管理过程相结合，根据采购专业特点选用若干质量体系要素加以组合，进行系统的采购质量管理。

采购质量管理一般包括对采购活动的规范化、模式化管理和监督、检查、改进，对采购的物资的质量检查、分析、处理等。

项目采购质量目标必须符合项目合同要求，同时也是企业质量目标系下的一个重要子目标。项目采购质量管理体系应被企业质量管理体系全覆盖，在企业质量管理体系指导下，确定职能范围。根据 EPC 总承包项目产品的特点，分析采购质量产生、形成和实现的过程，找出可能影响采购质量的各个环节，特别是重点关键环节和控制点，确定质量管理职能。

二、采购质量计划

采购质量计划是一种将 EPC 总承包项目中的物资及设备的采购特定需求与企业质量管理体系及采购实施控制程序进行联系的途径。

1. 采购质量目标管理

（1）采购质量目标策划　采购质量目标应依据企业质量方针和企业质量目标进行策划。将采购质量目标分解到各相关职能和层次形成质量子目标，以协调项目采购组织各个相关采购人员的采购活动。

应深度分析业主的采购需求，考虑所采购物资是否能令业主满意，同时也应考虑采购相关方的现实状态、发展水平、制造能力和未来发展趋势。发挥采购质量目标的引导作用，为项目性能打下良好的采购基础。

（2）采购质量目标设置

在项目质量目标的基础上确定采购质量目标，再将采购质量目标分解为各个采购关键过程、关键环节采购质量子目标。采购质量目标应涵盖采购过程中的各个采购过程（包括采买、催交、验证、包装物流运输、交付等），以保证质量目标受控和质量控制的可操作性。例如某项目的采购质量目标被设定为 3 个大项、6 个子项，使其量化并可操作，如表 13-3 所示。

2. 采购质量计划策划

采购质量计划策划首先要对采购质量目标进行确定和量化。在项目经理领导下，由采购经理（质量经理）组织相关采购人员研究项目合同采购内容和工作范围要求，根据总承包商质量管理体系的质量方针和质量目标以及总承包项目的采购特点和业主的采购需求，对采购质量计划进行策划。

表 13-3　采购质量目标指标表

序号	采购质量目标名称	质量目标值
一	**采购过程**	
1	采购产品交货准点率	≥94％
2	采购产品验收一次合格率	≥96％
二	**采购服务质量**	
1	用户投诉或抱怨采购答复处理率	100％
2	用户书面向公司最高管理层递送重大采购投诉次数	0
三	**采购管理**	
1	单一过程采购控制能力指数	≥94％
2	综合采购控制能力指数	≥92％

由采购经理负责组织各采购专业负责人及相关采购人员对各过程采购质量进行策划。

各采购专业负责人负责组织采购人员对各专业采购质量的管理规定、标准规范等进行策划，编制专业采购（各过程）工作质量规定和质量要求，进一步明确专业采购过程中的采购标准规范、重点采购方案评审、采购原则和策略、采购程序、主要交付成果及采购进度安排等。

3. 采购质量计划编制

（1）编制依据

① 项目基本概况及采购范围。

② 总承包项目合同及相关国家和行业标准规范。合同规定了采购产品特点、质量特性、采购需求和产品应达到的各项性能指标。

③ 总承包项目经理部相关质量管理体系文件及其质量管理要求。

④ 采购质量目标、项目实施计划、采购实施计划、项目质量计划以及相关专业文件和质量管理规定。

⑤ 采购应执行的国家和行业相关法律、法规、技术标准、质量标准规范。

（2）编制原则

① 采购质量计划应成为总承包项目对业主是采购质量保证；对内是采购质量控制的重要依据。采购质量计划应由采购经理组织，质量经理（质量工程师）或采购工程师负责编制，经采购经理审查，项目经理批准后发布实施。

② 采购质量计划应体现采购全过程质量管理，应将采购质量目标和采购质量职责分解到相关专业和人员以及企业相关部门，并按照采购质量管理职责和分工进行采购质量计划的协同编制。

③ 采购质量计划应体现从资源投入到采购的最终检验和验证的质量活动。

④ 采购质量计划中的采购质量目标应与企业质量方针、质量目标相一致。

⑤ 应提出和选择符合总承包商企业质量管理体系及质量手册的采购过程质量控制程序和采购质量控制作业文件。

⑥ 在采购质量计划中应设定关键采购质量点，以便进行质量检查。

⑦ 应提出分析事故及解决采购质量问题的方法和程序，以便在发生采购质量缺陷或采购质量事故时，做到分析原因清晰并及时整改。

（3）编制内容　采购质量计划编制内容如表 13-4 所示。

表 13-4　采购质量计划编制内容

序号	质量计划内容描述	备注
1	采购编制依据	
2	项目基本概况及采购范围	
3	采购质量策划	
4	采购质量目标及采购目标分解	目标一致性原则
5	采购组织及人员质量职责	组织和质量职责
6	采购质量保证程序	采购质量保证
7	采购质量计划实施程序	采购质量实施
8	采购质量计划实施控制程序及控制措施	采购过程质量控制
9	采购关键环节和关键采购质量点	
10	采购质量标识及可追溯	
11	采购质量管理相关标准、规范、规程	
12	采购质量测量、分析及改进措施	
13	完善采购质量程序	持续改进循环
14	质量体系审核(含项目采购内审与外审)	体系有效运行

三、采购质量实施与控制程序

1. 采购质量实施程序

采购质量实施程序可以用简单的管理模块进行示意，如图 13-4 所示。

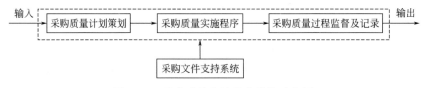

图 13-4　采购质量实施程序模块示意图

采购质量实施程序流程如图 13-5 所示。

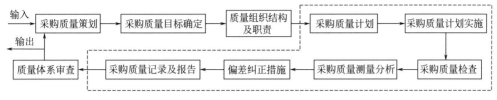

图 13-5　采购质量实施程序流程示意图

采购质量持续改进应按采购全过程相关质量管理方法进行，采购经理部应分析和评价采购质量管理现状，识别采购质量持续改进区域，确定完善采购质量目标及相关措施。

2. 采购质量控制程序

采购质量控制程序流程如图 13-6 所示。

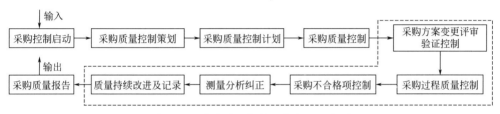

图 13-6　采购质量控制程序流程示意图

3. 采购质量控制程序要点

（1）采购质量控制启动　质量经理或质量工程师应根据项目质量计划、采购质量计划、总承包项目合同、项目实施计划、采购实施计划等相关文件启动采购质量控制程序，对采购质量控制进行策划，编制采购质量计划，确定采购质量控制范围和时间安排。经项目经理（或质量经理）审批后，发送相关采购专业。

（2）采购输入质量控制

① 对采购实施过程中的输入文件资料完整性进行确认。主要包括对采购基础资料及满足采购要求的文件和供货商资料进行确认。

② 采购质量标准目标输入确认。检查采购编制文件深度是否符合国家及行业相关专业的标准规范要求，以及总承包商质量管理体系操作文件规定的采购程序和采购质量管理要求。

③ 确认采购质量目标所确定的阶段性采购目标是否合理、可行。

④ 采购相关方的其他输入文件确认。

（3）采购方案变更、评审、验证控制实施　采购方案评审及验证是控制采购质量的重要保证措施，也是采购质量关键控制点。主要采购文件评审内容包括：工艺包关键设备材料审查文件；基础设计关键设备材料清单审查文件；初步设计采购清单审查文件；长周期、进口设备材料货物审查文件；各相关专业重大采购方案审查文件；HAZOP 关键设备材料阀门电仪元件安全审查文件；详细设计设备材料采购技术规格书审查文件；采购设备材料货物重要方案和文件审查；采购设备材料货物请购单文件审查；采购接口审查，确保各专业相互之间的衔接；重大采购变更审查和控制审查文件。

（4）采购过程关键质量控制

① 采购询价文件编制与评审控制　依据采购质量计划和采购实施计划，对采用公开招标、定向招标、邀请招标等方式进行的产品采购，要确保采购质量，降低采购成本，应对其采购询价文件进行重点控制。采购文件资料包括：供货范围、技术要求和说明、工程标准、数据表、检验要求、报价须知、采购合同基本条款、询价书等。要审查采购报价单、商务综合评审记录和会议资料。

② 合格供应商选择控制　按照采购产品需求，组织对产品供应商的评价、选择和管理工作。总承包商相关部门应参与调查评审。选择管理规范、质量可靠、交货及时、安全环境管理能力强、财务状况和履约信誉好、有良好售后服务的产品供应商，并对其进行分级、分类管理，建立合格供应商名录并持续进行动态管理。定期或不定期对其进行持续评价，并根据评定结果适时调整。对承压产品、有毒有害产品、重要机械设备等特殊产品，应从具有安全资质和生产许可证的供应商处采购。

③ 关键设备材料供货商选择控制　按照特殊关键产品需求，应对特种设备、材料、制造周期长的大型设备、有毒有害产品的供应商进行实地考察，对采购的此类产品的过程实行重点监控。采购的产品必须按规定进行验证。杜绝把不合格产品使用到项目中。采购产品应按采购合同、采购文件及有关标准规范进行验收，具有可追溯性，经验证合格后方可使用。

④ 产品计量器具检验合规性控制　对采购物资的检验应使用法定的计量器具，并满足国家和行业相关标准规范的要求，取样、抽验方式应合符合规范要求。

⑤ 进口设备材料合规性控制　对采购、运输进口产品，应按国家相关规定和国际惯例办理报关、商检及保险等手续。采购产品的性能应不低于国家强制执行的技术标准。应按照国家相关规定编制检验细则，做好接运、保管、检验工作。应采取有效措施，保证采购的产品在搬运过程中不受损坏，并按时运达。

⑥ 超限设备安全防护措施控制　对超限和有特殊要求的产品运输应采取安全防护措施。采购的产品应按规定进行验收、移交，并办理完备的交验手续。

⑦ 产品现场交付验收控制　应根据采购合同检查交付的产品和质量证明资料，填写产品交验记录。符合条件的产品，才可办理接收手续。采购的产品存在漏、缺、损、残等不合格状态时，应予以记录，并按规定处置。

⑧ 仓库保管控制　对所采购的产品应按其特性妥善保管，防止产品在贮存期

间损坏、变质。对易燃易爆、有毒有害等特殊产品的保管，应采取必要的安全防护措施。

⑨ 不合格品管理控制　采购过程中发现的不合格产品经评审确认后，必须严格按规定处置。当产品验收、施工、试运行和保质期内发现产品不符合要求时，必须对不合格的产品进行记录和标识，并区别不同情况，按承包合同和相关技术标准采用返工、返修、让步接收、降级使用、拒收等方式进行处置。

⑩ 产品采购安全环境管理控制　优先选择已获得质量、安全、环境管理体系认证的合格供应商。采购产品验证、运输、移交、保管的过程中，应按照职业安全健康和环境管理要求，避免和消除产品对安全、环境造成影响。

⑪ 采购资料和产品质量见证资料控制　产品质量见证资料应在核对无误后，作为产品入库验收和使用的依据，并妥善登记保管。完成采购过程，应分析、总结采购管理工作，编制项目采购报告，并将采购产品的资料归档保存。

（5）采购质量检查、测量和分析　质量工程师应根据采购质量计划实施程序和控制程序，按采购进展情况对采购质量实施过程定期进行质量活动检查。每次检查完成后，将结果填写在采购质量过程评定表中。

（6）采购质量评定与汇总　在采购质量检查完成后，质量工程师应对采购中的控制测量结果进行采购质量评定和汇总，尤其是对重要采购方案进行评定，包括对重大采购设备、材料、长周期进口设备材料的方案质量、重要采购中间文件进行评定。对质量评定结果应形成采购质量评定记录，予以保存，并向采购经理和相关质量管理部门报告。

采购质量评定以采购过程为主线，以承包商企业质量管理体系文件、项目质量管理体系文件及其支持性文件（总承包商质量标准）为依据，按采购质量计划实施程序和控制程序对采购质量进行评定。

第三节　施工质量过程管理

一、施工质量与管理体系

1. 施工质量

施工质量是各层次的工程所具有工程特性、特质，满足合同的需求以及国家、行业相关标准规范要求的程度，是施工工程具有的固有属性。

符合施工特征和特性要求的施工工程，就是满足合同中提出的施工需求的产品。

2. 施工质量管理

施工质量管理是为了实现施工质量目标而进行的一种管理活动，是指确定施工目标和职责，并通过施工质量策划、控制、保证和改进来规范全部施工活动，实现最终施工目标。

施工所采用的全部文件资料应符合国家、行业相关的技术标准和质量标准，施工及产品的文件资料必须真实、有效、完整，具有可追溯性。按施工文件施工的全部施工物资应满足国家及行业产品质量标准和规范要求。施工工程应符合国家及行业相关质量标准和建设标准，同时满足项目进度、质量、费用和 HSE 管理要求。施工物资及竣工项目的质量必须按国家相关规定进行验证，且符合产品或工程的使用标准和规范。施工过程中发现的不合格产品必须按规定进行处置。

3. 施工质量管理体系

施工质量管理体系是总承包商或施工分包商组织内部根据所承包的项目施工过程所建立的，为实现施工质量目标所必需的一种施工质量管理模式。它将总承包商或施工分包商资源与施工质量管理过程相结合，根据施工专业特点选用若干质量体系要素加以组合，以施工过程管理控制方法进行系统的施工质量管理。

施工质量管理一般包括监测施工资源供给、施工质量计划实施、施工质量测量、施工质量偏差分析与持续改进等相关活动。

二、施工质量计划

施工质量计划是质量策划的一种结果。通常施工质量计划无须另外编制一套综合的施工程序或作业指导书，其中相关施工内容和施工管理规定可引用企业质量体系文件的有关施工规定、文件、程序和管理标准，特别是第三层次的施工作业文件，如项目质量计划、项目实施计划、施工实施计划等。也可在相关施工规定的基础上对业主的施工需求加以补充，对有特殊要求的施工过程加以明确。

1. 施工质量目标管理

（1）施工质量目标　施工质量目标应依据企业质量方针、质量目标和项目质量目标进行策划，并分解到各相关职能和层次形成质量子目标，以协调项目施工组织各个相关施工干系人的施工活动。

施工质量目标应与项目组织确定的项目质量总目标保持一致性。因此，施工质量目标应建立在项目质量目标的基础上，受项目总质量目标约束。

在策划施工质量目标时，应有效分析业主（或总承包商）的施工需求，充分考虑业主（或总承包商）所确定的与项目相关的施工工程或项目产品的市场需求及期望值，同时也应考虑施工方自身的施工综合能力、目前状态、发展水平、未来发展趋势，以及施工过程和结果是否令业主感到满意。

（2）施工质量目标设置　首先将项目质量目标分解，在此基础上确定施工质量目标；施工质量目标再分解为各个施工工序质量分目标。施工总质量目标应涵盖施工过程中的各个工序及施工阶段，以保证质量目标受控和质量控制的可操作性。

例如某总承包项目的施工质量被设定为 3 个大项、6 个子项，使其量化并可操作，如表 13-5 所示。

表 13-5　施工质量目标指标

序号	质量目标名称	质量目标值
一	**施工过程**	
1	施工进度准点率	≥93％
2	施工工序质量共检一次合格率	≥98％
二	**施工服务质量**	
1	用户投诉或抱怨施工答复处理率	98％
2	用户书面重大投诉施工质量次数	0
三	**施工管理**	
1	单一过程施工控制能力指数	≥90％
2	施工综合控制能力指数	≥90％

2. 施工质量计划策划

施工质量计划首先要策划，对施工质量指标进行确定和量化。在项目经理领导下，由施工经理（质量经理）组织相关施工干系人研究项目合同施工内容和工作范围要求，根据承包商企业质量管理体系的质量方针和质量目标以及总承包项目的施工特点和业主的施工需求，对施工质量计划进行策划。

由施工经理负责组织施工各专业负责人及相关施工人员对各施工工序质量计划进行策划。

各施工专业负责人负责组织施工人员对各专业施工质量的管理规定、标准规范等进行策划，编制专业施工（各过程）工作质量规定和质量要求，进一步明确专业施工过程中的施工标准规范、重点施工方案评审、施工原则和策略、施工程序及施工进度安排等。

3. 施工质量计划编制

（1）编制依据

① 项目基本概况及施工范围。

② 总承包项目（施工分包）合同及相关国家和行业标准规范。合同规定了施工工程特点、工程质量特性、工程施工需求和工程应达到的各项性能指标。

③ 总承包项目经理部相关质量管理体系文件及其质量管理要求。

④ 施工质量目标、项目实施计划、施工实施计划、项目质量计划以及相关专业文件和质量管理规定。

⑤ 施工应执行的国家和行业相关法律、法规、技术标准、质量标准规范。

（2）编制原则

① 施工质量计划应成为对外施工质量保证、对内施工质量控制的依据。施工质量计划应由施工经理领导，质量经理（质量工程师）或施工工程师负责编制，经施工经理审查，项目经理批准后发布实施。

② 施工质量计划应体现施工全过程质量管理，将施工质量目标和施工质量职责分解到相关专业和人员以及企业相关部门，并按照施工质量管理职责和分工进行施工质量计划的协同编制。

③ 施工质量计划应包含从资源投入到施工最终检验和验证的全部质量活动。

④ 施工质量计划中的施工质量目标应与企业质量方针、质量目标相一致。

⑤ 应提出和选择符合总承包商企业质量管理体系及质量手册的施工过程质量控制程序和施工质量控制作业文件。

⑥ 应设定关键施工质量控制点，以便进行质量检查。

⑦ 应提出分析事故及解决施工质量问题的方法和程序，以便在发生施工质量缺陷或施工质量事故时，做到分析原因清晰并及时整改。

（3）编制内容　施工质量计划编制内容如表 13-6 所示。

表 13-6　施工质量计划编制内容

序号	质量计划内容描述	备注
1	施工编制依据	
2	项目基本概况及施工范围	
3	施工质量策划	
4	施工质量目标及施工目标分解	目标一致性原则
5	施工组织及人员质量职责	组织和质量职责
6	施工质量保证程序	施工质量保证
7	施工质量计划实施程序	施工质量实施
8	施工质量计划实施控制程序及控制措施	施工过程质量控制
9	施工关键环节和关键施工质量点	
10	施工质量标识及可追溯	
11	施工质量管理相关标准、规范、规程	
12	施工质量测量、分析及改进措施	
13	完善施工质量程序	持续改进循环
14	质量体系审核（含项目施工内审与外审）	体系有效运行

三、施工质量实施与控制程序

1. 施工质量实施程序

施工质量实施程序可以用简单的结构模块进行示意，如图 13-7 所示。

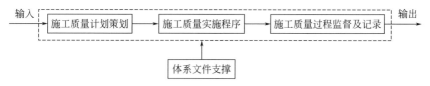

图 13-7　施工质量实施程序模块示意图

在施工实施计划批准后，施工经理或项目质量经理应启动施工质量策划，对施工目标、施工质量组织及职责和施工质量计划进行策划。在施工开始前组织设计单位、施工单位以及施工相关方对设计图纸、施工文件等进行会审和设计交底，理解设计意图和设计文件对施工的技术质量要求，形成会议记录并存档保存。

施工质量实施程序流程示意如图 13-8 所示。

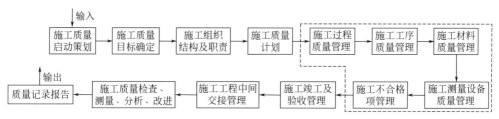

图 13-8　施工质量实施程序流程示意图

施工经理或质量经理应根据施工进展和施工质量管理及控制情况，定期分析和评价施工质量现状，识别施工质量持续改进区域，不断完善施工质量管理目标及相关措施。施工质量持续改进应遵循施工质量管理的有关规定进行。

2. 施工全过程质量管理

为保证 EPC 总承包项目施工过程施工质量达到相关质量标准而采取的一系列施工控制程序，重点包括：施工工序质量管理、施工计量测试技术及设备质量管理、施工材料质量管理和施工不合格项管理等。施工质量检查、测试及有关的施工质量验证是保证施工质量的基础，对施工质量不合格项采取严格控制措施是施工质量的重点。

施工全过程质量控制流程如图 13-9 所示。

3. 施工过程质量管理

施工过程质量管理程序是施工全过程质量管理程序中的一个子程序，按施工阶段进行划分为：施工准备、施工前、施工中、施工后，竣工、验收、交付、交付后服务等几个阶段。将各个阶段的施工工序质量管理控制好，整个施工过程的质量就能得到保证。

施工过程质量管理程序流程如图 13-10 所示。

施工过程质量控制程序通常是针对施工过程的一种质量监督，主要包括施工质量检查、施工质量控制点检测和验证，对施工质量状况进行综合统计与分析。

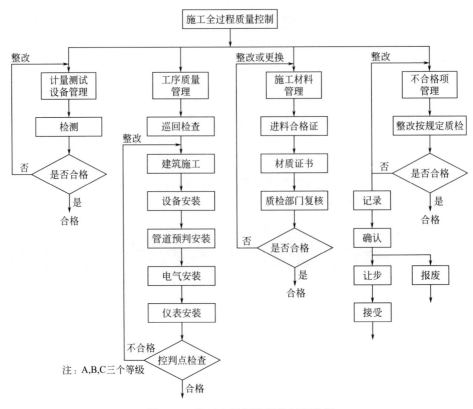

图 13-9　施工全过程质量控制流程图

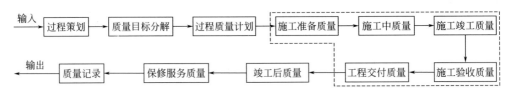

图 13-10　施工过程质量管理程序流程示意图

施工过程质量控制程序流程如图 13-11 所示。

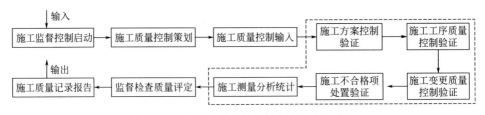

图 13-11　施工过程质量控制程序流程示意图

4. 施工工序质量管理

施工过程是由施工工序组成的，工业项目大致可以分为以下工序：建筑施工、设备安装、管道预制及安装、电气安装和仪表安装等，各个工序质量是由施工工序质量控制的，通过各个施工工序巡回检查和关键施工质量控制点的监督检查控制施工工序质量。施工工序质量控制住了，整个施工过程中的施工质量就控制住了。施工工序关键控制点的施工质量检查共分为三个等级，即三方共检、总承包商与施工分包商共检、施工方自检。应分别将施工质量检查数据记录在案。

施工工序的质量管理是施工质量目标管理和施工过程质量管理的核心，应在施工工序内明确施工质量关键点并作为质量管理控制的重点，加强施工质量点检查。每个施工工序的施工质量管理控制好，整个施工的质量就能得到保证。

施工工序质量管理程序如图 13-12 所示。

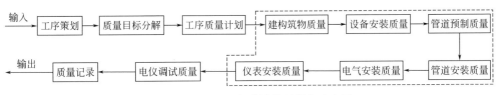

图 13-12　施工工序质量管理程序示意图

在施工工序质量管理中，应遵循下列质量管理规定：

① 施工工法（施工工艺流程）是施工操作的重要依据，为确保施工工序质量，任何施工管理及作业人员应严格按施工工法和操作规程、作业指导书和技术交底文件进行工序施工。

② 施工工序质量活动要素是施工管理及作业人员、施工材料、施工机械、施工工法和施工环境。只有将质量活动要素有效管理，使其处于受控状态，才能保证施工工序质量满足施工目标要求。

③ 施工工序质量活动效果是评价施工质量符合施工标准的尺度，应加强施工工序的检验和试验并符合施工过程质量检验和试验的规定，对施工工序质量状况进行综合统计与分析，及时掌握施工工序质量动态，自始至终使施工工序活动的质量满足规范和设计要求。对查出的施工工序质量缺陷应按不合格控制程序处置。

④ 对特殊施工工序应在施工质量计划中界定其范围，设置相应的施工质量控制点，由专业技术人员编制专门的施工作业指导书，经相关程序审批后执行。

⑤ 施工质量及管理人员应定期记录施工工序质量状况和真实数据 。

在一定条件下对施工工序质量控制点按施工工序质量控制程序进行施工质量检查和控制管理，使施工工序质量始终处于受控状态。施工工序质量控制程序流程如图 13-13 所示。

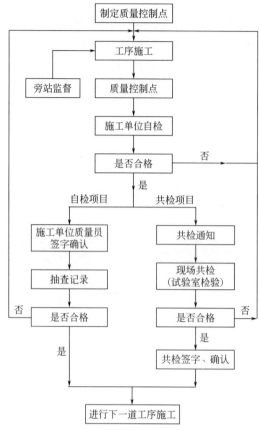

图 13-13 施工工序质量控制程序流程示意图

四、施工过程质量控制程序要点

1. 施工质量控制

（1）施工质量控制策划 质量经理或质量（施工）工程师应根据项目质量计划、施工质量计划、总承包项目合同、项目实施计划、施工实施计划等相关文件启动施工质量控制程序。对施工质量控制进行策划；编制施工质量控制管理计划，确定施工质量控制计划范围和时间安排。经项目经理（或质量经理）审批后，发送相关施工人员。

（2）施工控制输入

① 对施工质量实施过程中的质量控制文件、资料完整性进行输入确认。

② 确认施工质量目标，以及总承包商质量管理体系操作文件规定的施工程序和施工质量管理要求。

③ 确认施工质量目标所确定的阶段性施工目标是否合理、可行。

④ 确认施工相关方的其他文件资料。

（3）施工方案、施工工序质量及变更评审验证 对施工方案评审、施工工序质量检查、施工变更的重要整改措施等形成的施工文件资料；施工测量计量器具合规性检查；施工材料产品质量取样、抽验合规性检查等进行验证。

（4）施工不合格项控制 施工过程中发现的质量不合格项经评审确认，进行记录和标识，并区别不同情况进行处置验证。

（5）施工质量检查、测量和分析 质量工程师应根据施工质量计划实施过程程序和控制程序，按施工进展情况对施工质量定期进行检查。每次检查完成后，将结果填写在施工质量过程评定表内。

（6）施工质量评定记录报告 在施工质量检查完成后，施工质量评定以施工过程为主线，以承包商企业质量管理体系文件、项目质量管理体系文件及其支持性文件（总承包商质量标准）为依据，对施工质量进行评定。质量相关负责人应对施工中的控制测量结果进行评定汇总、记录和报告。

2. 施工过程质量控制

（1）施工准备质量控制

① 施工设计图纸的学习与会审。领会设计意图。在学习与会审的基础上对设计进行优化，以保证施工质量符合规范要求。

② 施工组织管理有序准备。做好施工人员计划准备，施工工序合理分解，有序合理安排施工程序计划。

③ 对施工原材料、辅助材料、预制构件、半成品的质量检查工作，严格把关。

（2）施工中质量控制

① 加强施工方案评审和优化施工实施方案。

② 加强施工工序质量控制。做好施工技术复核、质量自检、互检、专业检查和共检、工序交接检查、隐蔽工程验收检查、无损检测和理化试验等质量检验工作。

③ 加强施工质量分析会交流。根据施工工序质量检查结果和有关数据，定期对施工质量动态进行分析，及时消除质量隐患或事故苗头。

④ 加强与施工分包商质量管理上的沟通，采取各种有效措施提高施工分包商质量管理自觉性，确保施工质量。

⑤ 加强施工技术交底。向施工管理及作业人员定期进行施工技术、施工质量交底。详细的施工技术和施工质量交底是搞好施工的重要环节。内容包括工程名称、部位、使用材料的质量标准、操作要领、质量要求。

⑥ 加强执行"三检"制度——班组自检、项目部抽检、监理验收，把质量问题消灭在施工前或施工过程中。

⑦ 加强施工过程中的复核工作。重点放在管线定位、预埋管标高、轴线、各层标高及成品和半成品的选用方面。

⑧ 对隐蔽工程必须全数检查，如地基基础接地、电管预埋、地下排水管的闭水试验、隐蔽给水管的压力试验、电管的保护层厚度、室外水管的防冻层厚度等。隐蔽工程验收要按有关规定执行。

（3）施工竣工后质量控制

① 不符合质量标准要求的工程不能投入使用。避免低劣工程对项目使用造成直接的危害和影响。

② 将维修和维护质量监督纳入建设工程全生命周期质量管理的范畴。杜绝由于维护过程中的违规行为造成对生产装置和环境质量的破坏，避免引发质量事故。

③ 对竣工验收工程进行严格的审查、监督，确保备案登记的可靠性、权威性和有效性。

④ 加强对中间交接后工程的维护质量监督管理，使建设工程全生命周期内的质量目标得到有效实现。

（4）保修期质量控制

① 在保修期内，应注意工程的使用情况，制定工程质量检查计划，有步骤地对工程质量进行检查。

② 对工程质量责任进行鉴定。在保修期内，如工程项目出现质量问题，相关方应认真查对设计图纸及竣工资料，分清质量责任，依据有关规定明确修补工程缺陷费用的承担。

③ 在保修期内施工分包商有义务负责工程修理。另外，还要对修补缺陷的施工质量进行控制，及时处理发现的质量问题。在维修和返工结束后，仍要按照验收规范、合同和设计要求进行检查验收。

3. 施工计量测试设备质量控制

依靠专门的施工计量测试仪器对工序施工过程中的设备、管道等施工安装质量进行检测。一些用一般方法检测不出来的施工质量问题，测试仪器能够很方便地检测出来。施工计量测试人员应按规定控制计量测试器具的使用、保管、维修和检验，计量测试器具的规格应符合有关规定。施工测量应符合下列规定：

① 在施工开工前应编制测量控制方案，经施工相关技术负责人批准后方可实施，测量记录应归档保存。

② 在施工过程中应对测量点线妥善保护，严禁擅自移动。

4. 施工材料质量控制

施工材料是施工质量保证的重要环节，材料出了问题，施工质量肯定出问题。一般是通过进料合格证、材质证书和质检部门的复查和审核对施工材料进行把关。施工材料除应有出厂合格证和技术说明书外，须经施工分包商按规定进行现场检查，合格后经相关审查批准后方准进场。

质量合格的施工材料进场后，到其使用或施工、安装要经过一定时间间隔，因此要加强对施工材料存放、保管条件及时间的质量监控和管理。

施工材料控制程序应符合下列规定：

① 施工材料供货商应在企业合格材料供货商名录中按施工计划进行招标选择。

② 施工材料的搬运和储存应按搬运储存规定进行，并应建立台账。

③ 施工材料、半成品、构配件应进行标识。

④ 未经检验和已经检验为不合格的施工材料、半成品、构配件和工程设备等，不得投入使用。

⑤ 对业主或总承包商提供的材料、半成品、构配件、工程设备和检验设备等，也必须按相关规定进行检验和验收。

⑥ 施工中发生的施工材料质量事故，应按建设工程质量管理条例的有关规定处理。总承包商或施工分包商应建立施工交接的工作程序，并按照施工合同的要求进行施工工序交接和工程中间交接。

第四节　试运行质量过程管理

一、试运行质量与管理体系

1. 试运行质量管理

试运行质量管理是为实现试运行质量目标而进行的一种管理活动。通过试运行质量管理，确定试运行质量目标和职责，并通过试运行质量策划、控制、保证和改进来规范全部的试运行活动，实现最终试运行目标。

试运行质量管理应贯彻"质量第一、预防为主"的方针，坚持"计划、执行、检查、处理"的 PDCA 循环工作法，持续改进管理活动；同时还应遵循国家、行业以及各专业对试运行制定的相关法规、强制性标准、产品标准和规范要求。

2. 试运行质量管理体系建立

试运行质量管理体系是指为实施试运行质量管理所需的组织结构、程序、过程和资源。试运行质量管理体系的内容应以满足试运行质量目标为基准。试运行组织质量体系设置主要是为了满足组织内部试运行管理的需要。

项目的试运行质量管理体系是总承包商组织内部根据所承包项目所建立的一种质量管理子系统，是为实现项目质量目标所必需的一种质量管理模式。它将总承包商资源与试运行质量管理过程相结合，根据项目试运行特点选用若干质量管理体系要素加以组合，进行试运行质量管理。

一般包括试运行质量策划、实施、监督、纠正与改进等。

项目试运行质量目标必须符合项目合同要求，同时也是企业质量目标系下的子目标。项目试运行质量管理系统应被企业质量管理体系全覆盖，在企业质量体系指导下，确定职能范围。要根据 EPC 总承包项目试运行的特点，分析试运行质量产生、形成和实现的过程，从中找出可能影响试运行质量的各个环节，特别是关键环节和控制点，确定试运行质量管理职能。

二、试运行质量计划

试运行质量计划是一种将总承包项目合同试运行需求与总承包商质量管理体系、控制程序联系起来的途径。试运行质量计划通常是试运行质量策划的结果，其中确定了试运行质量目标以及采用何种试运行质量体系要素。

试运行质量计划可在相关试运行规定的基础上对特定项目试运行的需求加以补充和完善，对有特殊要求的试运行过程加以明确说明。试运行质量计划可以用于监督和评估试运行质量水平。

1. 试运行质量目标管理

（1）试运行质量目标策划　试运行质量目标应依据企业的质量方针和质量目标进行策划。并将试运行质量目标分解到各相关职能部门和相关层次形成质量子目标，以协调项目试运行组织内各个部门乃至试运行人员的活动。

试运行质量目标应与项目组织确定的项目质量目标保持一致。试运行质量目标应建立在项目质量目标的基础上，受项目质量目标约束。应在充分理解项目质量目标的基础上，策划试运行质量分目标。

应深度分析项目业主的试运行需求，使试运行质量目标具有针对性和前瞻性，提高业主的满意程度，为项目的最后成功打下坚实的基础。

（2）试运行质量目标设置　首先将项目质量目标分解为各过程质量分目标，在此基础上确定试运行质量目标及分解为各个试运行关键过程的质量细分目标。试运行质量目标应涵盖试运行过程中的各个试运行阶段（即试运行人员培训、工程竣工验收、工程中间交接、联动试运行、投料试运行、性能考核等），以保证试运行质量目标受控和质量控制的可操作性。

例如某总承包项目的试运行质量目标被设定为 3 个大项、5 个子项，使其量化并可操作，如表 13-7 所示。

表 13-7　试运行质量目标指标

序号	质量目标名称	质量目标值	备注
一	试运行过程		
1	试运行	一次成功	还可以分解
二	试运行服务质量		
1	用户投诉或抱怨试运行答复处理率	100%	
2	用户书面对试运行重大投诉次数	0	
三	试运行项目管理		
1	单一过程试运行控制能力指数	≥92%	
2	试运行综合控制能力指数	≥91%	

2. 试运行质量计划策划

在编制试运行质量计划时，要先对试运行质量进行策划和质量指标量化。由试运行经理（质量经理）组织相关人员研究项目合同的试运行内容和工作范围要求，根据总承包商企业质量管理体系的质量方针和质量目标以及总承包项目的试运行特点和业主的试运行需求，对试运行质量计划进行策划。

由试运行经理负责组织试运行专业负责人及相关人员对各专业试运行质量计划进行策划。

试运行各专业负责人组织试运行人员对各专业试运行质量管理规定进行策划，

编制专业试运行（各过程）工作质量规定和质量要求，进一步明确专业试运行过程中的方案评估、管理原则、试运行程序、主要交付成果及试运行进度安排等。

3. 试运行质量计划编制

（1）编制依据

① 项目基本概况及试运行范围。

② 总承包项目合同及相关国家和行业验收标准规范。合同规定了试运行特点、试运行质量需求和试运行产品应达到的各项性能指标。

③ 项目经理部相关质量管理体系文件及其质量管理规定。

④ 试运行实施计划、项目质量计划以及各专业文件和质量管理规定。

⑤ 试运行应执行的国家和行业相关法律、法规、技术标准、质量标准规范。

（2）编制原则

① 试运行质量计划应成为对外试运行质量保证和对内试运行质量控制的依据。试运行质量计划由试运行经理或质量经理领导，在试运行质量策划过程中组织人员编制，经项目经理批准后发布实施。

② 试运行质量计划应体现试运行全过程质量管理控制，应将试运行质量目标和试运行质量职责进行分解到相关试运行专业和人员，并按照试运行质量管理职责和分工进行试运行质量计划的编制审核工作。

③ 试运行质量计划应体现从资源投入到完成项目试运行的最终检验和验证的全过程质量控制。

④ 试运行质量计划中的试运行质量目标应与企业质量方针、质量目标相一致。

⑤ 应提出和选择符合总承包商企业质量管理体系及质量手册的试运行过程质量控制程序和试运行质量控制作业文件。

⑥ 应设定关键试运行质量控制点，以便进行质量检查。

⑦ 应提出分析事故及解决试运行质量问题的方法和程序，以便在发生试运行质量缺陷或试运行质量事故时，做到分析原因清晰、分清责任明确、及时整改。

（3）编制内容　试运行质量计划编制内容如表 13-8 所示。

表 13-8　试运行质量计划编制内容

序号	质量计划内容描述	备注
1	试运行质量编制依据	
2	项目基本概况及试运行范围	
3	试运行质量策划	
4	试运行质量目标及试运行目标分解	与企业质量方针及项目目标一致
5	试运行质量组织机构及人员质量职责	项目组织和人员质量职责
6	试运行质量保证程序	试运行过程质量保证程序

序号	质量计划内容描述	备注
7	试运行质量管理程序	试运行质量过程实施管理程序
8	试运行质量过程控制程序	试运行质量过程控制程序
9	试运行质量标识及可追溯	
10	试运行质量控制相关标准、规范、规程	
11	试运行质量测量、分析、持续改进	
12	试运行质量记录和报告	

三、试运行质量实施与控制程序

1. 试运行质量实施程序

试运行质量实施程序可以用简单的模块进行示意，如图 13-14 所示。

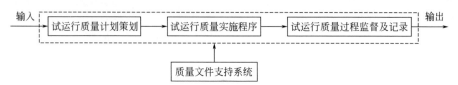

图 13-14　试运行质量实施程序模块示意图

试运行质量实施程序流程如图 13-15 所示。

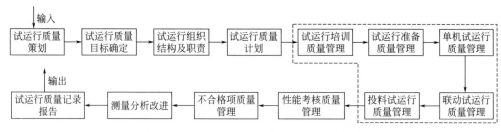

图 13-15　试运行质量实施程序流程示意图

试运行质量持续改进应按全过程试运行质量管理的方法进行。试运行经理应分析和评价试运行质量管理现状，识别试运行质量持续改进阶段及区域，确定改进试运行质量目标及相关措施。

2. 试运行质量控制程序

应严格按照试运行质量控制程序，编制试运行总体方案及各项试运行方案，经总承包商、业主及相关方会审、批准后执行。

由试运行经理组织试运行工程师、质量工程师与业主及相关方的有关人员共同检查是否具备相应的试运行条件。不具备试运行条件的，列出存在问题清单，由相关方进行整改、完善，再行共检，直至具备条件后，才能进行试运行。

试运行质量控制程序流程如图 13-16 所示。

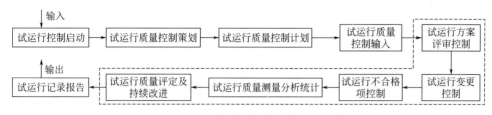

图 13-16　试运行质量控制程序流程示意图

为保证试运行过程中的质量管理要求，在试运行过程中应严格执行国家行业有关规范标准，如 HG 20231—2014《化学工业建设项目试车规范》等。

第十四章

费用全过程控制

第一节　设计费用过程管理

一、设计费用及设计阶段费用的管理

设计费用是指企业在设计日常活动中发生的、会导致所有者权益减少的资源流出。工程项目的设计费用一般包含两部分：①勘察费，对项目进行工程勘察作业以及编制相关勘察文件和岩土工程设计文件等工作所需支付的费用；②设计费，对设计人员按照工程设计规范要求，编制建设项目初步设计文件、施工图设计文件、施工图预算、非标准设备设计文件、竣工图文件等，以及设计代表进行现场技术服务等工作所需支付的费用。在工程项目中，如果勘察设计工作外包，则设计费用指的就是支付给勘察设计单位的费用。

设计阶段的费用管理是项目费用管理中的一个重要组成部分。在设计阶段对费用的管理包括两个方面的内容：一是对设计费用的管理；二是在设计阶段对整个工程项目费用的控制和管理。

1. 设计费用管理

（1）合规性管理　在设计费用管理中通常要制定设计费用目标、设计费用管理职责和相关的设计费用管理制度，以及采用国家、行业相关的法律、法规、标准等对设计费用进行合规性管理。将这合规性的设计费用管理活动进行程序性的设计和控制来规范设计费用使用和管理。通过设计费用管理和控制程序对设计费用过程进行策划、实施、控制、检查、保证和改进，使其最终实现所确定的设计费用目标。

（2）设计费用目标分解　在设计费用策划阶段，要以确定的设计费用目标为基准，通过项目工作分解结构对设计工作内容进行细分策划，并分解到各个设计工作包中，将设计费用与设计工作量进行挂钩，分解到各工作包，在设计经理领导下，制定设计工作包的设计费用控制计划。以某项目为例，对设计工作包费用预算及分解进行策划。

按照设计工作分解结构（WBS），将设计工作按照有关规定分解到项目各装置、各工序、各专业，然后编制相应的设计工作包，每个设计工作包都有相应的设计费用规划。设计工作包费用将成为整个设计费用控制的基础。设计工作分解为工作包的示例如表 14-1 所示。

表 14-1　设计工作分解到各专业的工作包数量

序号	设计工作包类别	设计工作包数量	备注
一	**设计工作包**	1806	
1	工艺设计工作包	536	分解至各工序
2	设备设计工作包	420	分解至各工序
3	电仪设计工作包	260	分解至各工序
4	土建设计工作包	320	分解至各工序
5	公用工程设计工作包	240	分解至各工序
6	设计管理工作包	30	
二	**设计参与的其他工作包**	370	
1	采购包(设备)	170	设计参与设备采购工作
2	采购包(材料)	80	设计参与材料采购工作
3	施工工作包	95	设计单位履行设计管理责任、参与质量监督和成本控制
4	试运行工作包	25	设计参与竣工、验收等工作

（3）设计费用管理计划和设计费用计划　设计费用管理计划是对设计费用管理工作的总体指导意见安排，对设计费用计划控制具有指导作用。设计费用管理计划规定了设计费用计划的编制大纲、编制要求、编制原则、编制内容和资源需求等；设计费用管理计划还应确定设计费用目标完成的路径，设计费用管理的内部组织结构、设计费用责任主体、设计费用控制管理程序等规定。

设计费用管理计划应为设计费用管理者提供管理依据，涵盖设计各过程的费用计划编制管理工作。提供设计保证措施及设计费用管理过程中持续改进方法。应在设计费用管理计划指导下，编制好设计费用计划。

（4）设计费用计划　设计费用计划是设计过程中的费用实施计划，它伴随着设计从启动到收尾的全部过程，不仅连接着设计过程，而且与采购、施工、试运行及性能考核各个阶段都有关联。

设计过程费用控制可以细分为若干个子过程，比如工艺包设计费用控制、总体设计费用控制、基础设计费用控制、施工图费用控制、性能考核费用控制以及项目现场设计服务费用控制。每一个子过程的费用计划控制互相之间存在内在关联，本身也相对独立。子过程设计费用计划对全过程设计费用计划有影响，子过程设计费用计划对其他子过程设计费用计划也有影响或相互影响。因此设计费用计划应遵循过程控制原则。

① 设计费用计划实施过程中存在设计输入和设计输出；

② 设计输入是设计费用管理的基础和依据；

③ 设计输出是设计费用完成的结果；

④ 设计输出一般是设计文件、资料、软件等设计成果；

⑤ 设计实施过程必须投入一定的费用资源和活动，也是用一种资源的牺牲，换取另一种资源的增值。

2. 设计阶段对项目费用的控制和管理

（1）设计阶段对费用的控制　在通常情况下，总承包商要对总费用目标进行策划和划分，确定企业控制的费用指标。项目各类费用分解如下式所示：

项目费用（合同费用）＝企业利润＋项目税费＋企业管理费＋项目管理费用＋设计费用＋采购费用＋施工费用＋试运行费用＋其他费用

工程项目中，费用的最主要组成部分就是项目成本。而工程项目投资的多少、项目成本的比重，在设计阶段就已经确定。所以影响工程项目成本的关键环节是设计阶段。项目设计结果的优劣将直接影响成本的多少和工期的长短，影响工程项目完成后的使用价值和经济效益。

在建筑工程项目中，设计阶段是工程项目成本控制的关键与重点，在此阶段合理有效地控制项目成本对于控制整个工程项目开发成本具有重要的意义。

首先要采用合理合法的方式和手段，要求设计人员在设计过程中充分考虑各方面因素对项目成本的影响，如原材料和设备等的价格、自然因素对技术的要求、施工方式可能存在的额外支出、政策和环境因素等，合理选择设计方案。可采用的方式和手段包括设计招标、推行限额设计、增设与成本相关的合同条款、加强图纸会审、要求采用标准化设计等，从源头开始做好对项目费用的控制。

其次，从初步设计成果直至经过审批的设计方案，其中都可能会存在局部的不合理和不完善，如在局部技术流程、平面布置、各专业之间、各装置之间、主装置与辅助装置之间等方面都可能存在一定的设计优化空间。项目管理者应与设计人员一起，在合理、可控的范围内，对设计成果进行优化。设计方案中的关键控制点和关键设备是优化的重点。这种优化可以发生在项目施工开始之前，也可以发生在施工过程中。

设计优化的前提是以合同为基准、顾客（业主）需求为目标，在不损害顾客利益的条件下，保证设计质量，不降低设计标准，合理节省费用，降低项目成本。发生在各阶段的设计方案优化，均应通过设计评审确认。发生在施工过程中的设计优化变更，应该可控，在确认有必要、可以产生较大的费用降低，并经各方沟通后确认，才能继续进行。

例如某 EPC 总承包项目通过设计优化方案中的关键设备，降低了成本，体现了从设计角度对项目成本进行管理控制的优势。

① 发现设计方案中关键设备的可优化性，在此基础上确定关键设备变更可以使设备费用降低，测算出变更的费用估算值，作为设计（项目）费用变更的控制目标。

② 对关键设备工艺方案及性能保证设计进行评审和验证，确保优化设计方案和变更关键设备能够充分满足项目对关键设备技术参数的要求，并保证相关的工艺包性能不受影响。

③ 与业主进行详细的沟通和交流，得到业主的认可和确认，依据变更对后续的详细工程设计进行调整。由此降低关键设备费近 50％左右，同时推进了国内装备行业的技术进步。

④ 变更后的设计质量目标完成度、合同履约率达到 100％；用户意见要求答复率 100％。

⑤ 变更后的设计性能考核指标得到了相关方的验证。

由此案例可知，通过制定合理的费用控制目标，充分发挥设计为主导的项目费用管理模式的优势，对项目建设投资降低会产生积极的影响。

（2）设计费用管理体系　在企业费用管理体系中，设计费用管理体系是一个子项，可以规范设计费用管理流程，是设计费用管理控制的有效手段。在工程实际中，应充分发挥设计费用管理的功能，为设计工作提供费用资源保障；应增强设计人员的费用管理意识与费用控制意识，明确各项设计费用管理职责和工作程序。

设计费用管理体系中最关键的是设计组织和费用控制人员的职责、权限和相互关系的约束。在设计组织中应安排所需的费用管理岗位，配置相应的费用控制责任人，并规定其职责、权限、相互关系和活动接口，确保设计费用相关人员有效沟通和密切配合。

二、设计费用过程控制

1. 费用估预算与设计相关性

对整个项目做出的费用估算和费用预算既是总承包商进行设计总承包投标报价的基础，也是中标后进行设计费用目标制定和分解的基础。设计费用的管理和控制均是以费用估算或预算作为依据和基准。

设计阶段的费用管理与设计工作质量紧密关联。如估算费用偏差非常大、预算费用比估算值高得多、设计漏项多、漏项价值高、设计方案不成熟、设计错误严重、定额设计费用指标严重超设计估算及预算指标等，都是严重的设计工作质量问题，会严重影响设计费用管理控制，甚至会导致工程建设费用超资而难以实现设计目标。在设计阶段的费用管理过程中，费用估算和费用预算是重要的管理环节。

2. 设计费用控制基准

（1）设计工作分解结构　设计工作分解结构是设计费用管理的重要基础，EPC总承包设计是依据工作分解结构（WBS）的原理进行划分的。在总承包项目设计启动阶段就开始按照有关WBS的原理将设计工作分解为若干工作包，每个设计工作包都对应相应的设计作业指导书。设计工作包是整个设计控制的重要基准，同样也是设计费用管理的基准。

（2）设计人工时　对项目设计人工时计算要做好基础工作，特别是项目设计人工时投入的数量、质量以及计算工具方面要进行基础研究、数据统计、汇总和总结，并建立人工时数据库。

要在预算范围内，加强设计人工时控制。设计部及设计经理要及时与总承包商就人工时消耗进行核定。严格控制设计人工时消耗量。设计人工时消耗对总承包项目成本影响较大，绩效影响也非常大，应通过设计管理绩效测量进行严格控制。

（3）设计定额　设计定额是总承包商在一定时期、一定工程技术水平的条件下，为完成一定工作量需要投入的人、财、物等各种资源的消耗指标。设计定额管理是一项基础工作，要研究制定相关的专业设计消耗定额，发挥设计定额管理的作用，设计定额也是设计费用预测、决策、核算、分析、分配的主要依据。

3. 限额设计

限额设计是设计费用控制的一种重要手段。按批准的工程设计费用限额控制设计，而且在设计中以控制工程量为主要内容确定控制基准。限额设计的基本程序是按照设计工作分解结构对设计工程量和工程费用进行分解，编制限额设计投资及工程量表，作为确定控制费用的基准。限额设计按照下列步骤进行。

（1）控制设计工程量　设计专业负责人根据各专业特点编制各设计专业投资核算点表，确定各设计专业投资控制点的计划完成时间。根据控制基准开展限额设计。

（2）投资核算与跟踪　在设计过程中，费用控制工程师应对各专业投资核算点进行跟踪核算，比较实际设计工程量与限额设计工程量、实际设计费用与限额设计费用的偏差。

（3）发现设计偏差　在对各专业投资核算点跟踪核算的基础上，分析偏差产生的原因，如技术因素、采购因素、市场因素。制定替代方案，尽量通过优化设计加以解决。

（4）限额量变更与确认　若确实需要超过限额数量，设计专业负责人需编制详细的限额设计工程量变更报告，说明原因。费用控制工程师估算发生的费用并由控制经理审核确认。

（5）限额设计举例　某总承包项目所需管材经限额设计后给出了估算费用与原概算设计费用对照表，见表14-2。

表 14-2　设计管材估算变更费用对照表　　　　　　　　单位：万元

序号	主项名称	原概算费用	估算费用	差额
一	**主要生产设计**			
1	煤气化装置	7991.55	6030.96	−1960.59
2	空分装置	310.09	880	569.91
3	一氧化碳变换装置	991.11	1083.03	91.92
4	酸性气体脱除装置	1542.42	1291.34	−251.08
5	气体精制装置	419.12	229.52	−189.60
6	压缩及氨合成装置	1460.43	905.14	−555.29
7	冷冻装置	391.02	242.69	−148.33
8	氨罐区	491.78	235.61	−256.17
9	硫黄回收	128.74	71.88	−56.86
10	火炬	77.12	51.37	−25.75
	小计	13803.38	11021.54	−2781.84
二	**辅助公用工程**			
1	消防	7.90	8.20	0.30
2	循环水	338.93	280.14	−58.79
3	消防水	9.74	8.20	−1.54
4	污水处理	24.15	19.72	−4.43
5	全厂给排水管网	1184.36	806.42	−377.94
6	锅炉和热电站	2674.52	1652.17	−1022.35
7	除盐水站	214.08	138.99	−75.09
8	外管	2715.41	3010.00	294.59
	厂内小计	7169.09	5923.84	−1245.25
9	厂外供水管线	1400.70	802.53	−598.17
10	厂外排洪管	14.56	18.50	3.94
	厂外小计	1415.26	821.03	−594.23
三	**液氨输送管道**	0.00	1029.00	1029.00
	总计	22387.73	18795.41	−3592.32

由表 14-2 可见，精确的限额设计使得估算费用较概算费用减少了 3592.32 万元，节省了项目投资。

4. 设计费用计划编制

设计费用计划是设计费用策划的结果。在 EPC 合同签订后，确定设计工作范围，然后在此基础上，对设计费用进行定义和规定，确定设计费用目标，包括设计操作成本、设计管理成本以及设计分包费用（若存在设计分包或设计外包）。在设计实施阶段，由于设计变更所产生的设计费用变化，将由费控工程师分解到各设计工作包内。把设计费用控制目标、设计费用范围以及设计方案优化等策划完成后，编制设计费用计划。

由设计经理组织测算和分析，对设计费用进行分解，划分到相关设计专业。根据设计分解工作包及设计工作包一览表，测算出设计各工作包耗费的人工日；再根据设计特点及定额，测算出设计人工日费率。经过复核和审批，编制完成设计费用计划。设计费用包括设计人员奖金、现场办公设施费、通信费、差旅费、文印费、招待费等。

设计过程应严格控制设计人工时消耗。该指标对总承包商资源安排和设计资源成本影响非常大，会影响设计绩效和设计人员的利益，应在每月设计绩效测量中进行严格的控制和检测。

利用进度费用综合检测软件及赢得值原理对设计费用进行绩效监测和统计分析。若发现设计费用偏差，应采取相应的措施，消除偏差影响。

三、设计费用实施及控制程序

1. 设计费用实施程序

（1）设计费用管理内容　设计费用管理由设计经理和费用控制经理负责，在设计费用控制程序中通过设计费用目标、设计费用计划、设计内外部协调、设计变更管理等方法，严格按照设计费用实施程序执行。设计费用实施程序内容如表 14-3 所示。

表 14-3　设计费用实施程序内容

序号	程序内容描述	备注
1	设计费用管理原则	设计费用程序说明模块
2	设计费用管理目标	
3	设计费用管理方法及工具	
4	设计费用实施计划	
5	设计费用工作程序	设计费用工作程序模块
6	设计费用过程监督及记录	设计费用实施过程监督与记录
7	设计费用管理控制体系支持性文件规定	设计费用支持性文件系统

设计费用实施程序模块如图 14-1 所示。

（2）设计费用实施程序流程　设计费用实施程序流程如图 14-2 所示。

2. 设计费用控制程序

设计费用控制程序流程如图 14-3 所示。

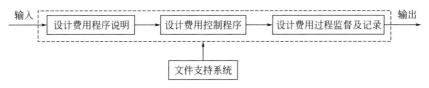

图 14-1　设计费用实施程序模块示意图

图 14-2　设计费用实施程序流程

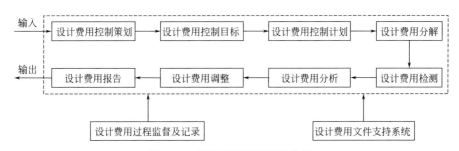

图 14-3　设计费用控制程序流程

3. 控制程序说明

（1）设计费用控制策划　要对项目合同及项目费用分解指标进行研究和消化，对业主要求的合同指标、费用范围及权限进行分析。在满足合同指标的前提下，对设计费用控制范围、设计费用目标、设计外包费用（设备、材料、采购费用和施工费用以及其他相关费用）以及设计费用分解和设计工作包予以赋值。

在设计费用策划过程中，首先需要制定设计费用控制原则；其次制定设计费用控制方法；再次找出设计变更可能引起费用变化的节点，提出费用调整处理预案。

当总承包商获取合同后，会存在项目设计报价与合同价格之间的费用偏差。对这个费用偏差要进行客观分析，判断是属于全局性的，还是局部性的，确认是否属于设计漏项偏差等。在分析清楚原因的基础上，采取必要的对策以消除费用偏差风险。遵循措施适当原则，尽量减少合同执行风险。

（2）设计费用目标和分解　设计费用目标要合理、客观和操作性强。制定的设计费用目标既不能偏高，也不能偏低，应该是经过努力能够实现的目标。在确定了设计费用目标后，要进行设计费用目标分解，确定各设计阶段、各层次、各专业的设计费用子项目标。

（3）设计费用计划　在完成设计费用目标分解后，按各子目标设置具体详细的费用计划。

（4）设计费用检测　在设计费用计划的实施过程中，设计费用管理及控制相关责任人应按照费用管理职责对设计费用计划执行情况进行跟踪检查和检测，可以跟踪到每一个设计包。

（5）设计费用偏差分析　在设计费用检测的基础上，定期对设计费用计划值与实际值进行分析比较。当实际值偏离计划值时，要及时分析产生设计费用偏差的原因。

（6）设计费用调整控制　根据费用偏差分析的结果，提出费用调整计划，报设计经理和项目经理审批后对费用进行调整。

（7）设计费用报告　费控经理应按月提出设计费用报告，报设计经理及相关领导。设计费用控制结果若对各过程、各阶段费用总支出影响不大时，可继续按设计费用实施程序操作执行。

第二节　采购费用过程管理

一、采购费用概述

采购设备材料费用在 EPC 总承包投资费用中占比较大，约占 $40\%\sim50\%$，控制好采购费用是保证项目费用目标实现的关键。

采购费用是指企业在采购日常活动中发生的、会导致所有者权益减少的各项资源总流出，包括设备和材料的购买价款、运输费、装卸费、保险费、包装费、仓储费，以及运输途中的合理损耗和入库前的其他费用等。

采购费用控制是采购过程中的关键环节。控制采购费用的作用是更好调动采购人员积极性，提高采购工作质量，优化采购方案，使采购阶段总费用合理受控。

二、采购费用管理及采购费用计划

在采购阶段进行费用管理，通常要制定采购费用目标、管理体系、管理计划等。必须依据国家、行业相关的法律、法规、标准等，对采购费用进行合规性管理。通过一定的采购费用管理程序对采购费用进行策划、计划、实施、控制、保证和改进，使其最终实现确定的管理目标。

1. 采购费用目标策划确定

在通常情况下，总承包商要对项目总费用目标进行策划和划分，确定采购部门控制的费用指标，而且这些指标全部要细化为采购的各个过程及相关方的控制目标。

采购方案或关键设备采购策略是采购的重点。在项目前期或总体采购中，可能会存在不合理的采购方案，所以采购设备材料的策略存在优化空间，对项目总费用降低会产生积极的影响。采购优化的前提是以合同为基准、顾客（业主）需求为目标，在不损害顾客利益条件下，不降低采购标准，合理节省采购费用，重要的采购方案应进行采购评审确认，保证采购质量，降低采购费用。

2. 采购费用管理体系

在企业费用成本管理体系中，采购费用管理是体系中的一个子项。体系建立过程中，应当梳理采购费用管理流程，充分发挥管理优势，为采购和采购服务质量提供制度保障；增强采购人员的费用管理意识与控制意识；明确各项采购费用及成本管理职责和工作程序；规范采购费用管理程序和操作文件，明确采购人员的成本控制职责和权限。

3. 采购费用计划

采购费用计划是采购全过程费用管理的依据，伴随着项目从启动到采购完成的全过程，连接着设计、施工和试运行过程。采购费用管理过程可以细分为若干子过程。各子过程互相之间存在内在的关联，又存在相对的独立性。子过程采购费用计划对全过程采购费用计划有影响，子过程采购费用计划对其他子过程采购费用计划也有影响或相互影响。因此采购费用计划应遵循全过程控制原则。

三、采购费用过程控制

1. 采购费用目标控制

为了采购顺利实施，实现最大限度节约资金，根据采购费用管理系统要求及采购项目特点，总承包商应在保障采购资金供给的同时，采用操作性强的资金管理工具、手段、方法和途经，对资金的数量、结构、时间和用途进行策划和统筹安排，做到采购资金进出平衡。

① 提高采购资金使用的计划性，使采购资金与采购设备材料状态联动，合理计划，统筹安排，递续使用。

② 提高采购资金运作和应付采购进程变化的效率。

③ 采购资金运行过程和结果的透明、可控，实现对采购资金的跟踪和追溯。

④ 驱动采购资金价值最大化。

2. 采购费用范围控制

① 采购进度与资金需求配套计划管理。根据采购进度计划统筹安排项目采购

资金使用计划，做到每项采购资金使用与项目进度范围密切结合起来。

② 国产材料、设备采购资金管理。做好国产设备材料询报价及谈判工作，并进行税收筹划，将国产材料、设备的出厂价、运费及其他价外费用单列。

③ 以设备采购进度计划为时间表，统筹安排项目采购资金使用计划，提高资金使用效率，节约项目资金。

3. 采购合同及支付审批控制

（1）采购合同审批　采购合同签订前需经项目经理审批，按相关规定要求，如采购合同额大于 200 万人民币、采购 C1 级设备和材料、进行有风险的采购时，需报项目主管审批。所有采购付款应根据采购合同和交货验收情况按程序报批，填写付款通知单，逐级报批、审核、签批后由财务部支付。

（2）采购费用变更　当采购费用由于业主的原因超预算控制要求时，业主提出的变更产生的额外费用和进度损失应由业主承担。采购费用变更报告应严格按审批程序进行审批，然后由业主确认。对项目内部因素引起的技术、方案、进度、质量等变更而产生的采购费用增加，应按总承包商有关规定办理费用变更手续并进行评审。

4. 境外采购支付控制

境外采购项目支付与国内采购项目支付有一定的区别。境外项目货物采购款支付条件及权重参考表 14-4。

表 14-4　境外项目货物采购款支付条件及权重

设备材料来源	阶段	权重	支付条件
境外	发出询价文件	0.05	
	完成技术评价表	0.05	技术人员提交技术投标分析（TBE），并得到批准
	合同签订	0.15	
	制造完成	0.45	
	船上交货价（FOB）	0.15	
	到达现场	0.10	
	业主现场验收	0.05	
项目所在国境内	发出询价文件	0.05	
	完成技术评价表	0.05	技术人员提交 TBE，并得到批准
	合同签订	0.15	
	制造完成	0.50	
	到达现场	0.20	
	业主现场验收	0.05	

5. 采购费用计划编制控制

在项目费用策划时就已经对采购费用进行了分解，其中涉及采购费用的部分将由采购经理负责组织编制。采购费用的划分要经过测算。采购操作成本和采购硬件费用两项要进行分解，划分到采购相关专业和相关过程的采购细分费用目标并落实到相关采购责任人。

采购操作成本包括采购人员奖金、现场办公设施费、通信费、差旅费、文印费、招待费等。

采购人工时是采购操作成本的一部分，在预算采购操作成本时，已经包含了采购人工时范围，并对采购人工时总消耗进行了核定。采购费用管理过程应严格控制采购人工时消耗。采购人工时超过核定数，会影响采购绩效和采购人员的利益，应在采购绩效测量中进行严格的控制和检测。

根据采购分解工作包定额及采购工作包一览表，测算出采购各工作包耗费的人工日；再根据采购特点及定额，测算出采购的人工日费率。经过复核和审批，编制完成采购操作成本费用计划。

采购硬件费用是采购控制的重点，这一部分费用是总承包项目的直接费用成本，也是采购控制的重点。采购硬件费要分解到采购工作包内的。

四、采购费用实施及控制程序

1. 采购费用实施程序

（1）采购费用管理内容　采购费用管理由采购经理和费用控制经理负责。采购费用实施程序内容如表 14-5 所示。

表 14-5　采购费用实施程序内容

序号	程序内容描述	备注
1	采购费用管理原则	采购程序说明模块
2	采购费用管理目标	
3	采购费用管理方法及工具	
4	采购费用实施计划	
5	采购费用控制程序	采购控制程序模块
6	采购费用过程监督及记录	采购程序监督记录模块
7	采购费用文件支持系统	采购文件支持系统

采购费用实施程序模块如图 14-4 所示。

（2）采购费用实施程序　采购费用实施程序流程如图 14-5 所示。

2. 采购费用控制程序

采购费用控制程序流程如图 14-6 所示。

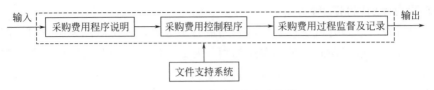

图 14-4　采购费用实施程序模块

图 14-5　采购费用实施程序流程示意图

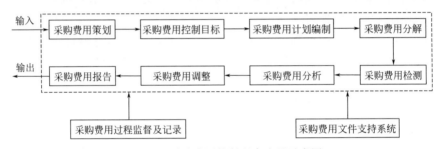

图 14-6　采购费用控制程序流程示意图

3. 采购费用控制程序说明

（1）采购费用策划　首先要对采购费用原则、采购费用估算、采购费用预算控制原则进行规定。其次要对采购方式、采购价格、采购策略以及重大采购方案进行优化，优化结果会对项目费用等发生影响；要对由于业主要求、项目设计等的变更，造成采购方案发生变更而引起的设备、材料采购费用发生变化，制定出调整处理预案；特别要对长周期关键设备、贵重设备、特殊材料及大型特种机泵等的采购策略和采购方案进行详细研究。最后对采购工作包、各专业、各层次费用分解的方式和规则进行策划。

对可能发生的采购费用偏差要提出应对预案和必要的采购对策，以消除采购费用偏差风险。

（2）采购费用目标　制定的采购费用目标要合理、客观和可操作性强，既不能偏高，也不能偏低，应当是在没有特别因素影响时经过努力能够实现的目标。

（3）采购费用分解与采购费用计划　在确定了采购费用总目标后，要将其分解到各个采购工作包、各采购层次、各采购过程中，形成采购子项控制目标。然后按子目标制定具体详细的费用计划。

（4）采购费用检测　在采购费用计划的实施过程中，采购费用管理及控制相关责任人应按照采购管理职责对采购费用执行情况进行跟踪检查和检测。在检测中要进行精细化控制，可以跟踪到每一个采购工作包或每台关键设备等。

（5）采购费用检测结果分析　在采购费用检测的基础上，定期对采购费用计划值与实际值进行分析比较，当实际值偏离计划值时，要及时分析产生采购费用偏差的原因。

（6）采购费用调控　根据费用检测结果的分析，提出采购费用调整计划，报采购经理和项目经理审批后对费用进行调整。若实际支出和控制指标偏离不大，可不做调整。

（7）采购费用报告　按月提出采购费用报告（或包含在项目费用报告内），报采购经理和企业相关领导。采购费用控制结果若对各过程、各阶段费用总支出影响不大，并均在采购控制范围内，则按正常程序操作执行。

第三节　施工费用过程管理

在生产实际中，具有 EPC 总承包资格的工程公司本身常常不配备施工队伍，施工工作是整体分包给施工分包商的。施工分包费用在 EPC 总承包投资费用中的占比仅次于设备材料费用，约占 25%～37%。控制好施工分包费用是保证项目费用目标实现的关键之一。

一、施工费用概述

1. 施工费用和施工成本

施工费用是指企业在施工日常活动中发生的、会导致所有者权益减少的资源流出。

控制施工费用可以更好地调动施工管理人员和施工分包商的积极性，提高施工工作质量。

传统的施工成本概念是指施工项目的制造成本，即包括项目的直接材料成本、直接人工成本、间接人工成本及分摊的制造费用。而将其他的费用放入管理费用和销售费用中，一律作为期间费用，视为与项目建造无关。

施工成本是施工费用中占比最大的部分，且最直观，所以施工成本控制比施工费用控制更具有普遍的实际意义。

2. 施工费用管理及管理计划

（1）施工费用管理　在施工费用管理中通常要制定施工费用目标、施工费用管理职责和相关的施工费用管理制度，以及采用国家、行业相关的法律、法规、标准等对施工费用进行合规性管理。

通过施工费用管理和控制程序对施工费用的使用过程进行策划、实施、控制、保证和改进，最终实现确定的施工费用目标。

（2）施工费用管理计划　施工费用管理计划是指对施工费用管理工作的总体指导意见安排，也是施工费用或施工成本管理控制的指南。施工费用管理计划重点规划施工费用计划编制的规定要求，编制大纲、编制内容、编制程序和编制资源等。施工管理计划应确定施工费用目标完成的路径，施工费用管理的内部组织结构、责任主体、控制程序，施工过程的资源配置等。施工费用管理计划应为施工费用管理者提供管理依据和指导原则。

3. 施工成本类型划分

施工项目成本按不同划分的方法和标准可以有多种施工成本划分类型。

（1）按成本计价的定额标准划分　可以分为预算施工成本、计划施工成本、实际施工成本三类。

① 预算施工成本　是按建筑安装工程实物量和国家或地区或企业制定的预算定额及取费标准计算出来的社会平均成本或企业平均成本，是以施工图预算为基础进行分析、预测、归集和计算确定的。预算施工成本由直接成本和间接成本构成，是控制施工成本支出、衡量和考核项目实际施工成本是否节约或超支的重要依据。

② 计划施工成本　是在预算施工成本的基础上，根据企业自身要求，结合施工项目技术特征、劳动力素质、施工设备情况等确定的施工目标成本。计划施工成本是控制项目施工成本支出的标准和施工成本管理的目标。

③ 实际施工成本　是在项目施工过程中实际发生的可以列入施工成本支出的各项费用的总和。实际施工成本是项目施工活动中真实的资源耗费的综合反映。

（2）按生产费用与工程量划分　可以分为固定施工成本和变动施工成本两类。

固定施工成本是指在一定的期间、一定的工程量范围内，不受工程量增减变动影响而相对固定的那部分施工成本。例如折旧费、大修理费、管理费（管理人员工资、办公费等）。所谓"固定"，是指其总额不变，但分摊到每个项目单位时则是变动的。

变动施工成本是指随着工程量的增减变动而变动的那部分施工费用，如直接用于工程的施工材料费、实行计划工资制的人工费等。所谓"变动"，是指其总额随工程量增减而增减，但对于各单位、分项工程则是不变的。

具体划分可采用费用分解法。

① 材料费。与工程量有直接联系，属于变动成本。

② 人工费。在计时工资形式下，工人工资属于固定成本。因为不管任务完成与否，工资照发，与产量增减无直接联系。若采用计件超额工资形式，其计件工资

部分属工变动成本。奖金、效益工资和浮动工资部分，应计入变动成本。

③ 机械使用费。有些费用随工程量增减而变动，如燃料、动力费，属变动成本。有些费用不随工程量变动，如机械折旧费、大修理费，机修工、操作工的工资等，属于固定成本。此外还有机械的场外运输费和机械组装拆卸、替换配件、润滑擦拭等经常修理费，由于不直接用于生产，也不随工程量增减呈比例变动，而是在生产能力得到充分利用，工程量增长时，所分摊的费用少些；在工程量下降时，所分摊的费用就要大一些。这部分费用为介于固定成本和变动成本之间的半变动成本，可按一定比例划归固定成本与变动成本。

④ 其他直接费。水、电、空气、蒸汽等费用以及现场发生的材料二次搬运费，多数与工程量发生联系，属于变动成本。

⑤ 施工管理费。施工管理费大部分在一定工程量范围内与工程量的增减没有直接联系，如管理人员工资，辅助生产人员工资，工资附加费、办公费、差旅交通费、固定资产使用费、职工教育经费、上级管理费等，基本上属于固定成本。检验试验费、外单位管理费等与工程量增减有直接联系，则属于变动成本范围。

4. 降低施工成本的途径

固定施工成本是维持施工企业生产能力所必需消耗的费用。要想降低施工成本，一方面通过提高劳动生产率、增加企业总施工工程量数额，才能降低单位工程量上的固定施工成本分摊；另一方面只能从根本上降低单位工程、分项工程的消耗定额。只有从上面两方面着手，才能实现降低施工成本。

二、施工成本管理

具体而言，施工成本是在施工过程中所消耗的施工主材、辅材、构配件、周转材料的摊销费或租赁费，施工机械的台班费或租赁费，支付给施工人员的工资、奖金，以及施工分包商组织和管理施工所发生的全部费用。

施工成本不包括税金等非生产性支出。施工成本管理就是在保证满足工程质量和进度的前提下，对项目施工实施过程中所发生的费用，通过计划、组织、控制和协调等活动实现预定的施工成本目标，并尽可能降低施工成本的一种管理活动。

施工成本管理的最终目的是降低项目施工成本，提高企业经济效益。

1. 施工成本管理目标

在通常情况下，企业（或施工分包商）需要制定施工项目成本目标。而制定施工成本目标前，要先确定施工项目控制的成本指标以及企业相关部门控制的施工成本指标。

在管理控制施工成本时，不仅要控制施工阶段的生产成本，还应该考虑项目寿命全周期的运行成本。实践证明，只有充分考虑了项目的寿命全周期的运行成本，才能有效控制施工成本。

2. 施工成本管理对象

（1）以施工过程作为施工成本的管理对象　根据对施工项目成本实行全面、全过程控制的要求，具体的施工过程管理内容包括：

① 在施工前期阶段。应在工程投标阶段和施工准备阶段做好成本预算和成本计划，作为下一阶段的管理依据。

② 施工准备阶段。应通过多方案的技术、经济比较分析，选择经济合理、先进可行的最佳施工方案，编制具体的施工成本计划，对施工项目成本进行事前控制。

③ 施工阶段。以施工图预算、施工预算、劳动定额、材料消耗定额和费用开支标准等为依据，有效针对实际发生的施工成本进行控制。

④ 竣工交付使用及保修期阶段。应对竣工验收过程发生的施工费用和保修费用进行控制。

（2）以施工项目相关部门、施工相关单位作为施工成本的管理对象　施工成本控制的具体内容是日常发生的各种施工费用和损失，这些费用和损失，都发生在施工项目相关部门、施工相关单位。因此，施工项目相关部门、施工相关单位应作为施工成本控制对象，接受项目经理和施工企业相关部门的指导、监督、检查和考评。与此同时，施工项目相关部门、施工相关单位也应对自己承担的责任成本进行自我控制。

（3）以分部分项工程作为施工成本的管理对象　应以分部分项工程作为项目成本的控制对象。根据设计出图的实际情况，分阶段编制施工预算。

（4）以对外经济合同作为施工成本的控制对象　施工项目的对外经济业务，都要以经济合同为纽带建立集约关系，以明确双方的权利和义务。在签订上述经济合同时，除了要根据业务要求规定时间、质量、结算方式和履（违）约奖罚等条款外，还必须强调要将合同的数量、单价、金额控制在施工预算成本内。因为，合同金额超过预算成本，就意味着施工单位亏损。

3. 施工前期阶段成本管理

（1）工程投标阶段

① 根据工程概况和招标文件，结合竞争对手的情况，进行施工成本预测，提出项目投标决策意见。

② 项目中标以后，根据项目的施工建设规模，组建与之相适应的项目部，同时以"标书"为依据确定施工项目的成本目标，并下达给项目部。

（2）施工准备阶段　根据企业下达的施工成本目标，以分部分项工程实物工程量为基础，结合标准定额、材料消耗定额和技术组织措施的节约计划，在优化的施工方案的指导下，编制具体的施工成本计划，并按照施工相关单位的分工进行分解为相关施工单位和相关施工责任人的责任成本指标，作为实施施工成本计划的重要依据。

根据施工项目建设时间的长短和参加施工的人数，编制间接费用预算，并将其分解到项目部相关责任成本主体，为管理人员间接施工成本控制和绩效考评提供依据。

4. 施工过程成本管理

（1）施工任务单和限额领料单的管理　做好分部分项工程完成后的验收，以及实耗人工、实耗材料数量核对，保证施工任务单和限额领料单的结算资料一致性，为施工成本控制提供真实数据。将施工任务单和限额领料单的结算资料与施工预算进行核对，计算分部分项工程的施工成本差异，分析差异产生的原因，并采取有效的纠偏措施。

（2）做好月度施工成本原始资料收集和整理　正确计算月度施工成本，分析月度预算施工成本与实际施工成本的差异。对于一般的施工成本差异，既要对不利差异进行分析，也要对有利差异进行分析，以防止对后续施工作业产生不利影响或因质量低劣而造成返工损失。对于盈亏比例异常的现象，要在查明原因的基础上，采取有效措施，尽快予以纠正。

（3）实行责任施工成本核算和定期检查　在月度施工成本核算的基础上，利用会计核算的资料，按责任部门或责任者归集施工实际成本，每月结算一次，并与责任施工成本进行对比，检查施工成本控制的责、权、利落实情况。发现施工成本差异偏高或偏低的情况，应会同相关责任单位和责任人分析产生差异的原因，并督促采取相应的对策纠正差异。定期检查对外经济合同的履约情况，为顺利施工提供物质保证。如遇拖期或质量问题时，应根据合同规定向对方索赔。对缺乏履约能力的单位，要采取断然措施，中止合同，并另找可靠合作单位，以免影响施工，造成经济损失。

5. 竣工验收阶段施工成本管理

（1）精心安排项目竣工收尾工作　很多项目一到竣工收尾阶段，就把主要施工力量抽调到其他在建项目上，以致项目竣工收尾拖拉，战线很长，造成随时间延长而消耗的部分施工成本不断增加。因此，一定要精心安排，把竣工收尾时间合理缩短到位。

在验收以前，要准备好验收所需要的各种资料，包括竣工图。对验收中甲方提出的意见，应根据设计要求和合同内容认真处理整改，若涉及费用，应请甲方签证，列入工程结算。

（2）全面核对各项经济业务结算情况　在施工过程中，有些实时结算的经济业务，由财务部门直接支付，项目预算员若不掌握资料，往往在工程结算时遗漏。因此，在办理工程结算前，要进行全面核对。

6. 在工程保修期间

应由项目经理指定保修工作的责任者，并责成保修责任者根据实际情况提出保修计划（包括费用计划），以此作为控制保修费用的依据。

三、施工成本分析

1. 施工成本分析的关键环节

施工项目成本分析是降低施工成本、提高施工项目经济效益的重要手段之一。施工成本分析要紧紧围绕着施工成本核算和施工成本考核两个关键环节开展工作，其目的就是降本增收，提高经济效益。

（1）施工成本核算　施工成本核算主要根据统计核算、业务核算和会计核算提供的资料，对项目成本的形成过程和影响成本升降的因素进行分析，以寻求进一步降低成本的途径。另一方面，通过成本分析，可从账簿、报表反映的成本现象看清成本的实质，从而增强项目成本的透明度和可控性，为加强成本控制，实现项目成本目标创造条件。

① 会计核算　会计是对施工项目的经济业务进行计量、记录、分析和检查，做出预测、参与决策、实行监督的一种管理活动。通过设置账户、复式记账、填制和审核凭证、登记账簿、成本计算、财产清查和编制会计报表等方法，记录一切用货币反映的经济数据。核算项目包括资产、负债、所有者权益、营业收入、成本、利润等。会计记录具有连续性、系统性、综合性等特点，所以它是施工项目成本分析的重要依据。

② 业务核算　业务核算是施工企业根据业务工作的需要建立的核算制度，包括施工项目原始记录和计算登记表，如单位工程及分部分项工程进度登记，质量登记，工效、定额计算登记，物资消耗定额记录，测试记录等。业务核算的范围比会计、比统计核算要广。会计和统计核算一般是对已经发生的经济活动进行核算，而业务核算不但对已经发生的活动进行核算，而且还可以对尚未发生或正在发生的活动进行核算。业务核算的目的，在于迅速取得第一手资料，掌握在经济活动的真实情况。

③ 统计核算　统计核算是利用会计核算资料和业务核算资料，把施工项目生产经营活动客观现状的大量数据，按统计方法加以系统整理，表明其规律性。它的计量尺度比会计宽，可以用货币计算，也可以用实物或劳动量计量。通过全面调查和抽样调查等特有的方法，不仅能提供绝对数指标，还能提供相对数和平均数指标，可以计算当前的实际水平，确定变动速度，可以预测发展的趋势。

（2）施工成本考核　应该包括两方面的考核，即项目成本目标完成情况的考核和成本管理工作业绩的考核。这两方面的考核，都属于企业对施工项目成本监督的范畴。应该说，成本降低水平与成本管理工作之间有着必然的联系，又同时受偶然因素的影响。

2.施工成本分析内容

施工项目成本分析的内容应与成本核算对象的划分同步。如果一个施工项目包括若干个单位工程，并以单位工程为成本核算对象，就应对单位工程进行成本分析。与此同时，还要在单位工程成本分析的基础上，对施工总成本进行分析。

施工总成本分析与单位工程成本分析尽管在内容上有很多相同的地方，但各有不同的侧重点。从总体上说，施工总成本分析的内容应该包括以下三个方面：

（1）按施工项目进展的成本核算分析　包括分部分项工程成本分析；月（季）度成本分析；年度成本分析；竣工成本分析。

（2）按成本项目进行的成本核算分析　包括人工费分析；材料费分析；机械使用费分析；其他直接费分析；间接成本分析。

（3）按成本相关性的成本核算分析　包括成本盈亏异常分析；工期成本分析；资金成本分析；技术组织措施节约效果分析；其他有利因素和不利因素对成本影响的分析。

3.施工成本分析方法

施工成本分析的基本方法主要有比较法、因素分析法等。

（1）比较法　是指通过技术经济指标的对比，检查目标的完成情况，分析产生差异的原因。比较法具有通俗易懂、便于掌握的特点，因而得到了广泛的应用，但必须注意各技术经济指标的可比性。通常有下列形式：

① 实际指标与目标指标对比。这种对比方法用来检查施工目标完成情况，分析影响施工目标完成的积极因素和消极因素，以便及时采取措施，保证施工成本目标的实现。在进行对比时，应注意目标指标本身是否有问题。若目标指标本身出现问题，则应予以调整，重新评价实际工作的施工绩效。

② 本期实际指标与上期实际指标对比。这种对比方法用来指示各项技术经济指标的变动情况，反映施工管理水平的提高程度。

③ 与施工行业平均水平、先进水平对比。这种对比方法用来反映本施工项目的技术管理和经济管理水平与行业平均水平和先进水平的差距，有助于促进企业采取相关措施赶超行业先进水平。

（2）因素分析法　用来分析各种因素对施工成本的影响程度。在进行因素分析时，首先要假定众多因素中的一个因素发生了变化，而其他因素不变，然后逐个替换，分别比较其计算结果，以确定各个因素的变化对施工成本的影响程度。

因素分析法的计算步骤如下：

① 确定分析对象，并计算出实际数与目标数的差异。

② 确定指标是受哪几个因素影响，并按其相关性进行排序。

③ 以目标数为基础，将各因素的目标数相乘，作为分析替代的基数。

④ 将各个因素的实际数按照上面的排列顺序进行替换计算，并将替换后的实际数保留下来。

⑤ 将每次替换计算所得的结果，与前一次的计算结果相比较，两者的差异即为该因素对成本的影响程度。

⑥ 各个因素的影响程度之和，应与分析对象的总差异相等。

4. 促进施工成本降低的措施

在施工成本分析的基础上，提出施工合理化建议和有效控制施工成本的措施。

（1）会审图纸提合理化建议　施工单位必须按图施工，图纸是由设计单位按照用户项目需求、建设所在地自然地理条件（如水文地质情况等）和相关国家标准规范进行设计的。在施工图设计中难免会存在各种设计问题。因此，施工单位应积极参与图纸会审。在会审图纸的时候，对于结构复杂、施工难度高的项目，要从方便施工，有利于加快工程进度和保证工程质量，又能降低资源消耗、增加工程收入等方面综合考虑，提出有建设性的合理化建议。

（2）落实技术组织措施　在开工前，应根据项目情况制定技术组织措施，作为降低施工成本的重要内容，列入施工组织设计。为了保证技术组织措施落实，应在项目经理的领导下明确分工。在编制月度施工作业计划的同时，可按照作业计划内容编制月度技术组织措施计划。由技术人员制定措施，材料人员提供材料，现场管理人员和生产班组负责实施，财务成本员结算核算效果，最后由项目经理根据措施执行情况和节约效果对相关人员进行奖励。在结算技术组织措施执行效果时，除要按照定额数据等进行计算外，还要做好节约实物的验收，防止理论上节约、实际上超用的情况发生。

（3）组织均衡施工确保施工进度　凡是按时间计算的施工成本费用，如现场临时设施费和水电费、施工机械和周转设备租赁费、项目管理人员工资及办公费等，在加快施工进度、缩短施工周期的情况下，都会有明显的节约。为加快施工进度，也会增加一定的成本支出。因此，在签订施工合同时，应根据项目进度要求，将赶工费列入施工图预算。用户在施工过程中临时提出的赶工要求，应由用户签证按实结算。

（4）制定合理的施工方案　施工方案主要包括：施工方法确定、施工机具选择、施工顺序安排和流水施工组织。选取不同的施工方案，对施工工期、施工机具、施工费用会产生完全不同的结果。在制定施工方案时，要以合同工期和相关标准规范为依据，结合项目规模、特点、性质、复杂性、现场条件、装备等因素进行综合考虑。

（5）规范变更资料及时办理增减账　工程变更是项目施工过程中经常发生的事情。施工分包商应就工程变更引起的对施工方法、机械设备使用、材料供应、劳动力调配和工期目标等的影响程度，以及为实施变更内容所需要的各种资源进行合理估价，及时办理增减账手续，并通过工程款结算从甲方取得补偿。

（6）规范合同预算增创工程预算收入　要充分发挥施工企业的技术优势，采用先进的新技术、新设备、新工艺和新材料。在编制施工图预算时要参照相近定额进行换算。在定额换算的过程中，可根据设计要求，提出合理的换算依据，以此提高原有定额。按照设计图纸和预算定额编制施工图预算，必须受预算定额制约，很难有灵活伸缩的余地。在编制施工图预算时，要充分考虑可能发生的施工成本，应将合同规定的属于包干（闭口）性质的各项定额外补贴列入施工图预算，通过工程款结算向甲方取得补偿。

四、施工成本控制体系

施工成本控制是在一定期间内预先建立施工成本目标，由成本控制主体在其权限范围内，对各种影响施工成本的因素和条件采取一系列预防和调节措施，以保证施工成本管理目标的实现。

在企业费用控制体系中，施工成本控制是体系中的一个子项。管理者应梳理施工费用及内部成本控制流程，充分发挥施工成本控制子项中的优势，为施工和施工服务质量提供制度保障，明确各项施工成本控制职责和工作程序。在管理工作中，应规范施工成本控制程序和操作文件，明确施工人员的成本控制职责和权限，控制施工成本在规定的范围内的进出平衡。施工成本的控制体系中最重要的是施工定额管理制度、预算管理制度、费用申报制度等。

1. 施工成本定额系统

施工定额是施工企业在一定施工生产技术水平和组织条件下，人力、物力、财力等各种资源的消耗达到的数量界限，主要有施工材料定额和施工人工时定额。施工成本控制的核心是制定施工材料和人工时消耗定额。

施工人工时定额的制定要综合考虑各地区经济社会发展水平、社会平均收入水平、施工行业发展水平、企业本身人力资源工资发展战略等因素。随着我国社会经济水平的飞跃发展，人力资源成本越来越大，人工时定额显得特别重要。此外根据企业施工特点和施工成本控制需要，还会出现动力定额、能源定额、费用定额等。应建立施工企业定额领料制度，控制施工材料成本、燃料动力成本；建立施工人工包干制度，控制施工人工时成本。同时施工定额也是施工成本预测、计划、实施、核算、统计、分析、分配和调整的重要依据。

2. 施工成本标准化系统

标准化工作是施工企业管理的基本要求，也是施工企业正常运行的基本保证。

（1）数据标准化　随着信息化技术的应用，在制订施工成本数据的采集程序时，应明确施工成本数据报送人和入账人的责任。做到施工成本数据按时报送，施工数据便于传输，实现信息共享。应规范施工成本核算方式，明确施工成本的计算方法。施工成本的书面文件应使用标准公文格式，统一表头，形成统一的施工成本计算图表格式。

（2）质量标准化　施工质量是项目过程的灵魂，以牺牲质量为代价降低施工成本的做法，将会给企业带来不可估量的损失。施工成本控制必须在施工质量控制下实现，没有施工质量作底线，施工成本控制就会失去方向。

（3）计量标准化　应对施工项目生产经营活动中的量和质的数值进行测定，为施工成本控制提供准确数据。如果没有统一计量标准，基础数据不准确，就无法获取准确的施工成本信息。

（4）价格标准化　成本控制过程中需要制定两个标准价格：一是内部价格，即内部结算价格，它是施工企业内部核算单位之间，核算单位与施工企业之间模拟进行"商品"交换的价值尺度；二是外部价格，即施工企业与总承包商或项目业主之间产生合同的结算价格。标准价格是施工成本控制运行的基本保证。

五、施工成本计划

施工成本计划是施工费用管理的一个重要环节，根据策划结果进行施工成本计划编制。计划一经确定，就应按成本管理层次将计划进行分解，层层落实到部门、班组，并制定各级施工成本计划方案。

1. 编制内容

施工成本计划一般由降低直接成本计划、降低间接成本计划及技术组织措施构成。施工降低直接成本计划主要反映工程成本的预算价值、计划降低额和计划降低率。降低间接成本计划主要反映施工现场管理费用的计划数、预算收入数及降低额。技术组织措施是为降低成本而需要采取的技术、组织、管理方面的措施。

2. 编制原则

（1）全过程控制原则　编制施工成本计划，应实行全过程管理、分级管理的原则，在项目经理的领导下，以财务、费用控制、计划、技术等部门为中心，总结降低施工成本的经验，找出降低成本的有效途径。

（2）成本动态可调性原则　在施工过程中会发生一些在编制计划时所未预料的变化，尤其是材料供应，千变万化。因此，在编制计划时应充分考虑各种变化因素，留有余地，使计划保持一定的适应能力。

（3）多元计划合理配套原则　要根据施工项目的生产、技术组织措施、财务状况、人力资源计划、材料供应计划、项目进度计划、质量计划、项目费用计划等，将各方面情况结合起来编制。编制施工成本计划必须与施工项目的其他各项计划密切结合，保持平衡。

（4）合理定额标准原则　编制成本计划，必须以各种先进的技术经济定额为依据，并针对工程的具体特点，采取切实可行的技术组织措施作保证。

（5）可操作性原则　编制成本计划必须从施工项目实际情况出发，充分挖掘内部潜力，正确选择施工方案，合理组织施工，以期能够提高劳动生产率、改善施工材料供应、降低材料消耗、节约施工管理费用。

3. 编制步骤

项目经理负责组织编制各部门成本相关计划。

(1) 收集基础资料　广泛收集资料并进行归纳整理是编制成本计划的必要步骤。所需收集的资料也即是编制成本计划的依据。这些资料主要包括：

① 施工分包合同及企业下达的费用、成本控制指标，降低率和其他有关技术经济指标。

② 有关成本预测、决策的资料。

③ 项目施工图预算。

④ 施工实施计划。

⑤ 施工项目使用机械设备生产能力及其利用计划。

⑥ 施工项目的材料消耗、物资供应、人力资源、劳动效率等计划资料。

⑦ 施工计划期内的物资消耗定额、劳动定额、费用定额等资料。

⑧ 以往同类项目成本计划的实际执行情况及有关技术经济指标完成情况总结资料。

⑨ 同类项目的成本、定额，技术经济指标资料及增产节约的经验和有效措施。

(2) 确定目标成本　施工目标成本有很多形式，在制订施工目标成本作为编制施工项目成本计划和预算的依据时，以计划成本或标准成本转化为目标成本。一般而言，目标成本的计算公式如下：

项目目标成本＝预计结算收入－税金－目标利润

对所收集到的各种资料进行整理分析，根据有关的设计、施工等计划，按照工程项目应投入的物资、施工材料、劳动力、施工机械及各种设施等，结合计划期内各种因素的变化和准备采取的各种增产节约措施，进行策划、测算、修订、平衡后，估算占施工费用支出的总水平，进而提出项目施工成本计划控制指标，最终确定施工目标成本。

一般施工成本估算采用工作分解法系统。以施工图设计为基础，施工企业组织设计及施工方案为依据，以实际施工价格和计划施工的物资、施工材料、人工、机械等消耗量为基准，估算施工项目的实际成本费用，据此确定施工目标成本。

先将施工项目逐级分解为内容单一、便于进行单位工料成本估算的小项或工序，然后按小项自下而上估算、汇总，从而得到整个工程项目的估算。估算汇总后还要考虑风险系数与物价指数，对估算结果加以修正。利用 WBS 系统进行成本估算时，工作划分越细，价格确定和工程量估计就越准确。工作分解自上而下逐级展开，施工成本估算自下而上，将各级施工成本估算逐级累加，便得到整个施工项目的目标成本。

（3）综合平衡分解　在项目经理领导下，费用经理组织人员对目标成本进行评审，审核各计划和费用预算是否合理可行，并进行综合平衡，使其相互协调、衔接。

（4）编制计划　最后根据确定的目标成本编制项目施工成本计划，上报按相关程序进行审批和执行。

4. 施工目标成本的确定方法

施工目标成本是施工成本计划的核心，也是施工成本管理所要达到的目的。施工目标成本的方向性、综合性和预测性，决定了必须选择科学的确定目标的方法。

（1）定额估算法　成本费用管理体系运行比较好的施工企业，在依据施工图编制概预算经验比较丰富、定额指标比较完善的条件下，施工项目成本目标可由定额估算法产生。施工图预算即以施工图为依据，按照预算定额和规定的取费标准以及图纸工程量计算出施工项目成本，反映为完成施工任务所需的直接成本和间接成本。它是施工项目招投标计算标底的依据，对于控制项目施工成本支出、衡量是否节约或超支具有重要参考价值。

主要步骤如下：

① 对已有的投标及预算资料，确定中标合同价与施工图预算的总价格。

② 由施工技术组织措施计划确定可能的项目节约数。

③ 对施工预算未能包括的项目，包括施工有关项目和管理费用项目，参照估算。

④ 对实际成本可能明显超出或低于定额的主要子项，按实际支出水平估算出其实际与定额水平之差。

⑤ 充分考虑不可预见因素、工期制约因素、风险因素、市场价格波动因素，加以试算调整，得出综合影响系数。

⑥ 综合计算整个施工项目的目标成本，并计算降低额及降低率。

（2）由消耗定额确定　以施工图中的过程实物量，套以施工工料消耗定额，计算工料消耗量，并进行工料汇总，然后统一以货币形式反映其施工生产耗费水平。以施工工料消耗定额计算的施工生产耗费水平，基本是一个不变的常数。在这个常数基础上，将计划采取的技术组织措施和节约措施所能取得的经济效果作为成本降低额，然后得到施工项目的目标成本。

5. 施工成本计划编制方法

施工成本计划编制是一项重要的工作，它是项目成本策划的结果。是施工项目成本管理的决策过程。即选定施工技术可行、经济合理的最优降低施工成本方案，通过编制施工成本计划，把施工目标成本进行层层分解，落实到施工全过程各环节。

（1）按施工项目组成编制　大中型施工项目通常是由若干单项工程构成，每个单项工程又包含若干单位工程，每个单位工程下面又包含了若干分部分项工程。因此，首先把项目总施工成本分解到单项工程和单位工程中，再进一步分解到分部工程和分项工程中。接下来就要具体地分配成本，编制分项工程的成本支出计划，从而得到详细的成本计划表。

在编制成本支出计划时，要在施工项目中考虑总的预备费，也要在主要的分项工程中安排适当的不可预见费，避免在具体编制成本计划时，由于某项内容工程量计算有较大出入，使原来的施工成本预算失实。

（2）按施工进度编制　在编制施工项目进度计划时，利用控制项目进度的网络图进一步扩充。即在建立网络图时，一方面确定完成各项工作所需花费的时间，另一方面确定完成这一工作合适的施工成本支出计划。采用赢得值原理，将施工项目分解为既能方便表示时间，又能方便表示施工成本支出计划的形式。

一般项目分解程度对时间控制合适的话，则对施工成本支出计划可能分解过细，以至于不可能对每项工作确定其施工成本支出计划。因此在编制网络计划时，应充分考虑进度控制对项目划分要求的同时，还要考虑确定施工成本支出计划对项目划分的要求，做到二者兼顾。通过对施工目标成本按时间进行分解，在网络计划基础上，可获得项目进度计划的横道图，并在此基础上编制成本计划。

（3）按施工成本组成编制　建筑安装工程费用由分部分项工程费、措施项目费、其他项目费、规费和税金组成。施工成本可以按成本构成分解为人工费、材料费、施工机械使用费、措施项目费和企业管理费等。

六、施工费用计划实施及控制程序

1. 施工费用计划实施程序

（1）施工费用计划实施程序内容　施工费用管理由施工经理和费用控制经理负责，在施工费用计划实施程序中通过制定施工费用目标、施工费用计划、施工内外部协调、施工变更管理等方法，严格按照施工费用计划实施程序执行。施工费用计划实施程序内容如表 14-6 所示。

表 14-6　施工费用计划实施程序内容

序号	程序内容描述	备注
1	施工费用管理原则	施工费用程序说明模块
2	施工费用管理目标	
3	施工费用管理方法及工具	
4	施工费用实施计划	
5	施工费用控制程序	施工费用工作程序模块
6	施工费用监督及记录	施工费用过程监督记录模块
7	施工费用文件支持系统	施工费用文件支持系统模块

施工费用计划实施程序模块示意如图 14-7 所示。

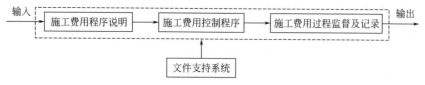

图 14-7　施工费用计划实施程序模块示意图

（2）施工费用计划实施程序流程　施工费用计划实施程序流程如图 14-8 所示。

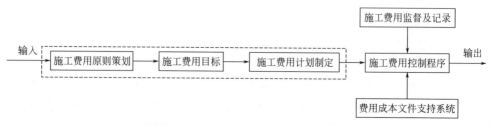

图 14-8　施工费用计划程序流程示意图

2. 施工费用控制程序

施工费用控制程序流程如图 14-9 所示。

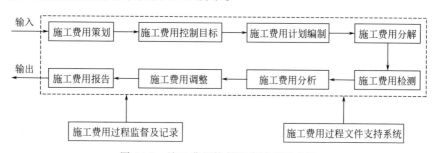

图 14-9　施工费用控制程序流程示意图

3. 施工费用控制程序说明

（1）施工费用策划　在满足合同指标的前提下，对施工费用工作范围、施工费用目标、施工外包费用（设备、材料、采购费用，施工费用以及其他相关费用）以及施工费用分解和施工工作包予以赋值。

在施工费用策划过程中，首先要制定施工费用控制原则。有必要时应对施工方案优化。其次对施工变更引起的设备材料采购费用发生变化要重点进行策划。再次对施工分包费用进行策划，由于工艺技术方案变化引起的施工变化将导致施工费用发生变化，应严格估算或预算施工分包费用。最后对施工各阶段、各专业、各层次费用分解方式和规则进行策划。

对可能发生的施工费用偏差要提出应对预案和必要的对策，以消除费用偏差风险。遵循措施适当原则，尽量减少合同执行风险。

（2）施工费用目标　制定的施工费用目标要合理、客观和可操作性强，既不能偏高，也不能偏低，应当是经过努力能够实现的目标。

（3）施工费用分解与施工费用计划　在确定了施工费用目标后，要进行施工费用目标分解，确定各阶段、各层次、各专业的施工费用子项目标。然后按子目标制定具体、详细的费用计划。

（4）施工费用检测　在施工费用计划实施过程中，施工费用管理及控制相关责任人应按照施工费用管理职责对施工费用进行跟踪检查和检测。在检测中要进行精细化管理，可以跟踪到每一个施工包。

（5）施工费用检测结果分析　在施工费用检测的基础上，定期对施工费用计划值与实际值进行分析比较，当实际值偏离计划值时，要及时分析产生施工费用偏差的原因。

（6）施工费用调控　根据费用检测结果的分析，提出费用调整计划，报施工经理和项目经理后对费用进行调整。

（7）施工费用报告　费用经理应按月提出施工费用报告，报施工经理和企业相关领导。施工费用控制结果若对各过程、各阶段费用总支出影响不大，并均在控制范围内，则继续按施工费用实施程序执行。

第四节　试运行费用过程管理

一、试运行费用概述

1. 试运行费用

试运行费用是指总承包商在试运行日常活动中发生的、会导致所有者权益减少的资源流出。试运行费用管理控制是试运行过程中的一个关键环节。控制试运行费用可以更好地调动试运行人员积极性，提高试运行工作质量。

2. 试运行费用管理及费用计划

（1）试运行费用管理　在试运行费用管理中通常要制定试运行费用目标、试运行费用管理职责和相关的试运行费用管理制度。按照国家、行业相关的法律、法规、标准等对试运行费用进行合规性管理。通过试运行费用管理和控制程序对试运行过程中的单机试运行、联动试运行、投料试运行和项目性能考核等过程进行费用目标策划、计划、实施、控制、检测和改进，实现确定的试运行费用控制目标。

（2）试运行费用目标策划及确定　在通常情况下，总承包商要对试运行总费用目标进行策划，确定由己方控制的费用指标和由业主控制的费用指标。

（3）试运行费用目标分解　要将确定的试运行费用目标分解到试运行的各个工作包、各台设备、各类材料中，将试运行费用与试运行工作量进行挂钩。在试运行经理领导下，由费控经理组织相关试运行人员制定试运行工作包的费用计划。

（4）试运行费用管理计划　是指对试运行费用管理工作的指导意见安排，也是试运行费用或试运行成本管理控制的指南。试运行费用管理计划重点规划试运行费用计划编制的相关要求，编制大纲、编制内容、编制程序和资源等，明确试运行费用管理的组织结构、试运行费用责任主体、试运行费用程序、控制、过程的资源配置等。试运行费用管理计划应为试运行费用管理者提供管理指导原则，涵盖试运行全过程的计划编制工作。

（5）试运行费用管理体系　在企业费用管理体系中，试运行费用管理体系是其中的一个子项。应充分发挥总承包商的管理体系优势，为试运行和试运行服务质量提供费用资源保障，增强试运行人员费用管理意识，明确试运行费用管理职责和工作程序。应规范试运行费用管理和作业文件，控制试运行费用在规定的范围内资源进出平衡。

二、试运行费用控制

1. 试运行费用估算控制

试运行费用管理控制是依据试运行相关专业做的"费用估算"和"费用预算"作为测算基准，是进行试运行费用目标制定和分解的基础。

2. 试运行费用分解

应依据工作分解结构（WBS）将试运行费用分解到每个工作包中。

3. 试运行工作量控制

（1）试运行工作量策划　试运行负责人根据专业编制"各试运行专业工作量核算表"，确定各试运行专业工作量。

（2）工作量核算与跟踪　在试运行过程中，费用控制工程师应对试运行各工作量核算点进行跟踪核算，比较实际试运行工作量与限额试运行工作量、实际试运行费用与限额试运行费用，找出偏差。

（3）纠偏措施　分析偏差产生的原因，制定对策或替代方案。应尽量通过优化措施加以解决。

（4）限额工作量指标变更与确认　若确实需要超过限额工作量数量，应由试运行专业负责人编制详细的限额试运行工作量变更报告，说明原因。费用控制工程师估算发生的费用，并由控制经理审核确认。

（5）编写试运行费用报告　由相关试运行人员提出试运行费用变更报告，经试运行经理确认后提交项目经理审核批准后实施。

4. 试运行费用计划编制

在试运行费用策划的基础上，编制试运行费用计划。

5. 试运行费用检测

利用项目进度费用综合检测软件对试运行费用进行绩效监测和统计及分析。若发现试运行费用偏差，应采取相应的措施，消除偏差的影响。

三、试运行费用计划实施及控制程序

1. 试运行费用计划实施程序

（1）试运行费用计划实施程序内容　试运行费用计划实施程序内容见表 14-7 所示。

表 14-7　试运行费用计划实施程序内容

序号	程序内容描述	备注
1	试运行费用管理原则	试运行费用程序说明模块
2	试运行费用管理目标	
3	试运行费用管理方法及工具	
4	试运行费用实施计划	
5	试运行费用控制程序	试运行费用控制程序模块
6	试运行费用监督及记录	试运行费用过程监督记录模块
7	试运行费用文件支持系统	试运行文件支持系统模块

试运行费用计划实施程序模块如图 14-10 所示。

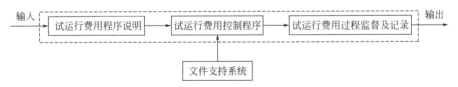

图 14-10　试运行费用计划实施程序模块示意图

（2）试运行费用计划实施程序　试运行费用计划实施程序流程如图 14-11 所示。

图 14-11　试运行费用计划实施程序流程示意图

2. 试运行费用控制程序

试运行费用控制程序流程如图 14-12 所示。

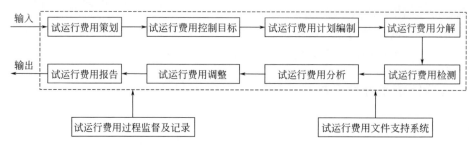

图 14-12　试运行费用控制程序流程示意图

3. 试运行费用控制程序说明

（1）试运行费用策划　在试运行费用策划过程中，首先对试运行过程制定费用管理原则和费用预算原则；对工艺试运行方案进行策划和优化。其次对试运行可能引起的变更、试运行前的三查四定等检查出来的问题导致的相关费用发生变化要重点进行策划，提出整改措施和对策。再次对试运行外包部分进行策划（比如试运行培训、外请试运行团队和外聘试运行专家和顾问）。最后对试运行各阶段、各专业、各层次费用分解方式和规则进行策划。通过合理策划以及方案优化把试运行工作量分解到所有的试运行工作包，以确保试运行一次成功。

对可能发生的试运行费用偏差要提出应对预案和必要的对策，以消除偏差风险。

（2）试运行费用目标　试运行费用目标要合理、客观和可操作性强，既不能偏高，也不能偏低，应当是经过努力能够实现的目标。

（3）试运行费用分解与试运行费用计划　在确定了试运行费用目标后，要进行试运行费用目标分解，确定试运行各阶段的试运行费用控制目标。然后按子目标制定具体、详细的费用计划。

（4）试运行费用检查　在试运行费用实施过程中，相关责任人应按照试运行费用管理职责对运行费用进行跟踪检查。

（5）试运行费用检查结果分析　在试运行费用检查的基础上，定期对试运行费用计划值与实际值进行分析比较，当实际值偏离计划值时，要及时分析产生试运行费用偏差的原因，采取适当的纠偏措施，以确保试运行费用目标的实现。

（6）试运行费用报告　费用经理应按月提出试运行费用报告，报试运行经理和相关领导。

第十五章
HSE 全过程控制

第一节　设计 HSE 过程管理

一、设计 HSE 定义及管理体系

1. 设计 HSE 定义

设计 HSE 是指在设计活动过程中，努力改善设计活动的劳动环境及条件，克服设计活动中存在的对人不安全的因素，使各种设计活动与自然环境因素间相互形成和谐、友好、绿色、可持续发展的生态关系。

对人的健康、安全及环境的管理与设计过程有着密不可分的关联。以人为本，坚持设计本质安全，是设计 HSE 的核心。

设计 HSE 体现了设计活动与人、健康、安全和环境因素间相互形成和谐、友好、绿色、可持续发展的紧密生态发展关系的属性。当设计具备了这种属性，设计的产品及设计产品的过程才能够满足设计者、企业、国家、生态环境以及业主的需求。这种"需求"可以通过国家和行业标准规范明确，也是业主在生产过程中实际存在的需求。设计 HSE 就是把这种"需求"加以表征转化成有目标的设计特征，并可以通过设计项目考核予以衡量。符合设计特征要求的项目，就是满足用户合同需求的产品。

2. 设计 HSE 管理体系

企业必须建立 HSE 管理体系，以适应人、社会与环境和谐、友好、绿色及可持续发展的要求。

设计 HSE 管理系统是企业 HSE 管理体系中的一个子项。它将总承包商资源与设计 HSE 管理过程相关联，将 HSE 管理体系要素组合控制设计过程，以实现设计 HSE 的目标。设计 HSE 管理系统包括：设计管理活动、设计资源供应、设计产品技术标准规范专利、设计 HSE 目标、设计 HSE 测量分析等相关活动以及为实施设计 HSE 管理所需的组织结构、程序、过程和资源等。

3. 设计 HSE 目标

设计 HSE 目标必须符合企业发展所确定的 HSE 目标、方针和原则；设计的产品必须满足国家产品标准规范要求。

为了使设计 HSE 目标能够实现，HSE 管理体系正常运行，设计组织内部应建立符合企业 HSE 管理体系运行所需要的组织结构，并且具备相应的管理功能。应确定设计组织中相关机构的 HSE 管理职能范围和授权。在企业 HSE 管理体系指导下，应用 HSE 管理体系相关规定、程序、工具和方法，根据 EPC 总承包设计产品的特点和 HSE 的要求，分析设计过程 HSE 可能会出现问题的环节，并对关键环节的设计安全、设计本质安全及环境风险进行控制，避免产生较大的设计事故、设计产品事故。

二、设计 HSE 管理

1. 设计 HSE 管理定义

为实现设计 HSE 目标进行的 HSE 管理性质活动称为设计 HSE 管理。

在设计 HSE 管理中通常要制定设计 HSE 目标、HSE 方针、HSE 管理原则及管理职责；通过设计 HSE 控制程序，对设计 HSE 实施全过程的启动、策划、计划、实施、绩效检查、风险评价、持续改进等活动。

设计 HSE 管理应坚持使用 PDCA 循环工作法。

设计 HSE 管理内容主要包括：设计 HSE 策划；设计 HSE 因素识别、评价与控制要求；设计 HSE 实施控制和测量；设计紧急准备与响应计划，设计事故报告、调查和处理等。

设计 HSE 经理负责组织相关单位、相关专业以及相关设计人员进行设计 HSE 策划，设计环境与设计产品 HSE 因素识别、评价，提出设计 HSE 控制要求，编制设计紧急准备与响应计划等，将设计管理的相关过程的管理内容、标准规范和要求分别编制到设计 HSE 实施计划里面。

2. 设计安全管理的规定

安全管理是企业生产管理的重要组成部分，是一门综合性的系统学科。设计安全管理是对设计活动中的一切人、物、环境的状态进行管理与控制。设计安全管理是一种动态管理，主要是组织实施企业设计安全管理计划，保证设计、建设处于最佳安全状态。设计安全管理应遵循以下的一般规定：

① 设计安全管理必须坚持"以人为本，坚持安全发展，安全第一、预防为主、综合治理"的方针。

② 设计安全管理及设计活动应在企业 HSE 管理体系及项目 HSE 管理系统的覆盖范围之内，设计产品的质量标准应符合国家及相关行业标准。

③ 设计 HSE 管理既强调设计环境的安全，更要求设计产品的本质安全要完全

符合国家法律法规。

④ 设计经理是设计安全的第一责任人，应全面落实设计安全生产责任制等安全管理制度；特别要落实设计所指定和补充的安全生产规章制度和操作规程。

⑤ 设计经理应组织制定并实施设计应急预案，对设计实施过程中的人的不安全行为、物的不安全状态、作业环境的不安全因素和管理缺陷进行相应的安全控制。

⑥ 设计经理应组织制定设计安全生产教育制度，编制设计现场安全生产教育培训计划，配合设计部门级和设计专业组级安全教育培训，配合项目部对首次进入项目现场的设计员工进行现场安全培训，未经安全生产教育的人员不得上岗作业。

⑦ 设计部室应根据设计特点制定相关设计安全措施，消除设计安全事故隐患，及时客观报告设计安全事故。

⑧ 在审查设计施工平面图时，应充分考虑现场设计的安全、防火、防爆、防污染等因素，提出合规性、建设性的意见。

⑨对设计作业过程中危及设计人员生命安全和人身健康的行为，有权抵制、检举和控告。

3. 设计 HSE 管理原则

（1）以人为本原则　设计人员和设计管理者要坚持 HSE 管理理念，必须坚持"以人为本"的原则。设计活动应严格符合 HSE 要求，达不到 HSE 标准要求的，坚决返工。对设计员工的 HSE 技能及知识能力要定期进行培训和考核。

（2）全员参与原则　规定各级设计组织和人员的 HSE 职责，强调设计组织内的各级机构和员工必须落实设计 HSE 职责。设计 HSE 管理需要设计全员参与，密切配合，无论身处何处，都有责任把设计 HSE 事务做好，并通过审查考核，不断提高设计组织的 HSE 绩效。

（3）重在预防原则　设计组织应坚持"预防为主"的理念，在设计源头将事故隐患消灭在萌芽状态。设计风险评价、设计隐患治理以及设计产品本质安全是设计 HSE 管理的关键点，着眼点在于预防设计事故的发生。设计组织的管理层对 HSE 必须从启动阶段抓起。HSE 风险评价是一个不间断的过程。

（4）持续改进原则　持续改进是设计 HSE 管理的基本方法，HSE 管理者应不断主动寻求设计过程的有效性和效率的改进机会，持续改进设计 HSE 的工作质量。

4. 设计 HSE 检查管理

（1）设计 HSE 动态监控　应加强对设计动态的风险分析和检查。在一些应用新技术的项目中，随着设计深度的推进，一些设计初期认识不到的问题，可能会被暴露出来。有些设计工程化问题会随着施工进度的推进被暴露出来。定期的安全检查有时也能发现设计问题。无论是哪类问题，应做到不断检测，发现偏差时进行分析和纠偏，加大力度进行设计整改和持续改进的动态管理。对设计重大危害因素要进行识别，同时制定相应的控制措施。

（2）设计 HSE 检查和隐患整改常态化　项目现场的检查方式有开工检查、每日例查、每周大检查、节假日大检查、季节性大检查及专项安全检查等。项目部负责人和安全管理人员参加监理不定期组织的安全检查活动。项目经理组织参加项目节假日等重要的安全检查工作；HSE 经理和 HSE 工程师组织分包单位安全管理人员进行日常巡检，并组织进行每周的安全大检查工作。在各类检查的基础上，归纳出现的各类 HSE 隐患，有相当一部分是属于设计方面的问题。小的设计问题若不重视整改，会形成严重的设计大问题。因此设计人员要积极配合项目现场进行常态化的设计整改，并要求对其设计整改质量和安全进行落实，整改结束后，形成闭环。

（3）设计 HSE 会议制度化管理　设计 HSE 会议是进行设计交流和沟通的一个渠道，议题要围绕设计方面的技术方案、流程、参数、条件、问题和难题进行研讨，特别要围绕设计 HSE 工作情况和绩效，研究和解决存在的重大设计隐患、措施和改进要求，提出进一步的设计 HSE 管理要求。这些设计 HSE 会议的设置，建立了设计与相关方的沟通渠道，有效提高了解决设计 HSE 问题的速度与能力，丰富和扩大了设计 HSE 监督管理的渠道。

三、设计过程危害识别和风险评估

根据总承包商在企业 HSE 管理体系中制定的 HSE 因素识别、评价和控制策划实施程序，和各类项目的特点，设计相关人员应编制项目设计环境因素清单、项目设计职业健康安全危险源清单等，确保在设计过程中的职业健康安全，预防环境污染，满足用户、员工、相关方对设计 HSE 的管理要求。

对列入项目设计环境因素清单、项目设计职业健康安全危险源清单中的重大环境因素、重大危险源，由 HSE 经理组织 HSE 工程师，按照承包商重大设计 HSE 因素控制规定，编制设计重大 HSE 因素控制措施一览表、设计 HSE 管理方案。

设计经理应组织设计相关人员配合项目部，按照应急准备与响应计划编制规定，编制项目现场应急预案中涉及设计方面的专题内容，便于在紧急事故发生时，设计相关人员能迅速有组织、有计划地做出响应，控制事故的扩大，减少伤亡，预防和减少对环境的影响。项目现场应急预案包括：应急组织机构及其分工；应急人员的职责、权限和义务；人员培训（包括抢险抢救人员的专业培训，应急场所工作人员岗位技能、安全生产规章制度、应急措施和现场急救知识等的培训或演习）；疏散程序（包括人员、危险品、贵重物质等的疏散）；应急设备（包括报警系统、应急照明和动力、逃生工具，安全避难所、消防设备、救急设备、通信设备等）；标识（如危险区域标识、消防器材标识、疏散通道标识等）；与内部、外部应急服务机构的联络方式；与当地政府有关部门的联络方式；至关重要的记录和设备的保护。其中涉及需要设计配合的工作，均属于设计 HSE 工作的范围。

四、设计 HSE 实施程序和控制程序

设计事故的发生，是由于人在设计活动过程中的不安全行为运动轨迹与物的不安全状态运动轨迹的交叉。许多设计事故案例都说明了是人对设计安全因素状态的控制把握不准导致了发生重大设计安全事故。因此设计安全管理的控制重点是要把设计安全因素策划好，按照设计 HSE 程序管理实施。

1. 设计 HSE 实施程序

可以描述为设计安全策划—计划—实施—检查—纠正的过程。设计人员应按照设计 HSE 程序开展设计 HSE 活动，并在实施过程中加强检查，及时发现设计 HSE 存在的问题，并对存在的问题进行整改。

2. 设计 HSE 控制程序

其步骤为：

① 设计 HSE 监督检查策划；

② 编制设计 HSE 检查计划；

③ 检查计划实施；

④ 检查及测量；

⑤ 设计 HSE 不合格项分析及整改措施；

⑥ 检查评价、考核；

⑦ 检查记录和报告。

相关设计校审人员应根据设计 HSE 控制程序，对设计 HSE 计划实施执行情况进行检查和测评，对设计过程中存在的不安全行为和隐患，分析原因并制定整改防范措施。

设计经理及相关检查人应根据设计实施过程的特点和设计 HSE 实施计划安全目标的要求，对设计安全检查进行策划，确定检查负责人、检查人员及检查时间安排，并明确检查内容及要求。

设计 HSE 检查应采取随机抽样、现场观察、实地检测相结合的方法，并记录检测结果。检查人员应对检查结果进行分析，找出安全隐患部位，确定危险程度。

第二节　采购 HSE 过程管理

一、采购 HSE 定义及管理体系

1. 采购 HSE 定义

采购 HSE 是指在采购活动过程中，努力改善采购活动的劳动环境及条件，克

服采购活动中存在的对人不安全的因素，使各种采购活动与自然环境因素间相互形成和谐、友好、绿色、可持续发展的生态关系。

对人的健康、安全及环境的管理与采购过程密不可分。

采购 HSE 体现了采购活动与人、健康、安全和环境因素间相互形成和谐、友好、绿色、可持续发展的属性。当采购具备了这种属性，采购的产品及采购产品的过程才能够满足相关方安全的需求。采购 HSE 就是把这种"需求"加以表征转化成有目标的采购特征，并可以通过采购项目考核予以衡量。符合采购特征要求的产品，就是满足用户合同需求的产品。

2. 采购 HSE 管理体系

采购 HSE 管理系统是企业 HSE 管理体系中的一个子项。它将总承包商资源与采购 HSE 管理过程相关联，对采购所涉及的 HSE 进行控制，以实现采购 HSE 的目标。

采购 HSE 管理系统一般包括与采购管理活动相关的采购物资供应、采购产品技术标准规范、采购设备材料性能指标、采购 HSE 目标、采购 HSE 检查、采购 HSE 实施程序及持续改进等。采购 HSE 体系还包括为实施采购 HSE 管理所需的采购组织结构和资源等。

总承包商常将 HSE 管理体系与质量（Q）管理体系整合为一体化管理体系，并取得 HSE 管理体系证书。应确保采购过程满足国家、地方法律法规要求，实现 HSE 和质量管理目标，并根据整合后的 QHSE 管理体系文件要求编制采购 HSE 实施计划，说明适用法律法规和标准规范、HSE 管理方针和管理目标、HSE 因素清单等。在实际采购过程中，可视情况对 HSE 采购实施计划进行持续修改、逐步完善。

3. 采购 HSE 目标

采购 HSE 目标必须符合企业发展所确定的 HSE 目标、方针和原则。采购产品必须满足国家产品标准规范要求。

为了使采购 HSE 目标能够实现，体系能够正常运行，项目部采购内部应建立符合企业 HSE 管理体系运行所需要的组织结构，并具备相应的管理功能。应确定采购组织中相关机构的 HSE 职能和授权。在企业 HSE 管理体系指导下，应用 HSE 管理体系相关规定、程序、工具和方法，根据 EPC 总承包项目采购产品的特点和 HSE 的要求，分析采购过程可能会产生 HSE 问题的环节，并对关键环节的采购安全、采购设备材料的本质安全及采购环境风险进行控制，避免产生采购安全事故和采购产品安全事故。

二、采购过程 HSE 管理

1. 采购 HSE 管理定义

为实现采购 HSE 目标进行的 HSE 管理性质活动称为采购 HSE 管理。在采购管理中通常要制定采购 HSE 目标、采购 HSE 管理原则及管理职责；通过采购 HSE 控制程序对采购 HSE 实施计划进行全过程管理。采购 HSE 实施程序包括：策划、计划、实施、绩效检查、风险评价、持续改进等活动。

2. 采购过程 HSE 管理内容

采购 HSE 管理内容包括：采购 HSE 策划；采购 HSE 因素识别、评价与控制要求；采购 HSE 实施计划管理和测量；采购紧急准备与响应计划；采购事故报告、调查和处理等。

采购 HSE 经理负责组织采购 HSE 的相关活动，包括进行采购 HSE 策划、采购环境与采购产品 HSE 因素识别、采购 HSE 控制，配合编制项目紧急准备与响应计划中的采购部分内容，编制采购 HSE 实施计划的相关内容、标准规范和要求。

3. 采购产品移交及采购人员 HSE 管理

当采购产品转移至项目现场时，应按项目施工现场 HSE 管理要求进行管理，避免采购设备及物品等引起环境污染、职业健康危险。

当采购人员在项目施工现场工作时，应遵守项目施工现场 HSE 管理要求。

当供货厂商技术服务人员在项目施工现场提供采购服务时，应遵守项目施工现场 HSE 的管理要求。

4. 超限、有危险的设备及材料运输 HSE 管理

对超限和有危险性的运输设备和材料，应在采购合同或运输合同中规定供货厂商和运输公司必须提交运输方案，包括运输过程中的 HSE 管理要求。

由采购经理组织物流工程师及相关专家审查采购物品运输方案的可行性、可靠性、安全性，检查相关的安全措施和相关的许可手续。运输方案通过审查批准后，才能允许供货厂商或运输单位实施超限和有危险设备和材料的运输。必要时采购经理应安排物流工程师在运输过程中进行监督。

三、采购 HSE 管理规定

采购 HSE 管理一般规定如下：

① 采购安全管理必须坚持"以人为本，坚持安全发展，安全第一，预防为主，综合治理"的方针。

② 采购 HSE 管理及采购活动应在企业 HSE 管理体系及项目 HSE 管理系统的覆盖范围内，采购产品的质量标准应符合国家及相关行业标准。

③ 为保证采购本质安全，在选择供货厂商时应当优先选择已经获得有效 QHSE 管理体系认证证书的合格厂商。

④ 采购安全管理不仅强调采购人员环境的安全，同时对采购产品的本质安全提出更严格的要求。采购产品要完全符合国家法律法规的要求，采购活动要合法合规进行。

⑤ 采购经理是采购安全第一责任人，应全面落实采购安全生产责任制度等安全管理制度。

⑥ 采购经理应组织制定采购应急预案，对采购实施过程中相关采购人员的不安全行为、物的不安全状态、作业环境的不安全因素和管理缺陷进行相应的安全管理及控制。

⑦ 采购经理应组织制定采购安全生产教育培训制度，编制相关采购现场安全教育培训计划，配合采购部门级和采购专业组级安全教育培训，配合项目部对首次进入项目现场的采购人员的现场安全培训，未经项目安全生产教育培训的采购人员不得上岗作业。

⑧ 采购部应根据采购特点制定相关采购安全措施工作流程，以消除采购安全事故隐患，及时客观报告采购安全事故。

⑨ 采购相关人员到制造厂等生产现场进行催交、检验和协调等工作时，应遵守制造厂商 HSE 管理规定，确保人员职业健康安全。

四、采购过程危害识别和风险评估

根据总承包商在企业 HSE 管理体系中制定的 HSE 因素识别、评价和控制策划实施程序，和采购项目的特点，采购相关人员应编制项目采购环境因素清单、项目采购职业健康安全危险源清单等，以确保在采购过程中的职业健康安全，预防环境污染，满足用户、员工、相关方及项目合同、法律法规和标准规范对采购 HSE 的管理要求。

对列入项目采购环境因素清单、项目采购职业健康安全危险源清单中的重大环境因素、重大危险源，由 HSE 经理组织 HSE 工程师，按照承包商重大采购 HSE 因素控制规定，编制采购重大 HSE 因素控制措施一览表、采购 HSE 管理方案。

采购经理应组织采购人员配合项目部，按照应急准备与响应计划编制规定编制项目现场应急预案中涉及采购方面的专题内容，以便在紧急事故发生时，采购相关人员能迅速有组织、有计划地做出响应，控制事故的扩大，减少伤亡，减少对环境的影响。项目现场应急预案包括：应急组织机构及其分工；应急人员的职责、权限和义务；人员培训；疏散程序；应急设备；标识；与内部、外部应急服务机构的联络方式；与当地政府有关部门的联络方式；重要记录和设备保护。

五、采购 HSE 实施及控制程序

采购 HSE 实施程序是为了确保在采购过程中按照规定的程序对采购 HSE 进行管理控制，以确保采购过程安全及采购设备本质安全。

1. 采购 HSE 实施程序

发生采购事故是由于人在采购活动过程中的不安全行为的运动轨迹与物的不安

全状态运动轨迹的交叉。采购安全事故案例说明按采购程序进行，控制好采购不安全因素状态，就可避免发生重大的采购安全事故。根据采购 HSE 策划结果编制采购 HSE 实施计划，对采购安全按照策划—计划—实施—检查—纠正的程序进行管理，就能发现和控制采购过程存在的安全隐患和避免采购不安全事故发生。

采购人员应严格按照采购实施程序开展采购 HSE 活动，并在实施过程中进行自检和互检，发现采购不安全问题时进行持续整改。

2. 采购 HSE 控制程序

采购 HSE 控制程序步骤如下：

① 采购 HSE 监督检查策划；

② 编制采购 HSE 检查计划；

③ 检查计划实施；

④ 抽查及测量；

⑤ 采购 HSE 不合格项及整改；

⑥ 考核及评价；

⑦ 记录和报告。

采购相关校审、管理人员应依据采购 HSE 控制程序，对采购 HSE 计划实施执行情况进行自查、检查和测评，对采购过程中存在的不安全行为和采购隐患，尤其是采购本质安全问题应进行分析整改，直至满足采购 HSE 的规定和要求。

采购安全检查应采取随机抽样、现场观察、实地检测相结合的方法，并记录检测结果。对项目事故现场采购管理人员的违章指挥和采购人员的违章作业行为应及时进行纠正。采购安全检查人员应对检查结果不合格项进行分析，找出采购安全隐患部位，确定危险程度及采购安全绩效评价，在此基础上编写采购 HSE 检查报告。

第三节　施工 HSE 过程管理

一、施工 HSE 定义及管理体系

1. 施工 HSE 定义

施工 HSE 是指在施工活动过程中，努力改善施工活动的劳动环境及条件，克服施工活动中存在的对人不安全的因素，使各种施工活动与自然环境因素间相互形成和谐、友好、绿色、可持续发展的生态关系。在施工过程中，人的健康、安全与环境的管理与施工活动不可分离，尤其是施工安全危险性因素对人的影响揭示了施工 HSE 管理的重要性。

施工 HSE 体现了相关方对施工活动与人、健康、安全和环境间相互形成和谐、友好、绿色、可持续发展的需求。加强施工 HSE 管理，应满足这种施工安全的需求目标，并将这种"目标"加以表征转化成能控制指标的施工特征，并可以通过施工安全指标考核予以衡量。符合施工特征指标要求时，就达到了施工 HSE 管理目的。

2. 施工 HSE 管理体系

施工 HSE 管理系统是企业 HSE 管理体系中的一个子项。它将总承包商（或施工分包商企业）资源与施工过程 HSE 管理相关联，对施工所涉及的 HSE 控制指标进行管理，以实现施工 HSE 的管理目标。

施工 HSE 管理系统一般包括与施工管理活动相关的施工物资供应、施工产品技术标准规范、施工设备材料性能指标、施工 HSE 目标、施工 HSE 检查、施工 HSE 实施计划程序及持续改进等，还包括施工组织结构、程序和资源等。

若总承包商（或施工分包商）将 HSE 管理体系与质量管理体系进行整合，并取得了 QHSE 管理体系证书，应建立 QHSE 管理体系。应确保施工过程满足国家、地方法律法规要求，实现 QHSE 管理目标，并根据 QHSE 管理体系文件要求编制施工 HSE 实施计划，说明 HSE 管理方针和管理目标、HSE 因素清单等。

二、施工 HSE 管理目标

施工 HSE 目标必须符合企业发展所确定的企业 HSE 总目标、方针和原则；施工项目产品必须满足国家产品标准规范要求。

施工组织内部应建立符合企业 HSE 管理体系运行所需要的组织结构，并具备相应的管理功能。应确定施工组织中相关机构的 HSE 职能和授权。在企业 HSE 管理体系指导下，应用 HSE 管理体系相关规定、程序、工具和方法，分析施工过程可能会产生 HSE 问题的环节，并对关键环节的施工 HSE 目标及环境风险进行控制，避免产生施工安全事故。以某施工项目为例，说明施工 HSE 管理目标。某项目施工过程安全管理目标及控制效果如表 15-1 所示。某项目施工过程职业健康管理目标及控制效果如表 15-2 所示。某项目施工过程环境管理目标及控制效果如表 15-3 所示。

表 15-1　施工过程安全管理目标及控制效果

序号	安全管理目标	企业目标值	施工考核绩效值
1	施工安全管理覆盖率	100%	100%
2	火灾事故、重大伤亡事故	0	0
3	百万工时伤害率	小于 4.5%	0.7%
4	严重伤害率	小于 2.2%	1.1%
5	直接经济损失 50 万元以上的事故	0	0

表 15-2　施工过程职业健康管理目标及控制效果

序号	职业健康管理目标	企业目标值	施工考核绩效值
1	施工职业健康管理覆盖率	100％	100％
2	群体中毒、传染病发生次数	0	0

表 15-3　施工过程环境管理目标及控制效果

序号	环境管理目标	企业目标值	施工考核绩效值
1	施工环境管理覆盖率	100％	100％
2	环境事故	0	0

三、施工过程 HSE 管理

1. 施工 HSE 管理定义

为实现施工 HSE 目标进行的 HSE 管理性质活动称为施工 HSE 管理。在施工过程中通常要制定施工 HSE 目标、HSE 管理原则及管理责任；通过施工 HSE 控制程序对施工 HSE 进行全过程控制。施工 HSE 实施程序包括：策划、计划、实施、绩效检查、施工安全风险评价、持续改进等活动。

施工 HSE 管理应贯彻"以人为本、坚持安全发展、安全第一、预防为主"的安全管理方针。坚持在施工过程中进行 HSE 的计划、实施、检查和改进的工作方法。

2. 施工过程 HSE 管理内容

施工过程 HSE 管理内容主要包括：施工 HSE 管理策划；施工 HSE 因素识别、施工安全风险及措施评价与控制要求；施工 HSE 实施计划编制、HSE 过程控制和测量；施工紧急准备与响应计划；施工安全事故报告等。

施工经理负责施工组织及相关的施工安全，进行施工 HSE 策划、施工环境与施工过程 HSE 因素识别、制定施工 HSE 控制指标；配合编制项目施工紧急准备与响应计划等内容；编制施工 HSE 实施计划的相关内容、标准规范和要求。

为确保项目施工过程中的安全职业健康及环境，减少施工安全轻伤事故，杜绝发生重大施工安全事故，应建立健全施工组织及施工各级安全生产责任制，明确各级施工管理和操作人员在施工安全生产方面的职责，确保施工项目安全生产目标的实现。

3. 施工安全责任制

施工经理承担着施工安全及生产进度、成本、质量等目标责任。应建立以施工经理为首的安全生产组织，开展施工安全管理活动，承担安全生产的责任。建立健全各级施工人员安全生产责任制，明确各级施工人员的安全责任，组织各级职能部门及人员在各自业务范围内，对实现施工安全生产的要求负责。

根据总承包商 HSE 管理体系及施工分包商 HSE 管理体系，总承包商项目部与分包商项目部应成立 HSE 管理委员会，下设项目 HSE 办公室及安全管理组。管理委员会主任由项目经理担任，副主任由 HSE（施工）经理担任。安全管理组在 HSE 管理委员会及 HSE 办公室指导下，负责施工项目的安全管理工作。

施工部承担着控制、管理施工生产安全及进度、成本、质量等职责。

① 建立以施工经理为第一责任人的施工安全生产领导组织，开展施工安全管理活动，承担组织、领导安全生产的责任。

② 贯彻执行安全生产有关法令、法规、规范、标准、操作规程及规章制度。

③ 建立项目组织各级人员施工安全生产责任制度，明确各级人员的施工安全责任，定期检查施工安全责任落实情况及报告。

④ 施工项目应通过监察部门的安全生产资质审查，并得到许可。一切从事施工生产管理与操作的人员，须依照其从事的生产内容，分别通过企业、施工项目的安全审查，取得安全操作认可证，持证上岗。

⑤ 施工特种作业人员，除企业的安全审查培训外，还需按规定参加安全操作考核，取得监管部门核发的安全操作合格证，坚持持证上岗。

⑥ 施工部负责施工生产中物的状态审验与认可，承担物的状态漏验、失控的管理责任以及出现的经济损失。

⑦ 施工安全生产责任落实情况的检查和详细记录存档，作为相关利益配置的原始资料之一。

⑧ 管理与操作人员均需与项目部签订施工安全协议，向施工部做出安全保证。

⑨ 施工现场搭设的脚手架、井架和机械设备、电器设备等安全防护装置须经验收合格后方能使用。

⑩ 对总承包商而言，还应抓好施工分包队伍的安全管理，使用的分包队伍要具有安全资质。杜绝不具备条件的施工分包队伍进入场施工。

⑪ 发生工伤事故时，应立即组织抢救，迅速上报，并保护现场。

⑫ 各层级人员按权限参加事故的调查和处理，执行项目应急准备与响应计划。

4. 各管理岗位职责

（1）项目部安委会主任（或项目经理兼）

① 是施工项目安全第一责任人，对施工项目安全生产负全面责任。

② 贯彻执行安全生产有关法令、法规、规范、标准、操作规程及规章制度。

③ 负责督促、检查、指导施工项目部员工履行各岗位安全管理职责。

④ 负责员工安全教育和安全培训。

⑤ 正确处理好施工生产与安全的关系，不违章指挥，对违章作业的班组和个人按项目奖惩规定进行处理。

⑥ 参加事故的调查和处理。

（2）项目 HSE 经理

① 在项目经理领导下，负责组织 HSE 工程师监督检查施工项目的安全管理工作。

② 贯彻执行安全生产有关法令、法规、规范、标准、操作规程及规章制度。

③ 负责编制施工 HSE 实施计划，并监督其执行。

④ 负责组织编制施工项目安全管理制度、规定，保证施工项目 HSE 管理体系正常运行，确保施工项目 HSE 管理达到规定的目标。

⑤ 组织对员工进行项目施工现场的 HSE 教育和培训。

⑥ 负责组织对重大危险源和重大环境因素制定控制措施、技术管理方案。

⑦ 组织召开施工项目现场 HSE 周例会，检查施工项目 HSE 安全工作，督促施工隐患整改，检查落实施工事故隐患消除，制止施工违章作业。

⑧ 按权限参加施工安全事故的调查和处理。

（3）施工经理

① 在项目经理领导下，对施工项目现场的安全管理工作负责。施工经理是施工现场安全管理工作的主要负责人。

② 贯彻执行安全生产有关法令、法规、规范、标准、操作规程及规章制度。

③ 负责审核、组织并实施施工 HSE 实施计划。

④ 负责组织施工工程师按规定对现场施工工作进行管理，发现施工项目（或施工分包商）违犯施工安全规定、存在施工安全隐患的，应责令、监督、检查相关单位和个人进行安全整改。

⑤ 按规定，对施工项目（或施工分包商）的重大方案进行施工安全性审查。

⑥ 按权限参加施工安全事故的调查和处理。

（4）项目 HSE 工程师

① 在 HSE 经理的直接领导下，负责项目施工的 HSE 管理工作。

② 贯彻执行安全生产有关法令、法规、规范、标准、操作规程及规章制度。

③ 参加编制项目（或施工）安全管理规章制度、规定。

④ 按照施工项目安全管理规章制度、规定，对施工项目实施过程（或施工分包商）进行施工安全监督和检查，发现违犯施工安全规定、存在施工安全隐患的，责令、监督、检查单位和个人进行安全整改。

⑤ 负责收集、保管施工项目过程安全记录文件，并按规定存档。

⑥ 按权限参加安全事故的调查和处理。

（5）施工质量员

① 贯彻执行安全生产有关法令、法规、规范、标准、操作规程及规章制度。

② 负责监督、验收安全防护用品的质量是否符合有关验收标准。

③ 负责施工项目部分项工程混凝土强度的检测，确定混凝土拆模时间，确保工程施工质量和安全。

④ 参与施工安全检查，协助纠正施工安全事故隐患。

⑤ 在检查施工质量的同时要检查施工安全生产，发现施工安全事故隐患要立即报告有关人员进行整改。

（6）施工管理员

① 贯彻执行安全生产有关法令、法规、规范、标准、操作规程及规章制度。

② 是施工项目工程分阶段安全生产负责人，对所管的分部工程施工安全生产负直接责任。

③ 应熟悉掌握有关施工安全生产操作规程，帮助督促生产班组遵守施工安全生产规章制度和本工种施工安全生产技术操作规程。

④ 认真执行施工安全生产规章制度，不违章指挥。

⑤ 安排施工前，应将施工组织设计中的安全措施详细向施工班组进行书面安全交底，对施工环境应采取有效的安全防护措施，并督促班组执行。

⑥ 对违章作业的班组和个人应及时制止，对坚持违章作业的班组和个人有权暂停其工作直至改正为止。

⑦ 发现班组人员发生工伤事故要立即上报和保护现场，并配合有关人员调查处理。

（7）安全管理员

① 是施工生产一线的安全生产监督检查员。

② 监督检查施工安全、文明生产。

③ 配合有关部门开展施工安全生产的宣传教育工作，协助项目经理组织施工安全检查，并做好施工安全资料管理工作。

④ 监督检查并及时发现施工生产中的安全隐患，立即提出整改意见和措施，并督促落实整改。

⑤ 熟悉施工组织设计和编制的安全生产技术措施，并对贯彻执行情况进行监督检查。

⑥ 与相关单位共同做好新进场工人安全技术培训和三级教育。

⑦ 负责施工项目工伤事故统计、分析报告，参与工伤事故调查和处理。

⑧ 制止违章指挥和违章作业，如有严重不安全的情况，有权暂停生产。

⑨ 对违反劳动法规定的行为，可视情况进行教育，并向领导提出处理建议。

5. 施工安全制度

施工项目 HSE 安全制度建设是总承包商或施工分包商 HSE 管理体系的一个重要内容。施工 HSE 管理系统的制度文件应被企业体系文件所覆盖。项目部制定 HSE 管理制度时，引用企业 HSE 体系文件，在此基础上结合施工项目的特点和要求进行修订和升级，可以节省项目的大量资源。项目施工安全管理制度文件内容应涵盖项目 HSE 相关的培训、会议、检查、劳动保护、环境保护、各类施工作业规程、施工信息反馈等方面的内容。

根据施工项目现场的工作要求，在项目施工过程中或施工中期，可根据 HSE 实施执行情况和现场实际要求对施工 HSE 实施计划进行完善和升级，修改部分制度内容。施工分包商也应完善施工安全生产责任制、安全生产教育培训制度、施工现场作业管理制度等一系列安全管理制度。

依照施工项目安全管理规定和检查要求，施工安全管理制度和安全检查需要编制的检查表格应包括施工项目的 HSE 会议、安全培训、安全计划、安全检查、隐患整改、安全宣传等方面的内容。

施工项目现场 HSE 安全管理主要制度包括：施工现场 HSE 教育培训管理规定；施工现场出入管理规定；施工现场环境保护管理规定；施工现场安全标志管理规定；施工现场 HSE 会议管理规定；施工现场文明施工管理规定；施工现场 HSE 检查管理规定；施工现场劳动保护用品管理规定；施工现场消防安全管理规定；施工现场 HSE 绩效管理规定；施工现场宣传管理规定；施工现场治安保卫管理规定；施工现场车辆安全管理规定；施工分包商安全资质及安全文件审查规定；施工现场动火安全管理规定；施工现场临时用电安全管理规定；施工现场高处作业安全管理规定；施工现场危险品安全管理规定；施工现场生活和卫生设施管理规定。施工现场电气设备操作安全管理规定；施工现场机械设备及操作安全管理规定；施工现场起重吊装设备及操作安全管理规定。

主要施工 HSE 安全检查表制度包括：施工 HSE 检查表格；文明施工检查表；安全防护检查表；施工用电检查表；施工开工前 HSE 检查表；季节性和节假日前 HSE 检查表；危险品仓库检查表；悬挂式脚手架检查表；落地式外脚手架检查表；物料提升机（龙门架、井字架）检查表；起重吊装安全检查表；施工机具检查表；附着式升降脚手架（整体提升架或爬架）检查表等。

四、施工安全相关性处理

1. 五项安全关系处理

（1）安全与危险并存的关系　安全与危险在同一事物的运动中既是相互对立的，又是相互依赖而存在的。因为有危险，才要进行安全管理，以防止危险发生。保持生产的安全状态，必须采取多种安全措施。大部分安全危险因素是可以控制的。

（2）安全与生产统一的关系　生产是人类社会存在和发展的基础，若生产中人、物、环境都处于危险状态，则生产是无法顺利进行的。因此，安全是生产的客观要求。就生产的目的来说，组织好安全生产就是对国家、人民和社会最大的负责。生产有了安全保障，才能持续、稳定发展。当生产与安全发生矛盾、危及职工生命安全或国家和企业财产安全时，生产活动应停下来。待整治、消除危险因素以后，生产形势会变得更好。"安全第一"绝非是把安全摆到生产之上，将安全与生产对立起来，绝非弱化生产。

（3）安全与质量的关系　安全第一是从保护生产要素的角度提出的，而质量第一则是从关心产品成果的角度而强调的。安全为质量服务。安全与质量是生产的两个不同方向的目标，生产过程丢掉哪一头，都要陷于失控状态。

（4）安全与进度的关系　追求进度，应以安全为前提。若在生产中蛮干、乱干，一旦酿成不幸，非但无进度可言，反而会延误时间。

（5）安全与效益的关系　安全技术措施的实施，会改善劳动条件，调动职工的积极性，从而使生产安全顺利进行，带来经济效益，足以使原来的投入得以补偿。从这个意义上说，安全促进了效益的增长。在安全管理中，投入要适度、适当，精打细算，统筹安排。既要保证安全生产，又要经济合理。单纯为了省钱而忽视安全生产，或单纯追求不惜资金的盲目高标准，都不可取。

2. 六项安全管理原则

（1）管生产同时管安全　安全与生产虽有时会出现矛盾，但从安全和生产管理的目标和目的看，两者是完全一致和统一的。国家已明确指出："各级领导人员在管理生产的同时，必须负责管理安全工作。""企业中各部门机构，都应该在各自业务范围内，对实现安全生产的要求负责。"由此可见，一切与生产有关的机构、人员，都必须参与安全管理并在管理中承担责任。

（2）坚持安全管理的目的性　安全管理是对生产中的人、物、环境因素状态的管理，有效控制人的不安全行为和物的不安全状态，消除或避免事故，达到保护环境，保护劳动者的安全、健康，减少财产损失的目的。盲目的安全管理，充其量只能算作花架子，劳民伤财，危险因素依然存在。

（3）贯彻预防为主的方针　安全第一是从保护生产力的角度和高度，表明在生产范围内安全与生产的关系，肯定安全在生产活动中的位置和重要性。预防为主，首先要端正对生产中不安全因素的认识，端正消除不安全因素的态度，选准消除不安全因素的时机。在安排与布置生产工作的同时，针对施工生产中可能出现的危险因素，采取措施预先予以消除是最佳选择。在生产活动过程中，经常检查、及时发现不安全因素，采取措施，明确责任，立即予以消除，是安全管理应有的鲜明态度。

（4）"四全"动态管理　安全管理不是少数人和安全机构的事，而是一切与生产有关的人共同的事。若缺乏全员参与，安全管理不会有生气、不会出现好的管理效果。因此，生产活动中必须坚持全员、全过程、全方位、全天候的动态安全管理。只抓住一时一事、一点一滴，简单草率、一阵风式的安全管理，是走过场、形式主义，不是我们提倡的安全管理作风。

（5）安全管理重在控制　安全生产事故发生是由于人的不安全行为运动轨迹与物的不安全状态运动轨迹交叉的结果。因此，对生产中人的不安全行为和物的不安全状态的控制，必须作为动态安全管理的重点。

（6）持续改进　生产活动的状态是不断发展的、不断变化的。为了适应变化的生产活动，消除新的危险因素，就需要不间断地摸索新的规律，总结管理、控制的办法和经验，指导新的变化后的管理，从而使安全管理持续改进、不断上升到新的高度。

3. 施工过程安全管理控制流程

主要由设立的施工安全管理机构、安全（HSE）工程师进行安全日常管理及专项安全检查。由若干名安全工程师和兼职安全工程师，按照职责分工负责相关施工装置和工序的安全检查，监督管理职责。根据施工项目安全检查的规律和节假日容易发生施工安全问题的特点，采取巡回检查、专项检查、专业性、季节性、节前节后安全检查等形式，及时杜绝安全隐患发生。安全管理机构和安全工程师编制安全管理计划，并按照安全管理计划有序开展各项 HSE 工作；对发现的安全隐患和安全问题及时发放施工安全整改通知书进行整改和验收；对发生的施工安全事故和重大安全问题在 24 小时内上报相关部门。

施工过程安全管理控制流程如图 15-1 所示。

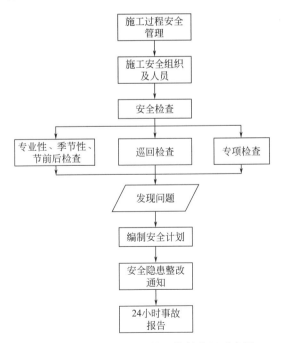

图 15-1　施工过程安全管理控制流程示意图

五、施工现场职业健康安全危险识别

1. 高处坠落事故

（1）高处坠落事故类型　包括：洞口坠落（预留口、通道口、楼梯口、电梯口、阳台口坠落等）；脚手架上坠落；悬空高处作业坠落；石棉瓦等轻型屋面坠落；拆除工程中发生的坠落；登高过程中坠落；梯子上作业坠落；屋面作业坠落；其他高处作业坠落（铁塔上、电杆上、设备上、构架上以及其他各种物体上坠落等）。

（2）高处坠落事故原因分析

① 脚手架上坠落事故的具体原因主要有：脚踩探头板；走动时踩空、绊、滑、跌；操作时弯腰、转身不慎碰撞杆件等身体失去平衡；坐在栏杆或脚手架上休息、打闹；脚手板没铺满或铺设不平稳；没有绑扎防护栏杆或损坏；操作层下没有铺设安全防护层；脚手架超载断裂等。

② 悬空高处作业坠落事故的具体原因分析：脚底打滑或不慎踩空；立足面狭小，作业用力过猛，身体失控，重心超出立足面；随着重物坠落；安全带挂钩不牢固或没有牢固的挂钩地方等；没有系安全带或没有正确使用安全带，或在走动时取下；身体不舒服、行动失控。

2. 物体打击伤害

工作场所，由于物体打击而发生的工伤、死亡事故较多。

（1）物体打击事故特点

① 许多工作场所、工种有发生物体打击事故的可能。特别是野外作业的钻探机台，由于实行流动作业，有时所使用的机械设备、装置、工具等的安全性欠佳，安全防护装置固定性不良，易发生物体打击事故，约占整个事故率的 70%～80%。在其他工作场所，物体打击事故也占有相当大的比例。

② 物体打击事故既可以由单一原因诱发，也可以由多种原因综合诱发。

③ 物体打击事故的发生，往往事前没有预兆，特别是从事繁重的、零星的手工作业时更为明显，因此预防难度更大。

④ 人体的各个部位都可能遭受物体的打击，往往使人防不胜防。

⑤ 由于物体打击作用在人体上的能量较大，造成的伤害也较为严重，轻则伤残，重则丧命。

（2）物体打击事故分析　物体打击事故的原因有物的不安全状态以及人的不安全因素等。表现为：

① 擅自更改机械设备、装置的结构或部件，破坏了其整体的可靠性，使安全性能下降。

② 从事吊装及野外搬运作业时难以采取完全符合要求的防护措施，某些作业方法不符合安全要求。

③ 机械设备、装置的安全附件（或装置）不齐全，欠有效，或者在设计和制造上存在缺陷，使用单位又没有对其采取有效的防护措施等。

④ 技术不熟练，操作水平低。

⑤ 不懂或不遵守操作规程，抱有侥幸心理，违章作业或冒险作业。

⑥ 误操作，使机械设备、装置的安全附件或装置失灵，或者由于误操作而直接发生物体打击；由于时间紧迫赶进度思想过度紧张。

⑦ 生产所用的工具、材料及边角废料等物放置不当。

⑧ 工作场地狭窄，工作人员相对集中，使安全防护距离和空间变小，一旦发生物体飞出，极易击伤人。

⑨ 注意力不集中，该采取的措施未采取或采取的措施不当。

⑩ 采光和照明不足使操作人员视觉容易疲劳，工作时间过长时便易于因操作失误而导致物体打击事故发生。

管理方面的原因主要有规章制度不健全，操作规程不细，忽视对操作人员的安全教育、操作人员安全意识差，安全检查不严不细，事故隐患不能及时发现和排除等，都可导致物体打击事故。另外，操作人员的心理因素、社会因素等，也是导致物体打击事故的间接原因。

3. 触电伤害

（1）人的主观因素　在人的主观因素中，违章作业是主要问题。高压触电事故主要由于违章作业所致，低压触电事故主要由于麻痹思想所致。工作人员进行作业时不按要求穿戴防护用品和佩戴安全用具，也是造成触电伤害的原因之一。按要求正确穿戴防护用品，可以大大减少触电事故的发生。青年工人事故率最高，发生在30岁以下青年工人身上的事故约占事故总数的87%，发生在工龄不足5年新工人身上的事故约占78%。这与一些单位安全培训教育内容缺乏针对性、实用性和上岗考试流于形式有一定的关系。

（2）客观因素

① 由于防护设备多年失修，损坏丢失严重，造成防护设备不完善，致使触电者高处坠落造成二次伤害。

② 由于环境的影响，使工作场地处于不安全状态造成触电事故。触电者缺乏安全自保意识，在带电体附近作业，工作注意力完全集中在工作对象上，忽视了对工作环境和工作空间的观察，以至直接或间接触及带电体，造成事故。

③ 由于季节影响，3—9月份雨水多，湿度大，电气设备的绝缘性能普遍下降。

4. 机械伤害

机械伤害事故是人们在操作或使用机械过程中，因机械故障或操作人员的不安全行为等原因造成的伤害事故。发生事故以后，受伤者轻则皮肉受伤，重则伤筋动骨、断肢致残，甚至危及生命。因此，要重视机械设备安全工作，了解机械伤害事故的种类、原因以及应采取的预防措施，不断改善劳动条件。

（1）机械伤害事故类型

① 刀具直接造成的伤害，如刺伤、割伤等。

② 机械设备零、部件做旋转运动时造成的伤害，主要是绞伤和物体打击伤。

③ 机械设备零、部件做直线运动时造成的伤害，主要是压伤、砸伤、挤伤。

④ 被加工运送的零件、物体固定不牢，甩出伤人。

⑤ 手动工具使用不当造成的伤害。

（2）机械伤害事故的主要原因

① 机械设备在非最佳状态下运转或机械设备在设计、结构和制造工艺上存在缺陷，机械设备组成部件、附件和安全防护装置的功能退化等。

② 安全操作规程不健全或管理不善，对操作者缺乏基本功训练，操作者不按规程进行操作，没有穿戴合适的防护服和符合国家标准的防护工具。

③ 对机械设备所采取的防护措施不当。

④ 工作场所环境不好，如工作场所照明不良，温度及湿度不适宜，噪声过高，地面或脚踏板被乳化液弄脏，设备布置不合理。

⑤ 工艺规程和工装不符合安全要求，新工艺、新技术采用时无安全措施。

掌握机械伤害事故的原因，可以从根本上消除事故隐患，防止误操作及设备故障可能发生的伤害，从而采取全面的预防措施，加强设备安全管理，建立完善的管理责任体系，以确保设备的安全运行，防止设备及人员伤亡事故的发生。

5. 施工坍塌

（1）施工坍塌类型　包括模板坍塌、土方坍塌、临时工棚坍塌、井字架坍塌、钢筋坍塌等。

（2）坍塌伤害事故的分析

① 个别项目经理、工长不认真贯彻安全生产的各项规章制度，不负责任，重进度，轻安全，对隐患不进行积极整改。

② 项目经理等人对工人不进行分部（分项）安全技术交底，甚至有的"工长"没有等级证，不懂技术，却盲目冒险指挥。

③ 在挖土方时，不按规定放坡，又不进行支护；或挖土堆放不符合规程要求而使边坡不稳定。

④ 在挖土方过程中遇有危险地段，无人进行监护。

⑤ 安全检查不到位，制度不落实，职责不清。

⑥ 工人素质差，违章作业。

⑦ 工人未经培训，未经三级安全教育盲目上岗，缺乏自我防护能力。

6. 施工过程环境因素清单

见表 15-4。

表 15-4　施工过程环境因素清单

序号	施工环境因素	过程、地点、活动	环境影响	备注
一	临时设施建设、土建施工			
1		水、电、汽及建筑材料使用	资源消耗	
2		废气排放	污染环境	
3		废水排放	污染水体	
4		渣土及废弃物排放	污染土地或路面	
5		粉尘排放	影响人体健康	
6		噪声污染	影响人体健康	
7		光污染	影响人体健康	
二	施工机具			
1		水、电、汽使用	资源消耗	
2		废气排放	污染环境	
3		废水排放	污染水体	
4		渣土及废弃物排放	污染土地或路面	
5		粉尘排放	影响人体健康	
6		噪声污染	影响人体健康	
三	设备管道电气仪表安装			
1		水、电、汽使用	资源消耗	
2		废气排放	污染环境	
3		废水排放	污染水体	
4		渣土及废弃物排放	污染土地或路面	
5		粉尘排放	影响人体健康	
6		噪声污染	影响人体健康	
7		光污染	影响人体健康	
四	设备管道检测			
1		辐射源	影响人体健康	重大因素

六、施工安全教育培训管理

1. 施工安全教育

施工安全教育培训分为安全知识教育、安全技能训练、安全意识培养三个阶段，使受训人员能够全面掌握安全生产知识、思维理念中经常牢记、施工作业中正确应用。安全教育可利用安全事故通报、安全事故录像、安全演讲、安全事故案例分析进行教育。进行安全教育培训，能增强人的安全生产意识，增加安全生产知识，有效防止人的不安全行为，减少人的失误。安全教育培训是进行人的行为控制的重要方法和手段。因此，进行安全教育培训要适时、宜人，内容合理、方式多样，形成制度。

① 安全知识教育阶段。使操作者了解、掌握生产操作过程中潜在的安全危险因素、安全防范措施以及基本的安全生产知识。

② 安全技能训练阶段。使操作者逐渐掌握施工安全生产技能，减少操作中的失误。

③ 安全意识教育阶段。目的在于激励操作者自觉坚持运用安全技能并正确运用这些技能。

HSE 培训应常抓不懈，以减少由于安全风险意识不强和违章操作引发的事故。应对进入施工现场的各类人员进行 HSE 培训，经考核合格后，才能进行施工管理、技术工作和施工作业。施工单位的主要负责人和安全管理人员应参加省、市一级安监局组织的安全知识培训，并取得相应证书。

2. 参加安全教育训练人员的一般条件与要求

① 必须具有合法的劳动手续，正式签订劳动合同。接受入场教育后，才可进入施工现场和劳动岗位。

② 一般应没有痴呆、健忘、精神失常、癫痫、脑外伤后遗症、心血管疾病、晕眩，以及其他不适于从事施工操作的疾病。

③ 一般应没有感官缺陷，有良好的接受、处理、反馈信息的能力。

④ 具有适于不同层次操作所必需的文化知识。

⑤ 必须具有基本的安全操作素质，经过正规训练、考核。

3. 早班安全交底会制度

施工人员上岗前，各专业施工前，施工单位应组织专门的技术交底会议，对作业人员进行技术和安全方面的交底。施工各专业相关负责人要针对施工项目的特点及专业施工要求，编制出施工危险点、施工危险源、施工危险面及施工防护措施，作为向施工人员进行施工安全交底的主要内容，并在施工作业面做出明显标识，警示施工人员。重大施工方案交底工作，交底人及被交底人必须签字。坚持每周的安全学习活动，每天的早班交底会让职工深入学习安全管理规定及制度，学习事故案例，让施工人员始终牢记安全、保证安全，使施工组织顺利进行。

4. 施工现场人员进场前安全教育

安全生产管理首先是人的管理，要强化安全教育培训，不断提高施工安全业务素质，增强施工人员的安全防范意识，同时采取有效措施规范人的行为，实行规范化作业，杜绝工作凭感觉、靠经验，使施工人员形成一种程序化、标准化的工作习惯。通过强化安全生产法律、法规和安全技术标准、规范的教育培训，提高施工人员的素质。在全面培训的基础上，重点抓特种作业人员、重点岗位操作人员、重大危险源相关作业人员的培训教育工作、安全技术交底工作，努力增强作业人员技术素质和安全意识，大力提升现场人员的危险源识别能力和事故预防能力。加强施工安全生产教育具有举足轻重的作用。一项施工工程干得再好，如果发生施工安全事故，那也将颠覆所有的成绩。要加强施工参建人员的安全培训教育，建立健全安全生产责任制，杜绝事故的发生，做好"预防为主"的施工安全防护工作。

进入施工现场的所有人员，无论是老员工或新员工，总承包商员工或施工分包商员工，施工人员或进入施工现场服务的其他员工，在进入施工项目现场时都要进行施工安全生产培训和教育。特别对首次进入施工现场的人员，在安全教育培训后还要进行安全生产考核，考核合格发放项目部安全与健康管理上岗证后，才能持证进入施工工地。进场前安全生产培训学习和教育能使进入施工工地的员工对施工现场有一个新的安全认识、新的安全了解，会不断提高施工安全意识。

5. 施工特种人员安全教育培训

（1）特种作业人员基本条件　施工企业作业人员应身体健康，没有妨碍本工种作业的疾病和生理缺陷，具有本工种所需的文化程度和安全、技术知识及实践经验。

（2）特种作业人员范围

① 电工作业：维修电工、施工现场电工、电气安装工、送配电工。

② 金属焊接：手工电弧焊工、电渣压力焊工。

③ 建筑登高架设作业：建筑架子工、井架搭设工。

④ 机动车辆：建筑工地翻斗车、装载机、载重车辆驾驶员。

⑤ 起重机械作业：建筑起重机械司机和作业指挥人员。

⑥ 其他机械操作工：混凝土搅拌机操作工等。

（3）特种人员培训持证程序

① 未经培训考核取得《特种作业操作证》的，各类特种作业人员，均不准独立上岗操作。

② 申请参加持证考核的特种作业人员必须连续从事本工种作业实际时间一年以上，并且具备操作技能，方可向企业提出培训申请。

③ 企业各单位应在每年年初向企业申报本年度特种作业人员的培训、复审计划。

④ 特种作业人员操作证有效期除锅炉工为四年以外，其余工种为两年。凡到期不参加复审者，其《特种作业操作证》作废，不得继续独立作业。

⑤ 各类特种作业人员禁止操作与本人《特种作业操作证》规定不符的机械。

⑥ 对违章作业和造成事故的特种作业人员，根据违章或事故情节扣证 1~12 个月，并记入操作证。对情节严重者，处以申报发证部门吊销操作证等处罚。

⑦ 企业安全部门负责特种作业人员的培训、复审考核工作，负责有关培训、复审建档。各企业相关单位应建立各自分管特种作业人员的培训、复审档案。

七、施工过程安全检查管理

施工安全检查是发现在施工过程中的不安全行为和物的不安全状态的重要途径。通过施工安全检查消除事故隐患，落实整改措施，防止事故伤害。

1. 施工安全检查内容

（1）施工项目安全检查内容

① 施工管理层到具体施工人员的安全理念和安全行为。

② 施工项目的劳动条件，生产设备、施工现场管理状态。

③ 施工项目安全卫生设施以及生产人员的行为。

④ 施工项目是否存在危及人的安全因素。

（2）施工安全管理检查内容

① 施工安全生产是否提到议事日程上，各级安全责任人是否坚持"五同时"原则。

② 施工业务职能部门、管理人员，是否在各自施工业务范围内落实了安全生产责任。

③ 施工专职安全人员是否在位、在岗。

④ 施工安全教育是否落实，教育是否到位。

⑤ 施工工程技术以及施工安全技术是否有机结合。

⑥ 施工作业标准化实施情况。

⑦ 施工安全控制措施是否到位，控制方式是否到位。

⑧ 安全事故处理是否符合规则，是否坚持"四不放过"的原则。

2. 施工安全检查计划

① 建立安全检查制度，按检查制度要求的规模、时间、原则全面落实。

② 成立由第一责任人为首，相关业务部门、人员参加的安全检查组织。

③ 安全检查必须做到有计划、有目的、有准备、有整改、有总结、有处理。

④ 发动全员开展自检，形成自检自改，边检边改的局面。使全员在发现施工安全危险因素方面得到提高，在消除施工危险因素中受到教育，从施工安全检查中受到锻炼。

⑤ 施工安全检查准备：确定施工安全检查目的、步骤、方法。成立检查组，安排检查日程。分析施工事故资料，确定施工检查重点，把精力侧重于施工事故多

发部位和施工工种的检查。规范施工检查记录用表，使施工安全检查逐步纳入科学化、规范化轨道。

3. 施工安全检查方法

常用的有一般检查方法和安全检查表法。

（1）一般检查方法　常采用看、听、嗅、问、查、测、验、析等方法。

看：看施工现场环境和作业条件，看施工实物和实际操作，看施工记录和资料等。

听：听汇报、听介绍、听反映、听意见或批评，听施工机械设备的运转响声或承重物发出的微弱声等。

嗅：对挥发物、腐蚀物、有毒气体进行辨别。

问：对影响安全的问题，详细询问，寻根究底。

查：查明问题、查对设计、查清原因、追查责任。

测：测量、测试、监测。

验：进行必要的试验或化验。

析：分析安全事故的隐患、原因。

（2）安全检查表法　是一种原始的、初步的定性分析方法。通过事先拟定的安全检查明细表或清单，对施工安全生产进行初步的诊断和控制。施工安全检查表通常包括检查施工项目、回答问题、存在问题、改进措施、检查措施、检查人等内容。

4. 施工安全检查类型

（1）定期安全检查　列入施工安全管理活动计划，有较一致时间间隔的施工安全检查。定期施工安全检查的周期，施工项目自检周期宜控制在 10～15 天。班组必须坚持日检。季节性、专业性安全检查，按规定要求确定日程。

（2）突击性安全检查　指无固定检查周期，对特别部位、特殊设备、小区域的施工安全检查，属于突击性安全检查。

（3）特殊检查　一般针对预料中可能会带来新的施工危险因素的新安装设备、新采用工艺、新建或改建的工程。特殊安全检查还包括，对有特殊安全要求的手持电动工具，电气、照明设备，通风设备，有毒有害物的储运设备进行的安全检查。

施工安全检查的目的是发现、处理、消除危险因素，避免事故伤害，实现施工安全生产。对于一些暂不能消除的施工危险因素，应逐项分析，寻求解决办法，安排整改计划，尽快予以消除。安全检查后的整改，必须坚持"三定"和"二不推不拖"，不使危险因素长期存在而危及人的安全。"三定"即：定具体整改责任人，定解决与改正的具体措施，定消除危险因素的整改时间。"二不推不拖"即在用自己力量能够解决危险因素时，不推不拖马上自己组织整改完成；在自己有困难暂不能解决危险因素时，不推给上级，不拖延时间，积极主动寻求解决措施，争取外界支援，尽快把危险因素消除。

八、施工 HSE 实施及控制程序

施工 HSE 实施程序是为了确保在施工过程中按照一定的施工安全管理程序对施工 HSE 进行控制，以确保施工过程安全及施工装置本质安全。

1. 施工 HSE 实施程序

施工事故的发生，是由于人在施工活动过程中的不安全行为运动轨迹与物的不安全状态运动轨迹的交叉。许多施工事故发生的案例充分说明了必须按施工安全程序进行管理，才能避免发生重大或较大的施工安全事故。施工安全管理程序为：首先对施工安全进行策划；然后按计划—实施—检查—纠正的过程进行控制管理。

应严格按照上述施工安全程序开展施工 HSE 活动，并在实施过程中进行自检和互检，发现施工不安全问题时进行持续整改。

2. 施工 HSE 控制程序

施工 HSE 控制程序步骤如下：

① 施工 HSE 监督检查策划；

② 编制施工 HSE 检查计划；

③ 检查计划实施；

④ 抽查及测量；

⑤ HSE 不合格项分析整改；

⑥ 考核及评价；

⑦ 记录和报告。

施工责任人及相关施工管理人员应根据施工 HSE 实施程序，对施工 HSE 计划实施执行情况进行自查、互查和测评。对施工过程中存在的不安全行为和施工隐患，尤其是施工本质（质量）安全问题应进行分析，并制定相应整改防范措施和持续整改，直至满足规定和要求。

施工经理及相关施工 HSE 监督检查管理人员应根据施工实施过程的进展和施工 HSE 实施计划安全目标的要求，按照施工 HSE 监督控制程序进行施工安全检查和监督。在监督过程中，定人、定时、定点、定监督内容和重点监督环节，并按监督检查计划实施督查和测量。

施工安全监督检查应采取随机抽样、现场观察、实地检测相结合的方法，并记录检测结果。对项目事故现场施工管理人员的违章指挥和施工人员的违章作业行为应及时进行纠正。施工安全检查人员应对检查结果不合格项进行分析，找出施工安全隐患部位，确定危险程度进行评价以及采购安全绩效评价和结论意见，在此基础上编写检查报告。

第四节　试运行过程 HSE 管理

一、试运行 HSE 定义及管理体系

1. 试运行 HSE 定义

试运行 HSE 是指在试运行活动过程中，努力改善试运行活动的劳动环境及安全条件，克服试运行活动中存在的对人不安全的因素，使试运行各种活动与自然环境因素间相互形成和谐、友好、绿色、可持续发展的生态关系。

在项目试运行过程中，人的健康、安全与环境的管理与试运行活动紧密相连，尤其是试运行过程中的安全危险性因素对人的影响非常大。在试运行中发生安全事故，将会对人的生命安全和国家财产安全以及环境生态造成严重后果。加强试运行 HSE 管理应以满足这种安全需求为目标，并将这种"目标"加以表征转化成有控制指标的试运行特征，并可以通过试运行安全指标考核予以衡量。符合试运行特征指标要求时，试运行 HSE 管理目标就实现了。

2. 试运行 HSE 管理体系

试运行 HSE 管理系统是企业 HSE 管理体系中的一个子项。它将总承包商（或试运行分包商）资源与试运行过程 HSE 管理相关联，对试运行所涉及的 HSE 控制指标进行管理，以实现试运行 HSE 的管理目标。

试运行 HSE 管理系统一般包括与试运行管理活动相关的试运行资源供应、试运行项目生产产品技术标准规范、试运行设备材料性能指标、试运行 HSE 目标、试运行 HSE 检查、试运行 HSE 实施程序及持续改进等；还包括为实施试运行 HSE 管理所需的试运行组织结构和资源等。在试运行实施过程中，可视试运行情况对 HSE 试运行实施计划进行持续修改并逐步完善。

3. 试运行 HSE 管理目标

试运行 HSE 目标必须符合企业发展所确定的 HSE 总目标、方针和原则；试运行项目所生产的产品必须严格符合国家相关产品标准规范指标。

为了使试运行 HSE 目标能够实现，体系能够正常运行，试运行组织内部应建立符合企业 HSE 管理体系运行所需要的组织结构，并具备相应的管理功能。应确定试运行组织中相关机构的 HSE 职能和授权。在企业 HSE 管理体系指导下，应用 HSE 管理体系相关规定、程序、工具和方法，分析试运行过程中可能会产生 HSE 问题的环节，并加以控制，消除试运行过程的安全问题和产品本质安全问题。避免产生安全事故。

二、试运行过程 HSE 管理

1. 试运行过程 HSE 管理定义

为实现试运行 HSE 目标而进行的 HSE 管理性质活动称为试运行 HSE 管理。在试运行过程中通常要制定试运行 HSE 目标、HSE 管理原则及安全责任制；通过试运行 HSE 控制程序对试运行 HSE 进行全过程控制。试运行 HSE 管理程序包括策划、计划、实施、绩效检查、安全风险评价、持续改进等活动。

2. 试运行过程 HSE 管理内容

试运行过程 HSE 管理内容主要包括：试运行 HSE 管理策划；试运行 HSE 因素识别、试运行安全风险及措施评价与控制要求；试运行 HSE 实施计划编制、试运行过程控制和测量；试运行紧急准备与响应计划；试运行安全事故报告、调查和处理等。

试运行经理负责试运行组织及相关的试运行安全，相关试运行人员进行试运行 HSE 策划、试运行环境与试运行过程 HSE 因素识别、制定试运行 HSE 控制指标；配合编制试运行紧急准备与响应计划等内容；编制试运行 HSE 实施计划的相关内容、标准规范和要求。

为确保项目试运行过程中的安全职业健康及环境，减少试运行安全轻伤事故，杜绝发生重大试运行安全事故，应建立健全试运行项目组织及试运行各级安全生产责任制，明确各级试运行管理和操作人员在试运行安全生产方面的职责，确保试运行项目实现安全生产的目标。

三、试运行准备工作

1. 安全准备工作

试运行生产指挥人员、操作人员必须接受安全消防教育技术考核，合格后方准许任职上岗。各种规章制度应齐全，做到人人有章可循。厂区消火栓、地下电缆沟、交通禁令、安全井等标志应齐全醒目，建立健全安全、消防、救护组织，明确责任分工。

从预试运行开始到试运行性能考核结束，必须严格执行动火制度，厂区严禁吸烟。必须严格执行进入容器的制度，使用长管面具时必须设专人监护。各装置试运行前根据装置的生产特点，组织编制相应的安全工作细则，严格执行。

安全准备工作要认真贯彻四个安全原则：

① 积极推行试运行全员安全预防管理，采取有效的安全预防性措施。

② 实行早期试运行安全隐患检测，做到安全隐患早期发现和早期处理。

③ 搞好试运行人身安全工作，发挥人的主观能动性，提高设备安全的可靠性。

④ 根据相关资料，编制安全手册，人手一册。

2. 试运行条件

在投料试运行前必须达到下列全部条件：

① 所有设备、管道、阀门电气、仪表等必须经过严格的质量安全检查，确保设备、管道、材料等的质量及安全符合设计要求和相关国家、行业等标准规范。

② 设备、管道水压强度试验合格。

③ 系统气密试验和泄漏量符合规范标准。

④ 安全阀调试动作三次以上，确保启动灵敏，并要核对相应工艺装置的压力，试验后由安全部门铅封。

⑤ 工艺和报警连锁系统符合要求，并应经静态调试三次以上，确定动作无误好用。

⑥ 自控仪表（温度、压力、流量、液位、分析）经过调试，灵敏好用。

⑦ 各种消防设施都应经过安全消防部门与生产单位共同实际试验，证明好用，并配备足够数量的灭火器。

⑧ 防雷、防静电设施和所有设备、管架的接地线要安装完善，测试合格。

⑨ 电话、信号灯、报话机、鸣笛喇叭等安全通信系统均应符合设计要求，好用。

⑩ 通风换气设备良好，达到设计的换气次数。

⑪ 设计要求防爆的电气设备和照明灯具，均应符合防爆标准，未经批准，不得使用临时电线和灯具。

⑫ 安全防护设施、走梯、护栏、安全罩要坚固齐全，洗眼器与淋浴器保证四季畅通好用。

⑬ 沟坑、阴井盖板齐全完整，楼板穿孔处要有盖板，地面平整无障碍，道路畅通。

⑭ 装置内清扫完毕，不准堆放杂物，尤其是易燃物品、剧毒药品，放射性物品，对日常使用的油品和化学药品要放置在安全的规定区域。

3. 项目扫尾控制

项目扫尾是工程即将建成开始试运行的重要标志。合理安排项目扫尾工作，满足试运行进度要求，保质、保量按时试运行投产，是确保试运行安全的关键环节。搞好项目扫尾是试运行的必备条件，以达到安全试运行、顺利产出合格产品的目的。

项目经理和试运行经理共同组织设计、试运行及相关生产人员开展设计"三查四定"工作（即查设计漏项和缺陷、查设计质量和设计隐患、查未完成设计，查出设计问题后，定设计人员、定设计任务、定设计措施、定设计时间限期改进并达到规定标准）和工程"三查四定"工作（即查工程漏项和缺陷、查工程质量和隐患、查未完成工程，查出问题后，定施工人员、定施工任务、定施工措施、定施工时间限期改进并达到规定标准）。

"三查四定"工作分三次进行，第一次在单机试运行前进行，第二次在联动试运行前进行，第三次在投料试运行前进行，以满足试运行所需的全部条件，达到安全、顺利试运行的目的。

四、试运行 HSE 实施及控制程序

试运行 HSE 实施程序是为了确保在试运行过程中按照规定的试运行安全管理程序对试运行 HSE 进行控制，以确保试运行过程安全及试运行装置本质安全。

1. 试运行 HSE 实施程序

试运行事故的发生，是由于人在试运行活动过程中的不安全行为运动轨迹与物的不安全状态运动轨迹的交叉。一些试运行事故案例充分说明了必须按试运行 HSE 程序进行管理，才能控制好试运行不安全状态，避免发生重大试运行安全事故。

试运行 HSE 实施程序为：首先对试运行 HSE 进行策划；然后按计划—实施—检查—纠正的过程进行控制和管理。

管理人员应严格按照试运行 HSE 程序开展试运行 HSE 活动，并在实施过程中进行自检和互检，发现试运行不安全问题时进行持续整改。

2. 试运行 HSE 控制程序

试运行 HSE 控制程序步骤如下：

① 试运行 HSE 监督检查策划；

② 编制试运行 HSE 安全检查计划；

③ 检查 HSE 计划实施；

④ HSE 抽查及测量；

⑤ HSE 不合格项整改；

⑥ 考核及评价；

⑦ 记录和报告。

试运行责任人及相关管理人员应根据试运行 HSE 实施程序，对试运行 HSE 计划实施执行情况进行自查、互查和测评。对试运行过程中存在的不安全行为和试运行隐患，尤其是试运行本质（质量）安全问题应进行分析，查清原因，并制定相应整改防范措施，直至满足 HSE 规定要求。

试运行经理及相关 HSE 监督检查人员应根据试运行实施过程的进展和试运行 HSE 实施计划安全目标的要求，按照试运行 HSE 监督控制程序进行试运行安全检查和监督。在监督过程中定人、定时、定点、定监督内容和重点监督环节，并按监督检查计划实施督查。

试运行 HSE 监督检查应采取随机抽样、现场观察、实地检测相结合的方法，并记录检查结果。对项目事故现场试运行管理及人员的违章指挥和违章作业行为应及时进行纠正，对检查结果不合格项进行分析，找出安全隐患部位，确定危险程度，评价试运行安全绩效和结论意见，在此基础上编写 HSE 检查报告。

参考文献

[1] 美国项目管理协会.项目管理知识体系指南：5 版［M］.王勇，张斌，译.北京：电子工业出版社，2013.

[2] 中华人民共和国住房和城乡建设部.建设项目工程总承包管理规范：GB/T 50358—2017［M］.北京：中国建筑工业出版社，2017.

[3] 周秀淦，宋亚非.现代企业管理原理.4 版.北京：中国财政经济出版社，2003.

[4] 中华人民共和国住房和城乡建设部.2017 年全国工程勘察设计统计公报［R/OL］.(2018-08-09)［2019-10-16］.http://www.mohurd.gov.cn/xytj/tjzljsxytjgb/tjxxtjgb/201808/t 2018 0809_237105.html.

[5] 中华人民共和国国家发展和改革委员会，中华人民共和国住房和城乡建设部.国家发展改革委 住房城乡建设部关于推进全过程工程咨询服务发展的指导意见［R/OL］.(2019-03-15)［2019-10-16］.http://www.mohurd.gov.cn/wjfb/201903/t20190322_239867.html.

[6] 中国勘察设计协会.2018 年勘察设计企业工程项目管理和工程总承包营业额排名出炉［J］.中国勘察设计，2018 (12)：7.

[7] 汪寿建.化工厂工艺系统设计指南［M］.北京：化学工业出版社，1996.

[8] 汪寿建.化工厂工艺系统计算机辅助设计［M］.北京：化学工业出版社，1998.

[9] 汪寿建.工程公司项目总承包的实践与探讨［J］.化工设计，2010 (6)：39.

[10] 吴奕良.没有改革开放就没有勘察设计行业的今天［J］.中国勘察设计，2018 (12)：14.

[11] 荣世立.改革开放 40 年我国工程总承包发展回顾与思考［J］.中国勘察设计，2018 (12)：26.

[12] 国际标准化组织（ISO）.质量管理体系基础和术语：ISO9001：2008，2008.

[13] 郭刚.勘察设计企业开展工程总承包需要补什么［J］.中国勘察设计，2018 (9)：66.

[14] 张哲，等.解析 2018 年度 ENR 国际承包商 250 强［J］.中国勘察设计，2018 (9)：8.

[15] 祝波善.冲突中的理性思考与创变力量［J］.中国勘察设计，2018 (9)：62.

[16] 中国勘察设计协会.广东重工设计院全过程工程咨询"1＋N"服务模式的探索与思考［J］.中国勘察设计，2018 (10)：54.

[17] 王伍仁.中国尊 ECPO 管理模式的创新与实践［J］.中国勘察设计，2018 (10)：22.

[18] 王宏海.全过程工程咨询的思考和认知［J］.中国勘察设计，2018 (10)：30.

[19] 王树平.全过程工程咨询模式研究［J］.中国勘察设计，2018 (10)：14.

[20] 戈理，王岳峰，等.全过程工程咨询模式下资源集约的思考［J］.中国勘察设计，2018 (8)：58.

[21] 丁士昭.全过程工程咨询的概念和核心理念［J］.中国勘察设计，2018 (9)：31.

[22] 杨侃，等.项目设计与范围管理［M］.北京：电子工业出版社，2006.

[23] 王旭，马广儒.建设工程项目管理［M］.北京：水利水电出版社，2009.

[24] 王要武.工程项目管理百问［M］.北京：中国建筑工业出版社，2010.

[25] 陈宪主.工程项目组织与管理［M］.北京：机械工业出版社，2012.

[26] 郭刚.三步走推进设计院集团化［J］.中国勘察设计，2018 (11)：64.

[27] 田金信.建设项目管理［M］.北京：高等教育出版社，2002.

[28] 白思俊.现代交通项目管理［M］.北京：机械工业出版社，2003.

[29] 张卓，等.项目管理［M］.北京：科学出版社.2005.

［30］ 张桂宁.实用项目管理［M］.北京：机械工业出版社，2006.

［31］ 张雪玲.PDCA循环法在费用管理中的应用［J］.煤炭经济研究，2006（4）：71.

［32］ 刘国宁，肖家.项目部员工必备手册［M］.北京：中国言实出版社，2007.

［33］ 汪蚺姣.论PDCA循环在企业培训管理中的实际运用［J］.西南农业大学学报：社会科学版，2006（4）：44.

［34］ 何富刚.刘侠，杨辛.PDCA循环在工程项目进度管理中的应用［J］.水电站设计，2009，25（2）：109.

［35］ 汪小金.项目管理方法论［M］.北京：人民出版社，2011.

［36］ 马旭晨.项目管理工具箱［M］.北京：机械工业出版社，2009.

［37］ 周宁，谢晓霞.项目成本管理［M］.北京：机械工业出版社，2010.

［38］ 王学文.工程导论［M］.北京：电子工业出版社，2012.

［39］ 刘敏.进度控制［M］.2版.北京：人民交通出版社，2008.

［40］ 纪建悦，许罕多.现代项目成本管理［M］.北京：机械工业出版社.2008.

［41］ 王磊.成本费用核算［M］.北京：中国农业大学出版社，2011.

［42］ 中国施工企业管理协会标准组.建设工程全过程质量控制管理规程：团体标准T/ZSQX 002-2018［M］.北京：中国计划出版社，2018.

［43］ 万融.商品学概述［M］.北京：中国人民大学出版社，2013.

［44］ 中华人民共和国住房和城乡建设部.工程质量安全手册（试行）：建质〔2018〕95号［R/OL］.（2018-09-21），［2019-10-16］.http://www.mohurd.gov.cn/wjfb/201809/t20180 928_237762.html.

［45］ 将晓凤.成本费用核算技能与案例［M］.北京：中国财政经济出版社，2003.

［46］ 林师健.项目成本管理［M］.北京：对外经济贸易大学出版社，2007.

［47］ 马艳秋.成本费用内部控制相关问题研究［J］.商业经济，2007（5）：52.

［48］ 罗建.试论成本费用的核算与控制［J］.中国农业会计，2008（1）：28.

［49］ 吕英侠.试论企业成本核算中的成本费用分配［J］.企业改革与管理，2014（13）：103.